新视域

三维软件制作高级教程

——ZBRUSH × MAYA带你走进影视级的CG造型世界

夏国富

上海人民美术出版社

CONTENTS

目 录

CONTENTS

目 录

第七章 ZBRUSH与MAYA的完美结合

第一章

CHAPTER 1
三维艺术的前世今生

一、计算机图形图像的发展历程

图形学也称计算机图形学，它是研究图形的输入、模型（图形对象）的构造和表示、图形数据库管理、图形数据通信、图形的操作、图形数据的分析，以及如何以图形信息为媒介实现人机交互作用的方法、技术和应用的一门学科。它包括图形系统硬件（图形输入—输出设备、图形工作站）、图形软件、算法和应用等几个方面。

图形学的研究内容非常广泛，如图形硬件、图形标准、图形交互技术、光栅图形生成算法、曲线曲面造型、实体造型、真实感图形计算与显示算法，以及科学计算可视化、计算机动画、自然景物仿真、虚拟现实等。

20世纪50年代："被动式"图形学

1950 年，第一台图形显示器作为美国麻省理工学院（MIT）旋风 I 号（Whirlwind I）计算机的附件诞生了。该显示器用一个类似于示波器的阴极射线管（CRT）来显示一些简单的图形。计算机图形学处于准备和酝酿时期，并被称为"被动式"图形学。到 50 年代末期，MIT 的林肯实验室在"旋风"计算机上开发了SAGE空中防御体系，第一次使用了具有指挥和控制功能的CRT 显示器，操作者可以用笔在屏幕上指出被确定的目标。与此同时，类似的技术在设计和生产过程中也陆续得到了应用，它预示着交互式计算机图形学的诞生。

20世纪60年代：计算机图形学的独立地位

1962 年，MIT 林肯实验室的 Ivan E.Sutherland 发表了一篇题为"Sketchpad：一个人机交互通信的图形系统"的博士论文，他在论文中首次使用了计算机图形学"Computer Graphics" 这个术语，证明了交互计算机图形学是一个可行的、有用的研究领域，从而确定了计算机图形学作为一个崭新的科学分支的独立地位。

20世纪70年代：标准化问题被提了出来

70 年代是计算机图形学发展过程中一个重要的历史时期。由于光栅显示器的产生，在 60年代就已萌芽的光栅图形学算法迅速发展起来，区域填充、裁剪、消隐等基本图形概念及其相应算法纷纷诞生，图形学进入了第一个兴盛的时期，并开始出现实用的 CAD 图形系统。又因为通用，与设备无关的图形软件的发展，图形软件功能的标准化问题被提了出来。1974年，美国国家标准化局（ANSI）在 ACM SIGGRAPH 的一个"与机器无关的图形技术"的工作会议上，提出了制定有关标准的基本规则。此后ACM专门成立了一个图形标准化委员会，开始制定有关标准。该委员会于 1977、1979年先后制定和修改了"核心图形系统"（Core Graphics System）。ISO 随后又发布了计算机图形接口 CGI（Computer Graphics Interface）、计算机图形元文件标准 CGM（Computer Graphics Metafile）、计算机图形核心系统 GKS（Graphics Kernel System）、面向程序员的层次交互图形标准 PHIGS（Programmer's Hierarchical Interactive Graphics Standard）等。这些标准的制定，为计算机图形学的推广、应用、资源信息共享，起到了重要作用。

70年代，计算机图形学另外两个重要进展是真实感图形学和实体造型技术的产生。1970年，Bouknight提出了第一个光反射模型；1971年，Gourand提出"漫反射模型＋插值"的思想，其被称为Gourand明暗处理；1975年，Phong提出了著名的简单光照模型——Phong模型。这些可以算是真实感图形学最早的开创性工作。另外，从1973年开始，英国剑桥大学CAD小组的Build系统、美国罗彻斯特大学的PADL-1系统等实体造型系统相继出现了。

20世纪80年代：真实感图形的显示算法已逐渐成熟

1980年，Whitted提出了一个光透视模型——Whitted模型，并第一次给出光线跟踪算法的范例，实现Whitted模型；1984年，美国Cornell大学和日本广岛大学的学者分别将热辐射工程中的辐射度方法引入到计算机图形学中，用辐射度方法成功地模拟了理想漫反射表面间的多重漫反射效果。光线跟踪算法和辐射度算法的提出，标志着真实感图形的显示算法已逐渐成熟，这也是三维渲染的基础理论。它为制作出逼真的画面效果提供了可能。从80

年代中期以来，超大规模集成电路的发展，为图形学的飞速发展奠定了物质基础。计算机的运算能力的提高，图形处理速度的加快，使得图形学的各个研究方向得到充分发展，图形学已广泛应用于动画、科学计算可视化、CAD/CAM、影视娱乐等各个领域。

最后，我们以SIGGRAPH会议的情况，来结束计算机图形学的历史回顾。ACM SIGGRAPH会议是计算机图形学最权威的国际会议，每年在美国召开，参加会议的人在50,000 人左右。世界上没有第二个领域每年召开如此规模巨大的专业会议，SIGGRAPH会议很大程度上促进了图形学的发展。SIGGRAPH会议是由Brown大学教授 Andries van Dam (Andy) 和IBM公司Sam Matsa在 60 年代中期发起的，全称是“the Special Interest Group on Computer Graphics and Interactive Techniques”。1974年，第一届SIGGRAPH年会在Colorado大学召开了，并取得了巨大的成功，当时大约有 600位来自世界各地的专家参加了会议。到了1997年，参加会议的人数已经增加到48,700。因为它每年只录取大约50篇论文，在《Computer Graphics》杂志上发表，因此论文的学术水平较高，基本上代表了图形学的主流方向。很多全球的顶级制作公司都会来参加会议，并在会议上展示三维制作技术上的最新研究成果和作品，这些都代表全球最高的技术水平。

二、三维技术的出现与快速发展

三维技术的发展可以追溯到前面Ivan E.Sutherland发表的题为“Sketchpad：一个人机交互通信的图形系统”的博士论文，计算机图形图像的名称也由此诞生，但那个时候它主要应用于军事领域。

运用计算机图形技术制作动画的探索始于80年代初期，当时三维动画的制作主要是在一些大型的工作站上完成的。在DOS操作系统下的PC机上，3D Studio软件处于绝对的垄断地位。80年代后期，随着电脑软硬件的进一步发展，计算机图形处理技术的应用得到了空前的发展，电脑艺术作为一个独立学科真正开始走上了迅猛发展之路。

1994年，微软推出Windows操作系统，并将工作站上的Softimage移植到PC机上。

1995年，Win95出现，3DS出现了超强升级版本3DS MAX1.0。

1995年11月22日，由迪斯尼发行的《玩具总动员》(Toy Story)上映，这部纯三维制作的动画片取得了巨大的成功。

1998年，Maya的出现可以说是3D发展史上的又一个里程碑，一个个超强工具的出现，也推动着三维动画应用领域不断地拓宽。

至此，三维动画迅速取代传统动画成为最卖座的动画片种。迪斯尼公司在其后发行的《玩具总动员2》《恐龙》《怪物公司》《虫虫特工队》都取得了成功。新成立的梦工厂也积极进军动画产业，发行了《蚁哥正传》和《怪物史瑞克》《马达加斯加》等三维动画片，也获得了巨大的商业成功。

现如今，随着电脑和互联网技术的发展，三维动画模拟真人演出的危险性高镜头的运用越来越多，三维动画成了电影特效最主要的实现手段(如：电影《阿凡达》)。从令人耳目一新的电影世界到具有逼真效果的电子游戏，再到我们当下流行的VR技术，三维动画的应用领域越来越广泛，在我们生活中已经随处可见。梦想在不断地实现，更多的梦幻故事等着我们去创造。

第二章

CHAPTER 2

当今掌握三维技术的顶级公司

一、美国的顶级公司

1. 工业光魔公司

工业光魔（全称：Industrial Light and Magic，简称：ILM）（图1），是著名的电影特效制作公司。自从乔治·卢卡斯（George Lucas）于1975年创建该公司并参与第一部《星球大战》（Star Wars）的特效制作以来，工业光魔已经为多达300多部影片提供了视觉特效制作服务。

时至今日，工业光魔公司依然代表着当今世界电影特效行业顶尖的制作水准，取得的技术成就更是无出其右。“电影比技术更重要”——如今这一观念已经演化成为工业光魔的重要宗旨，并引领着它不断地壮大和发展。

官网：https://www.ilm.com

2. 皮克斯公司

PIXAR皮克斯动画工作室（图2），简称皮克斯，是一家专门制作电脑动画的公司。该公司目前位于美国加州的爱莫利维尔（Emeryville）市。

该公司也发展尖端的电脑三维软件，包括有专为三维动画设计的渲染软件：Renderman，使用该软件可做出如相片般拟真的三维影像。皮克斯的前身，是乔治·卢卡斯的电影公司的电脑动画部。1979年，由于《星球大战》电影大获成功，卢卡斯影业成立了电脑绘图部，雇请艾德文·卡特姆负责和其他技术人员一起设计电子编辑和特效系统。卡特姆后被认为是皮克斯的缔造者和纯电脑制作电影的发明人。1984年，刚刚离开迪士尼的约翰·拉赛特（John Lasseter）加入卢卡斯电脑动画部，成为后来皮克斯的重要人物，他是皮克斯创造力的驱动者。1986年，史蒂夫·乔布斯（Steve Jobs）以1000万美元收购了乔治·卢卡斯的电脑动画部，成立了皮克斯动画工作室。2006年，皮克斯被迪士尼以74亿美元收购，成为华特迪士尼公司的一部分。

皮克斯公司自创立就引起了世人的注意。在他们于SIGGRAPH的首次公演会中，他们的动画短片赢得了大众的掌声。他们的作品：1995《玩具总动员》（Toy Story）、1998《虫虫危机》（A Bug's Life）、1999《玩具总动员2》（Toy Story2）、2001《怪物公司》（Monsters Inc.）、2003《海底总动员》（Finding Nemo）、2004《超人总动员》（The Incredibles）、2006《赛车总动员》（Cars）、2007《料理鼠王》（Ratatouille）、2008《飞屋环游记》（UP）成为了电脑动画的经典。他们的动画被收录在电脑动画教学的教材里作参考，每年出品的皮克斯视频是奥斯卡奖的热门。

官网：https://www.pixar.com

图1

图2

3. 迪士尼动画公司

全球闻名遐迩的迪士尼（图3），全称为The Walt Disney Company，取名自其创始人华特·迪士尼，创作了很多经典的动画片：《白雪公主和七个小矮人》（1937）、《爱丽丝梦游仙境》（1951）、《美女与野兽》（1991）、《狮子王》（1994）、《冰雪奇缘》（2014）、《疯狂动物城》（2016）等，还有米老鼠和唐老鸭两个经典动画形象，也给我们带来了童年的欢乐。总部设在美国伯班克的大型跨国公司。

其主要业务包括娱乐节目制作、主题公园、玩具、图书、电子游戏和传媒网络。皮克斯动画工作室（PIXAR Animation Studio）、漫威漫画公司（Marvel Entertainment Inc）、试金石电影公司（Touchstone Pictures）、米拉麦克斯（Miramax）电影公司、博纳影视公司（Buena Vista Home Entertainment）、好莱坞电影公司（Hollywood Pictures）、ESPN体育、美国广播公司（ABC）等都是其旗下的公司（品牌）。迪士尼于2012年11月收购了卢卡斯影业。

全球官网：https://www.disneyanimation.com，中国官网：http://www.disney.cn

图3

4.蒂皮特工作室（Tippett Studio）

Tippett Studio（图4）作为世界上历史最悠久的特效制作公司，创建于1984年，无论是早期的《侏罗纪公园》、《黑客帝国》系列，还是近期的《哈利波特》系列、《暮光之城》系列、《泰迪熊》《忍者神龟：变种时代》等都显示出了特效技术对电影事业革命性的创造与改变（图5）。

官网：https://www.tippett.com

图4

图5

二、新西兰——维塔数码（Weta Digital）

维塔数码（Weta Digital）（图6）是一家全球领先的综合性视觉效果公司，总部设在新西兰首都惠灵顿。公司成立于1993年，由新西兰导演彼得·杰克逊与好友理查德·泰勒、吉米·塞尔柯克共同创建。维塔数码曾5次获得奥斯卡最佳视觉效果奖。我们熟知的电影如《魔戒三部曲》《金刚》《阿凡达》等片中的视效均出自维塔的制作团队，还有今年年初很火的《流浪地球》中的机甲（“机械动力装甲”）也是由维塔团队制作。

官网：https://www.wetafx.co.nz

图6

三、日本——索尼图像（Sony Pictures Imageworks）

索尼麾下的特效制作公司（图7），从1993年涉足电影视觉特效的制作，迄今为止已经为将近100部电影提供特效制作，其中包括《蜘蛛侠》《隐形人》《精灵鼠小弟》和《星河战队》等影迷耳熟能详的影片。

官网：https://www.imageworks.com

ImageWorks
Generations of Imaging

图7

四、英国的顶级公司

1. Framestore特效公司

Framestore（图8）成立于1986年，总部位于英国伦敦，是欧洲最大的视觉特效公司，并在电影特效方面有着相当辉煌的履历。近些年在中国上映的电影中，如《波斯王子：时之刃》《大侦探福尔摩斯》《蝙蝠侠：黑暗骑士》《明日边缘》《银河护卫队》《地心引力》《哈利·波特与凤凰社》《阿凡达》，等等，都有Framestore的贡献。

官网：https://www.framestore.com

图8

2.双重否定特效公司（Double Negative）

Double Negative（图9），Double Negative——双重否定（等于肯定），英国著名视觉特效工作室，创建于1998年，从最初30人的小公司，逐渐发展为目前欧洲最大的影视后期特效制作基地——也就是《哈利波特》的诞生地。代表作品：《盗梦空间》《星际穿越》《哈利波特》系列、《蝙蝠侠》系列（诺兰版）、《2012》等。

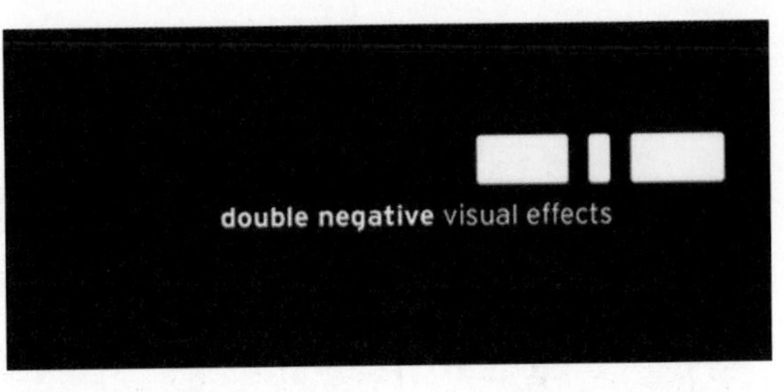

图9

3.移动图像特效公司（The Moving Picture Company）

MPC公司（图10）全称The Moving Picture Company，直译就是运动图像公司。MPC是一家拥有多年视效经验的英国后期特效公司，致力于增加视觉效果和创造力的专业电影制作团队。

官网：https://www.moving-picture.com

图10

4.米尔特效公司（The Mill）

1990年，约瑟芬创建了米尔公司（图11），1997年与大导演斯科特合作，制作了《角斗士》，成为英国第一家获得奥斯卡奖的后期制作公司。1998年约瑟芬收购了另外一家特效公司magic camera，由于觉得制作电影的回报周期慢，约瑟芬之后放弃制作电影，专攻广告。2007年它又被凯雷集团收购，2009年又宣布回归电影制作。后来还是以制作广告为主。

官网：http://www.themill.com

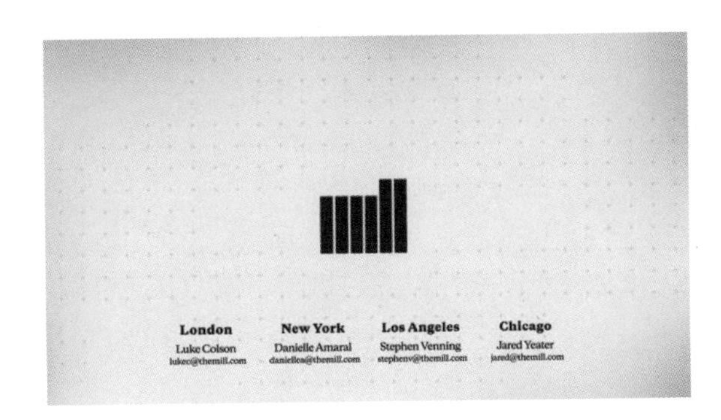

图11

五、法国——巴菲因特效公司（BUF）

BUF Compagnie（图12）是一家法国特效公司，总部位于巴黎，在美国的洛杉矶、加拿大、比利时均设有分公司，曾为大量好莱坞影片、广告、MV制作后期特效，并多次荣获大奖。

BUF曾为王家卫导演的《2046》制作后期特效。此前为《一代宗师》制作的电影特效获第50届金马奖最佳视觉效果奖。

图12

六、韩国——大田影像特殊会馆（Marcograph）

韩国特效公司（图13），代表作：《龙之战》《功夫之王》《西游降魔篇》《大闹天宫》等。

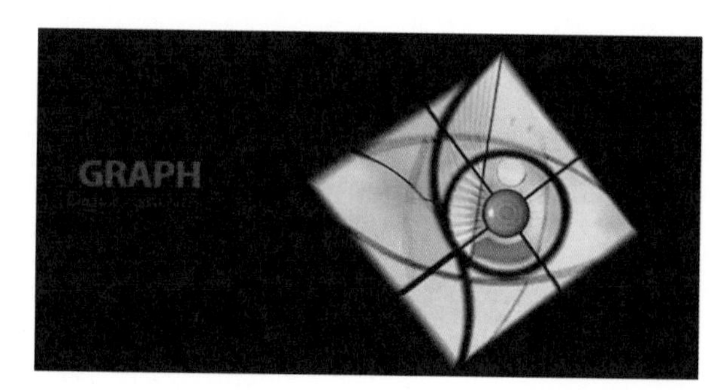

图13

第三章

CHAPTER 3
主流三维软件及特点

一、Maya软件

Maya作为三维动画软件深受业界的欢迎和钟爱。Maya集合了最先进的动画及数字效果技术，它不仅包括一般三维和视觉效果制作功能，而且还结合了最先进的建模、数字化布料模拟、毛发渲染和运动匹配等技术。Maya因其强大的功能在3D动画界产生了巨大影响，在电影、游戏等领域充分体现了其价值，成为三维动画软件中的佼佼者。

软件优势：Maya 集成了Alias、Wavefront 最先进的动画及数字效果技术。它包括了最先进的建模、动画技术、粒子特效、数字化布料模拟、毛发、运动匹配、渲染等复杂技术。Maya 可在Windows NT、IOS、 SGI IRIX 操作系统上运行。在目前市场上用来进行数字和三维制作的工具中，Maya 是首选解决方案。

二、3D Max软件

3D Studio Max，常简称为3D Max或3Ds MAX，是Discreet公司开发的（后被Autodesk公司合并）基于PC系统的三维动画制作软件，是最优秀的三维动画软件之一。3Ds Max具有强大的建模功能和材质编辑器，在影视、建筑、工业设计等领域都有广泛的应用。

软件优势：3Ds MAX有非常好的性价比，它所提供的强大的功能远远超过了它自身低廉的价格，这样就可以使作品的制作成本大大降低，而且它对硬件系统的要求相对来说也比较低，一般普通的配置就已经可以满足学习的需要了。

三、Houdini软件

Houdini是一款三维计算机图形和特效制作软件，由加拿大Side Effects Software Inc.（简称SESI）公司开发，在流体、粒子特效、布料结算等特效方面有突出表现。Houdini自带的渲染器是Mantra，基于Reyes渲染架构，能够快速地渲染运动模糊、景深和置换效果，Houdini在特效领域得到用户的广泛青睐。

四、Lightwave软件

Lightwave是一个具有悠久历史和众多成功案例的为数不多的重量级3D软件之一。由美国NewTek公司开发的LightWave3D是一款高性价比的三维动画制作软件，它的功能非常强大，被广泛应用在电影、电视、游戏、网页、广告、印刷、动画等各领域。它的操作简便，易学易用，在生物建模和角色动画方面功能异常强大；光线跟踪、光能传递等技术的渲染模块，令它的渲染品质几近完美。它以其优异性能备受影视特效制作公司和游戏开发商的青睐。

五、Cinema 4D软件

Cinema 4D字面意思是4D电影，不过其本身就是3D的表现软件，由德国Maxon Computer开发，以极高的运算速度和强大的渲染插件著称，很多模块的功能在同类软件中代表科技进步的成果，并且在用其描绘的各类电影中表现突出，随着其越来越成熟的技术受到越来越多的电影公司的重视。可以预见，未来使用该软件的人会越来越多。

六、Vue软件

Vue系列产品为3D自然环境的动画制作和渲染提供了一系列的解决方案。Vue系列有很多不同的产品，这是为了满足不同层级用户的需要：可以满足专业的制作工作室，同样也能满足3D自由艺术家。

七、Lumion软件

Lumion是一个实时的3D可视化工具，用来制作电影和静帧作品，主要是在建筑、规划领域使用比较多。它也可以传递现场演示。Lumion的强大就在于它能够提供优秀的图像，并将快速和高效工作流程结合在了一起，为你节省时间、精力和金钱。

八、ZBrush软件

ZBrush几乎是好莱坞电影制作工业中最常见也最重要的软件，很多你喜爱的角色，从戴维·琼斯到阿凡达，这些人物都产生于ZBrush的画布。ZBrush使得全球的艺术家能够将幻想和真实融合在一起。

ZBrush是一个数字雕刻和绘画软件，它以强大的功能和直观的工作流程彻底改变了整个三维行业。在一个简洁的界面中，ZBrush 为当代数字艺术家提供了世界上最先进的雕刻工具。ZBrush能够雕刻高达10亿的多边形模型，能够表现出模型中细到每一个毛孔，剩下的所谓限制只取决于艺术家自身的想象力。

第四章

CHAPTER 4
ZBRUSH软件基础

第一节 熟悉ZBrush的工作环境

一、界面介绍

打开ZBrush2018后将看到默认的界面（图1）。在屏幕中间位置默认的Lightbox（灯箱）预览将会打开。

可以在Lightbox(灯箱)中找到雕刻过程中所需要的Rece（最近）、Proje（项目）、Tool（工具）、Brush（笔刷）和其他文件。可以点击Lightbox(灯箱)按钮或者快捷键，开启关闭Lightbox（灯箱）。也可以在主菜单栏里面的Preferences（首选项）里面来找到它。

中间的位置可以被称为画布，也可以被叫作文档窗口。

它类似一个3D场景（图2）。它包含了灯光、材质和几何体。在这里可以进行雕刻和绘画的工作。

它的左右两侧有进入其他功能菜单的快速链接，左侧有Brush、Stroke、Alpha、Texture、Material、颜色拾取器等可弹出的菜单按钮。

右侧由导航文档窗口和工具菜单组成的图标集。导航文档窗口包括渲染、滚动文档、缩放文档、透视变形、地面网格、局部变化、局部对称等。这里所有的功能选项都可以在顶部的主菜单里找到。

顶部的主要菜单栏里面有按照以字母顺序排列的完整ZBrush菜单列表（图3）。

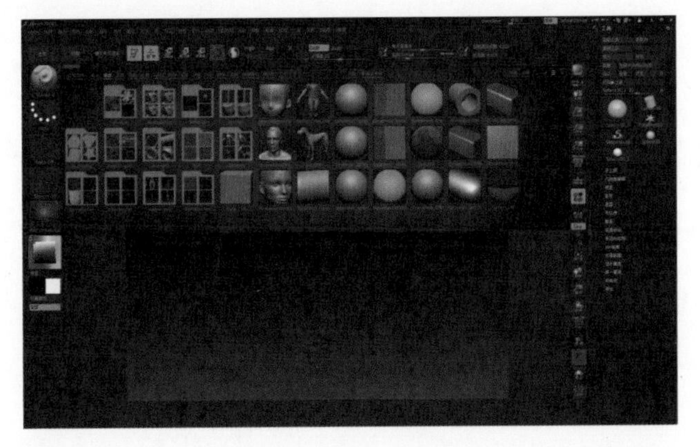

图1

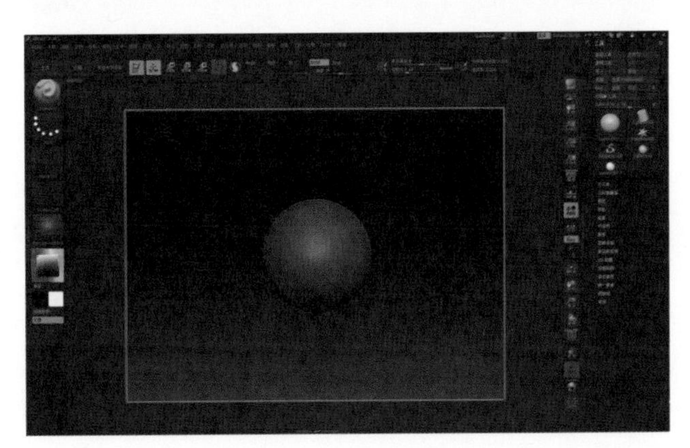

图2

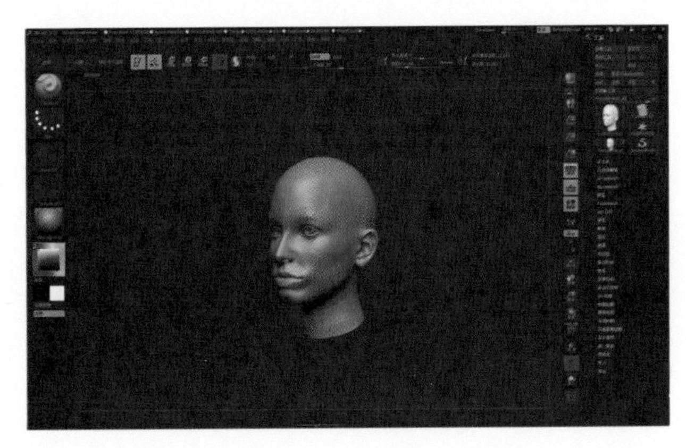

图3

Zbrush主菜单	
菜单	描述
Alpha（通道）	导出和处理Alpha、用作笔刷形状、模版和纹路图章的灰度图像的选项。
Brush（笔刷）	包含3D雕刻和绘画工具。
Color（颜色）	用于选择颜色及使用颜色或材质填充模型的选项。
Document（文档）	用于设置文档窗口大小以及从ZBrush导出图像的选项。
Draw（绘制）	定义笔刷如何影响表面的设置。包括ZIntensity、RGB Intensity、ZAdd、ZSub以及特定于2.5D笔刷的设置。
Edit（编辑）	包含UNDO和REDO按钮。
File（文件）	主要针对我们所做文件的管理。
Layer（图层）	用于创建和管理文档图层的选项。这些选项与雕刻图层不同，通常用于画布建模和插图。
Light（灯光）	创建和放置灯光以照亮主体。
Macro（宏）	为了轻松地重复，将ZBrush操作记录为按钮。
Marker（标记）	此菜单是为了Muitimarkers而设，Muitimarkers是ZBrush的一个旧功能，随着子工具的出现它基本已经过时。
Material（材质）	Surface明暗器和材质的设置，包括标准材质和MatCap（材质捕获）材质。
Movie（影片）	此菜单可以使用户录制视频。
Picker（拾取）	关于笔刷如何处理表面的选项。
Preferences（首选项）	设置ZBrush首选项。从界面颜色到内存管理都在此设置。
Render（渲染）	在ZBrush内渲染图像的首选项。此菜单只在制作2.5D插图时使用。
Stencil（模版）	与Alpha菜单有紧密联系。Stencil允许用户操作已经转换为模版的Alpha，从而帮助绘制和雕刻细节。
Stroke（笔触）	管理以何种方式应用笔刷笔画的选项。这些选项包括Freehand笔画和Spray笔画。
Texture（纹理）	通过ZBrush创建、导入和导出纹理贴图的菜单。
Tool（工具）	这是ZBrush的主要部分。此菜单包括影响当前ZTool的所有选项。此处有Subtools、Layers、Deformation、Masking和Polygroup选项以及许多其他有用菜单。这是您需要花费时间最多的菜单（和Brush相比）。使用Tool菜单可以选择进行雕刻的工具以及为画布建模和插图，选择各种2.5D工具。
Transform（变换）	包含文档导航的选项，如Zoom和Pan以及改变模型的坐标轴点和雕刻的Symmetry设置以及Polyframe视图按钮。
Zplugin（Z插件）	用于访问到ZBrush中的插件。在此处可发现MD3，它可用于创建置换贴图，还可找到ZMapper和其他有用的工具。
ZScript（Z脚本）	用来记录保存和载入的ZScript的菜单，通过ZBrush脚本的编写，可以为ZBrush添加新的功能。

二、UI颜色，布局调整

ZBrush为用户提供了一些预设，找到主菜单栏右上方的一排小按钮，QuickSave 透视 0 菜单 DefaultZScript 其中按钮可以改变UI颜色，前一个是加载上一用户界面颜色，后面一个是加载下一用户界面颜色,它所在主菜单的位置是在Preferences（首选项）中的Icolors里面，可以调节里面的参数来自定义UI的颜色（图4、5、6、7、8）。

按钮可以对UI布局进行调整，单击（上一个UI布局）按钮，可以切换到上一个界面布局；单击（下一个UI布局）按钮，可以切换到下一个界面布局。每种界面布局都可以适用于不同的操作，系统提供了5种界面布局，分别是Standard（标准）、ZSketch（草图）、LeftRightShelf（左右工具架）、Minimal（最小）与Sculpt（雕刻）界面。

Standard（标准）界面：标准界面是ZBrush系统默认的启动界面，基本适合ZBrush中的任何操作。

图4

图5

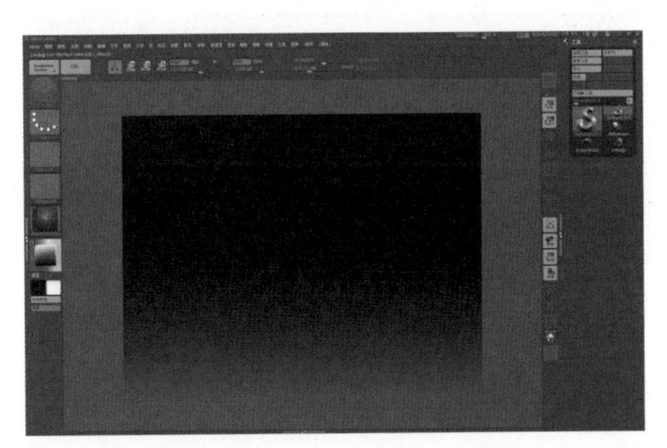

图7

图6

图8

Standard（标准）界面（图9）

ZSketch（草图）界面：ZSketch（草图）界面新增加了一些ZSphere笔刷，用户可以使用新的方法来完成ZSphere建模。

ZSketch（草图）界面（图10）

LeftRightShelf（左右工具架）界面：调整对象贴图、纹理等与颜色相关的操作可以选择此种界面布局。

LeftRightShelf（左右工具架）界面（图11）

Minimal（最小）界面：此种界面布局适合对ZBrush操作比较熟练的高手。

Minimal（最小）界面（图12）

Sculpt（雕刻）界面（图13）：此种界面布局比较适合对模型进行雕刻操作。

Sculpt（雕刻）界面

图11

图9

图12

图10

图13

三、视图操作讲解

我们先在场景里面建立一个模型，在场景右侧导航窗口中移动（快捷键：W）、旋转（快捷键：E）、缩放（快捷键：R），都是对视图的操作的主要命令。在实际操作中这几个命令都有对应的快捷方式。

首先是旋转，点击场景空白区域并按住鼠标左键或者右键进行拖动的话就是对视图的旋转操作。

移动要配合键盘上的Alt键，同样也是在场景空白区域按住鼠标左键或者右键进行拖动，对视图进行移动操作。

缩放的快捷方式有两种：一种是按住Ctrl键在场景空白区域并按住鼠标右键进行拖动；第二种快捷方式是先按住Alt键在场景空白区域按住鼠标左键或者右键，然后松开Alt键按钮，鼠标进行拖动。

透视图显示按钮，点击之后会使视图中的模型产生近大远小的透视效果。

地面网格，使用户在雕刻模型的时候时刻了解模型所处的空间位置。在按钮图标上方有XYZ小字按钮，点亮之后可以开启XYZ轴向的平面网格，可以更加准确地知道模型的空间关系。

有时候在雕刻模型移动、缩放、旋转的时候可能会偏离所需要的视图角度，这时候可以配合下键盘上的Shift键使模型在视图中归正。

局部，这个命令在对模型局部雕刻细节的时候非常有用，在没有使用该命令的时候，对所雕刻模型进行移动、缩放、旋转命令时，视图会按照整个模型的中心点来进行以上操作，点开该命令后视图会按照模型的局部雕刻区域作为中心点进行操作。

局部对称，有时候在雕刻时，模型会偏离场景世界轴心，那时候进行对称雕刻，对称命令将不起作用。点开此命令后对称点会回到模型中心，可以继续进行对称雕刻。

框架，适配模型到视图。快捷键是F，当雕刻模型时在视图中太小或者太大的时候，点击F键，模型会适配到视图中心。

模型网格，这个命令可以查看所雕刻模型的布线结构。快捷键是Shift + F。

激活编辑不透明度，这个命令是除了当前在雕刻操作的模型外，其他场景内的模型都透明显示。

幽灵模式，该命令配合上一个激活编辑不透明度使用，使模型透明显示模式改变。

孤立显示，场景内只显示所雕刻的模型，其他模型都被隐藏。

分离显示，该命令会把场景内重叠的模型自动进行分离。雕刻时方便观察每个模型的细节。

四、初始模型的创建、导入和保存

首先建立一个初始模型，在文档窗口右侧的托盘上的Tool（工具）面板（图14）下

点击

图标（图15），打开弹出界面（图16）。

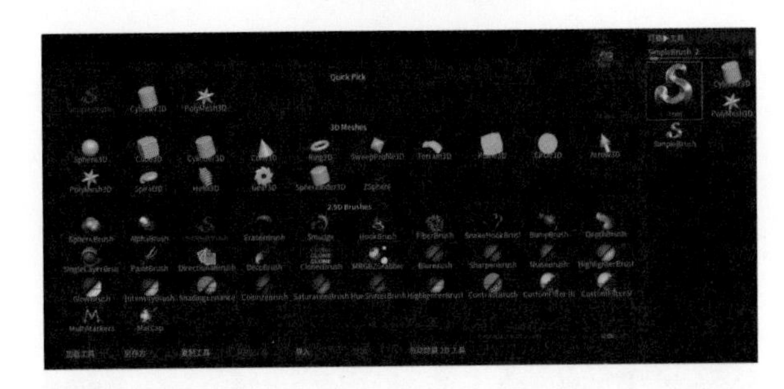

图16

这里面有三个区域，第一个是Qulck Pick（快速选择），就是最开始出现的SimpleBrush和旁边的两个模型。

第二个区域是3D Meshes（3D模型），这里面是初始化的三维模型。通常在制作中先创建基础的初始模型，对它进行一些参数调整，然后进行笔刷雕刻。

第三个区域是2.5D Brushes（2.5D笔刷），它的作用在用户制作Alpha和贴图的时候会使用到。

先在3D Meshes（3D模型）里面选中一个三维模型，然后在场景中进行拖拽，经过多次拖拽后会发现场景中有很多个圆柱体，其实最终有效的是最后创建出来的模型。可以点击主菜单下方的Edit按钮来进入编辑模式对场景内的模型进行修改，然后可以使用快捷键Ctrl + N键对场景中的多余信息进行清空，只留下最终有效的模型。

在场景内创建一个初始模型，在右边Tool工具栏下面找到Initialize初始化（图17）。

可以对初始模型的长宽、结构段数等参数进行调整。

创建好初始模型之后，还可以对模型进行二次调整，在Tool工具栏下面找到Deformation（变形），可以使用变形器对模型进行整体调整操作。在初始模型进行完前期调整的准备阶段之后就可以开始雕刻了。

值得一提的是，初始模型进入场景中一开始是不能够被雕刻的，必须要将它转化为PolyMesh3D才能进行雕刻操作。而一旦初始模型转化成PolyMesh3D，前面所提到的Initialize初始化不能再进行调整操作，而Deformation（变形）还是可以继续操作的。

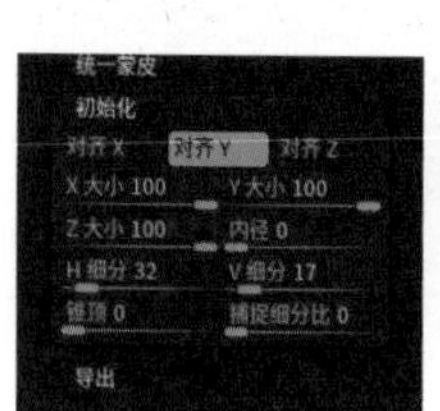

图17

图18

重置场景命令在主菜单的Preferences（首选项）中的Init ZBrush（初始化ZBrush）按钮（图18）。

ZBrush导入外部模型，在Tool工具栏下面的import（导入）（图19、20）。

导入其他三维软件的OBJ文件，导入的模型会先出现在预显示菜单栏里面。

编辑它的方式也是在场景中进行拖拽，点击Edit按钮进入编辑模式进行雕刻。需要了解的是，多个模型导入不能在上一个导入模型选择框内进行导入操作，那样会替换已导入的模型。解决方法是在预显示菜单栏里面点击Simple Brush选择一个初始化模型进行导入操作。

将两个导入模型文件合并进一个场景，要用到Tool工具栏下面的Sub Tool子工具窗口。

下面的Append追加和Insert插入（图21），都是将一个模型添加到另一个模型场景中的命令。

ZBrush导出场景内的模型，选择模型点击Tool工具栏（图22）中的Export导出按钮，选择导出格式进行导出。

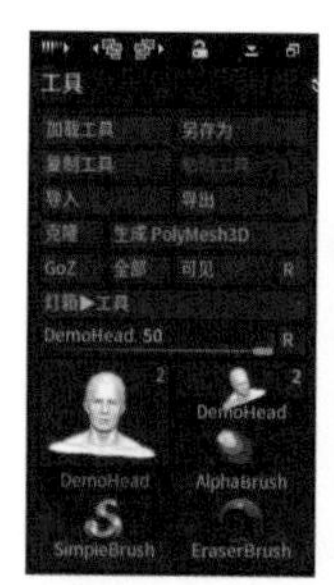

图19

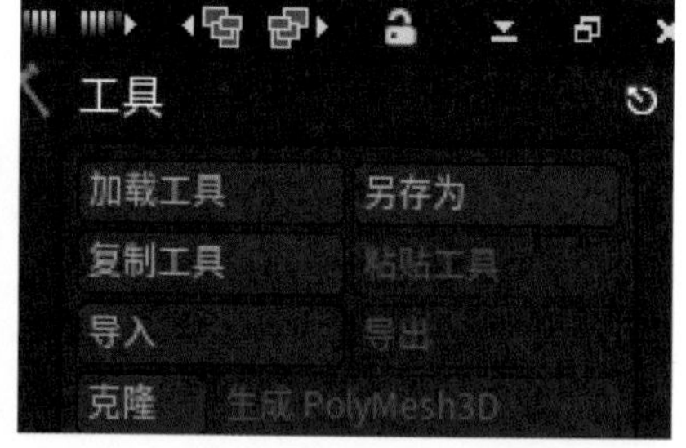

图20

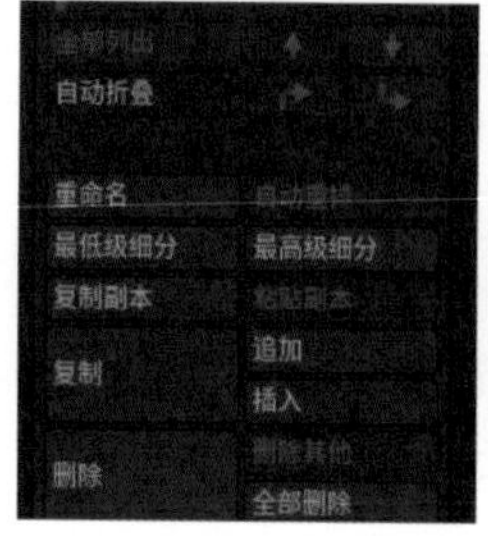

图21

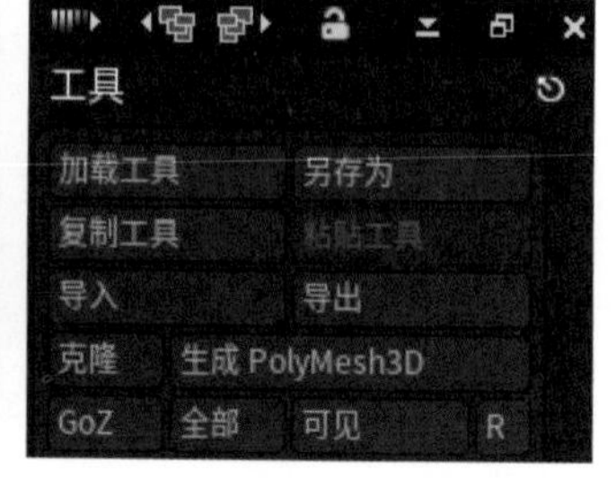

图22

ZBrush保存文件方法有两种。第一种是Tool工具栏下面Save As另存为，该存储命令的格式是ZTL格式，这个ZTL格式文件只会保存当前选择的模型文件。ZTL格式载入ZBrush就用Save As另存为前面的Load Tool加载工具。第二种是在主菜单栏下面的File文件下面也有个Save As另存为（图23）。这个Save As另存为，保存的是整个项目文件信息，文件会很大。

ZBrush还有一种保存方式，是在屏幕右上方的Quick Save快速保存。

这个命令相当于ZBrush的缓存，每段时间它会自动进行保存。想要查看保存文件的模型信息，打开LightBox灯箱里面的快速保存窗口（图24）。

这里面会自动储存雕刻模型过程中的文件。Quick Save快速保存也可以手动点击进行保存。

五、笔刷功能，快捷键

在场景创建完PolyMesh后进入Edit（快捷键T）编辑模式，找到左侧快速启动栏里面的Brush（笔刷）按钮，展开笔刷菜单（图25），快捷键是B键。

笔刷的排列方式和主菜单的排列方式是一样的，也是按照首字母的排列顺序进行排列的。

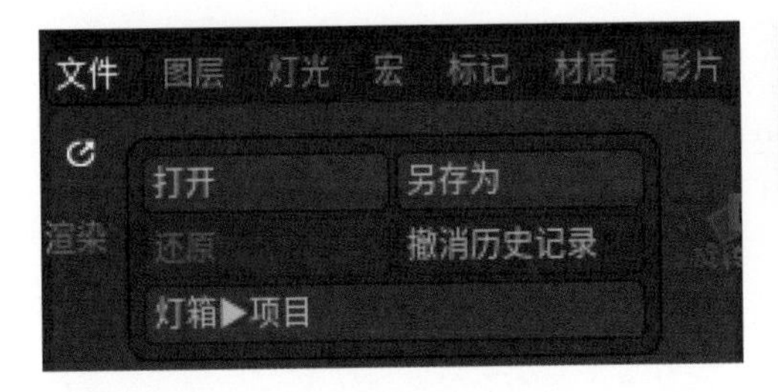

图23

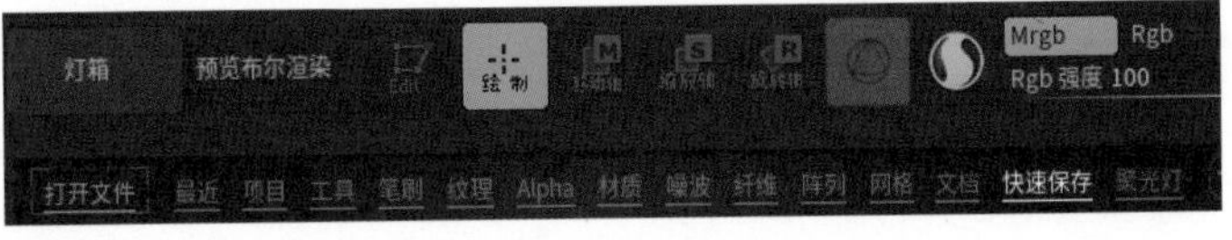

图24

图25

基本ZBrush雕刻笔刷	
笔刷	**功能描述**
Standard（标准笔刷）	ZBrush的基本雕刻笔刷，在默认参数下，可以让顶点向外凸起，造成在雕塑上增加黏土的效果。这个笔刷可以和所有定制笔刷的工具一起工作，例如笔画、阿尔法、编辑曲线，等等。按下Alt键可以让标准笔刷产生下凹的效果。
move（移动笔刷）	该笔刷在初始模型调整阶段非常有用，帮助调整模型大形。
Elastic（弹性笔刷）	类似Inflate（膨胀笔刷），但Elastic笔刷能够保留更多的底层表面结构。
Displace（凸起移动笔刷）	该笔刷与Standard（标准笔刷）类似，但它能够根据底层结构的凸起或置换使细节保持完好无损。
Inflate（膨胀笔刷）	该笔刷会使沿模型表面法线的方向改变，笔刷连续，遇到法线相对的表面可将表面靠拢。与Standard（标准笔刷）的一个法线方向完全不同。
Magnify（放大笔刷）	放大显示该笔刷下面的面。
Blob（团笔刷）	该笔刷特别适合快速创建有机组织效果。与其他笔刷相比，其笔画的一致性受到该笔刷下方不规则表面的影响，这意味着它能够生成短小的、不规则的团块。
Pinch（掐笔刷）	掐起模型表面，可以使模型结构更加明显。
Flatten（压平笔刷）	压平模型表面。
Clay（黏土笔刷）	这是使用Alpha进行雕刻的、具有多种用途的笔刷。用法类似素描排线，黏土效果。
Morph（变形笔刷）	混合当前网格与储存的变形目标。
Layer（层笔刷）	增加单一深度图层。
Nudge（推抹笔刷）	沿模型表面推动边。
SnakeHook（蛇形生长笔刷）	将面拉出蛇形般生长。
Zproject（Z项目笔刷）	向当前网格投射深度或颜色。
Smooth（平滑笔刷）	平滑并放松网格，当雕刻凹凸太过的时候，可以选择该笔刷进行平滑操作。快捷键当前笔刷加Shift键。
Clip（削剪类型笔刷）	削剪所选区域框外的模型。
Mask（蒙版类型笔刷）	将允许对圆、曲线、矩形、套索或自由形状的图形遮罩。
Trim（修剪类型笔刷）	对模型硬表面沿着笔画方向修剪多余的面。
Planar（平面笔刷）	将基于曲线标头与元素用来创建平面的表面。
Polish（抛光笔刷）	对模型表面进行平滑、刷平和抛光。
Select lasso（选择套索笔刷）	将以选择套索选择模型单独显示。
Move（移动笔刷）	移动单个几何体。
Move Topological（拓扑移动笔刷）	将以拓扑为基础来移动网格几何体。
Move Elastic（弹性拉伸笔刷）	在模型上进行弹性拉伸，其主要目的是为了拓扑。

六、模型对称雕刻

快捷键X键，也可以在主菜单里面的Transform（变化）下面找到Activate Symmetry（激活对称），点击即可打开对称功能。X、Y、Z分别代表三维空间的三个轴方向，M表示选择打开对称，正常雕刻选择打开X轴对称。

在雕刻前可以先对模型进行细分，快捷键Ctrl+D键，然后选择Standard标准笔刷（或者其他任何笔刷），就可在模型上进行对称雕刻了，非常节省时间。

激活对称按钮下面有个（R）选项，也就是径向对称，这在雕刻一圈一圈的图案或别的形状的时候非常实用，还可以调整径向的数值，也可以根据自己的实际需求同时打开两个或者三个轴向。

第五章

CHAPTER 5

MAYA配合ZBRUSH雕刻模型——蘑菇树实例

一、蘑菇树的设计

蘑菇树的设计（图1）思路：这个植物是我专门为这本书的案例而设计的，我想制作一个将Maya和ZBrush两个软件模型制作技术相结合的案例。它同时也是一个ZBrush的上手练习，相对人物来说，这个会相对简单一些，也算是一个热身练习吧。

二、蘑菇树的制作

总的建模思路：在建模的过程中，我们始终遵循一个原则，就是先整体、后局部、再细节的过程。先不要急于制作模型细节，确定模型的比例和结构准确后，再做大模型体块，在制作大体结构的同时对之前的模型进行反复修正，如此往复，一步一步地深入，直到最终完成。

图1

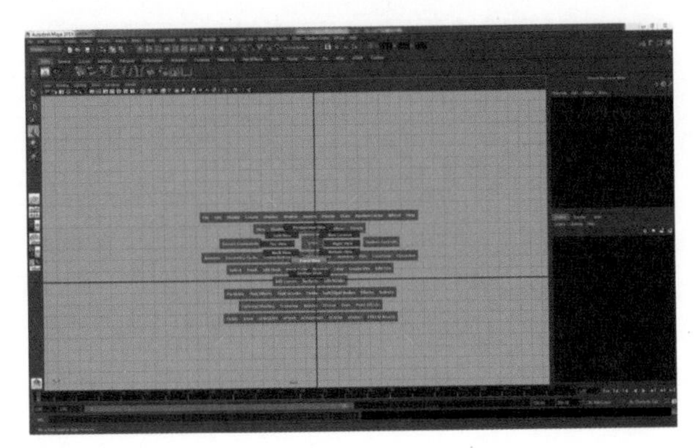

图2

1. Maya基础模型创建

在Maya中先调整到正视图（图2），在Maya场景中按住键盘空格键，在场景中出现的Maya方块中同时按住鼠标左键或者右键都可，将鼠标移动到Front View。

然后点击View里面的Image Plane将蘑菇树的设计稿（图3）导入进Maya的正视图场景里面，可以在建模工作的时候进行参考。

首先在场景中创建一个圆柱体模型来拉出树干的模型，可以在菜单栏里面找到Create里面的Polygon Primitives，点击Cylinder进行圆柱模型创建（图4）。

将圆柱模型进行放大，选择模型按键盘R键，点击坐标轴中间的黄点进行放大缩小的操作。对局部结构进行调整时，我们可以进入模型的点模式进行调整。选择模型点击鼠标右键，将鼠标移动到Vertex（图5）上，这样我们就进入了模型点模式（图6），可以对模型的局部进行操作。在点模式中在模型上按住鼠标右键，将鼠标移动到Object Mode（图7）上，可以退出点模式回到原来的模型模式。

图3

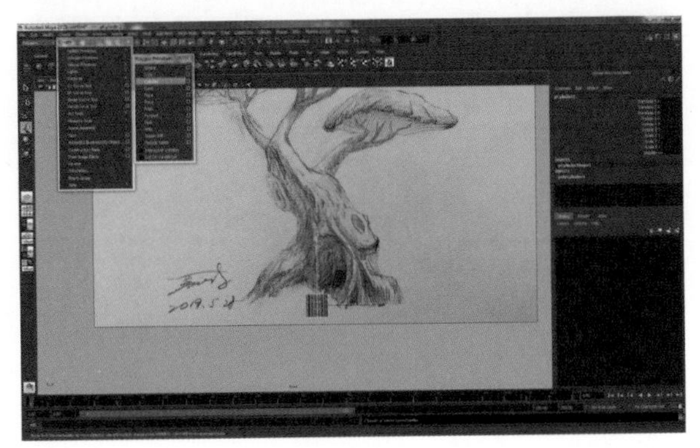

图4

选择模型按住Shift+鼠标右键将鼠标移动到Insert Edge Loop Tool（图8）上进行添加环线的操作。

根据以上的操作命令，我们将圆柱模型拉成蘑菇树的大体形态结构（图9、10），尽量契合导入参考图的模型。

对于树干分叉的枝干模型，我们可以从现有的模型上提取，不需要重新创建。我们进入模型的面模式，选择模型点击鼠标右键，将鼠标移动到Face（图11）上进入面模式，选择模型上需要提取部分的面（图12），按住Shift+鼠标右键找到Duplicate Face（图13）命令，点击它进行提取操作（图14）。

我们将提取出来的模型进行旋转和移动操作，将它放置到模型中合适的位置。选择模型按键盘E可以进行旋转操作（图15）。选择模型按键盘W可以进行移动操作（图16）。放置完模型位置之后，我们进行局部的调整。进入点模式选择模型上的点进行放大、缩小和移动的操作（图17、18），使其更加贴合参考图模型。

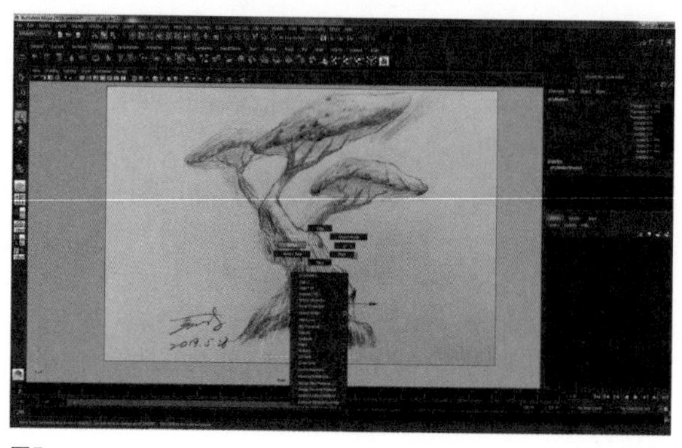

图5

图6

图7

图9

图8

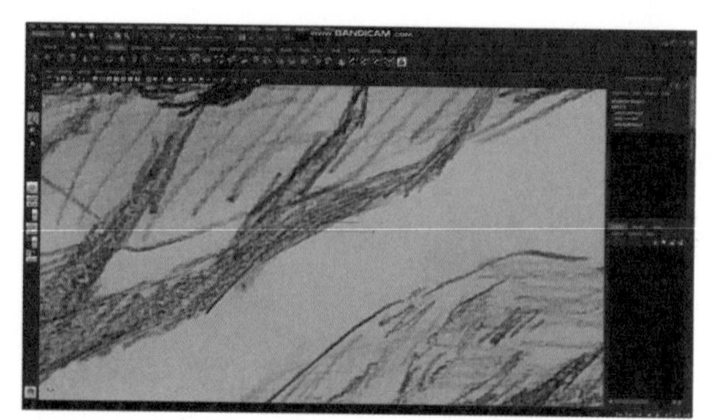

图10

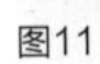
图11

图12

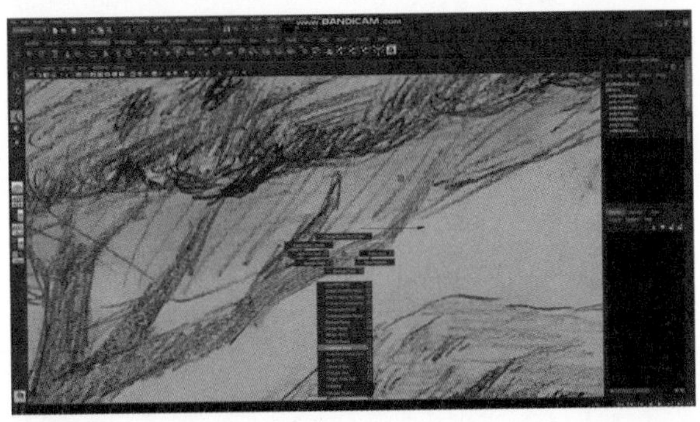

图13

图14

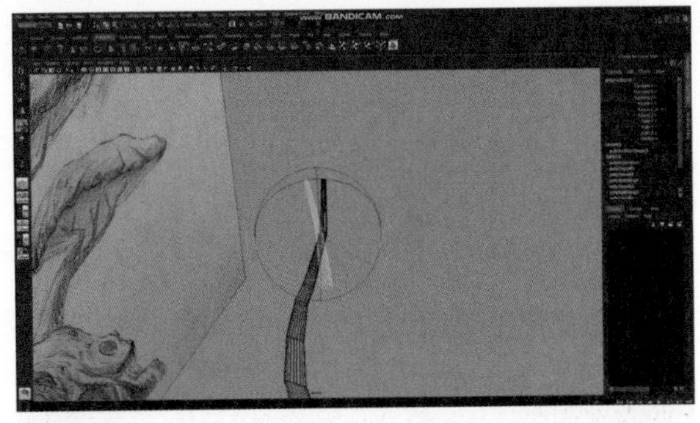

图15

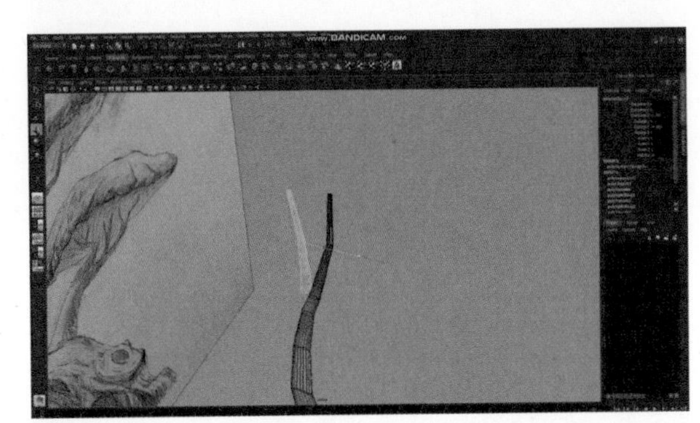

图16

图17

图18

接着我们用同样的方式（图19至图28），进行其他枝干的制作。先提取模型然后进行旋转和移动操作，将它放置到模型中合适的位置。

图19

图20

图21

图22

图23

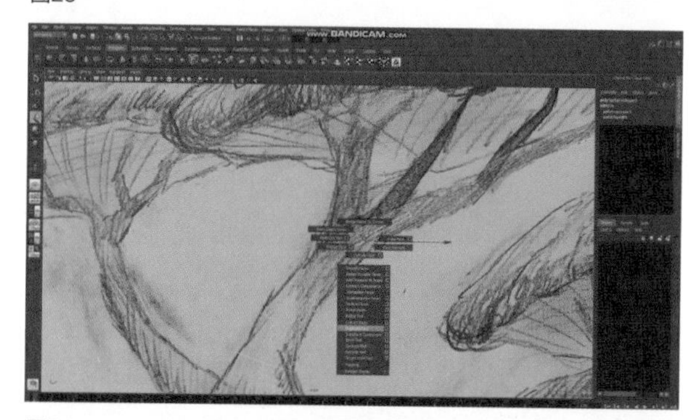

图24

图25

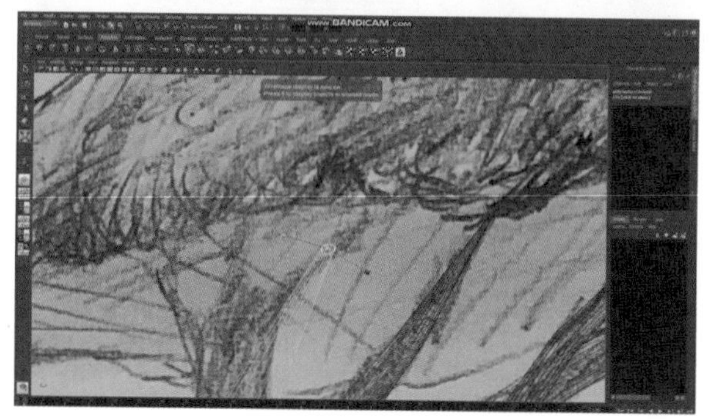

图26

选择模型点击鼠标右键，将鼠标移动到Edge上，进入模型的线模式（图29、30）。选择环线进行缩放移动操作对树的结构进行调整（图31），然后选择模型点击鼠标右键将鼠标移动到Vertex上，进入模型的点模式，继续进行结构调整（图32）。

图27

图28

图29

图31

图30

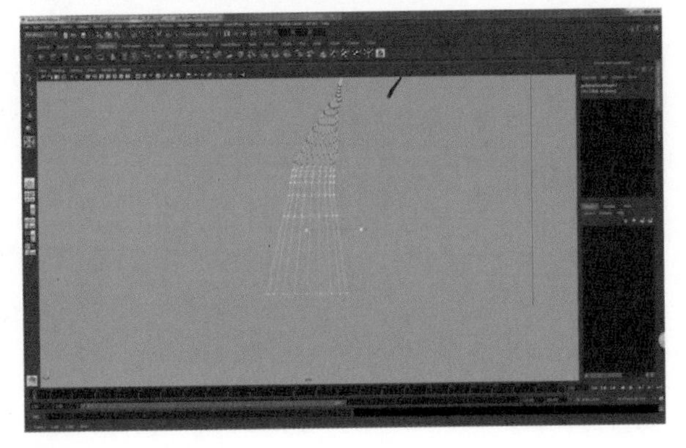

图32

图33

图34

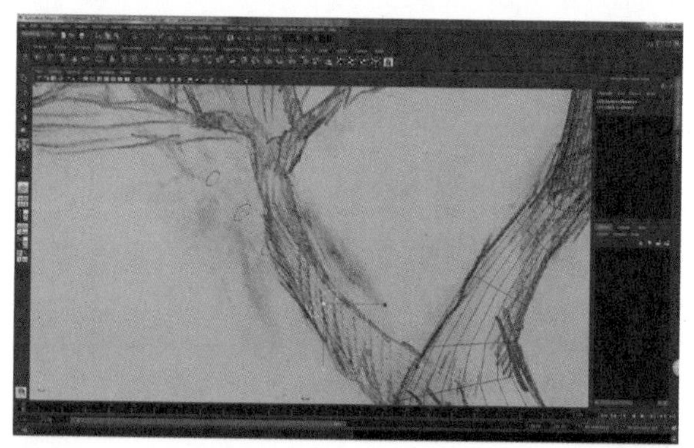

图35

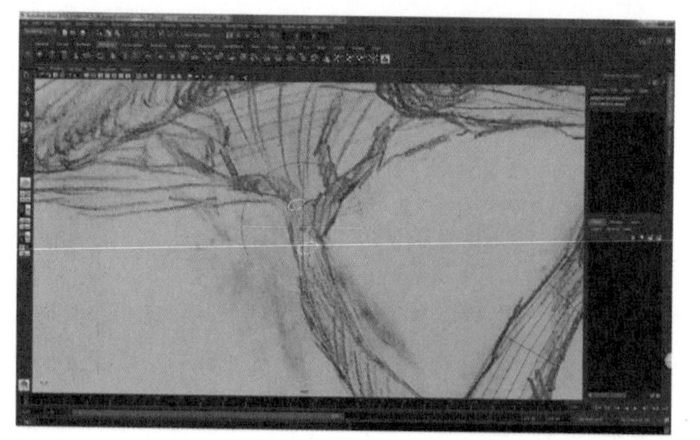

图36

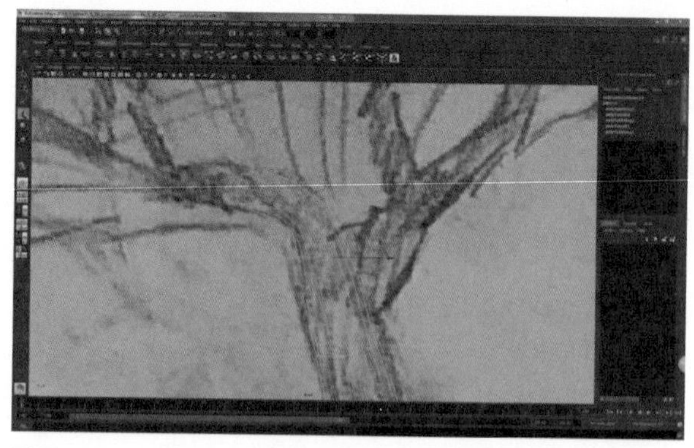

图37

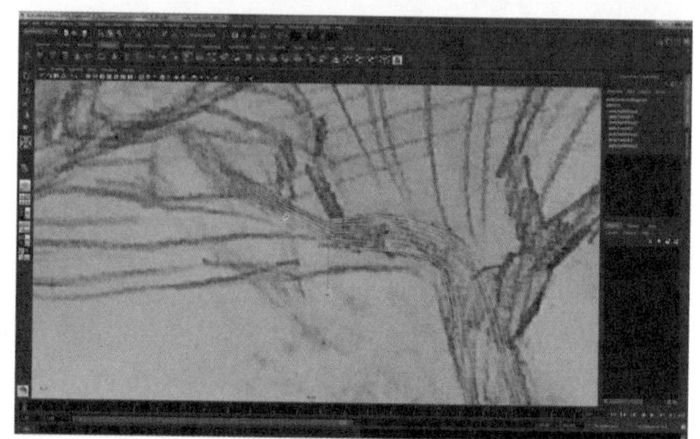

图38

继续同样的操作。先提取模型然后进行旋转和移动操作，将它放置到模型中合适的位置。选择模型点击鼠标右键，将鼠标移动到Edge上，进入模型的线模式（图33）。选择环线进行缩放移动操作对树的结构进行调整，然后选择模型点击鼠标右键将鼠标移动到Vertex上，进入模型的点模式（图34），继续进行结构调整。选择模型按键盘E进行旋转操作（图35），选择模型按键盘W进行移动操作，选择模型按键盘R缩放操作（图36）。使用相同方法制作出其他枝干模型（图37、38）。

创建Cube模型来制作蘑菇的模型，找到菜单中的Create下面的Polygon Primitives，点击Cube创建方块模型（图39）。选择模型按住Shift+鼠标右键，将鼠标移动到Insert Edge Loop Tool上进行添加环线的操作（图40）。然后选择模型点击鼠标右键，将鼠标移动到Vertex上，进入模型的点模式（图41），继续进行结构调整（图42），使模型和参考图进行结构匹配。

图39

图40

选择模型，点击鼠标右键将鼠标移动到Face上进入面模式，选择蘑菇模型上外围圈的面，按住Shift+鼠标右键找到Duplicate Face命令，点击它进行提取操作（图43）。使用W键将它移动到场景中合适的位置（图44），选择模型点击鼠标右键将鼠标移动到Vertex上，进入模型的点模式（图45），选择模型上的点进行移动操作，使结构和参考图相匹配。接着我们选择模型，点击鼠标右键将鼠标移动到Edge上，进入模型的线模式（图46）。模型上方的环线双击选择它进行挤出操作（图47），选择环线按住Shift+鼠标右键将鼠标移动到Extrude Edge上，进行挤出操作（图48）。可以配合移动缩放命令，快速对挤出模型进行结构修改（图49）。在制作完蘑菇模型后可以使用Ctrl+D快捷键对蘑菇模型进行模型复制（图50）。

图41

图43

图42

图44

图45

图49

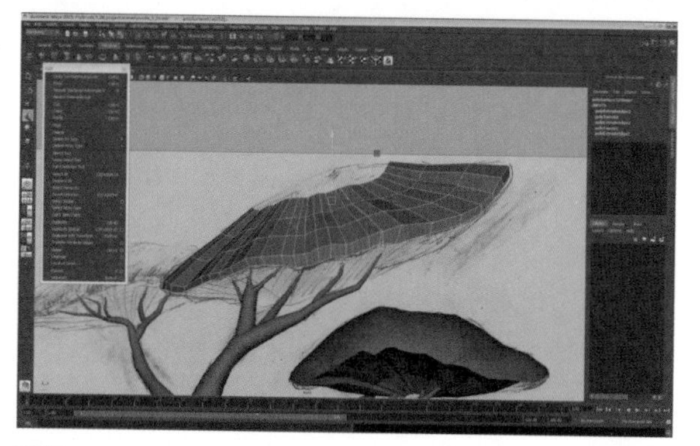
图46

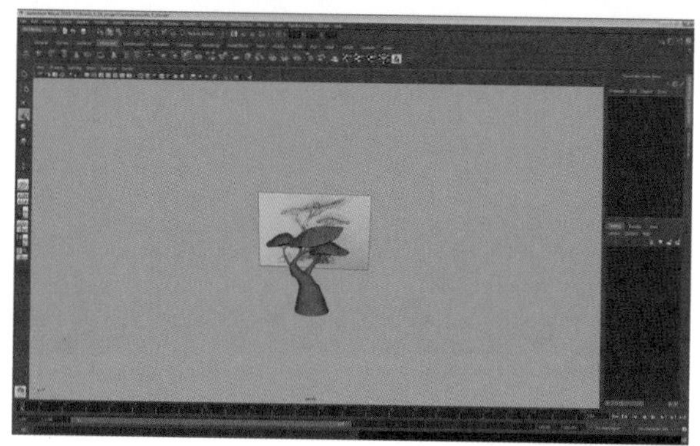
图50

图47

图48

制作好蘑菇模型后，我们发现模型表面一棱一棱的并不符合我们的模型要求，下面我们可以创建出一个圆球模型，在菜单中找到Create下面的Polygon Primitives中的Sphere圆球模型，点击它进行创建（图51）。选择圆球模型点击W键和R键进行移动和缩放操作（图52），将圆球模型向蘑菇模型的结构靠拢（图53），选择圆球模型，点击鼠标右键将鼠标移动到Face上进入面模式，选择圆球模型的下半部分，点击键盘的Delete键进行删除（图54）。将蘑菇模型进入面模式，选择上半部分的模型点击键盘上的Delete键进行删除（图55）。将剩下的圆球和蘑菇模型进行合并操作（图56），选择两个模型，按住Shift+鼠标右键，将鼠标移动到Combine上进行合并命令，接下来我们对两个模型的接缝处的结构进行连接。进入点模式，将接缝处的结构点进行移动和吸附操作，选择点按住C键或者V键，同时按住鼠标中键拖向想吸附到另一个点的位置，进行点吸附操作（图57）。在进行模型制作的时候，要时刻注意模型的布线是否合理（图58）。

图51

图52

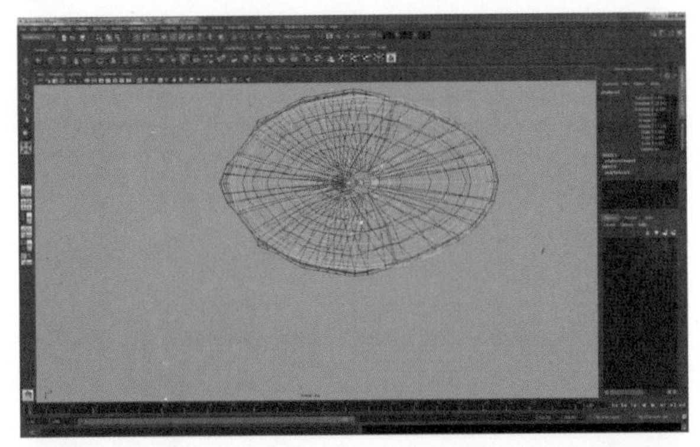
图53

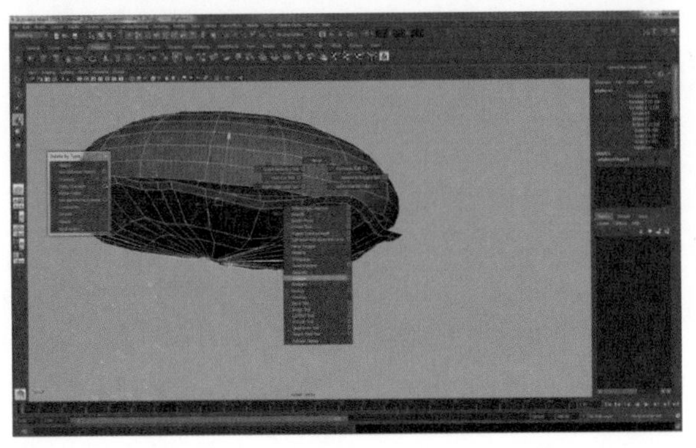
图54

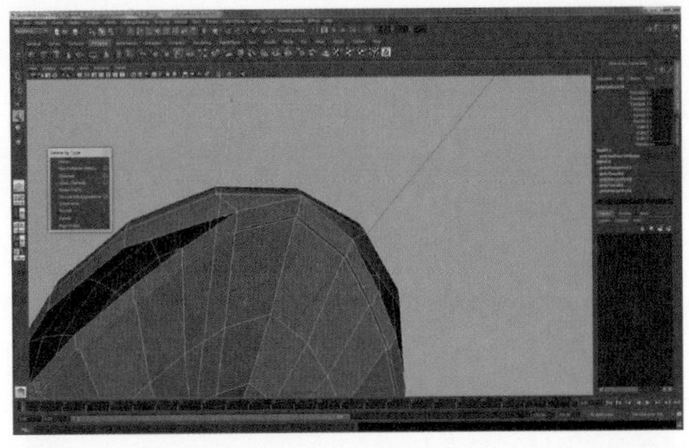
图55

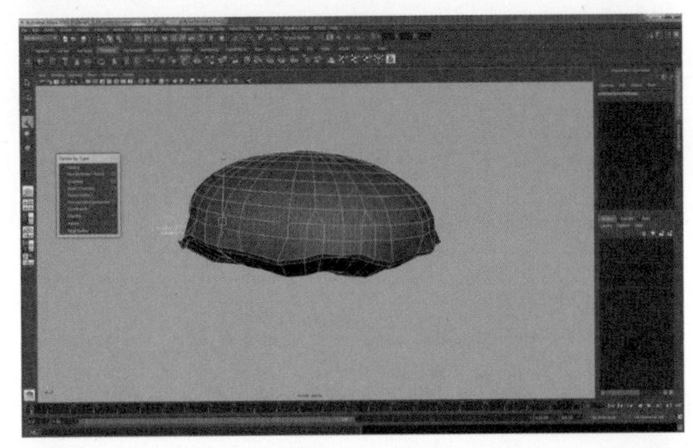
图56

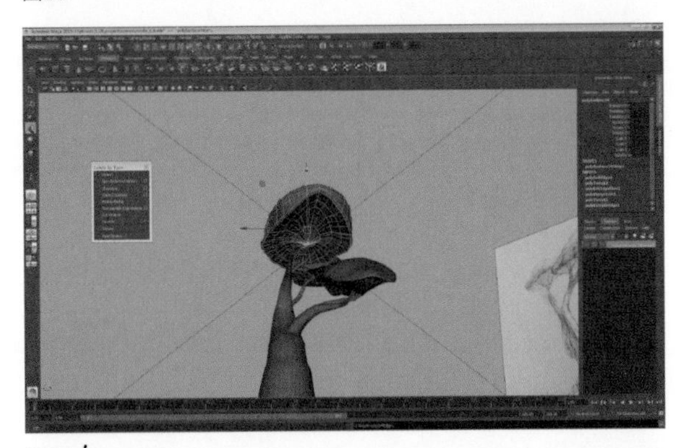
图57

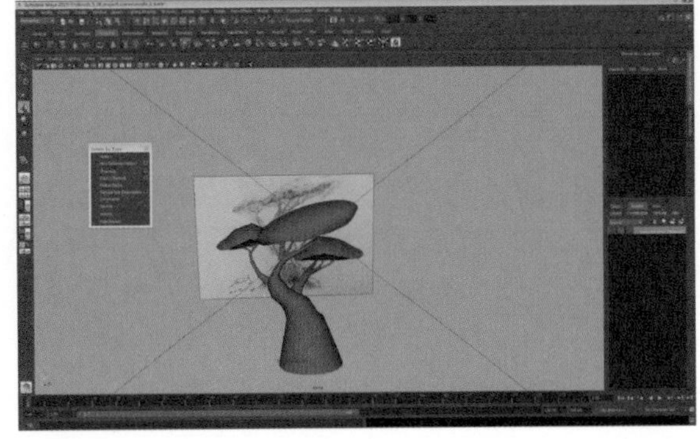
图58

创建一个圆柱体模型来拉出树干的模型（图59），可以在菜单栏里面找到Create里面的Polygon Primitives，点击Cylinder进行圆柱模型创建。将圆柱体模型进行移动操作（图60），将它放置到合适的位置，选择模型点击鼠标右键将鼠标移动到Face上进入面模式（图61），选择圆柱体的其中一个面进行移动（按快捷键W）缩放（按快捷键R）操作，创建出伸入地下的根部结构（图62）。

继续进入点模式调整树干外形（图63），使其更符合参考图上的结构（图64）。

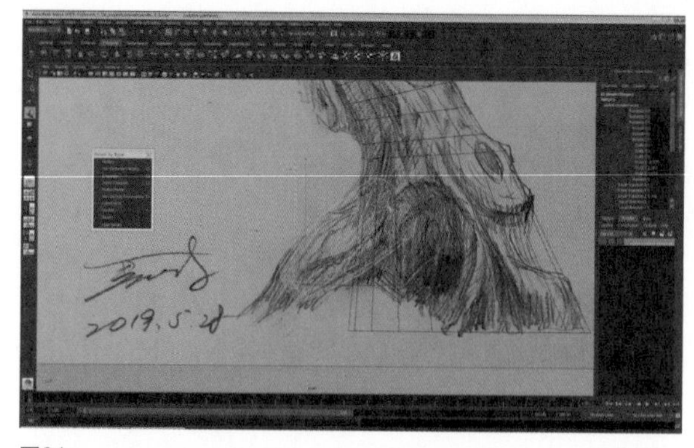

图61

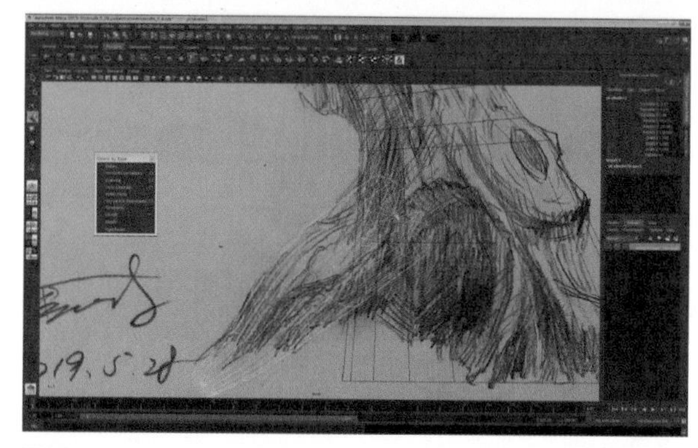

图62

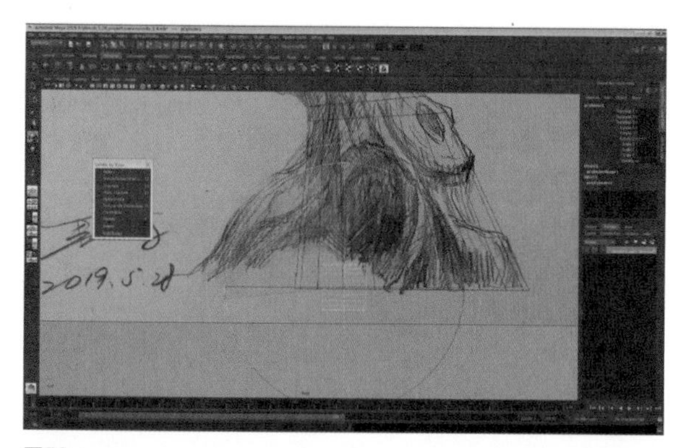

图59

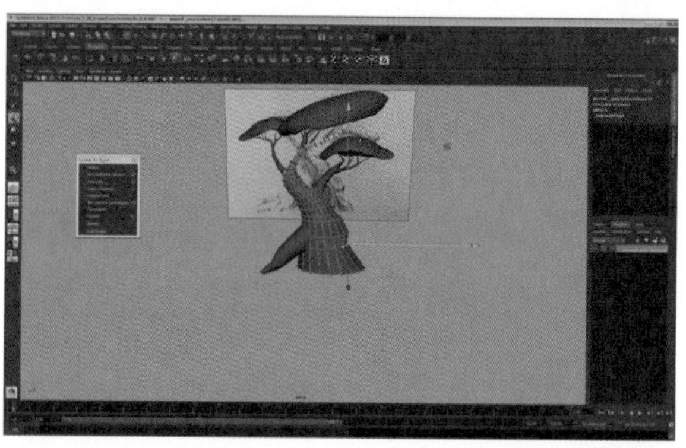

图63

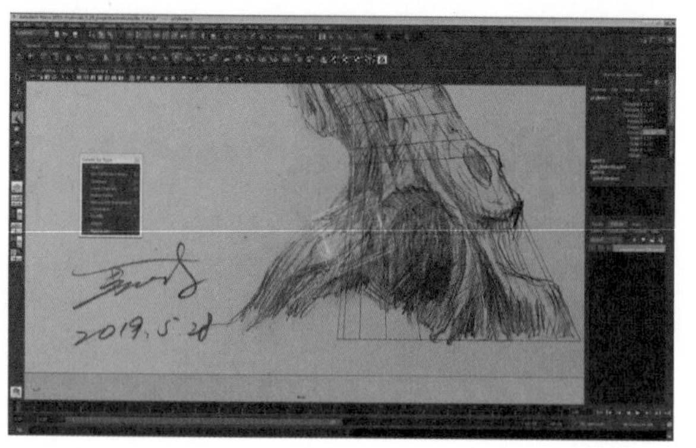

图60

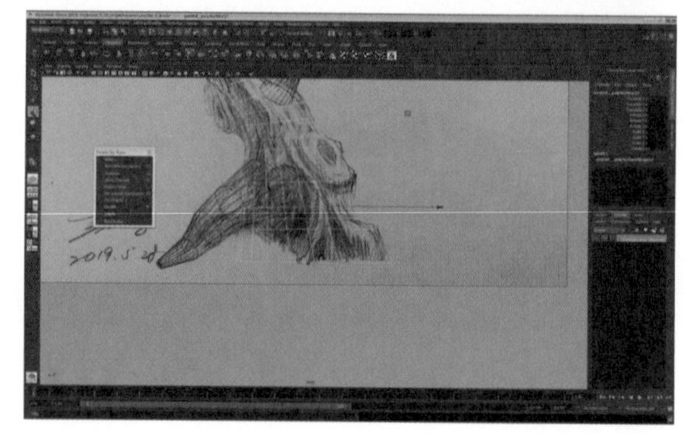

图64

接下来我们在模型上使用Lambert材质球。在菜单里面找到Window > Rendering Editors > Hypershade(材质编辑器)（图65），在Hypershade里面左侧有一列下拉单，点击里面的Maya找到Lambert材质球，点击它进行创建。在它的Color参数上贴上参考图，鼠标双击Lambert材质，球会在Maya场景右侧打开Lambert材质球的参数列表（图66），找到它的Color参数，我们点击它后面的棋盘格，在跳出的Create Render Node窗口里面点击File，在File里面的File Arrtibutes下面找到Image Name，点击它后面的文件夹将需要导入的贴图进行选择。在Color参数上贴上参考图后，按键盘的数字6可以观察贴上贴图后的模型效果，通常情况下模型上的贴图信息是乱的，接下来就需要对它进行展UV的操作。在这里面值得注意的是，我们给模型贴上贴图是为了更加快速准确地创建模型结构。在菜单里面找到Window > UV Texture Editor（UV编辑器），点击它弹出UV Texture Editor（UV编辑器）窗口，我们在这里对模型进行展UV的操作。进入前视图，选择模型在菜单里面找到Create UVs，点击Planar Mapping，使用平面影射的方法对模型进行展UV的操作（图67）。当展开模型的UV之后，我们回到UV Texture Editor（UV编辑器）窗口，在窗口里面按住鼠标右键将鼠标移动到UV上进入UV的点模式（图68），对UV进行移动（快捷键W）和缩放（快捷键R）操作，使模型UV和所贴上的贴图信息相匹配。

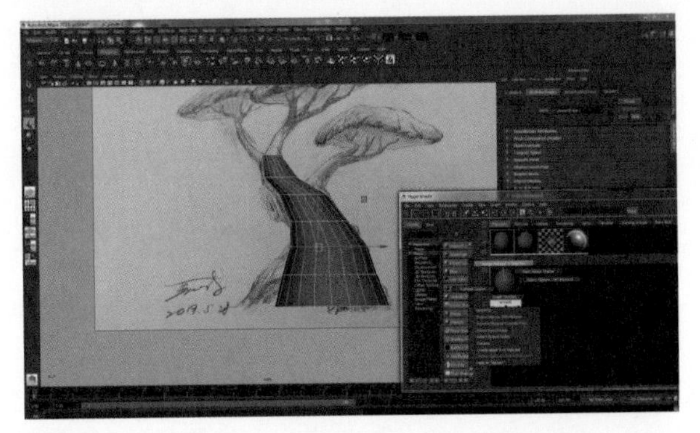

图65

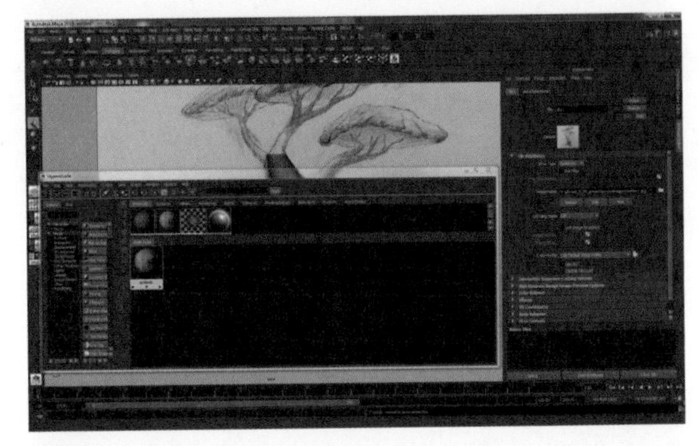

图66

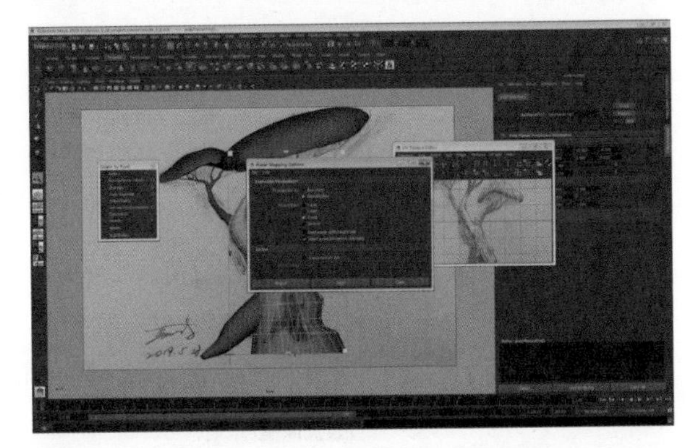

图67

图68

当调整完模型UV使它的贴图信息正确之后，我们就要根据模型上的贴图挖出树身中的树洞。首先使用Multi-Cut Tool工具在模型上进行加线操作（图69），画出树洞的结构线。选择模型按住Shift+鼠标右键，找到Multi-Cut Tool，可以看到在Maya场景中鼠标图标变成了刻刀状，这种状态下就可以在模型上进行加线操作了（图70）。画出树洞的结构线之后，我们可以进入模型的面模式，将多余的树洞面进行Delete删除（图71），然后进入模型的线模式，选择树洞的结构线往树身内进行挤出操作（图72），创建出树洞的模型结构。

继续使用Multi-Cut Tool工具在模型上进行加线操作（图73），创建出树身上的其他结构（图74、75），将树洞中所挤出的结构进行完善（图76）。

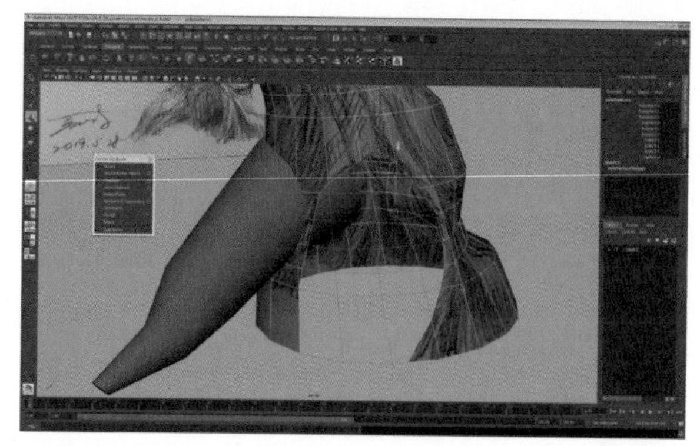

图71

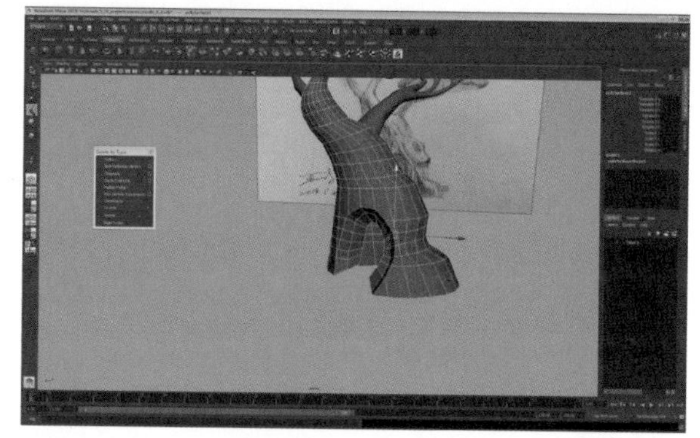

图72

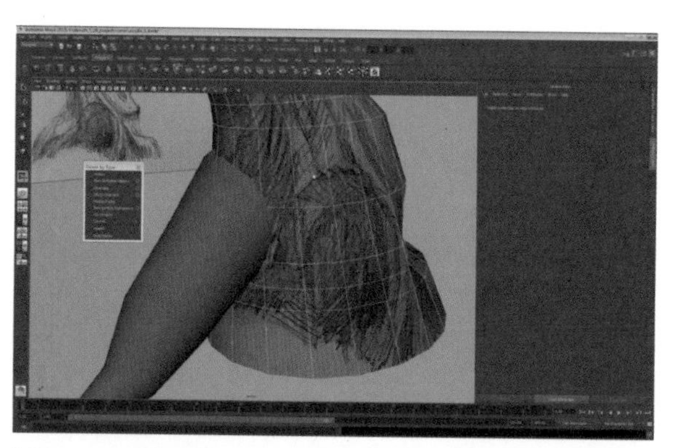

图69

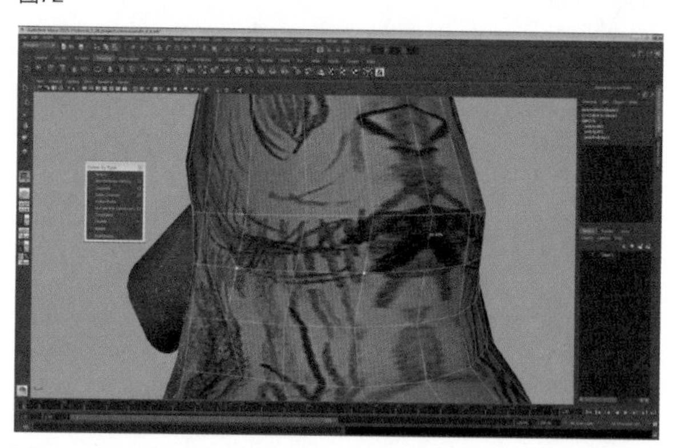

图73

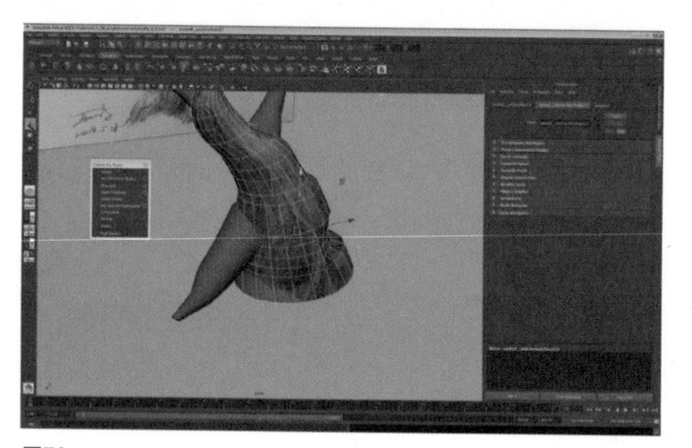

图70

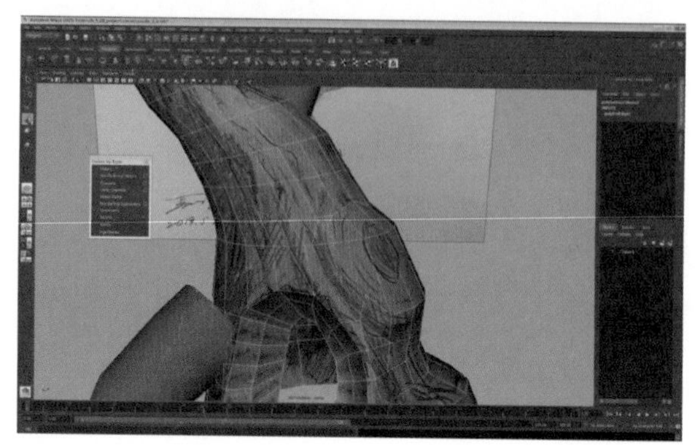

图74

继续使用Extrude Edge命令，挤出树洞上其他结构，按住V键将点与点吸附在一起并进行框选。按住Shift+鼠标右键将鼠标移动到Merge Vertices（合并顶点）上（图77），继续按住Shift+鼠标右键，在弹出的命令栏里将鼠标移动到Merge Vertices（合并顶点）上进行顶点合并操作（图78）。使用以上操作将树洞结构中空缺的部分填补上。

创建一个圆柱体模型来创建出树干上凸起的结构，可以在菜单栏里面找到Create里面的Polygon Primitives，点击Cylinder进行圆柱模型创建（图79）。使用移动缩放操作，将它放置到模型上合适的位置（图80），进入点模式将新创建的圆柱模型和树干模型进行点匹配（图81），灵活运用C键和V键这两种点吸附命令（图82）。当点匹配上之后使用Multi-Cut Tool工具进行模型加线操作，将多余的面进行Delete删除操作（图83）。接下来对圆柱模型和树干模型进行合并操作，选择两个模型按住Shift+鼠标右键将鼠标移动到Combine上进行合并命令（图84）。进入模型的点模式，框选刚刚吸附在一起的结构点进行Merge Vertices（合并顶点）操作，使其变成一个模型（图85），变为一个模型后我们需要对模型的布线进行调整（图86）。

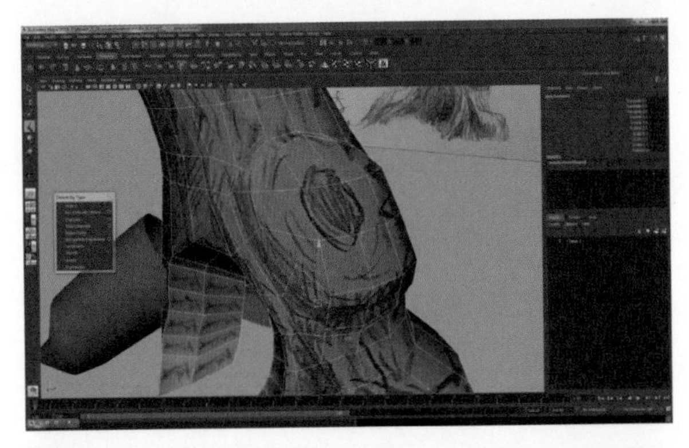

图75

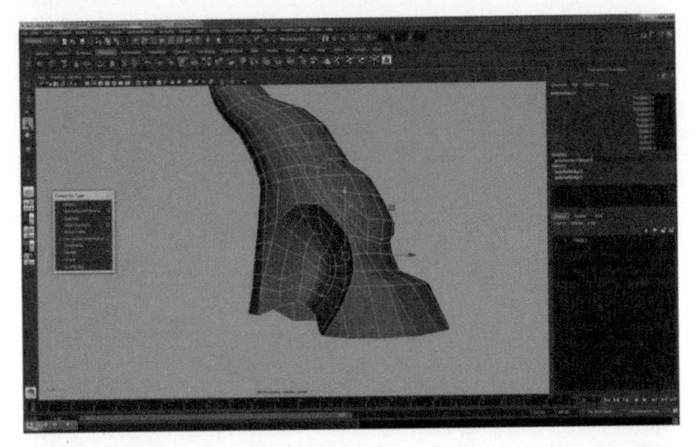

图76

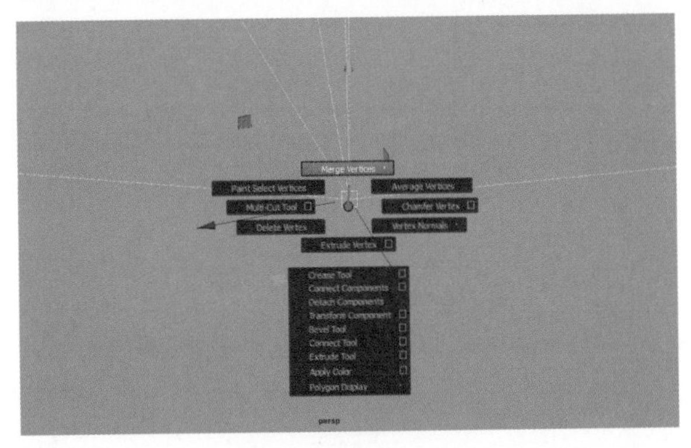

图77

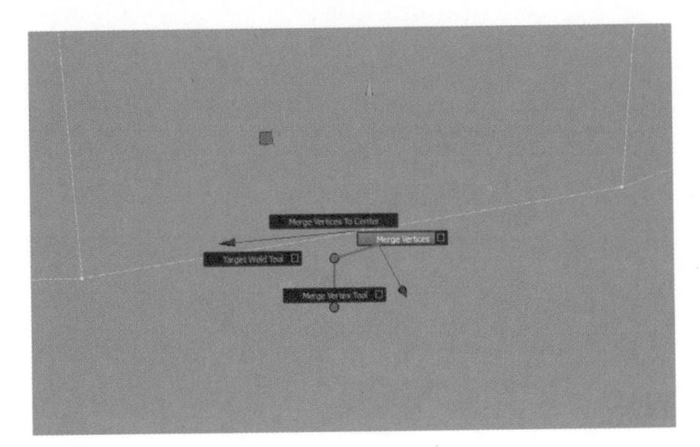

图78

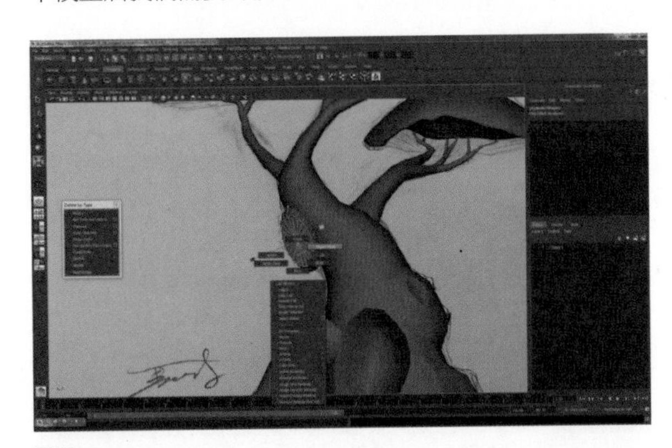

图79

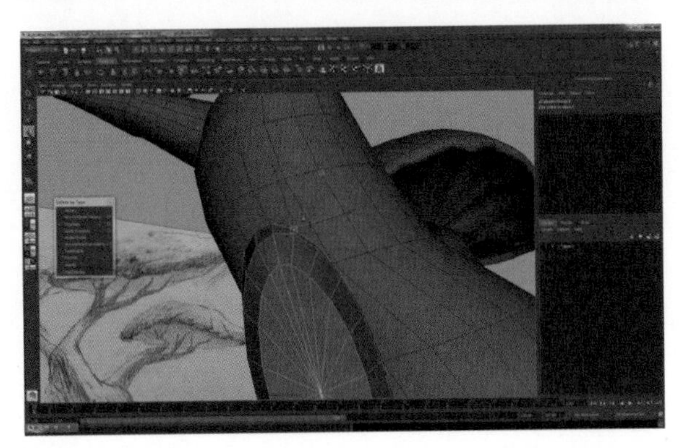

图80

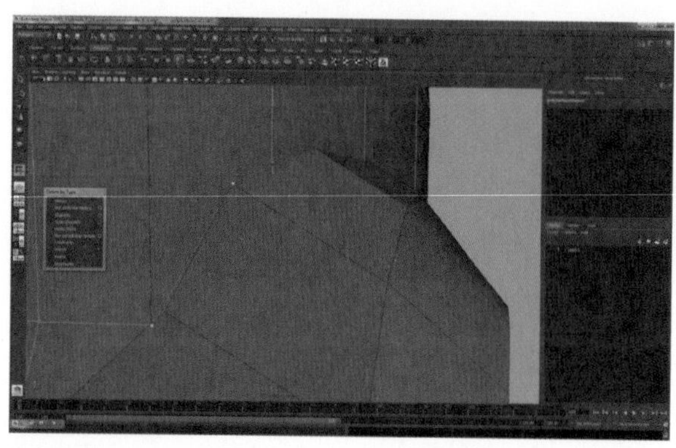

图81

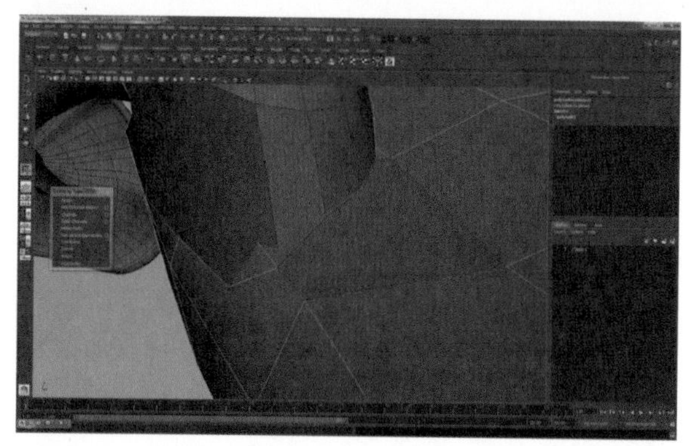

图82

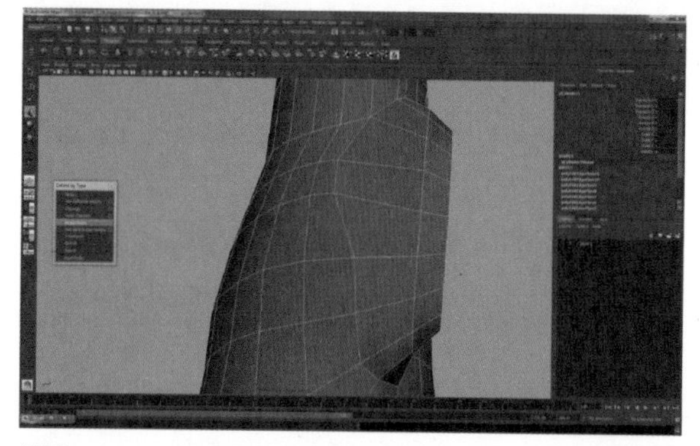

图83

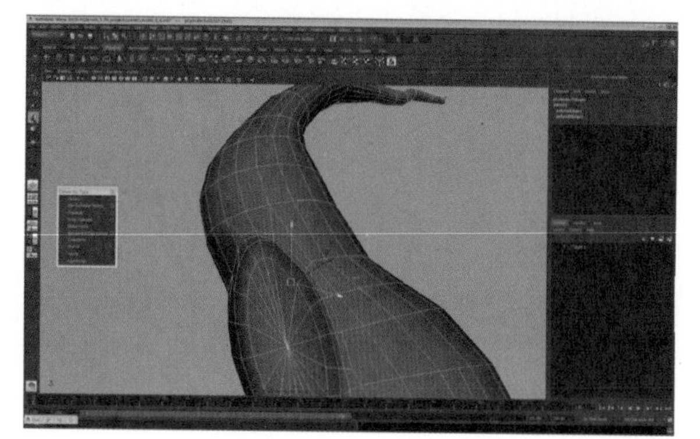

图84

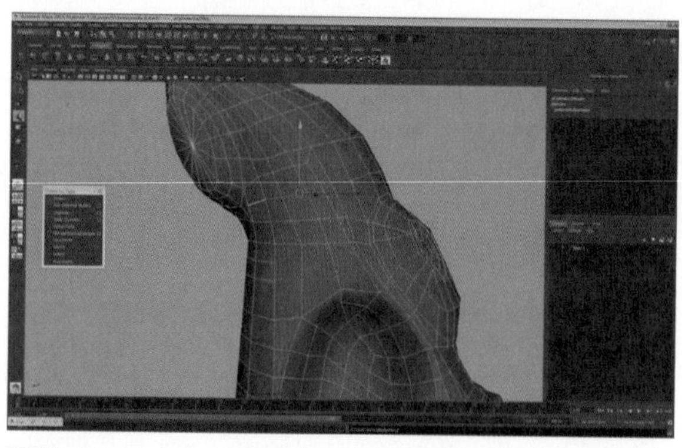

图85

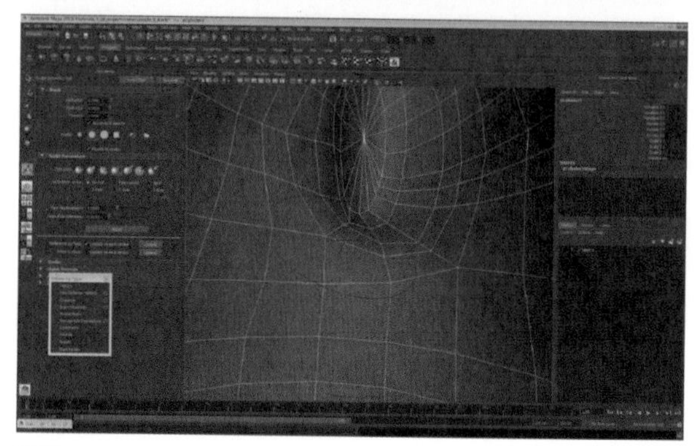

图86

下面我们对前面创建出来的其他树干模型和树身进行合并操作。进入点模式，使用C键和V键这两种吸附命令，将树干模型和树身模型上的点进行匹配（图87）。当点匹配完成之后使用Multi-Cut Tool工具进行模型加线操作（图88），将多余的面进行Delete删除操作。将树干模型和树身模型进行合并操作，选择两个模型按住Shift+鼠标右键，将鼠标移动到Combine上进行合并命令（图89）。记得要将接缝的点进行Merge Vertices（合并顶点）操作，这样树干模型和树身模型就结合成了一个模型（图90）。

其他的树干模型也按这些操作和树身合并在一起（图91至图98）。

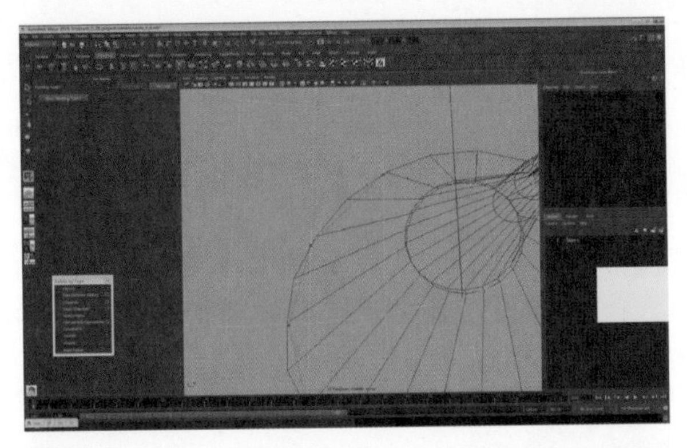

图87

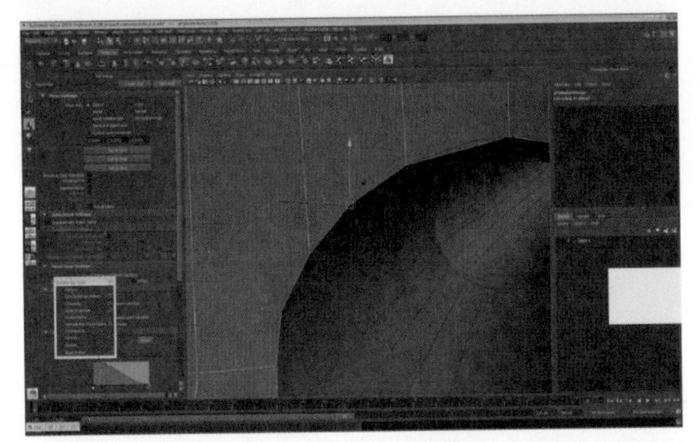

图88

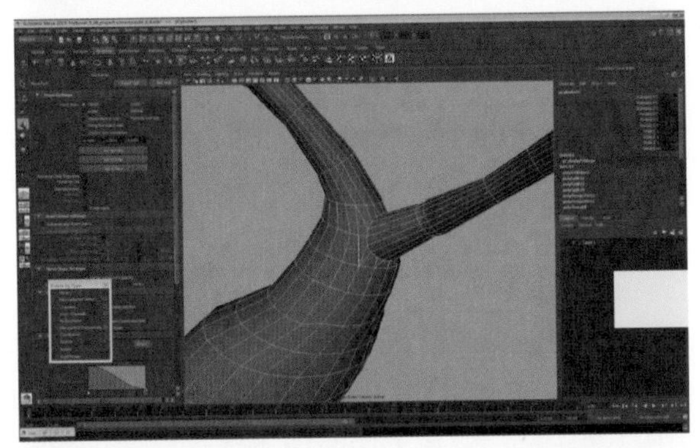

图89

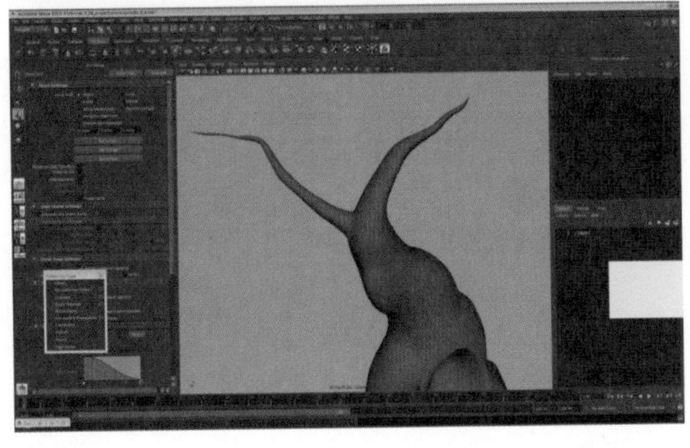

图90

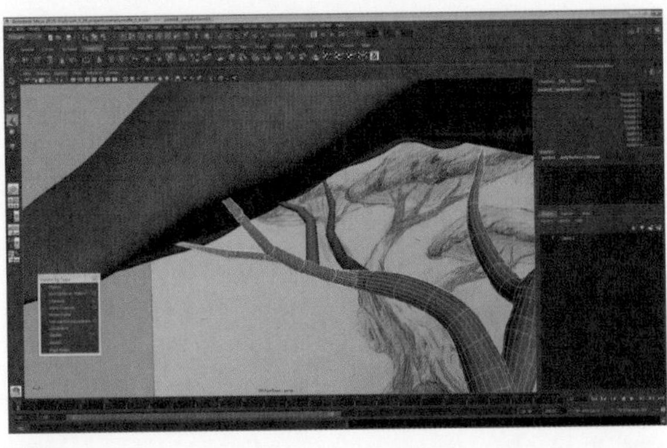

图91

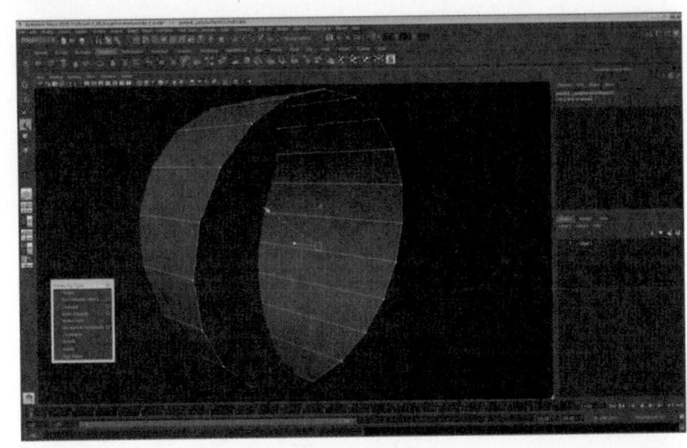

图92

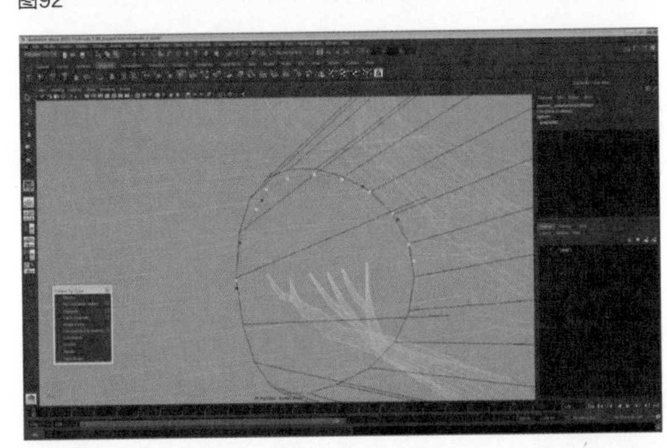

图93

图94

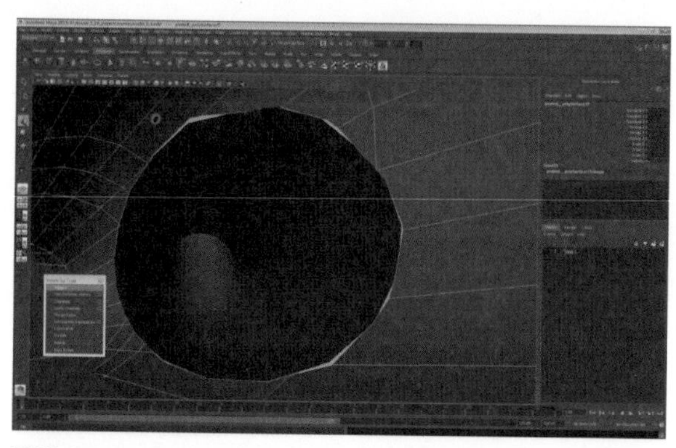

图95

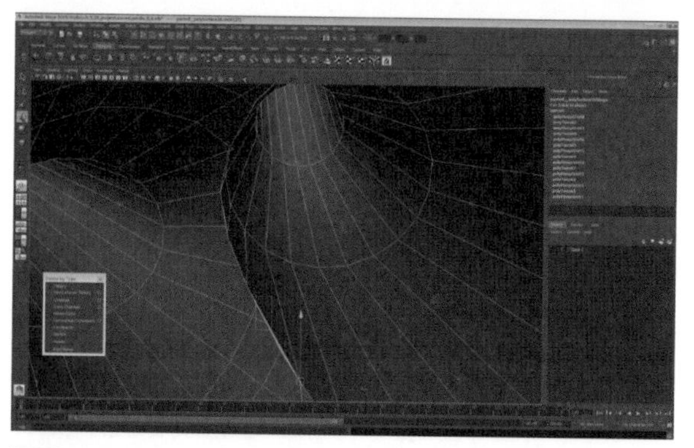

图96

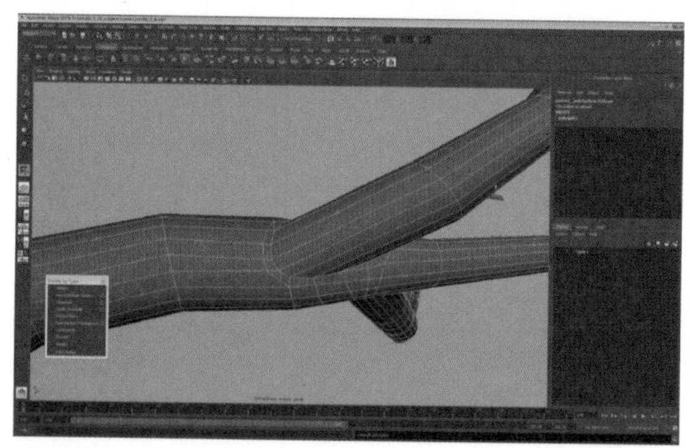

图97

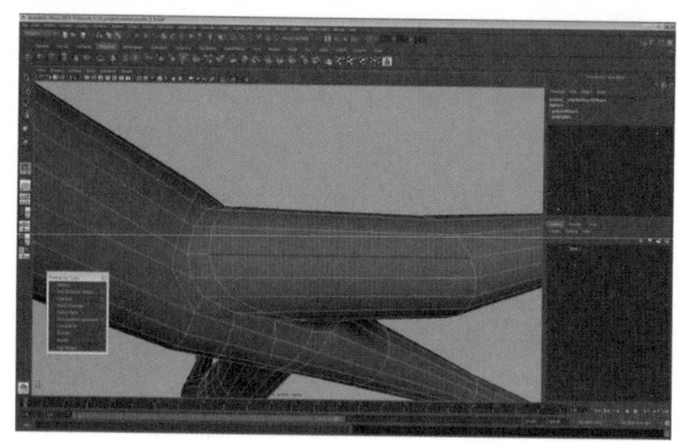

图98

图99

图100

到这里在软件Maya中蘑菇树的基础模型创建就完成了（图99）。我们将Maya中的蘑菇树模型进行Obj格式导出（图100）。

2. ZBrush高精度模型雕刻

首先将在Maya中创建的蘑菇树基础模型导入进ZBrush中，在文档窗口右侧的托盘上的Tool（工具）面板下（图101），点击SimpleBrush图标（图102）打开弹出界面（图103），在3D Meshes（3D模型）里面选择圆

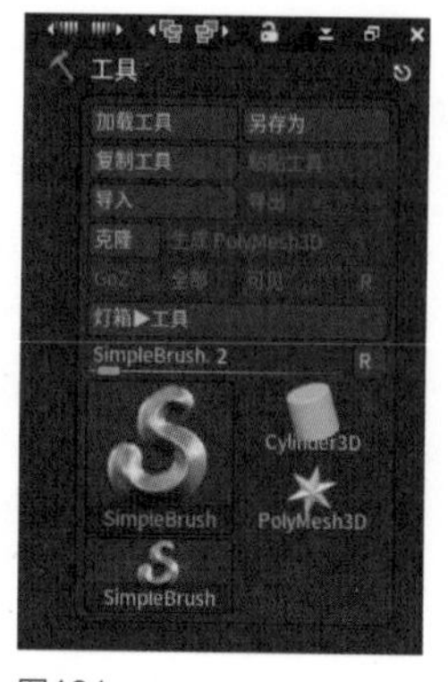

图101

SimpleBrush

图102

的三维模型（图104），然后在场景中进行拖拽创建，按T键进入编辑对象模式，点击文档窗口右侧的托盘上的Tool（工具）面板下的Import导入按钮选择文件路径，将蘑菇树各部分模型都导入进ZBrush里面（图105）。

在文档窗口右侧的托盘上的Tool（工具）面板（图106）下的Subtool（子工具）里面点击Append添加按钮，将蘑菇树的其他部分模型添加到一个Subtool（子工具）组里面（图107、108、109）。

图106

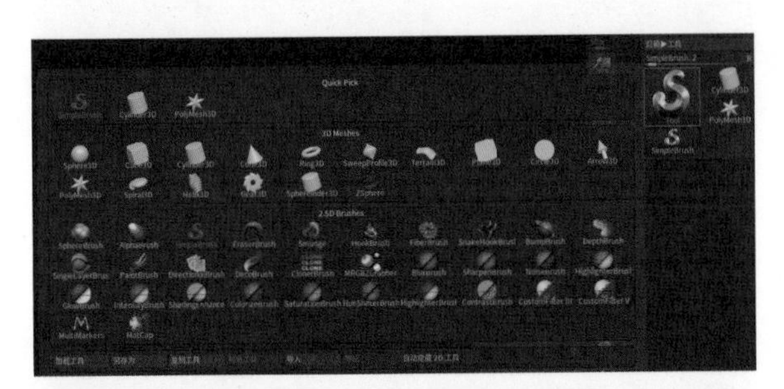

图103

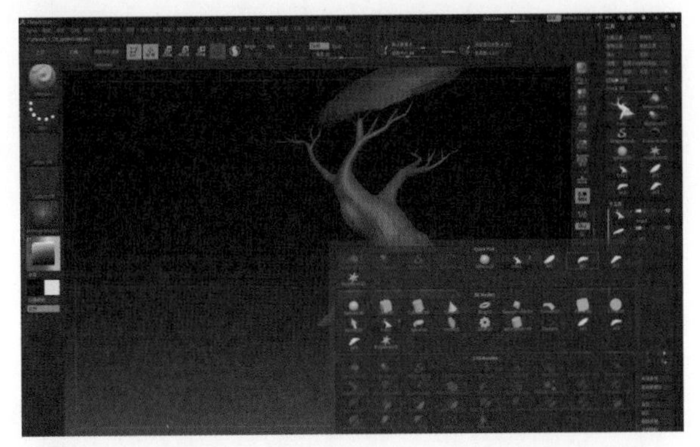
图107

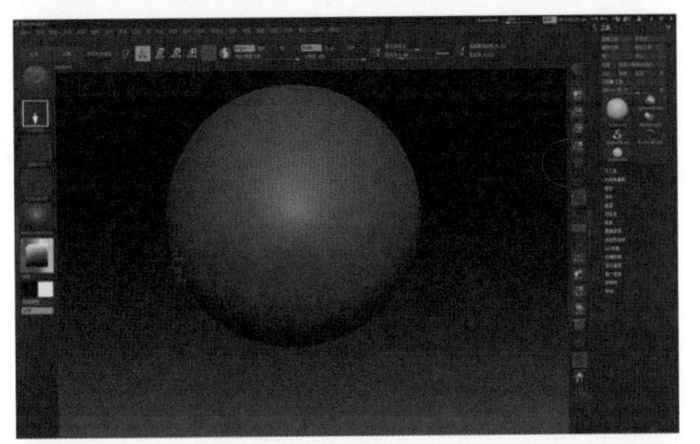
图104

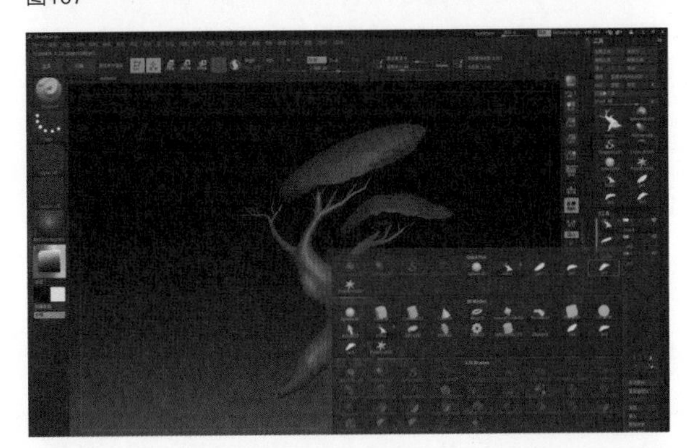
图108

图105

图109

首先我们需要对蘑菇树的模型进行一次自动拓扑操作，使模型布线更加符合雕刻标准。在Tool下面的Geomertry（几何体编辑）里面找到ZRemesher，点击ZRemesher按钮使模型重新布线并回到最低的细分级别（图110）。按Shift+F可以开启模型的布线模式，方便观察模型的布线情况。快捷键Ctrl+D键可以提高模型的细分级别，这边我们先将它提高到SDiv 3（图111）。

先从蘑菇树模型的树洞结构开始雕刻（图112），可以使用遮罩工具进行辅助雕刻（图113）。按键盘Ctrl加鼠标左键在场景中框选模型中需要遮罩的部分（图114），灰色显示模型是遮罩部分（图114），笔刷雕刻对它不起作用（图115）。这里我们可以使用ClayBuildup黏土笔刷，刷出树洞中的一些大体结构（图117、118、119）。

使用ClayBuildup黏土笔刷，刷出树洞洞口附近和树身上凸起的结构（图120至图123）。

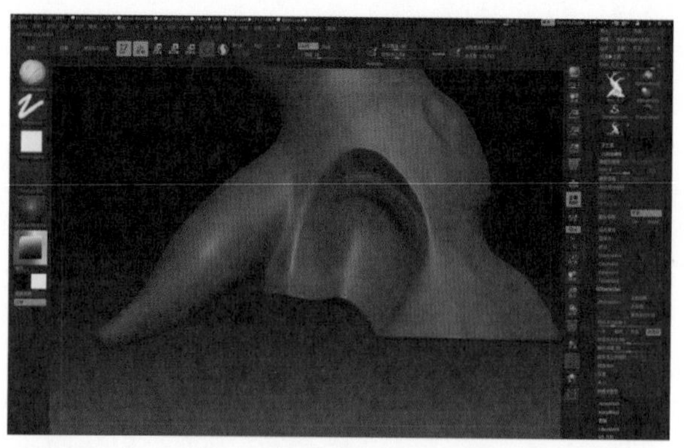
图112

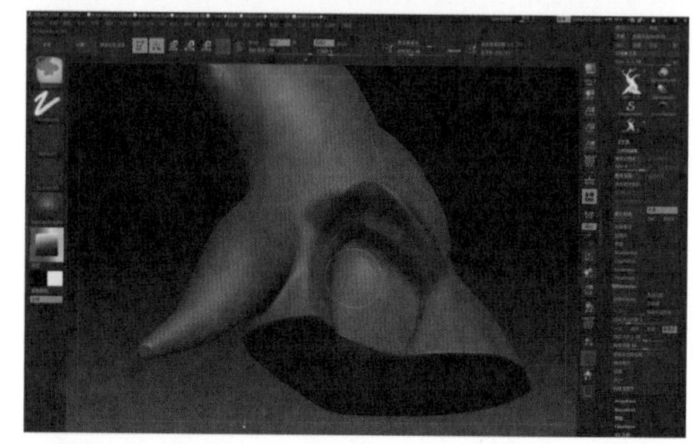
图113

图110

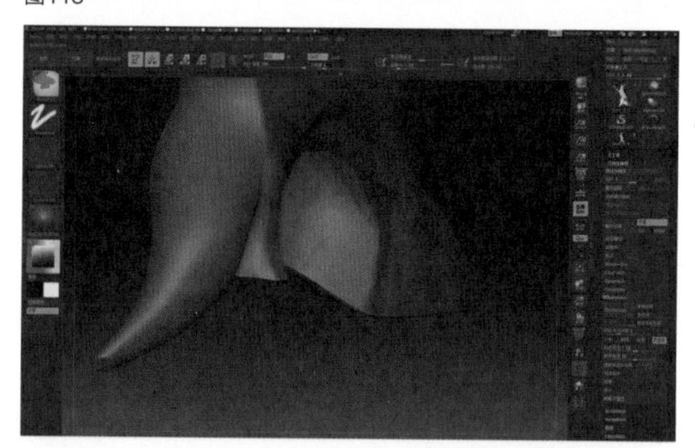
图114

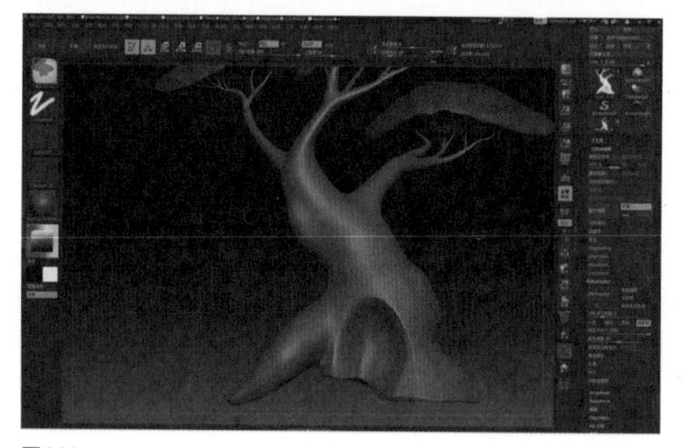
图111

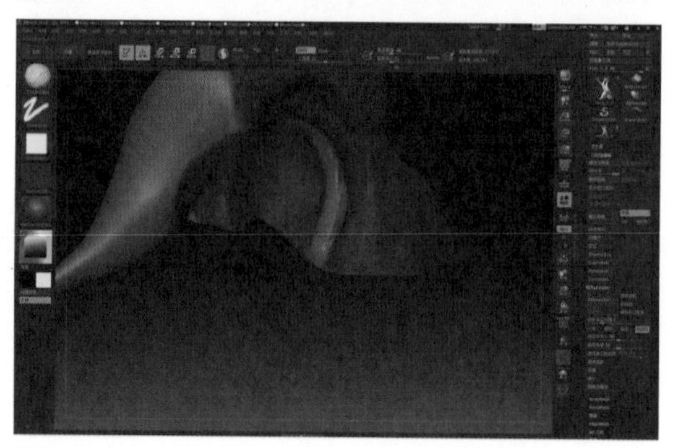
图115

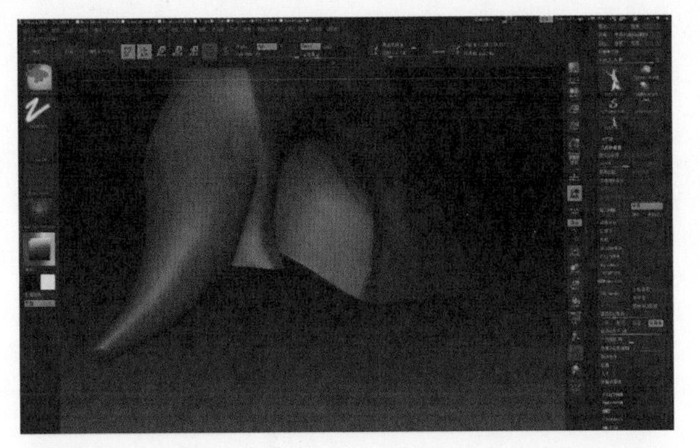
图116

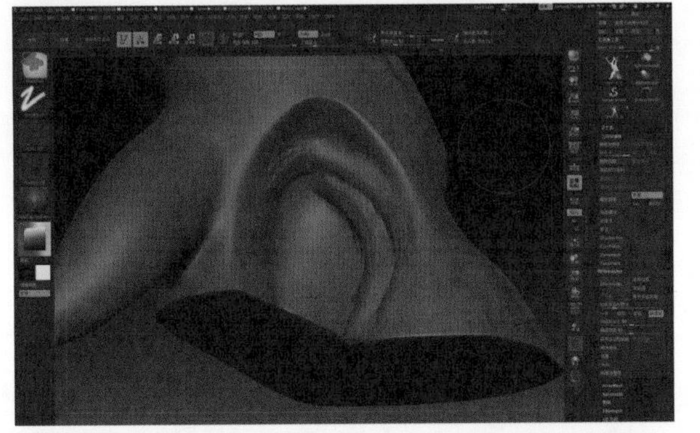
图117

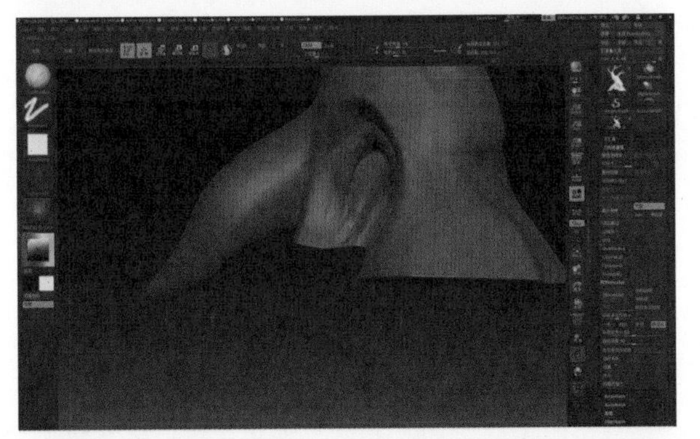
图118

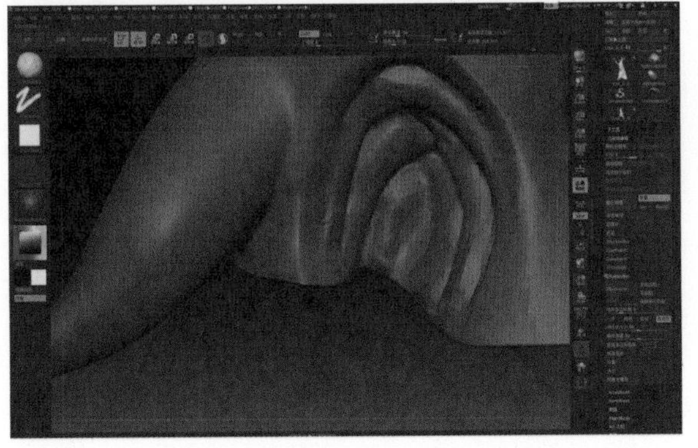
图119

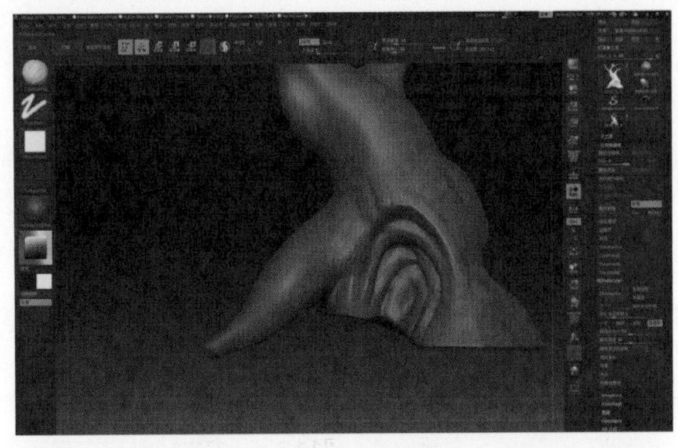
图120

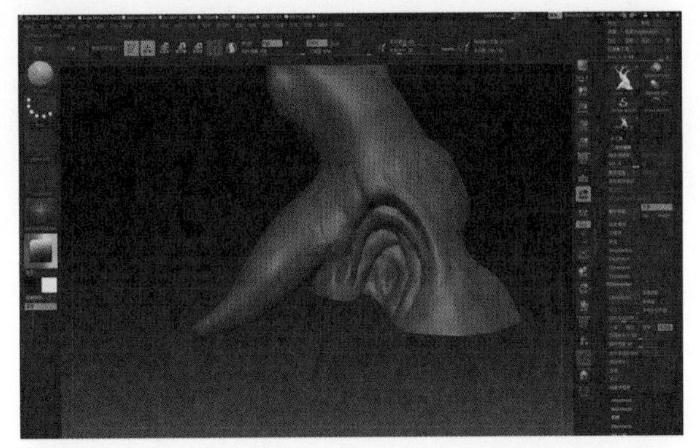
图121

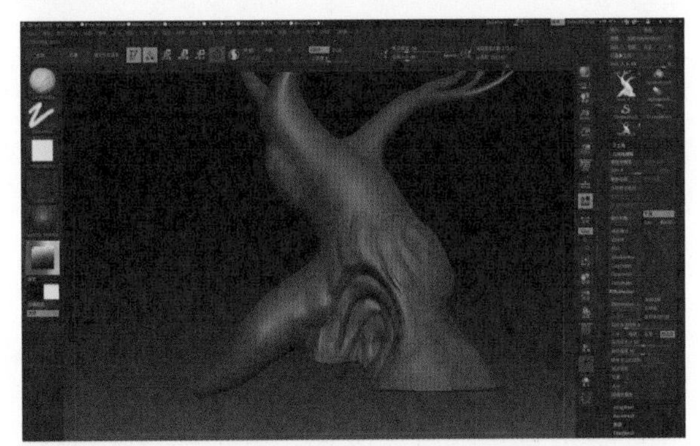
图122

图123

继续使用ClayBuildup黏土笔刷，加强树身上、树节上的凸起结构（图124、125）。

先使用Standard笔刷勾勒出树身上的纹理结构，然后使用TrimDynamic笔刷完善纹理结构（图126至图129）。

和前面操作一样，使用Standard笔刷配合TrimDynamic笔刷刷出树节周围的其他结构（图130至图135）。

按键盘Ctrl加鼠标左键，在场景中框选模型中树节的部分（图136、137），使用Standard笔刷配合ClayBuildup黏土笔刷和TrimDynamic笔刷强化树节外围的结构，使其更加立体（图138、139）。

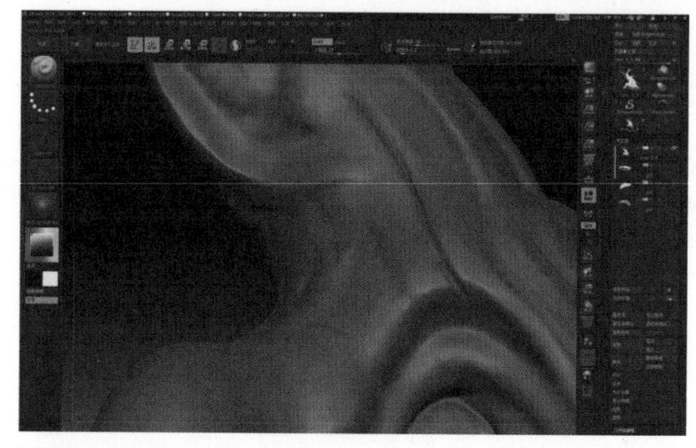

图126

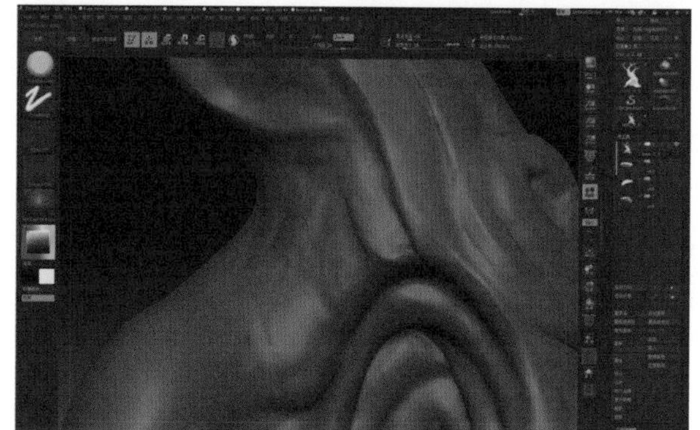

图127

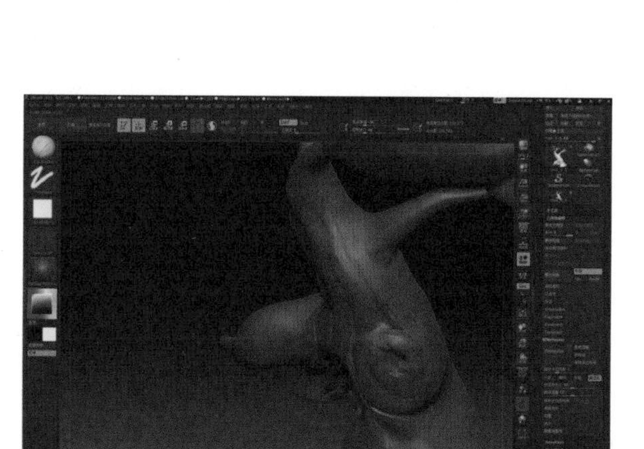

图124

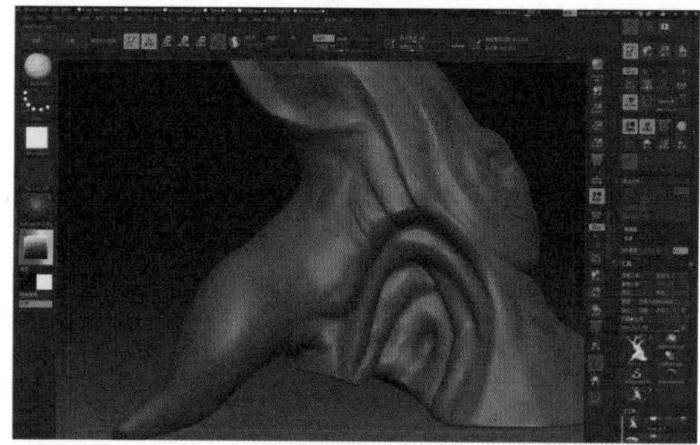

图128

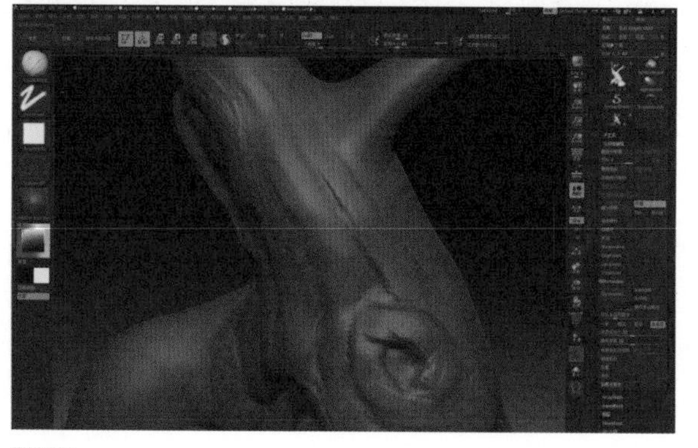

图125

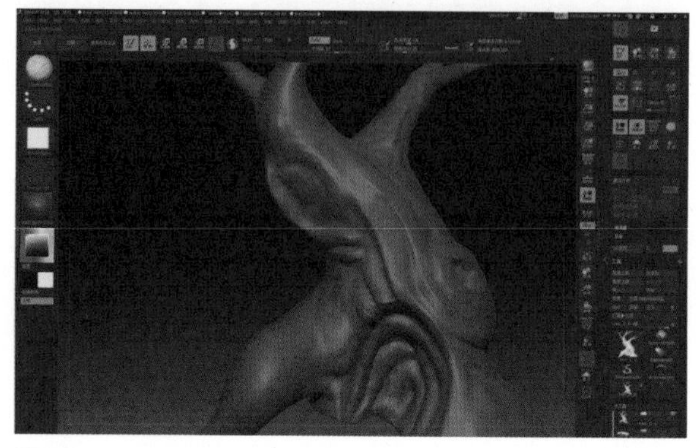

图129

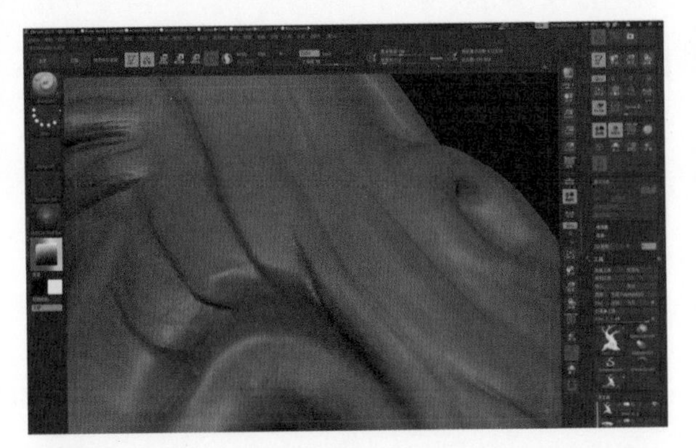

图130

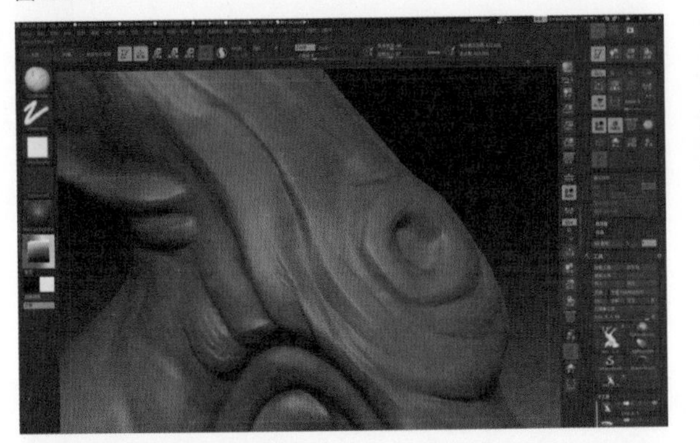

图131

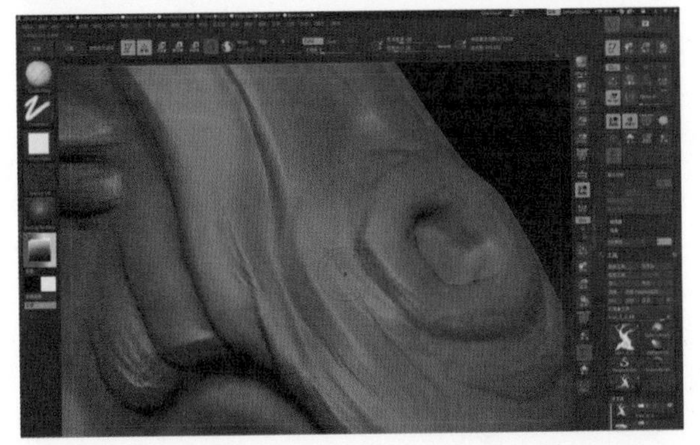

图132

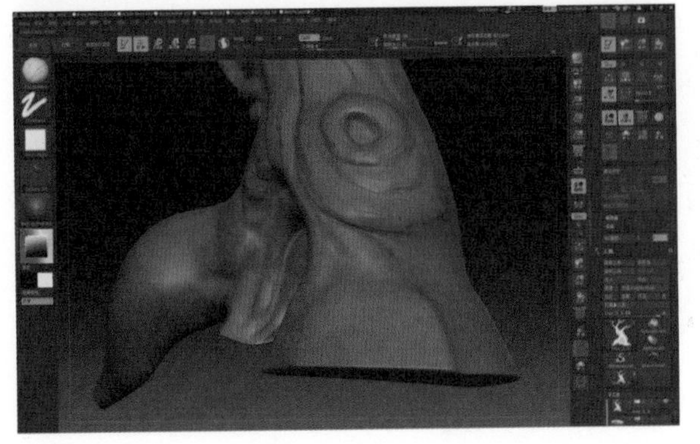

图133

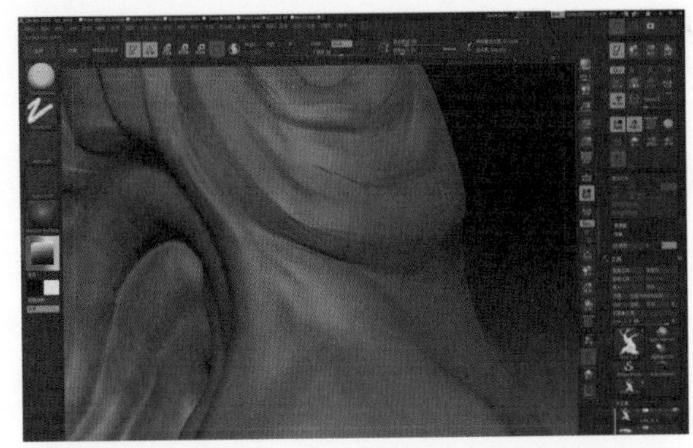

图134

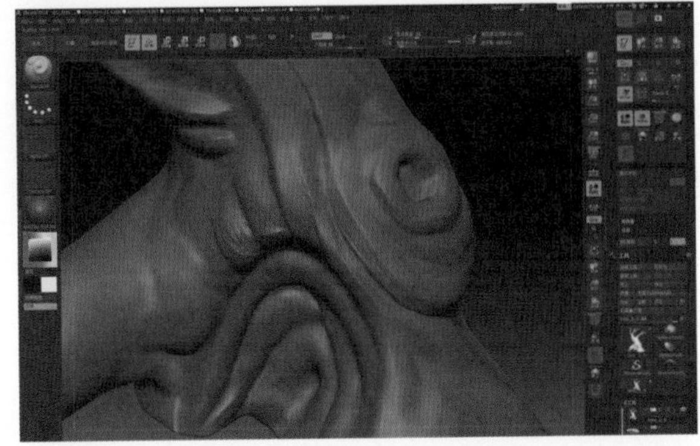

图135

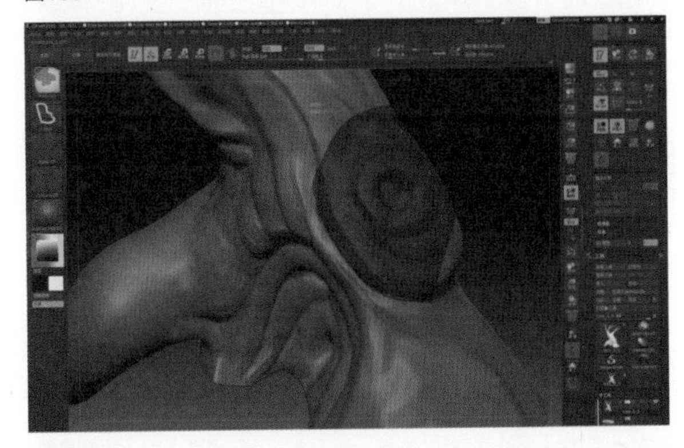

图136

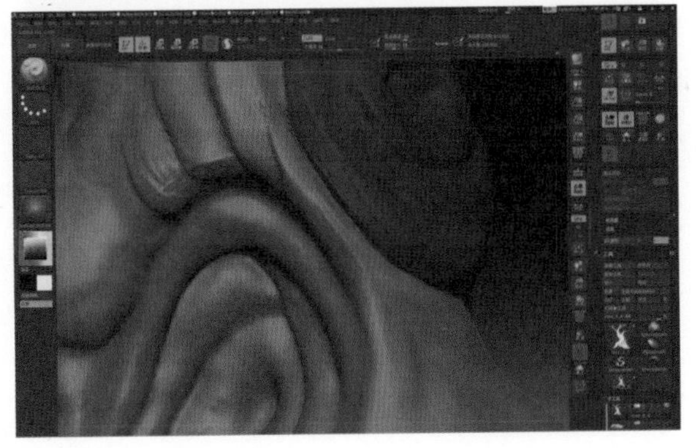

图137

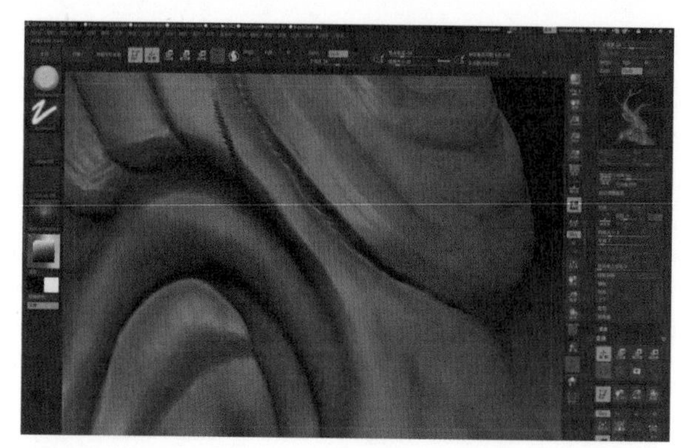

图138

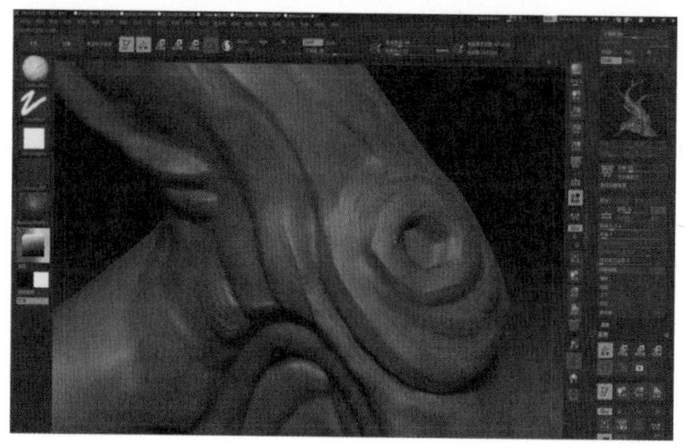

图139

在根部结构上使用ClayBuildup黏土笔刷，画出树节结构，并且使用遮罩功能框选它（图140），按住键盘的Ctrl键，使用遮罩画笔在模型中画出遮罩范围，再按住键盘Ctrl加鼠标左键点击模型外的场景处进行反选操作（图141）。这样就只选择了刚刚画出的树节模型，下面我们对它进行旋转操作，然后按快捷键E进入移动模式，我们可以看到里面有个操作手柄（图142），先点击锁定图标解开锁定模式，再点击图标使坐标轴自动归位到选择模型部分的中心点，再点击锁定图表锁定当前坐标轴的位置，进行旋转操作（图143）。

使用Move笔刷、Standard笔刷、ClayBuildup黏土笔刷和TrimDynamic笔刷，对刚刚雕刻出的树节模型进行结构细节强化（图144、145）。

使用遮罩功能配合Move笔刷和ClayBuildup黏土笔刷刷出树洞的纹理结构（图146至图151）。

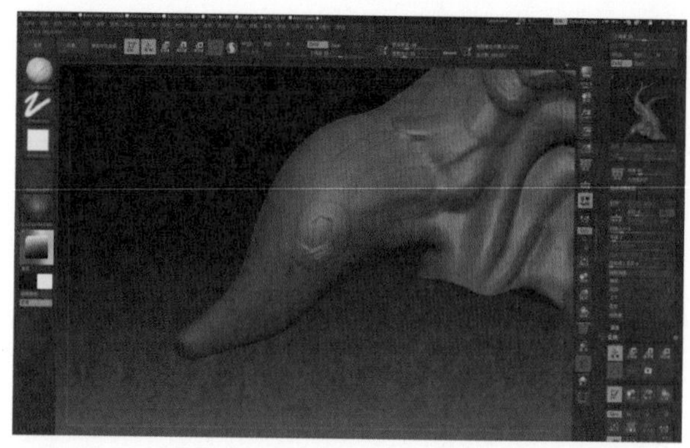

图140

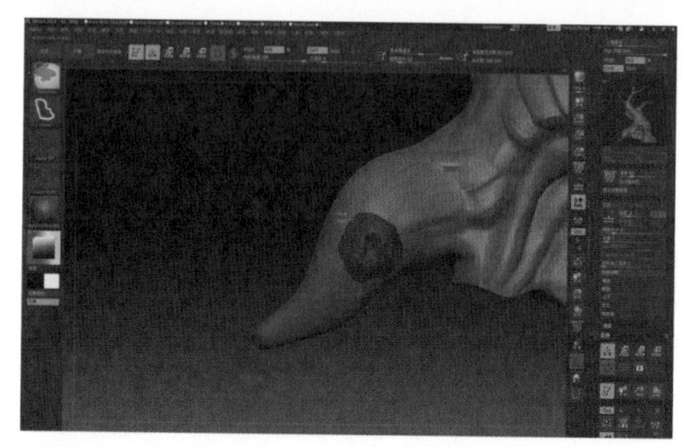

图141

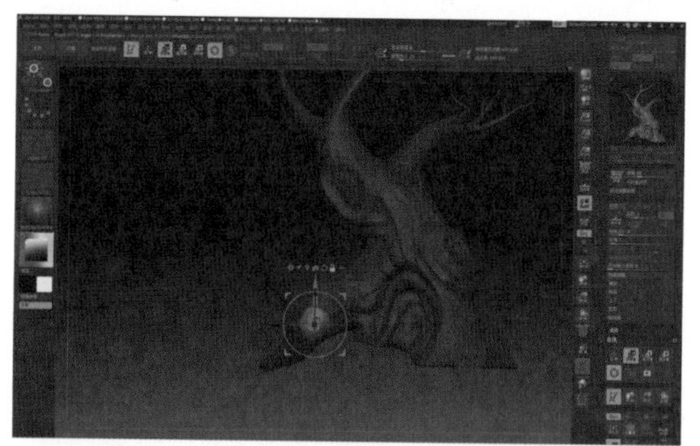

图142

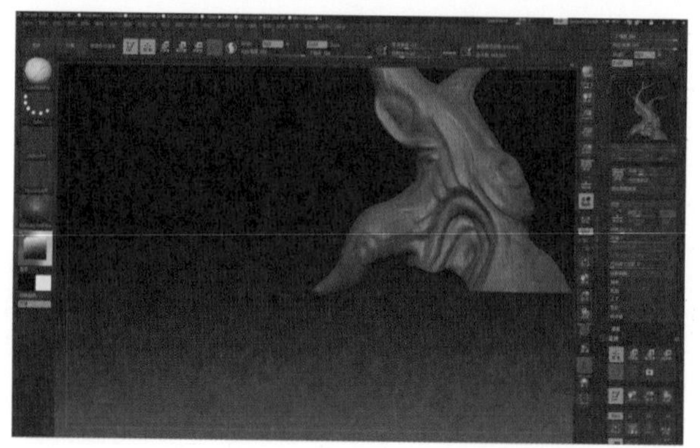

图143

图144

图145

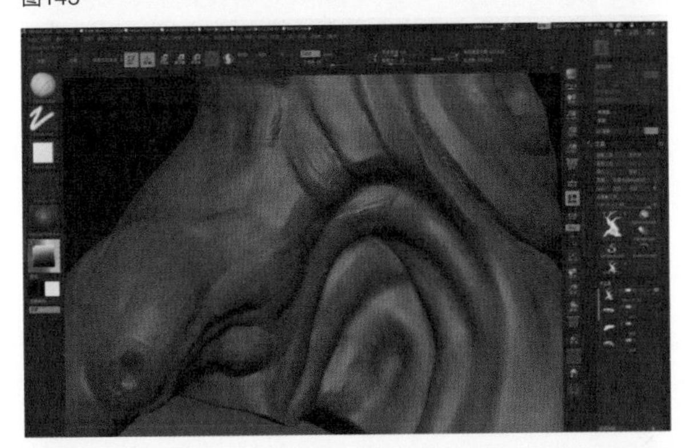
图146

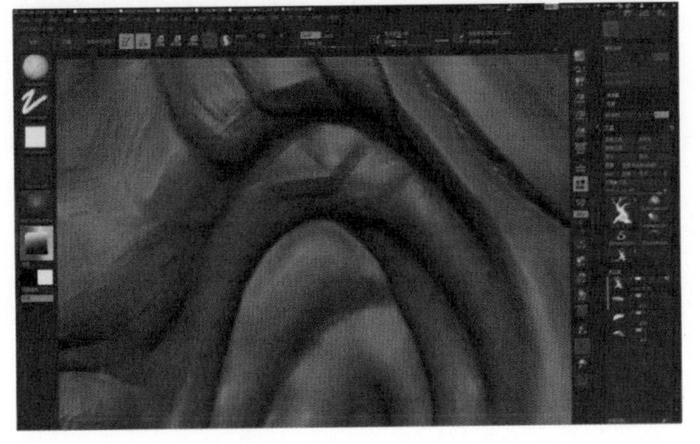
图147

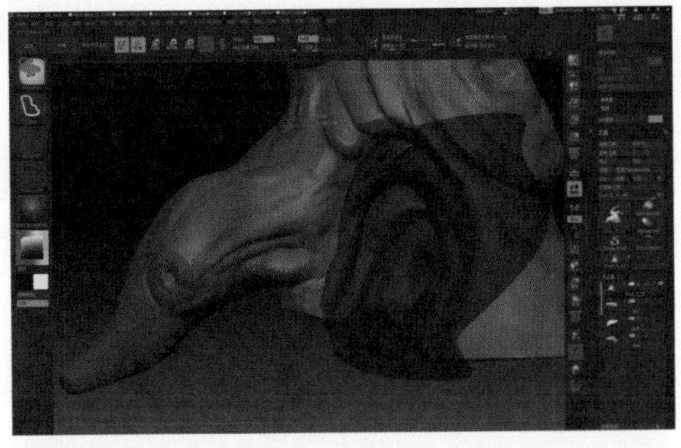
图148

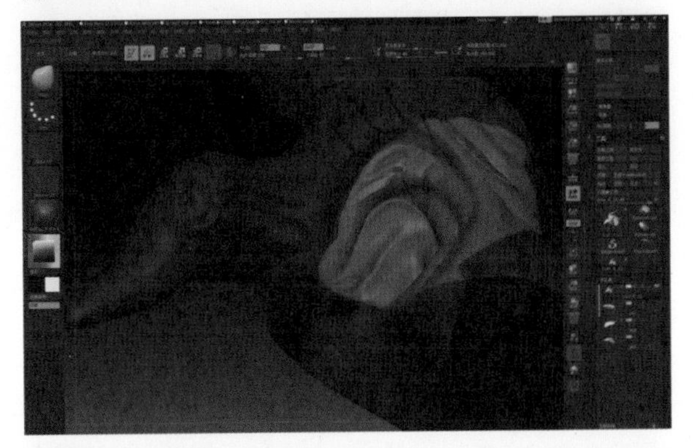
图149

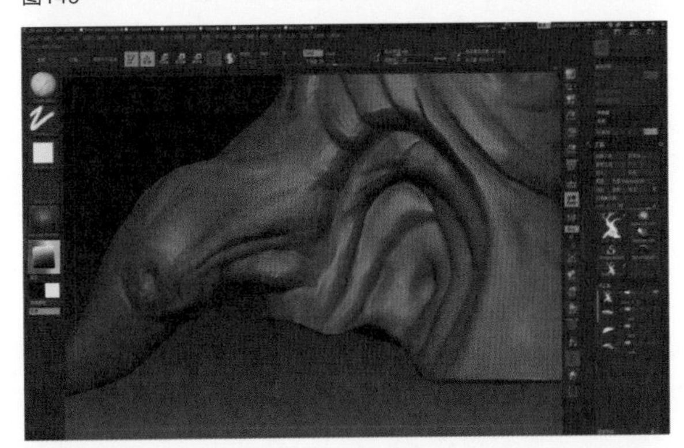
图150

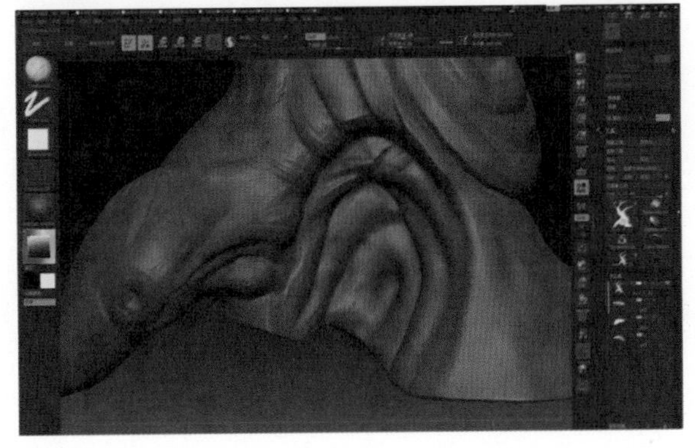
图151

使用ClayBuildup黏土笔刷雕刻出树身上半部分的树节模型（图152、153）。

选择树顶的蘑菇模型，先调整下模型的布线进行自动拓扑功能，在Tool下面的Geomertry（几何体编辑）里面找到ZRemesher，点击ZRemesher按钮使模型重新布线并回到最低的细分级别（图154）。按Shift+F可以开启模型的布线模式，方便观察模型的布线情况。快捷键Ctrl+D键可以提高模型的细分级别，这边我们先将它提高到SDiv 2（图155）。然后使用遮罩功能框选出蘑菇模型的中心区域，按键盘Ctrl加鼠标左键在场景中框选模型进入遮罩模式（图156），按键盘Ctrl加鼠标左键点击模型使遮罩边缘进行虚化处理，按键盘Ctrl加鼠标左键点击模型外的场景处进行反选操作，然后按快捷键W进入移动模式，我们可以看到里面有个操作手柄（图157），先点击锁定图标解开锁定模式，再点击图标使坐标轴自动归位到选择模型部分的中心点，点击锁定图表锁定当前坐标轴的位置，进行移动操作。当移动调整完后，按键盘Ctrl加鼠标左键在场景中框选空白区域解除遮罩模式。

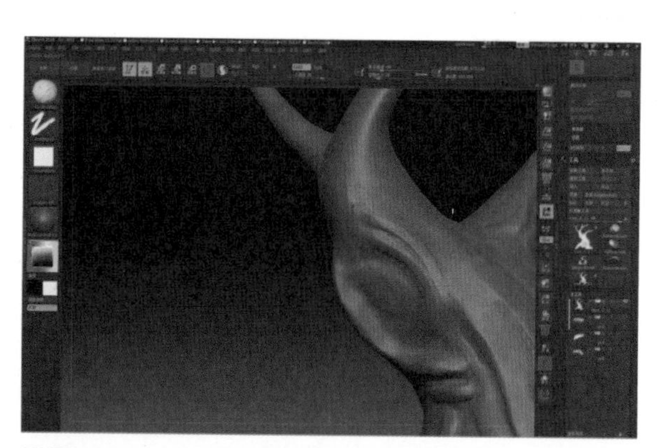

图152

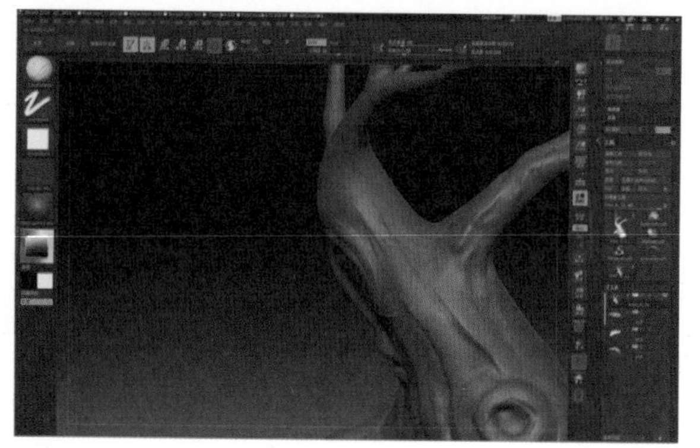

图153

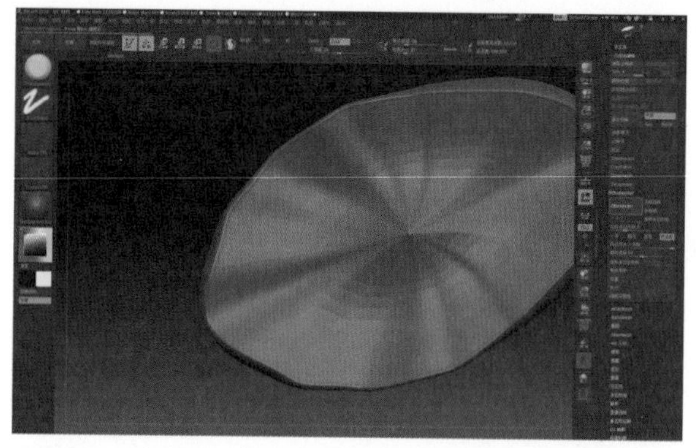

图154

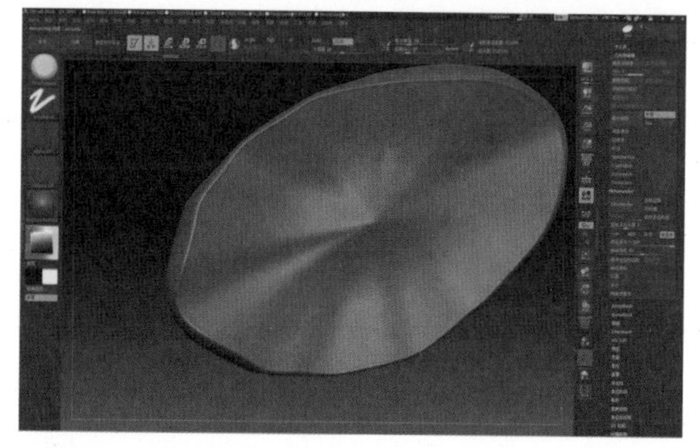

图155

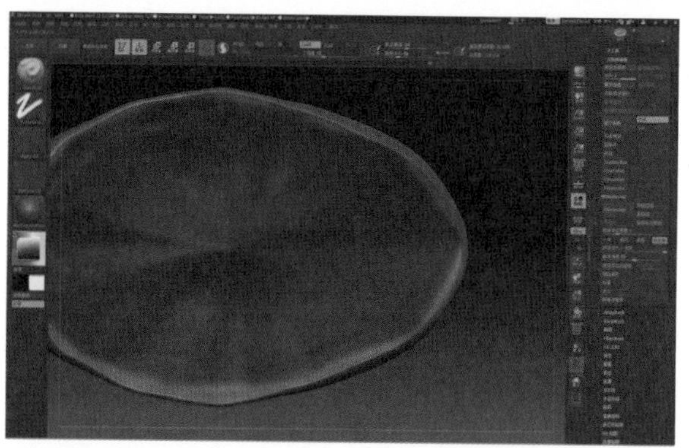

图156

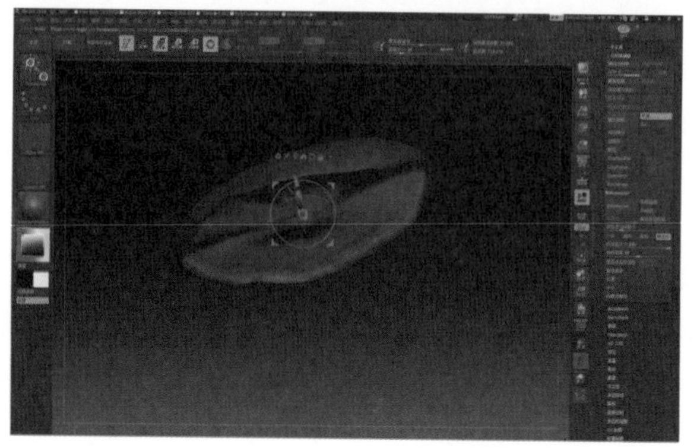

图157

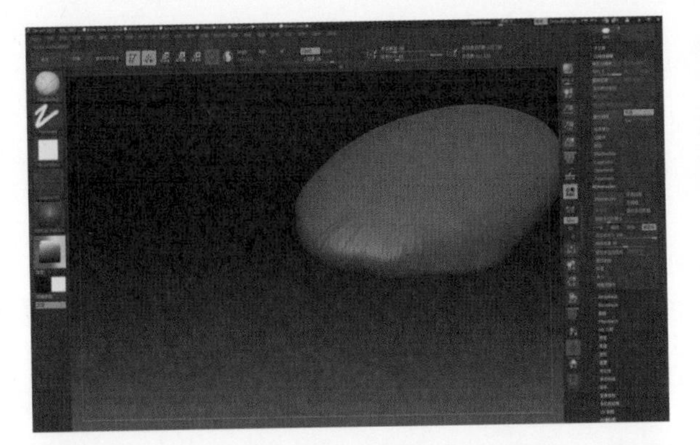
图158

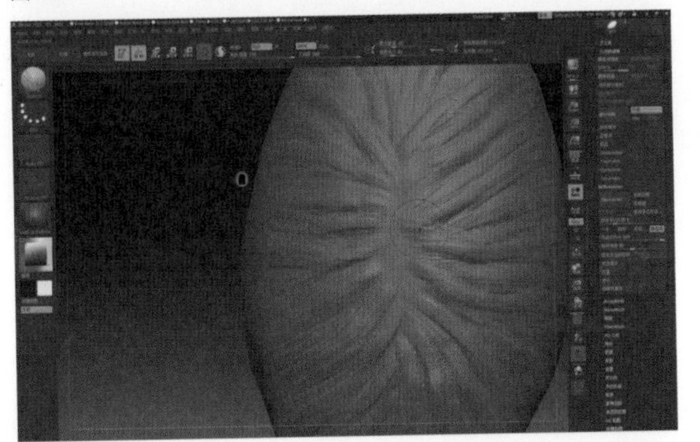
图159

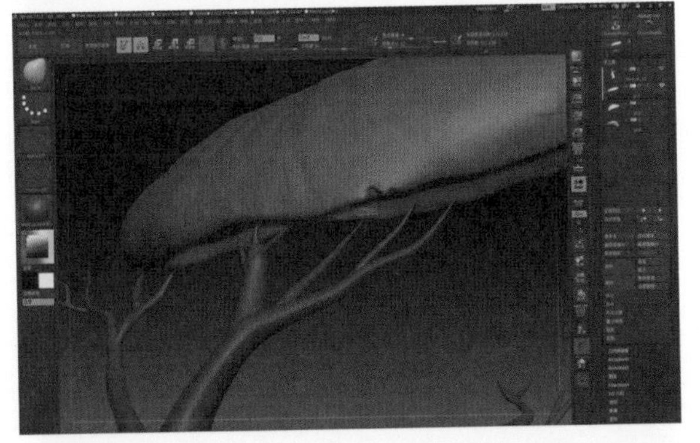
图160

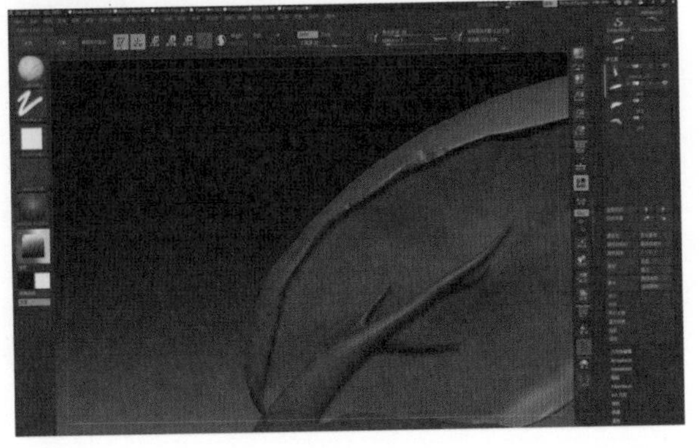
图161

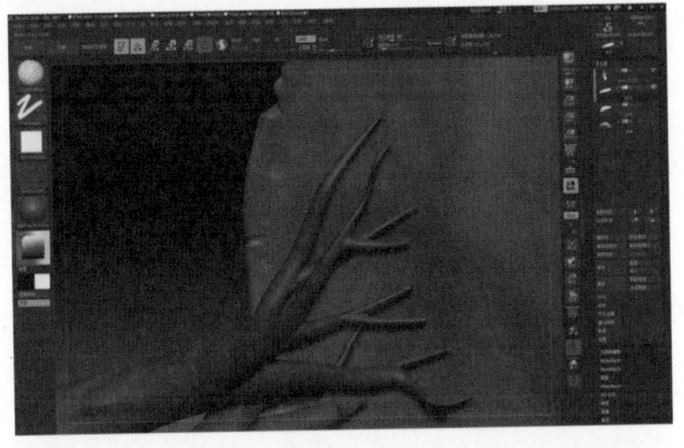
图162

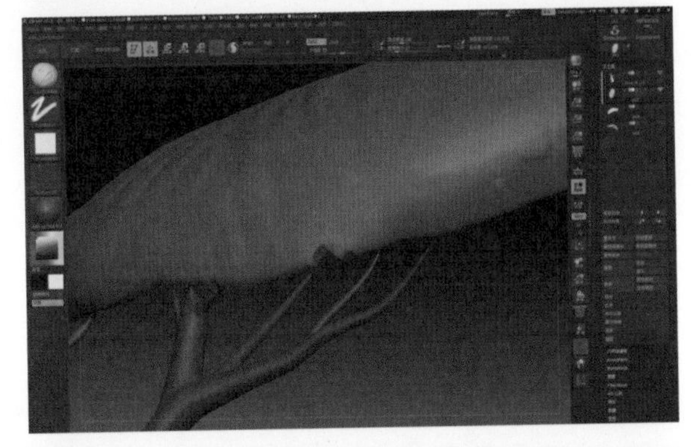
图163

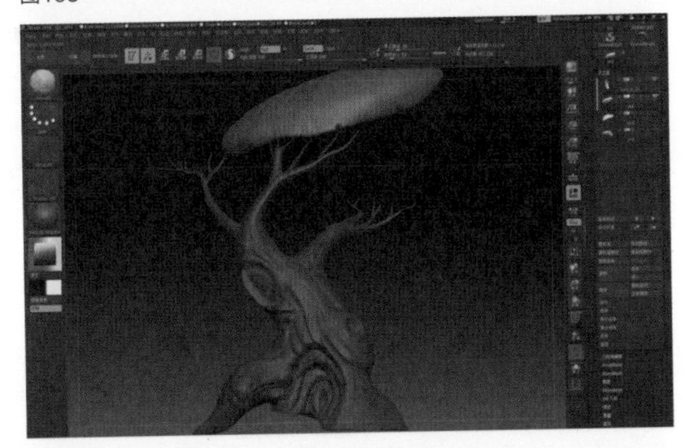
图164

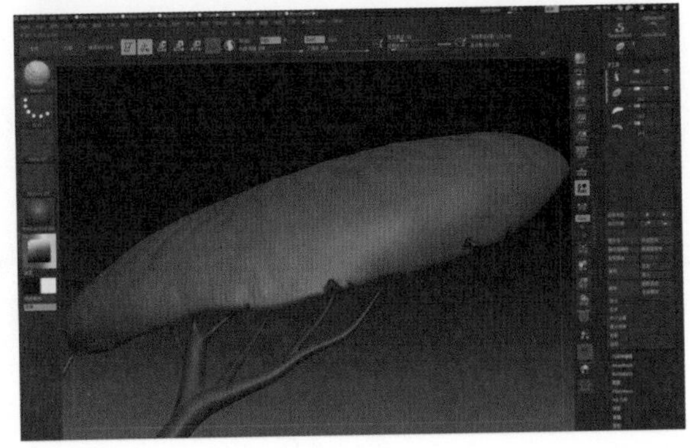
图165

使用ClayBuildup黏土笔刷配合Smooth笔刷雕刻出蘑菇伞面上的纹理（图158、159）。

使用ClayBuildup黏土笔刷、Move笔刷、Standard笔刷和Smooth笔刷雕刻出蘑菇边缘的纹理缺口，丰富模型细节（图160至图165）。

使用Standard笔刷在Storke里面选择DragRect模式（图166），在Alpha里面点击Import按钮选择需要导入的Alpha贴图，将笔刷在蘑菇伞面模型上进行拖动（图167）。

使用相同操作，对其他的蘑菇模型进行雕刻（图168、169）。

继续使用ClayBuildup黏土笔刷对树节模型进行细节雕刻（图170至图173）。

使用ClayBuildup黏土笔刷加强树根部分的树节结构（图174至图177）。

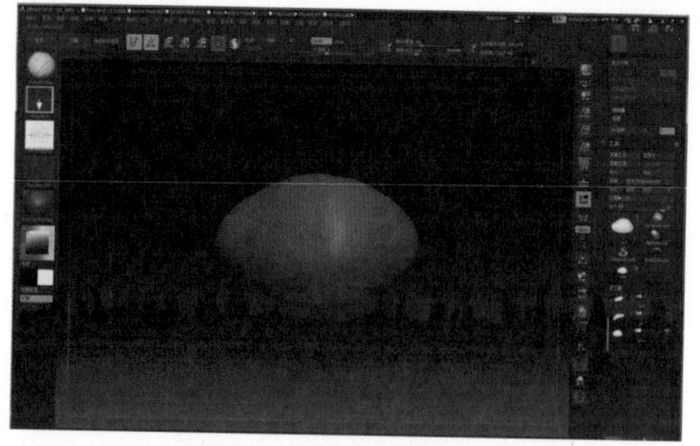

图166

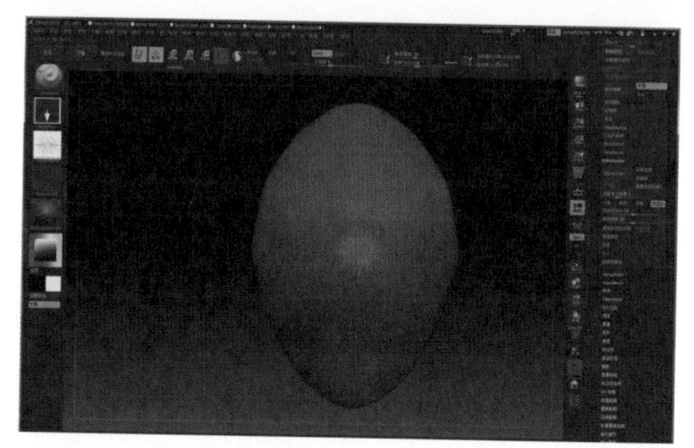

图167

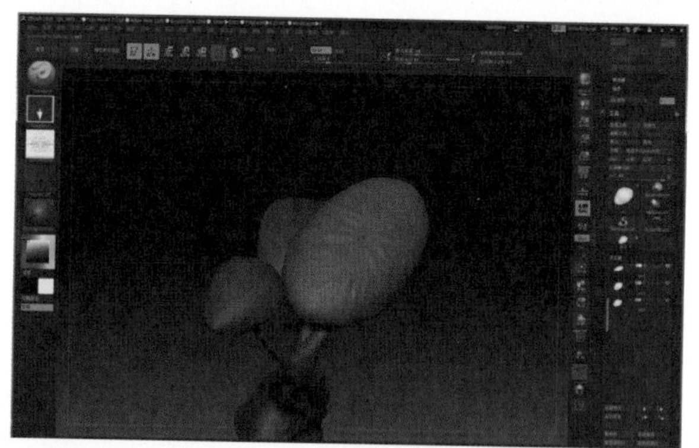

图168

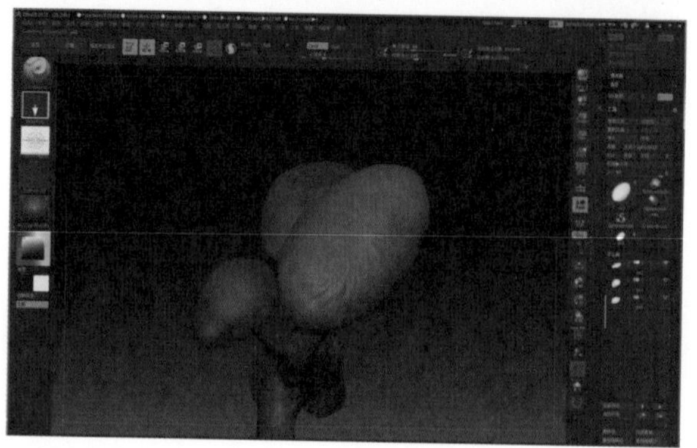

图169

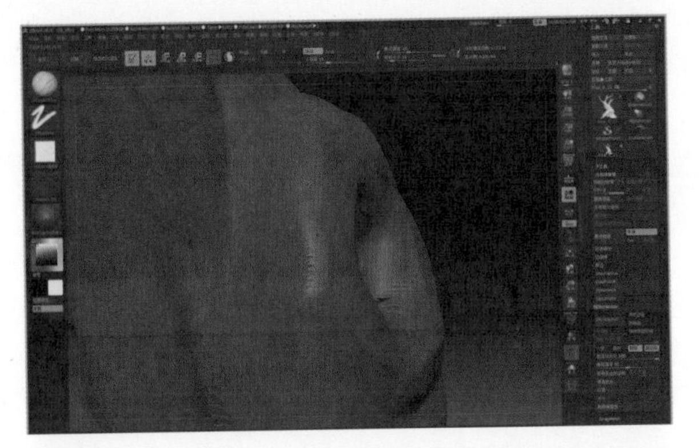
图170

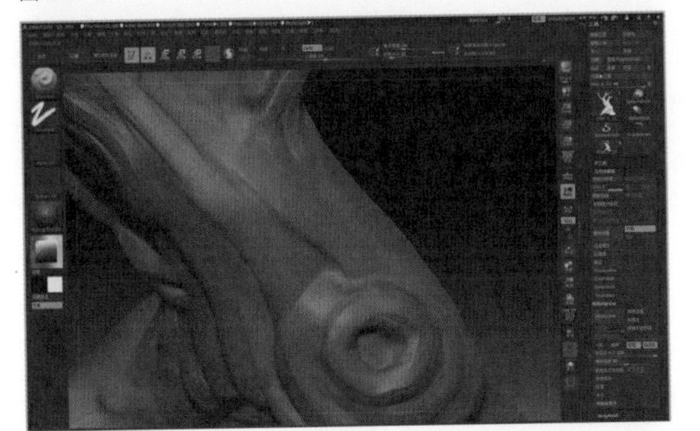
图171

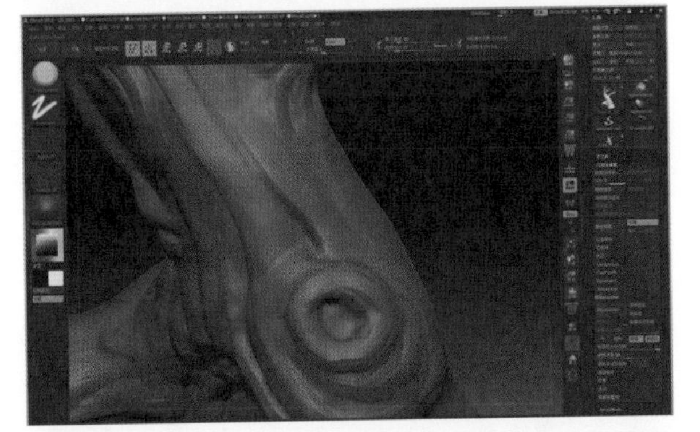
图172

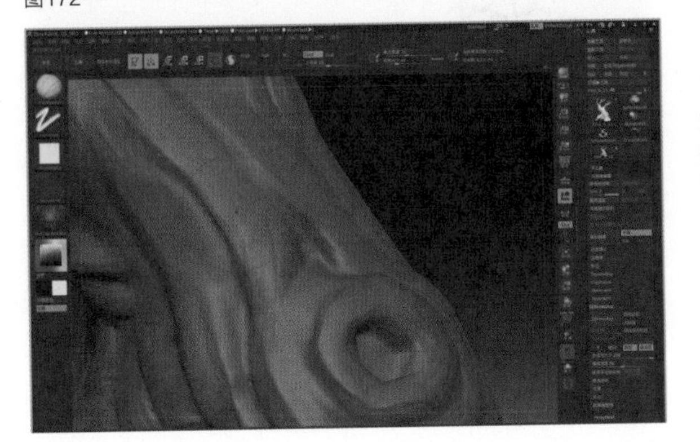
图173

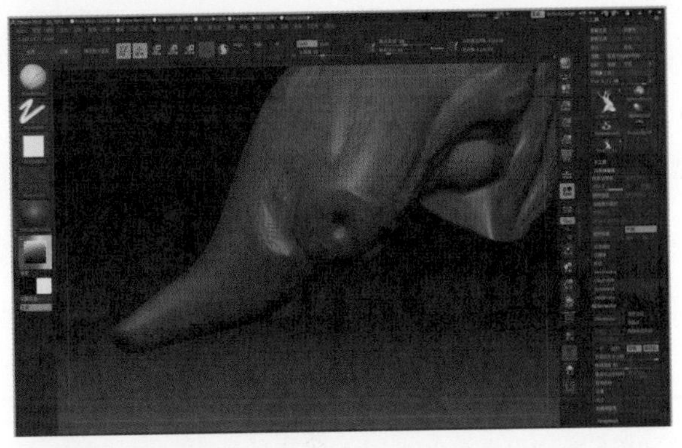
图174

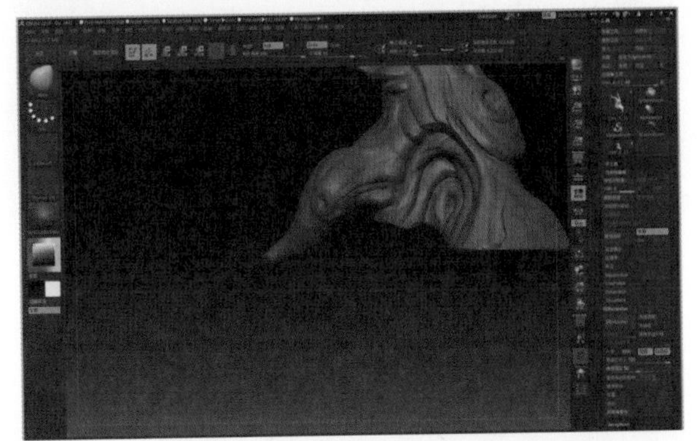
图175

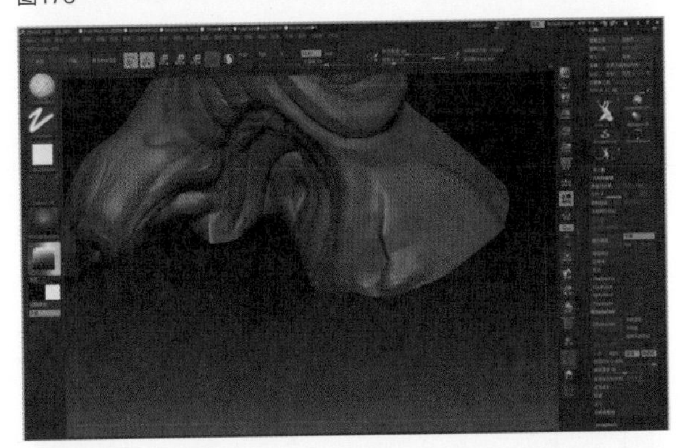
图176

图177

使用ClayBuildup黏土笔刷雕刻出树节下方卷曲树枝的结构（图178至图181）。

继续使用ClayBuildup黏土笔刷雕刻出树身上面的其他结构（图182至图185）。

使用ClayBuildup黏土笔刷和Smooth笔刷雕刻出树干上面的结构（图186、187）。

继续使用ClayBuildup黏土笔刷雕刻出蘑菇树模型的背面纹理细节（图188至图191）。

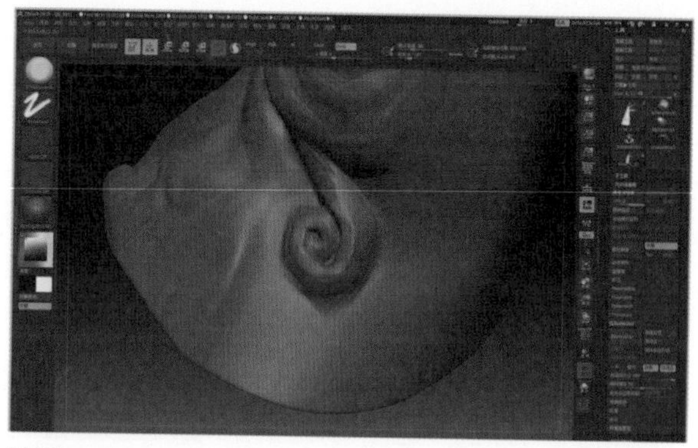

图180

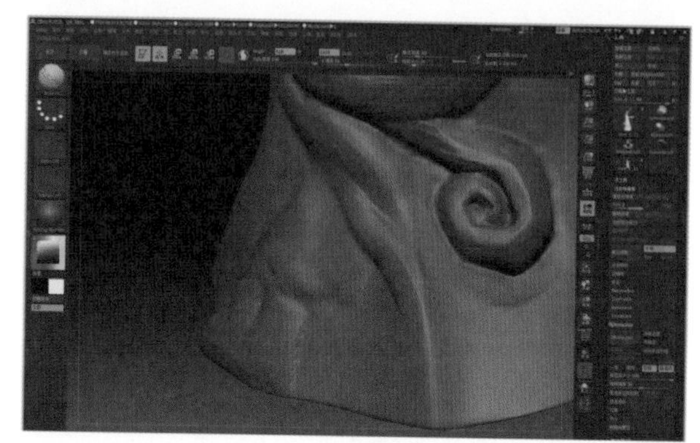

图181

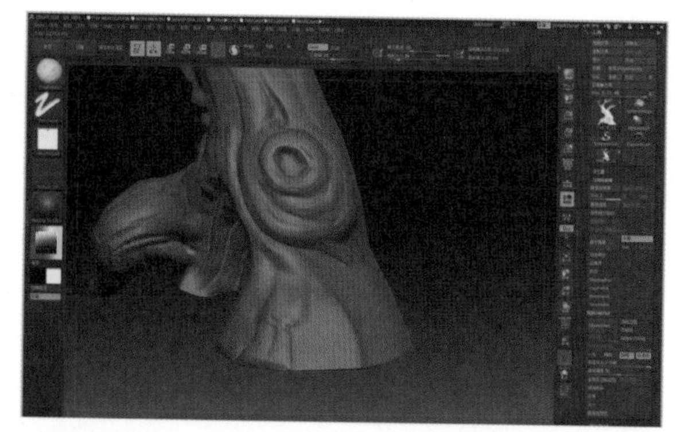

图178

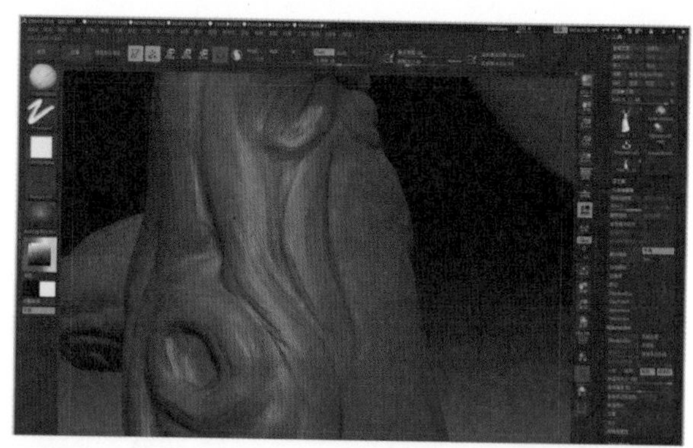

图182

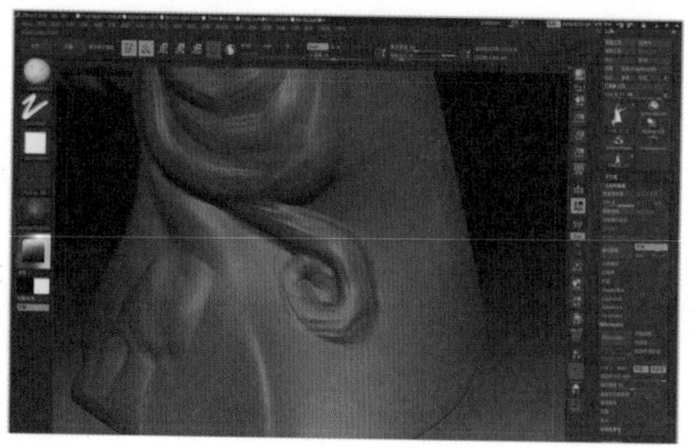

图179

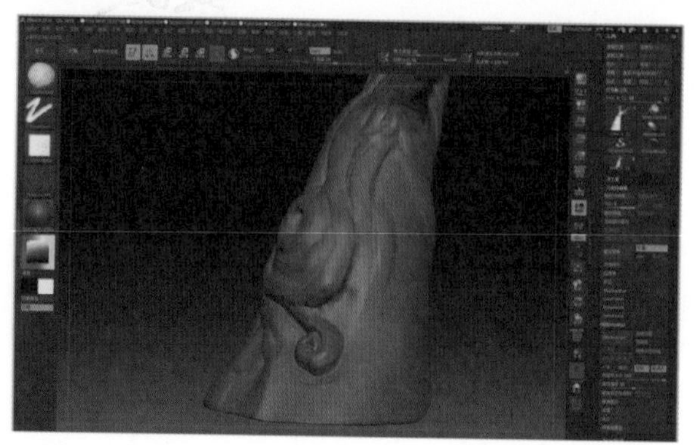

图183

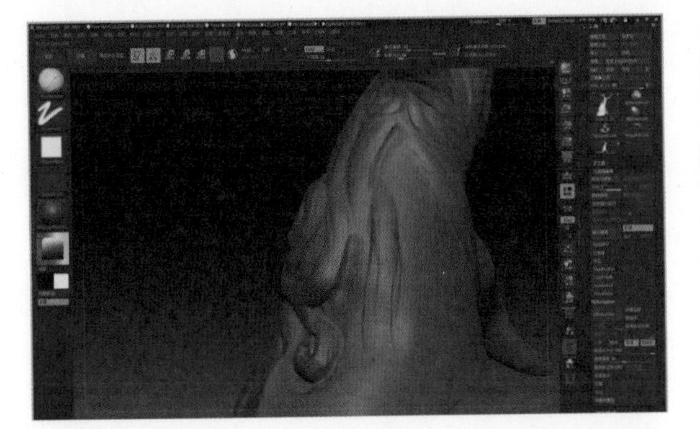
图184

图185

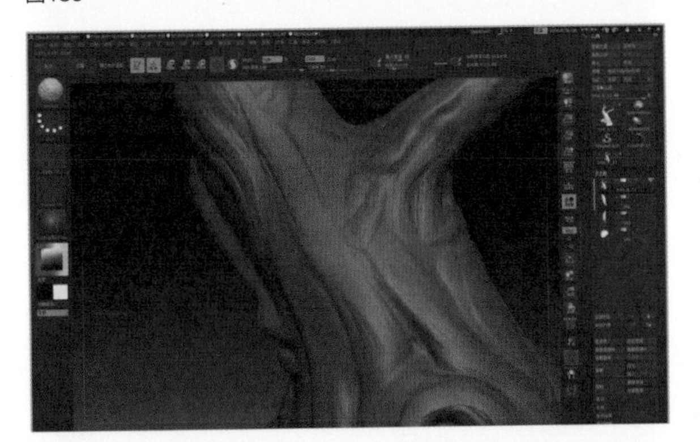
图186

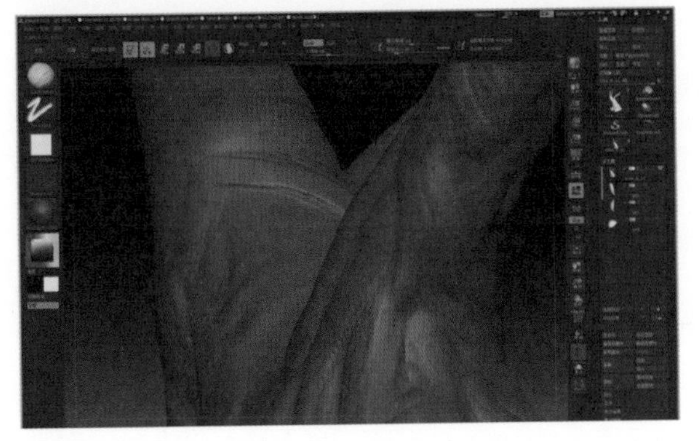
图187

图188

图189

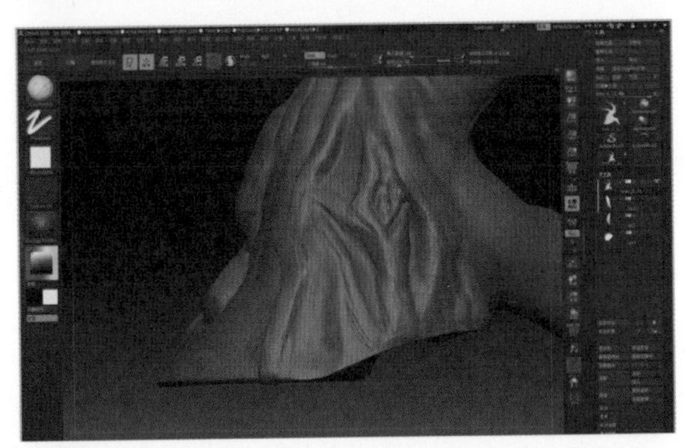
图190

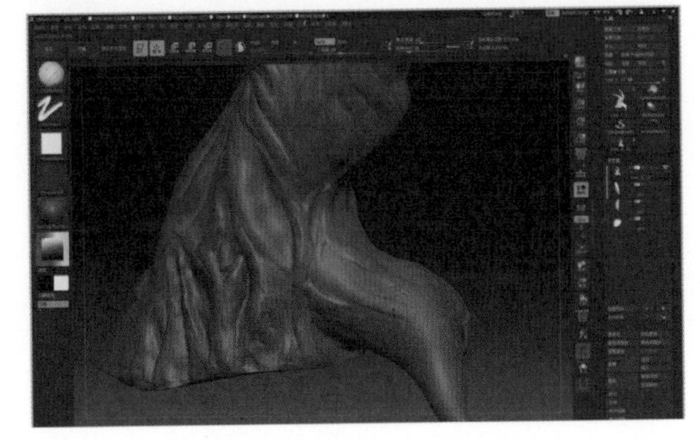
图191

使用ClayBuildup黏土笔刷添加根部枝干的结构细节（图192至图195）。

使用ClayBuildup黏土笔刷刷出树干上的纹理结构（图196至图201）。

使用Move笔刷调整蘑菇树枝干和蘑菇模型之间的结构（图202、203）。

使用ClayBuildup黏土笔刷细化雕刻上半部分树身的树节结构（图204至图207）。

图194

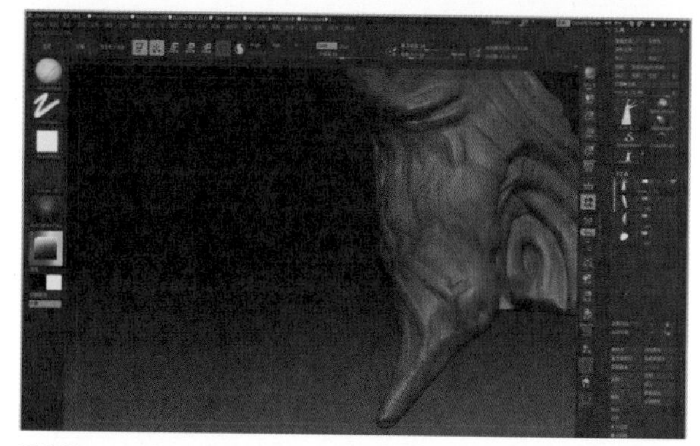

图195

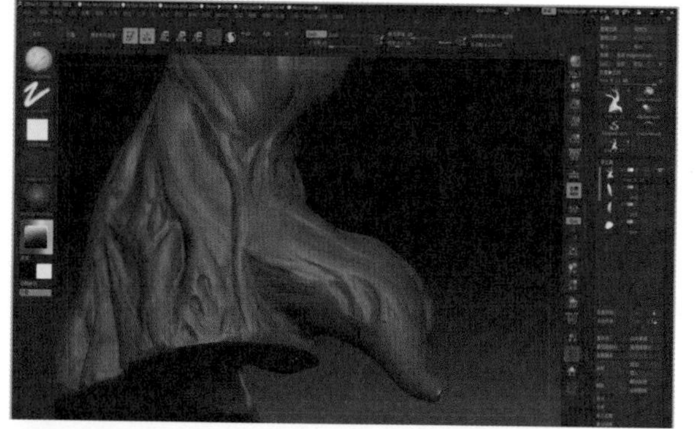

图192

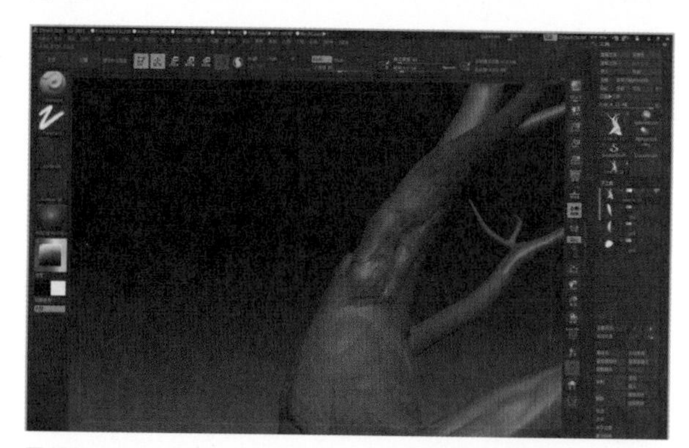

图196

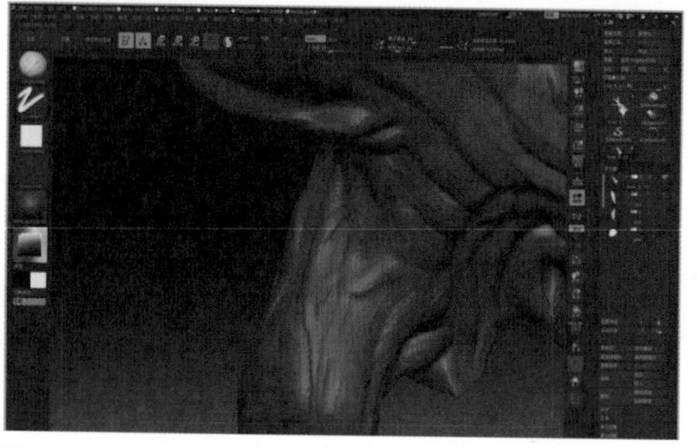

图193

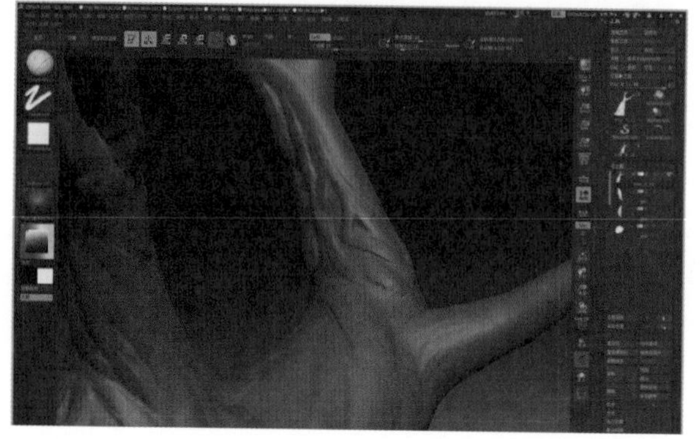

图197

图198

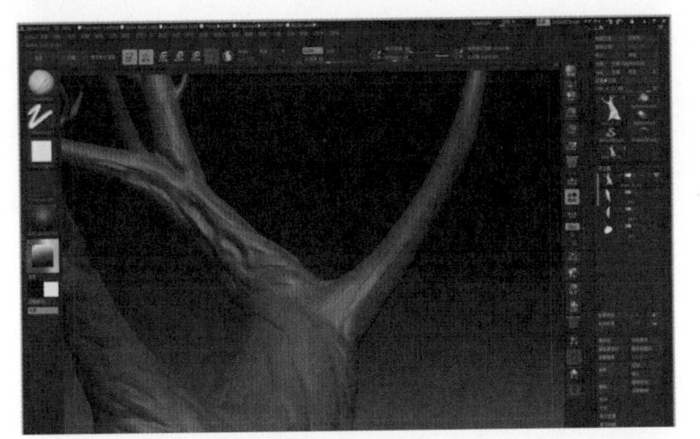
图199

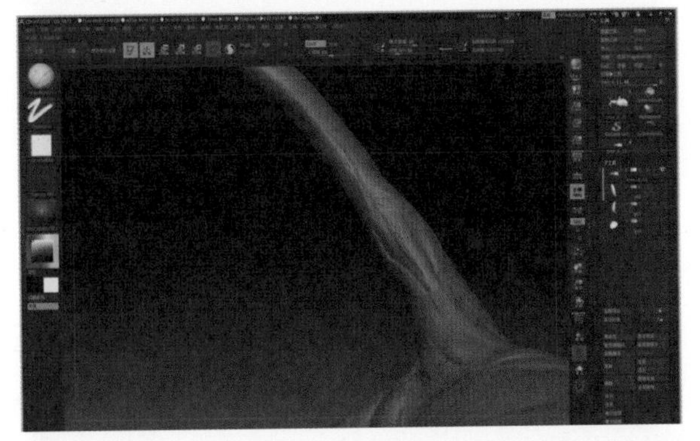
图200

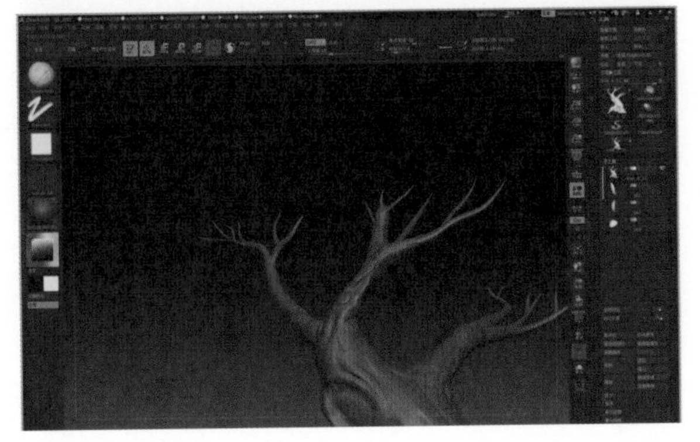
图201

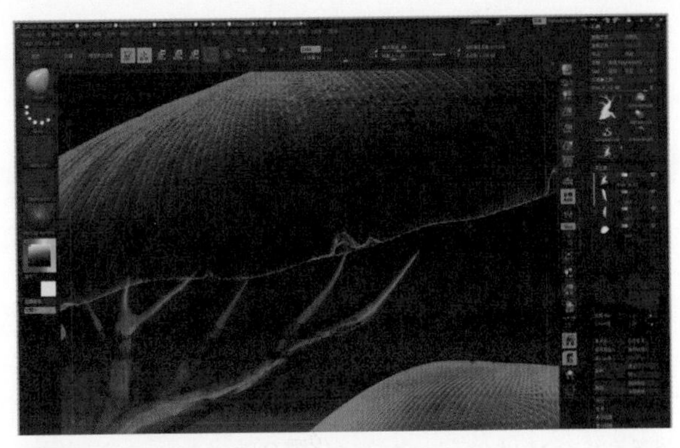
图202

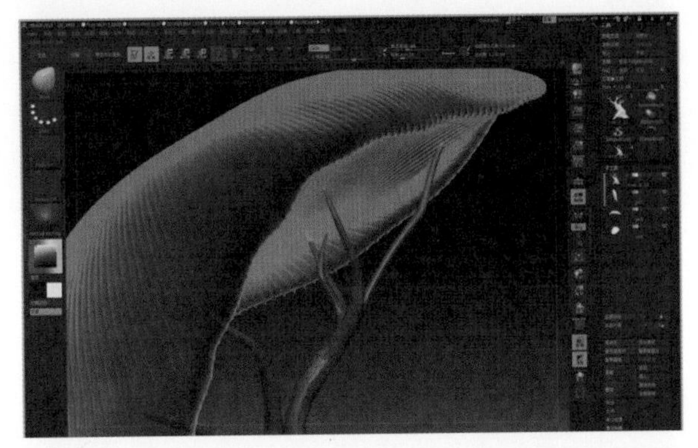
图203

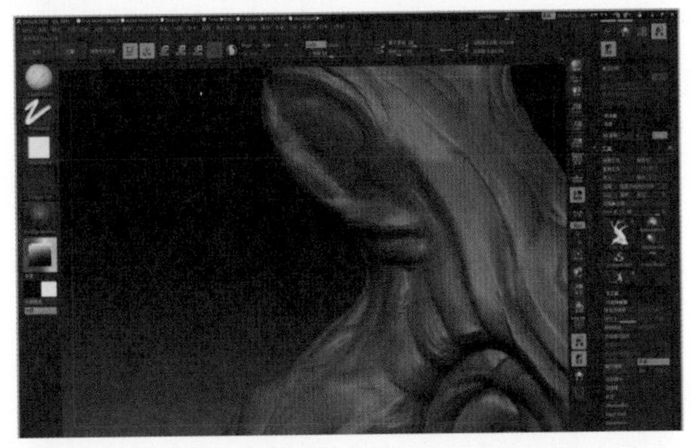
图204

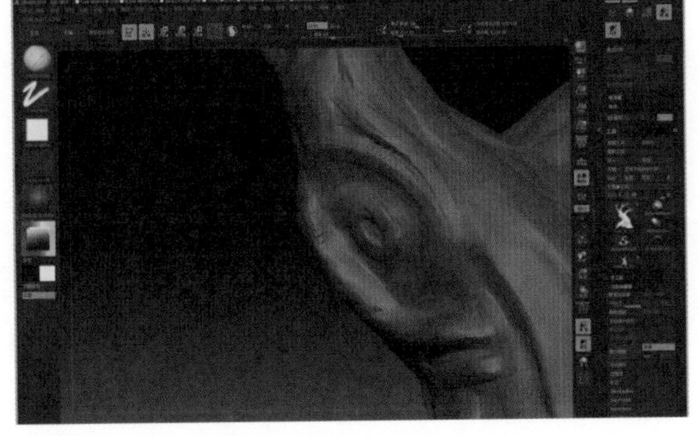
图205

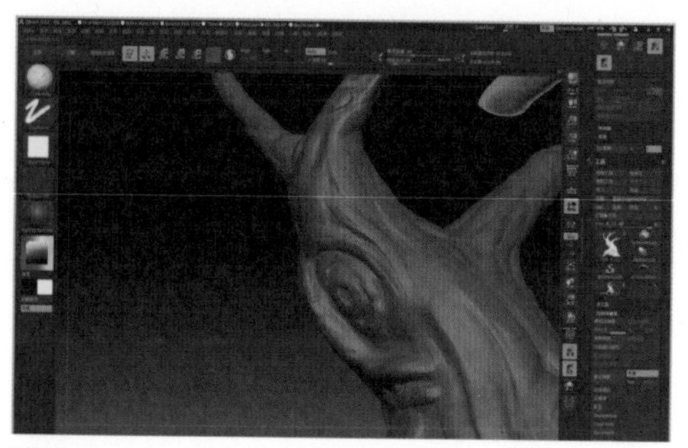

图206

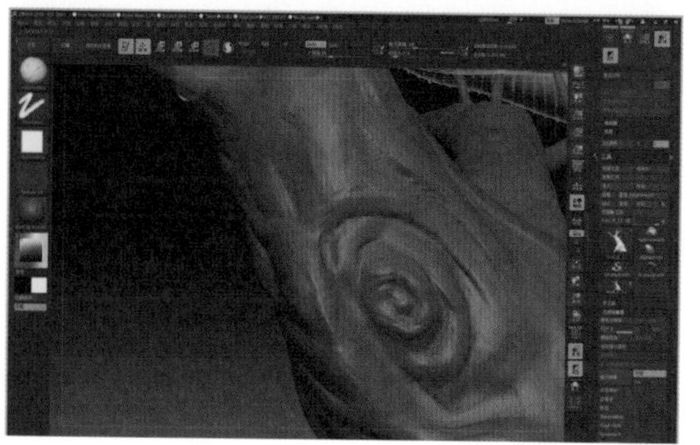

图207

图208

图209

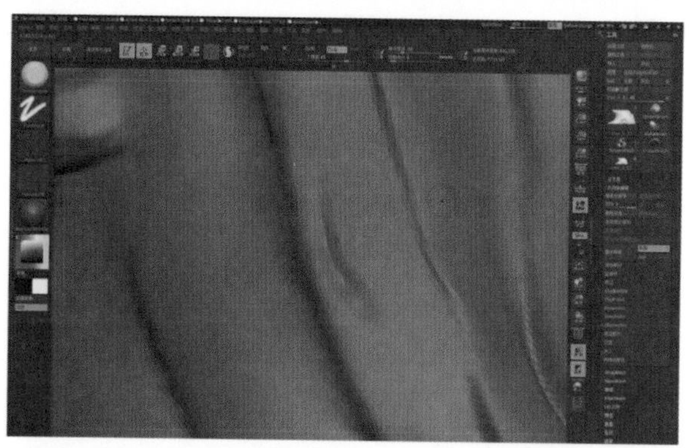

图210

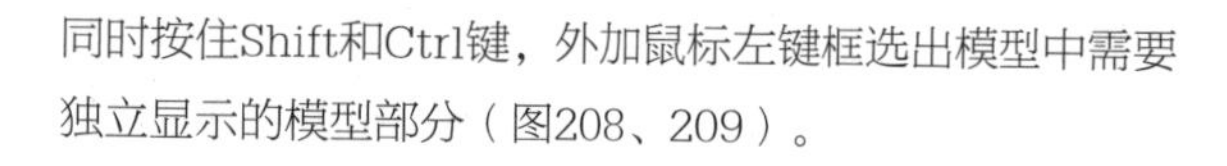

同时按住Shift和Ctrl键，外加鼠标左键框选出模型中需要独立显示的模型部分（图208、209）。

使用TrimDynamic笔刷、Standard笔刷和ClayBuildup黏土笔刷进行树洞纹理的细节雕刻（图201至图213）。

使用ClayBuildup黏土笔刷、Smooth笔刷、Move笔刷和TrimDynamic笔刷，对树身下半部分的树节进行细节雕刻（图214至图219）。

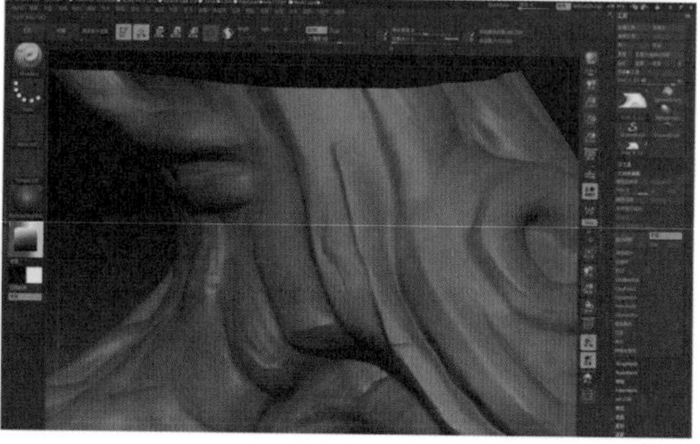

图211

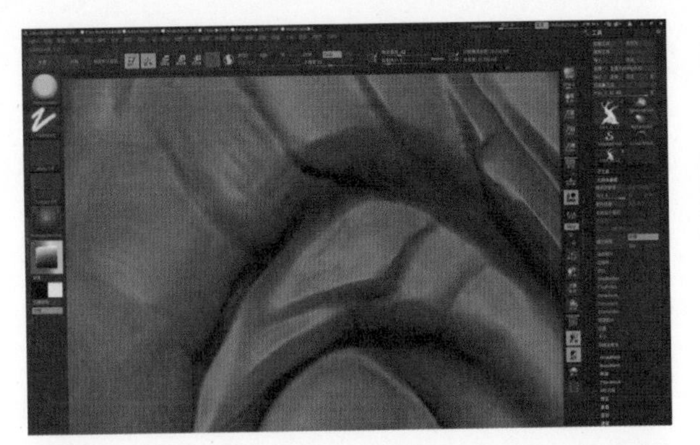

图212

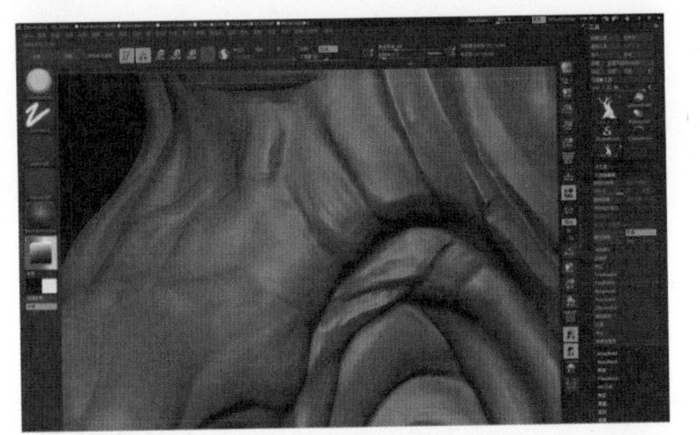

图213

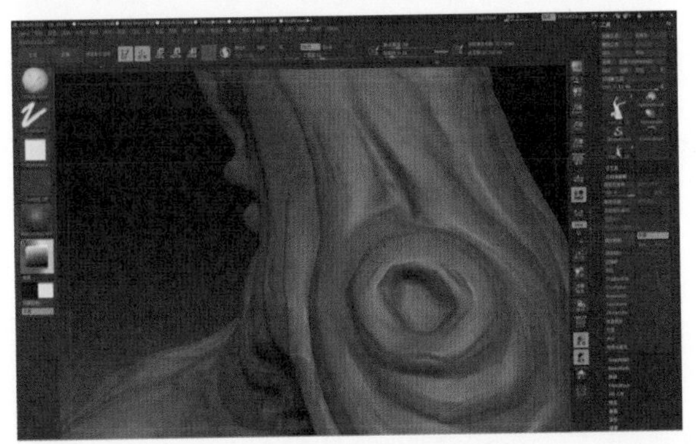

图214

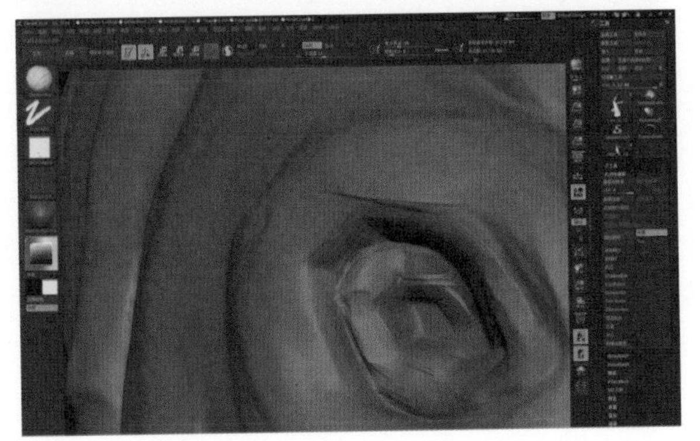

图215

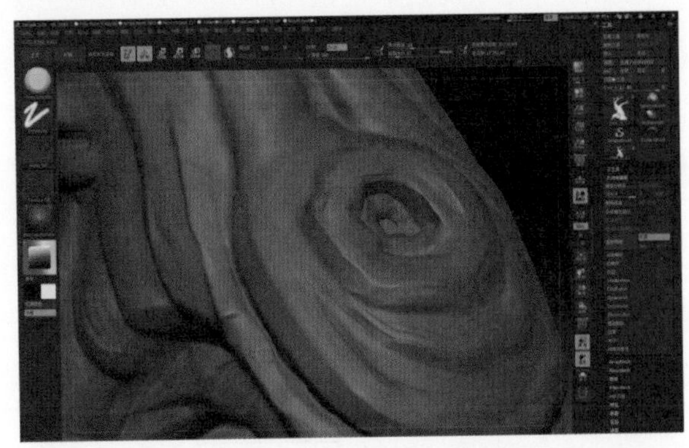

图216

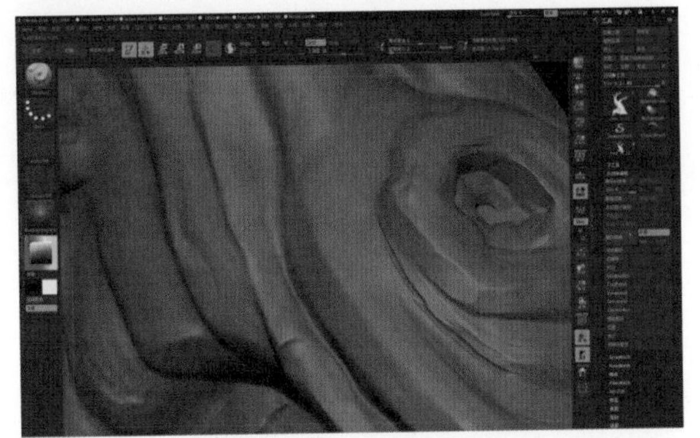

图217

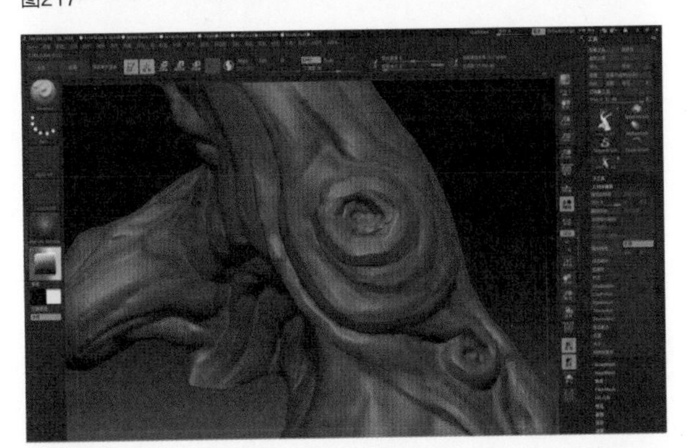

图218

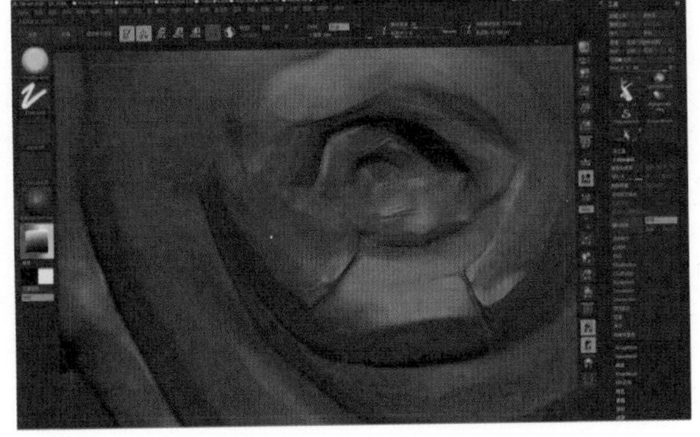

图219

按住Shift和Ctrl键外加鼠标左键框选出树身上半部分树节模型，使用ClayBuildup黏土笔刷对树节模型进行细节雕刻（图220至图223）。

接下来继续雕刻出树身纹理，使用ClayBuildup黏土笔刷、Smooth笔刷、Standard笔刷和Flatten笔刷进行细节雕刻（图224至图231）。

使用ClayBuildup黏土笔刷、Standard笔刷、Flatten笔刷和Smooth笔刷雕刻出树洞和树节模型的细节结构（图232至图237）。

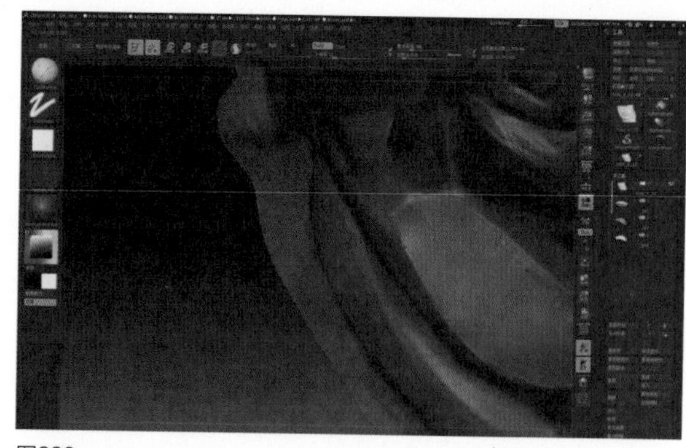

图222

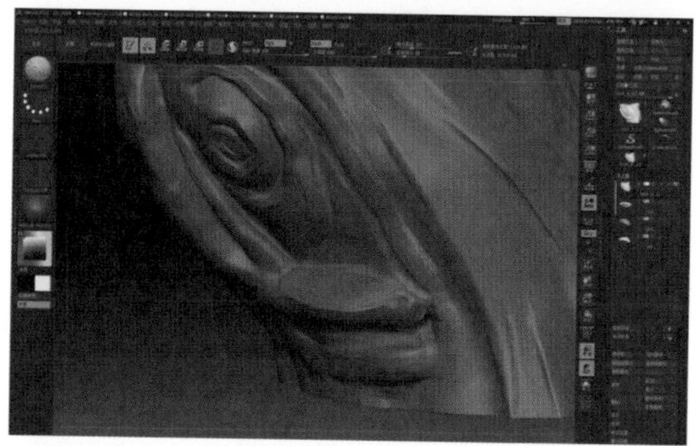

图223

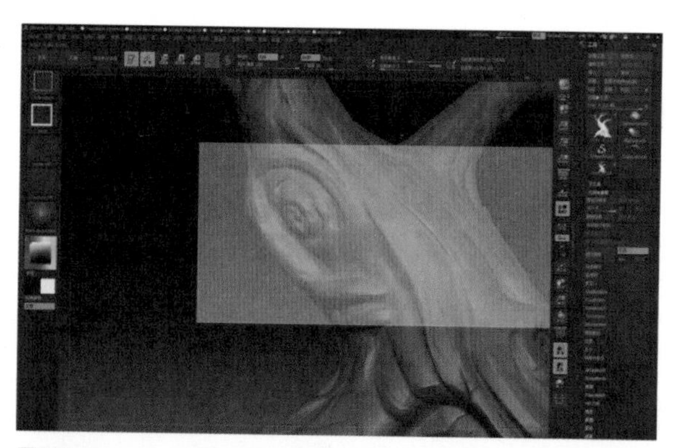

图220

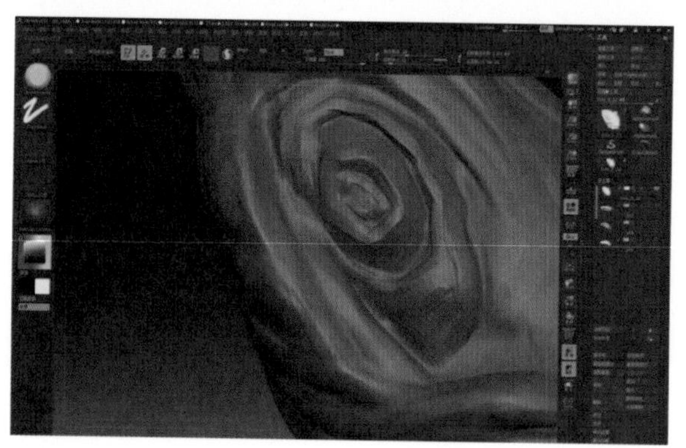

图221

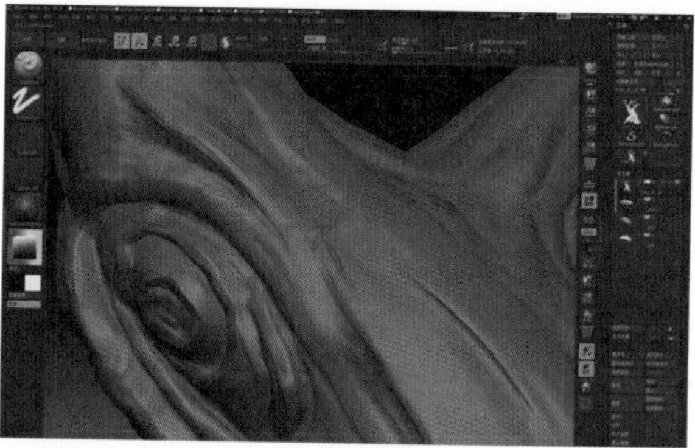

图224

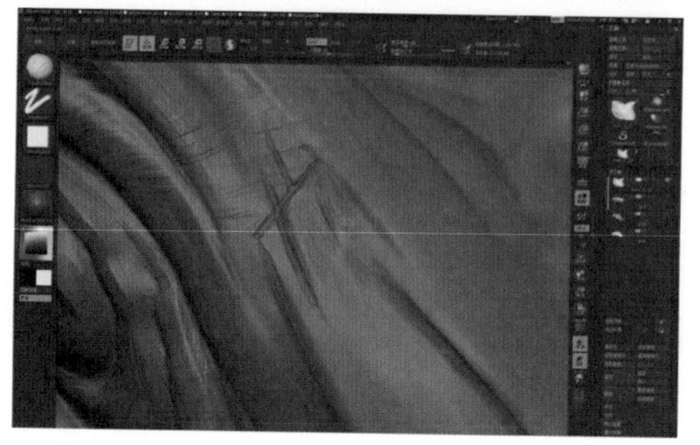

图225

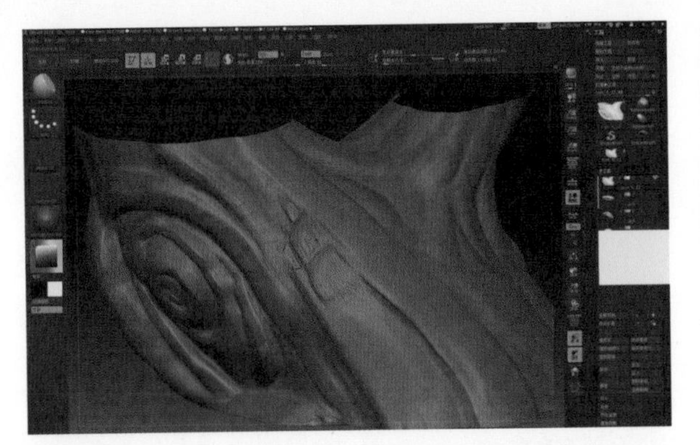
图226

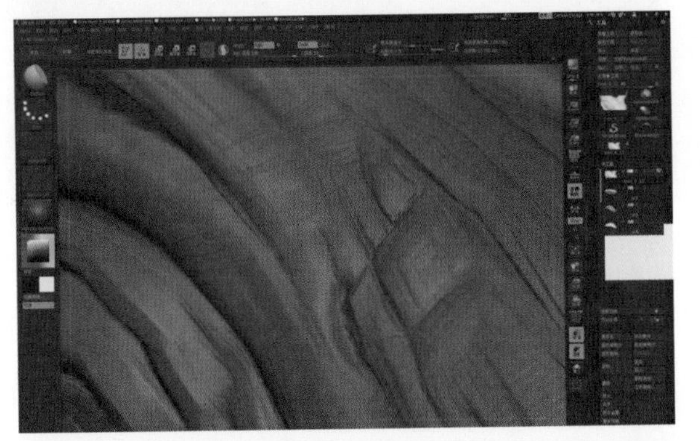
图227

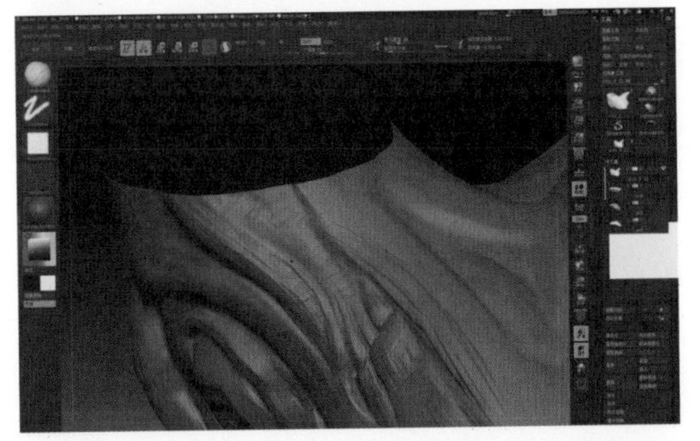
图228

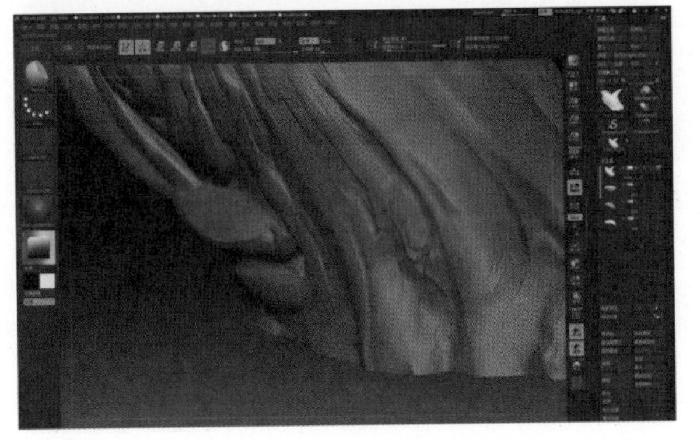
图229

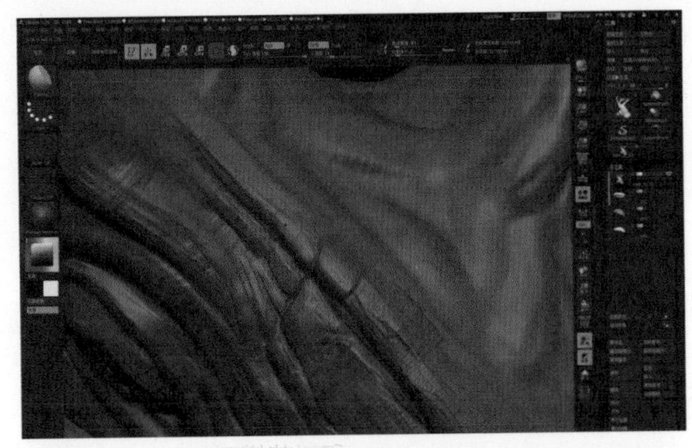
图230

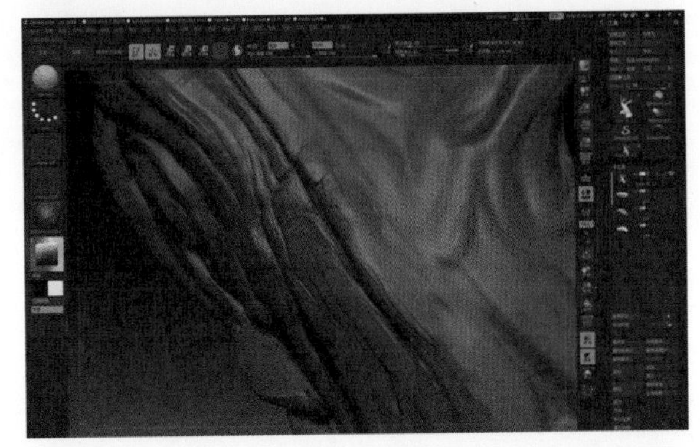
图231

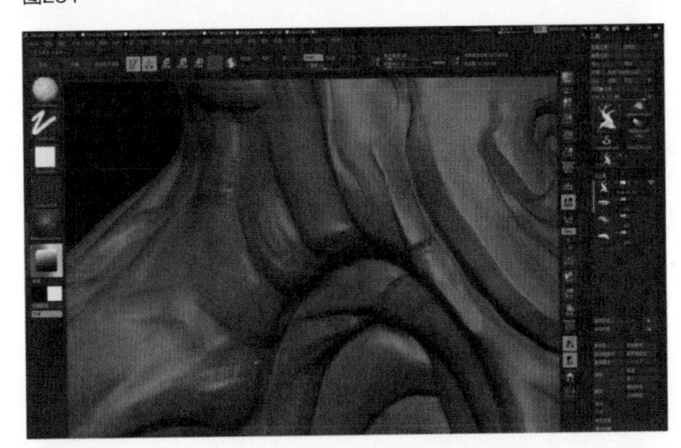
图232

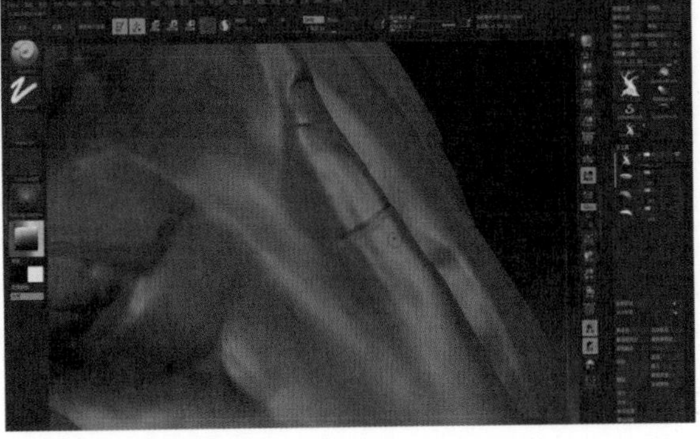
图233

使用Standard笔刷和Flatten笔刷完善根部枝干的细节雕刻（图238、239）。

使用Standard笔刷和Flatten笔刷增加树节上的破损细节（图240、241）。

前面我们已经使用了Alpha贴图对蘑菇模型进行了一次纹理雕刻，下面要在原有基础上进行纹理结构强化，使用ClayBuildup黏土笔刷顺着前面纹理雕刻出凸起结构（图242至图245）。

在蘑菇模型纹理结构雕刻完成后，我们在蘑菇模型伞面上添加圆形结构丰富其细节（图246）。在蘑菇树的Subtool（子工具）组里面点击Append添加按钮（图247），选择圆球模型添加进蘑菇树的场景里面（图248）。为了方便操作可以点击场景右侧Transp透明图标，使非选择的模型进入透明模式（图249）。我们对新加入的圆球模型进行移动、缩放和旋转操作（图250），将圆球模型调整成合适的模型放置到模型中合适的位置（图251）。

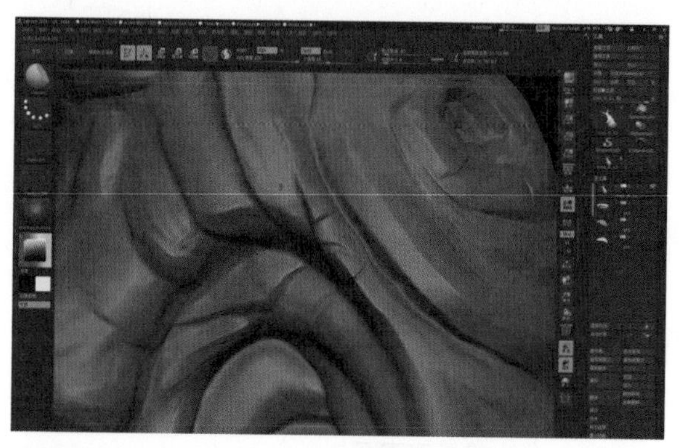

图234

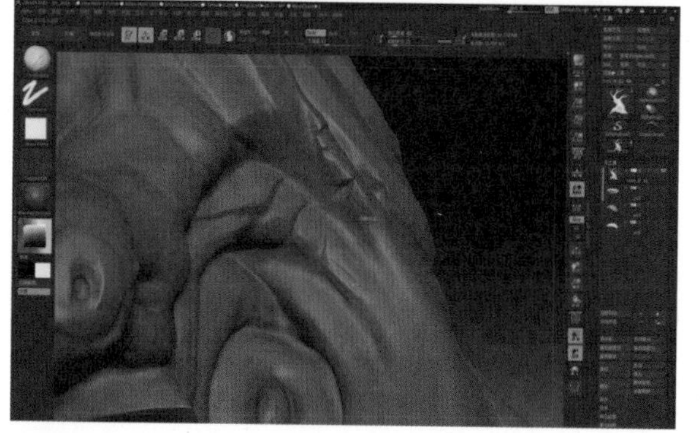

图235

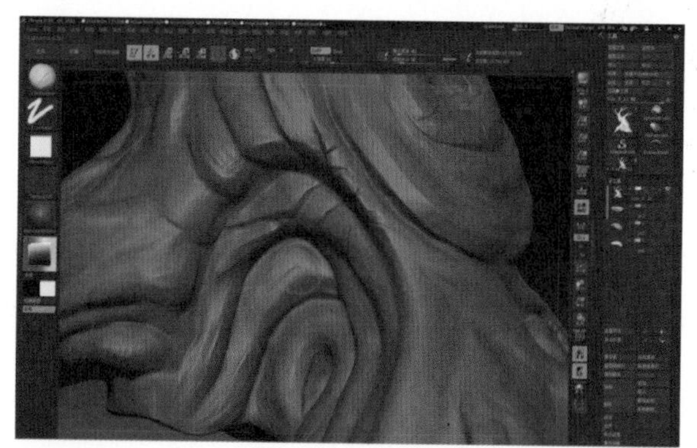

图236

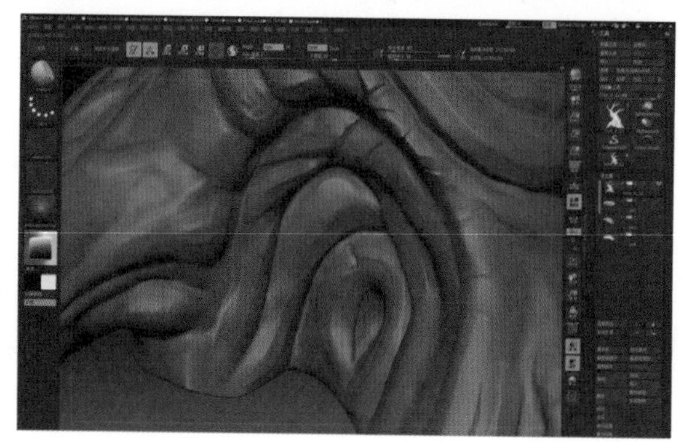

图237

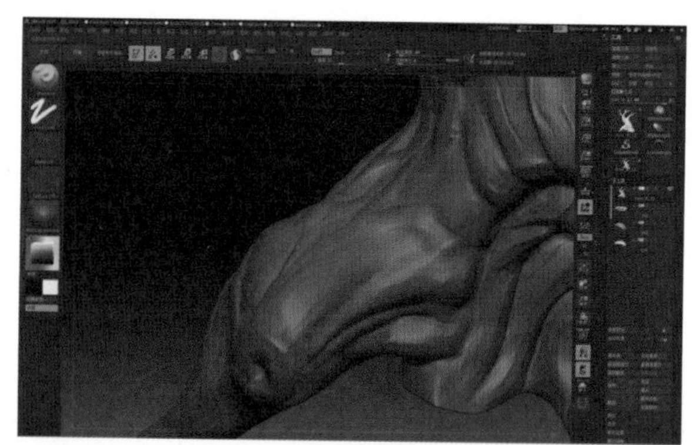

图238

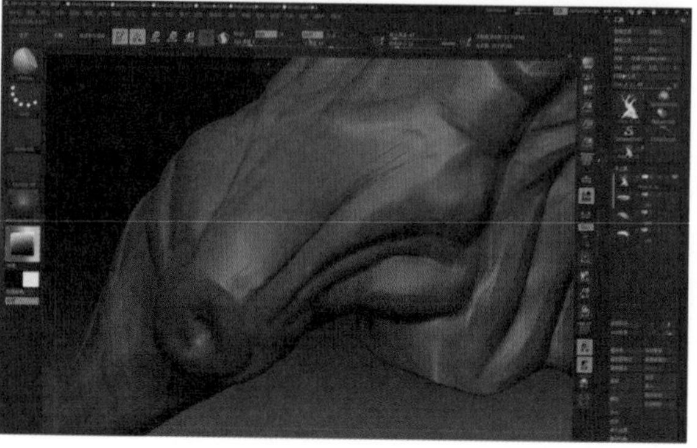

图239

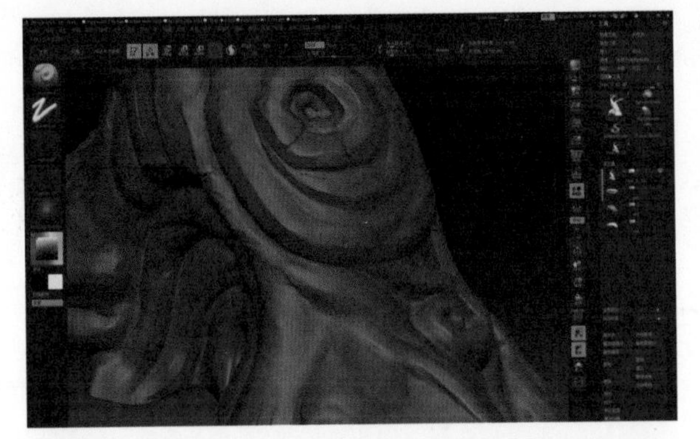
图240

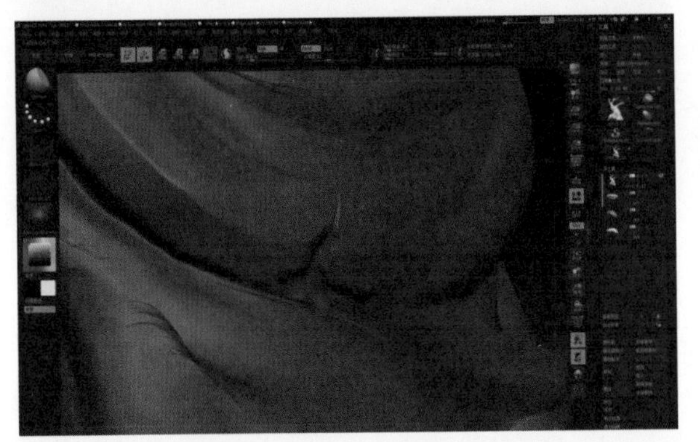
图241

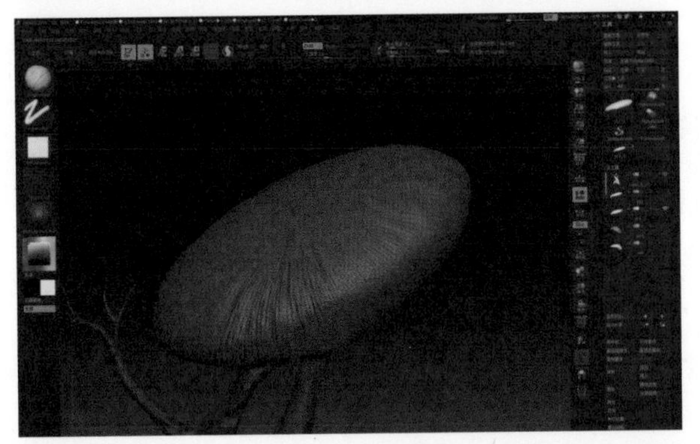
图242

图243

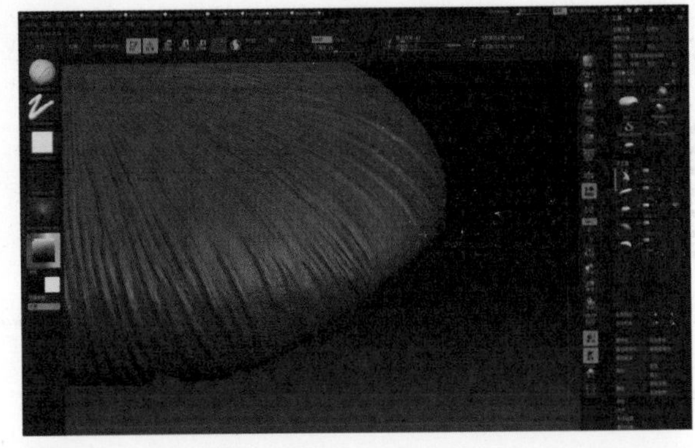
图244

图245

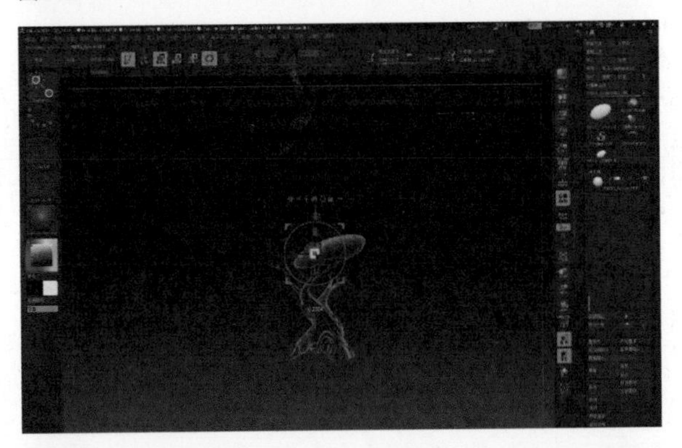
图246

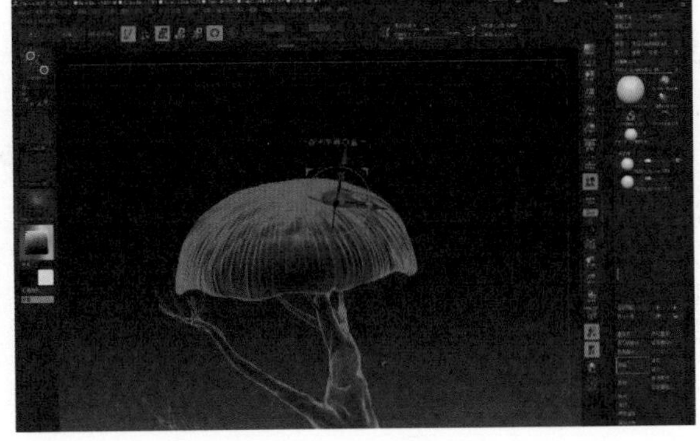
图247

在其他的蘑菇模型上继续顺着Alpha贴图纹理，使用ClayBuildup黏土笔刷进行纹理结构强化（图252）。当雕刻得差不多之后（图253），选择当前的蘑菇模型在Subtool（子工具）组里面点击Duplicate复制按钮（图254），复制出一个雕刻完成的蘑菇模型，将它放置到合适的位置（图255）。

接着将蘑菇模型伞面上的凸起圆球模型，复制到其他蘑菇模型上（图256、257）。在Subtool（子工具）组里面点击Duplicate复制按钮，进行操作（图258、259）。

按住Shift和Ctrl键外加鼠标左键框选出树身模型（图260），继续进行树身上的细节雕刻（图261）。

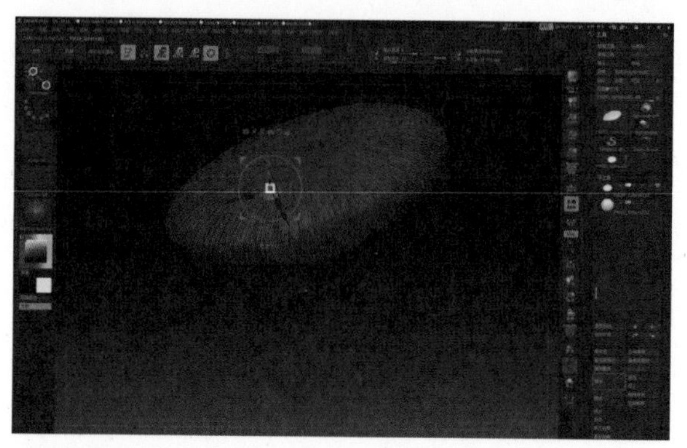
图248

图249

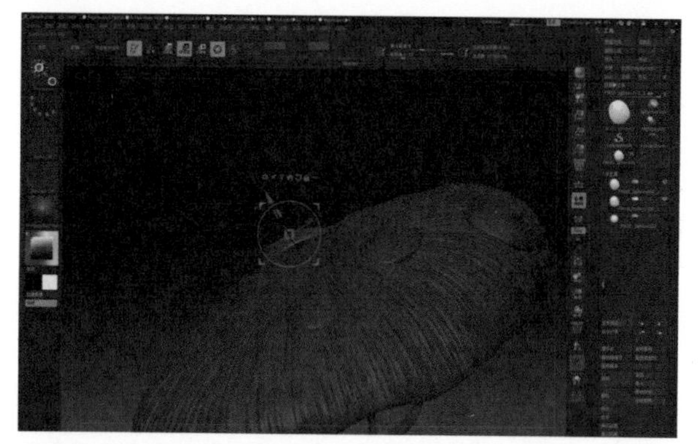
图250

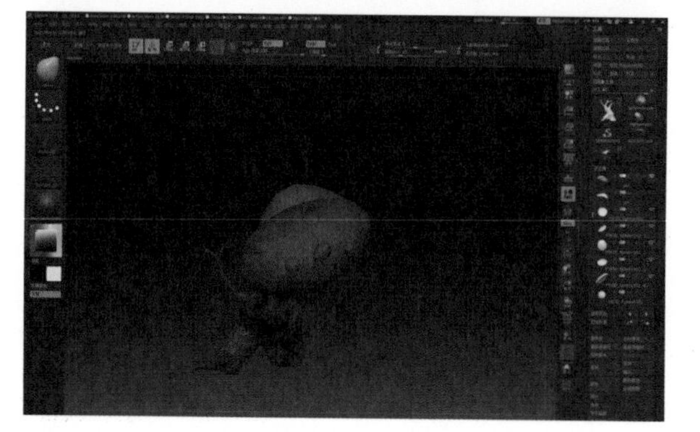
图251

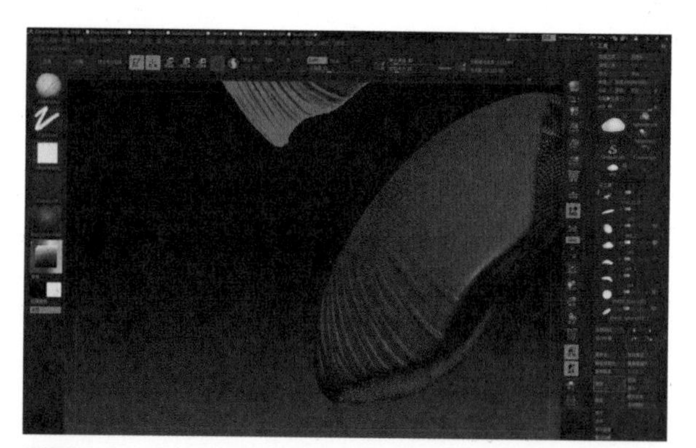
图252

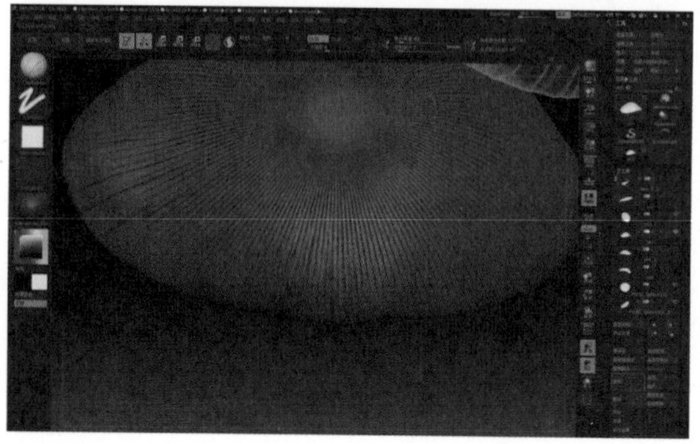
图253

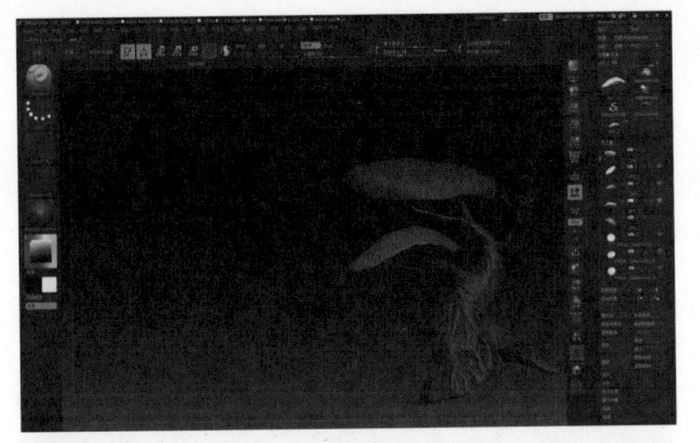
图254

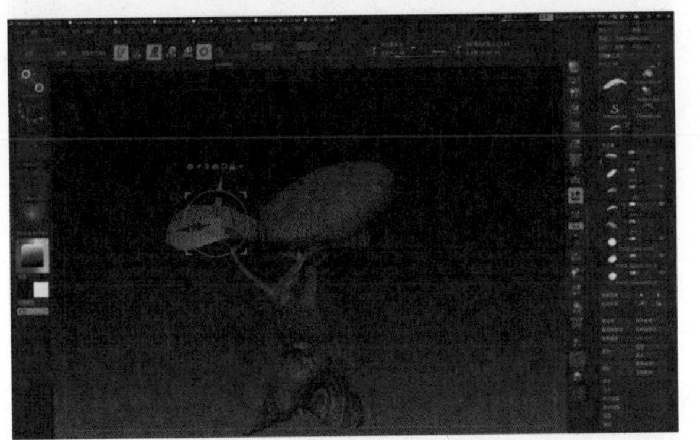
图255

图256

图257

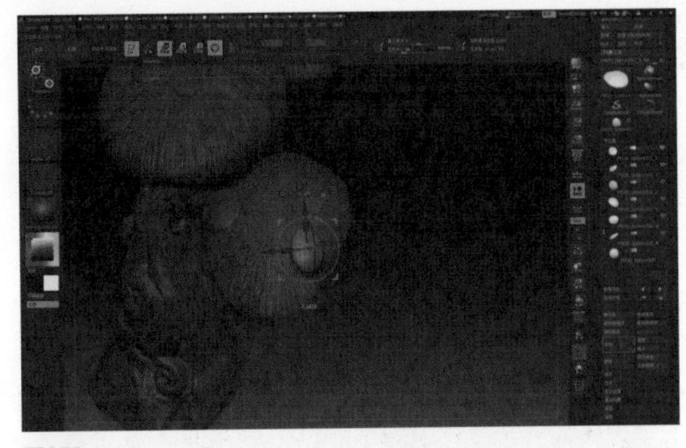
图258

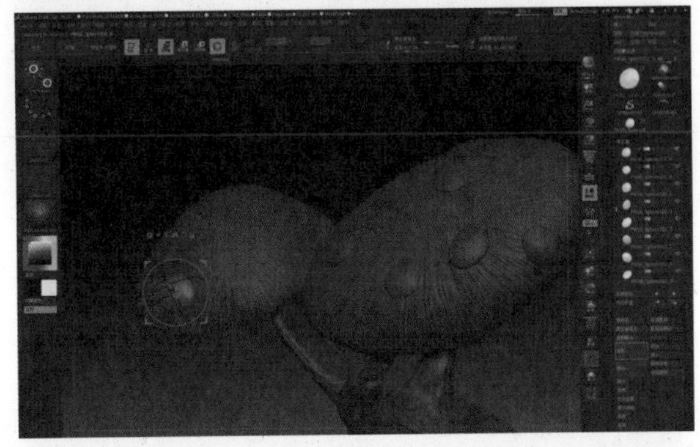
图259

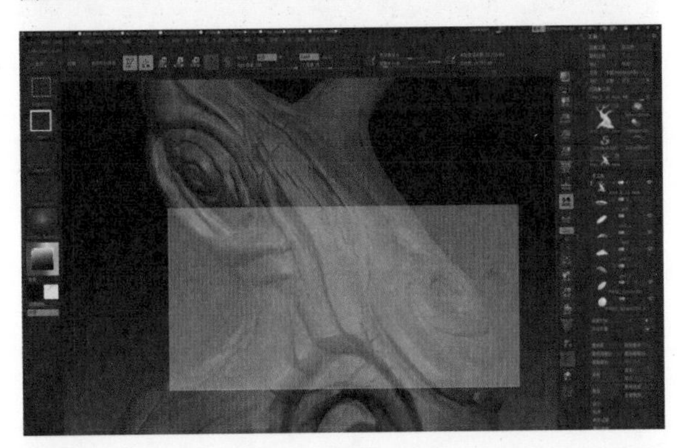
图260

图261

雕刻到后期，我们要注意模型上的主次细节的关系。对于纹理雕刻太过的部分，我们需要减弱雕刻纹理（图262至图267）。可以使用Flatten笔刷和Smooth笔刷进行弱化操作。到这里蘑菇树的模型雕刻已经全部完成了（图268至图270）。

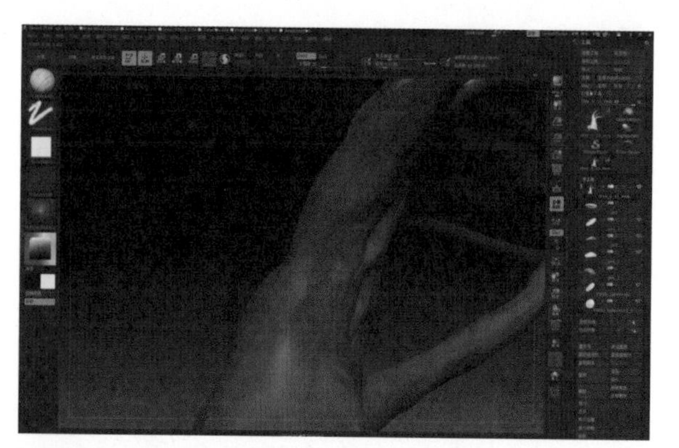

图262

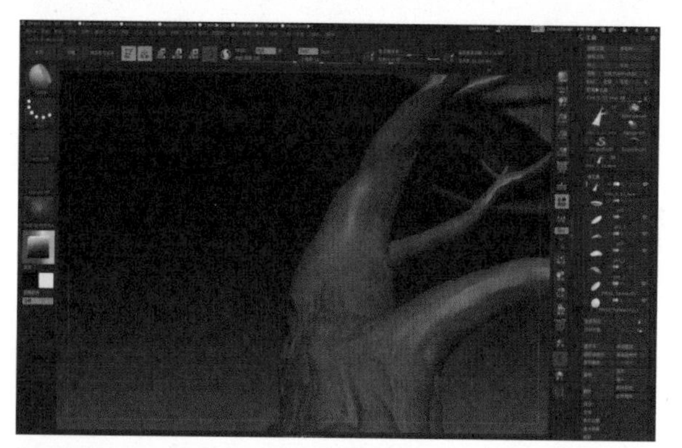

图263

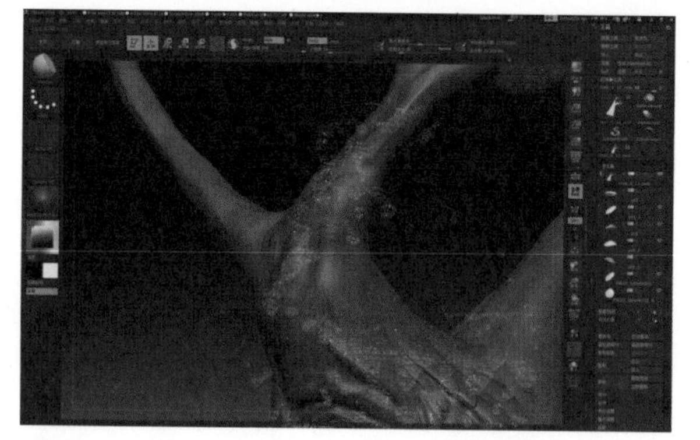

图264

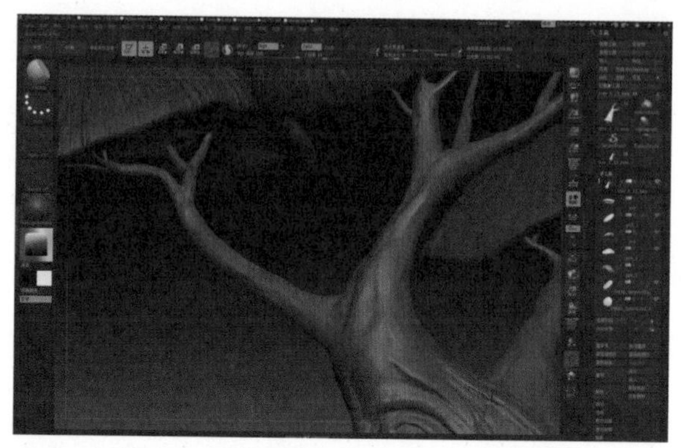

图265

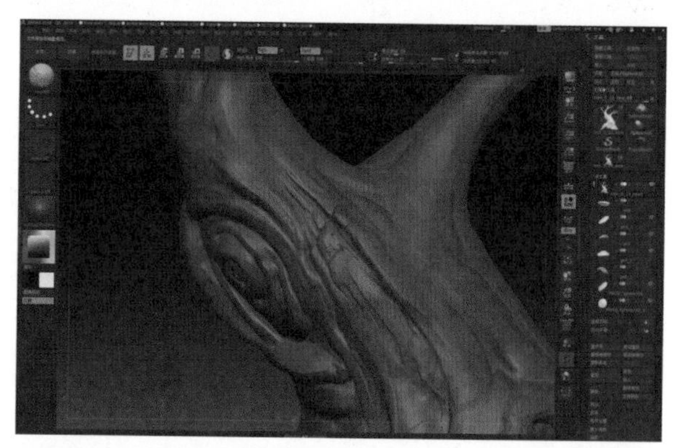

图266

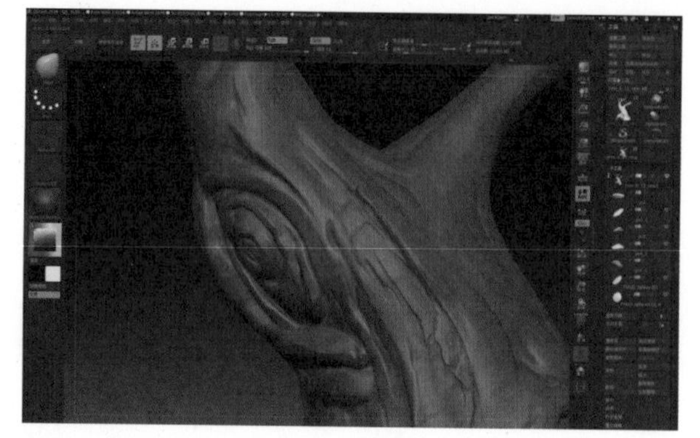

图267

图268

图269

图270

第六章

CHAPTER 6

ZBRUSH雕刻模型——狼头人身怪物实例

一、生物建模的理论知识

在模型制作过程中，对人体比例、结构的深入了解和学习是必不可少的环节，每一个模型都是一种造型，造型就得落在具体的结构上。因此，我们在具体的制作之前先介绍一下人体的基本骨骼和大的肌肉群，为后面的建模做好准备。

1. 人体的解剖知识

① 人体的基本比例

通常我们在测量人体比例的时候，以头长作为测量基础。一般正常成年男性角色大概是7个到8个头长之间，女性角色也是一样的，还有模特大概是9个头长。

一般我们在制作女性角色的时候可以让腿部相对长一点，上身可以稍微短一点，脖子长一些，这样可以更容易表现出女性角色的特点。

② 头长所对应的人体中的位置（图1）

纵方向：第1个头长在下巴的位置，第2个头长在胸骨下边缘的位置，第3个头长在肚脐的位置，第4个头长在骶骨的位置，第5个头长在大腿中间的位置，第6个头长在膝盖的下边缘，第7个头长在小腿偏下的位置，第8个头长在脚掌的位置，这是纵方向上头身比的位置。

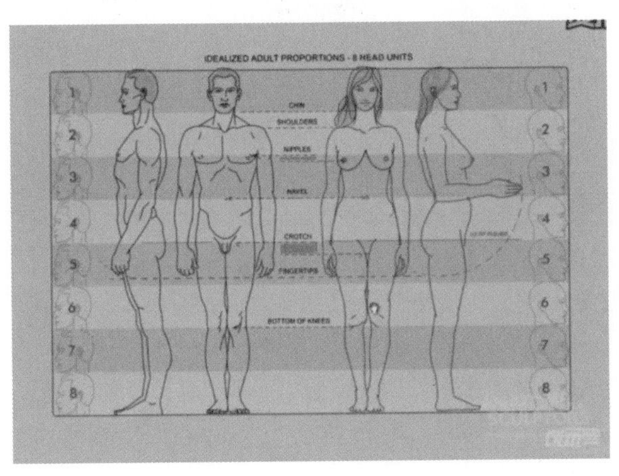

图1

横方向：肩膀的宽度，一般男性角色肩膀比女性角色的肩膀要宽一些，显得更有力量感，更健壮。一般男性角色的肩膀是2个头长，女性是1.5个头长。

手臂一般分为大臂和小臂，我们可以认为它们是等距的，大臂是1.5个头长。

肘关节一般在腰部最细的位置。

手掌长度成人是一个头长，小孩的手是半个或半个多一点头长，这个是按年龄来定的。
脚掌是一个头长，这是人体的一个基本的比例。

③ 人体的骨骼结构与肌肉（图2、3）

首先我们来观察一下胸腔，里面一根一根的是肋骨，在肋骨中间相连的是胸骨。胸骨在侧面观察的话是斜向的。

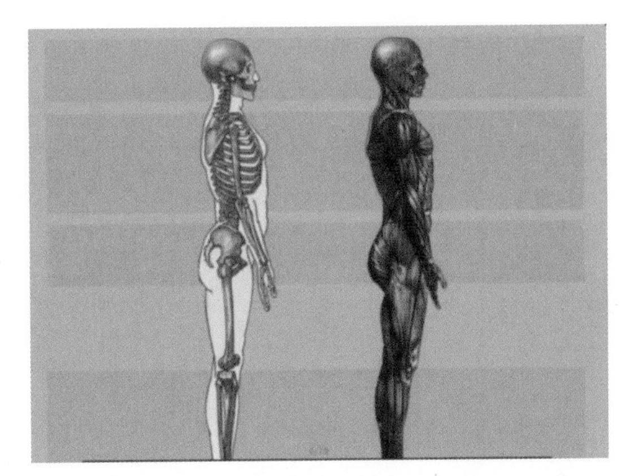

图2

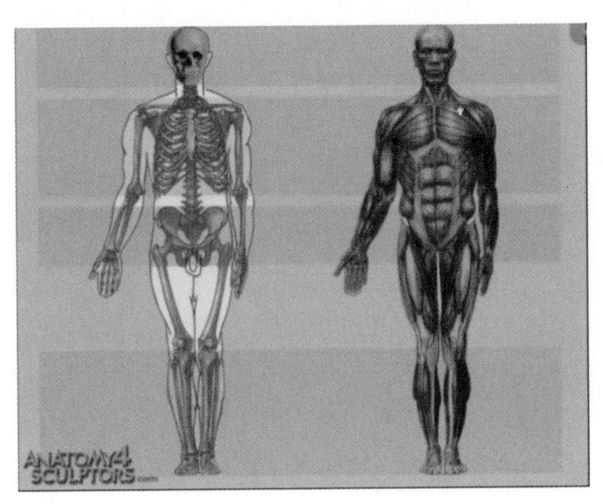

图3

胸骨对应的胸肌也是倾斜的，肌肉的生长方向是由骨骼决定的。所以我们在人物建模的时候必须要了解骨骼，只有了解了骨骼之后才能准确定位模型生埋构造上的一些转折点的位置。

锁骨（图4）是我们制作模型的时候比较重要的骨骼，因为它是能够在造型中被看到的，尤其是在比较瘦的人体上锁骨是非常明显的。锁骨不是平的结构，从顶部观察它就像是个弓形。

锁骨的前端与胸骨连接在一起，后端与肩膀的肩胛骨连接在一起。通常我们所说的肩峰是由后边的肩胛骨所形成的，并不是由锁骨、肱骨形成的。

肱骨（图5）是上肢最粗壮的骨，上端与肩胛骨形成肩关节，下端与桡骨和尺骨形成肘关节。尺骨与小拇指连接在一起，桡骨对应的是大拇指的方向，同时尺骨与桡骨都有大头和小头，桡骨的大头和手关节连接在一起。

当手掌心向前的时候，尺骨和桡骨是平行的；当手掌心面向大腿的时候，尺骨和桡骨是交叉的状态。

我们要了解的是当手臂旋转的时候，尺骨是不动的，旋转的是桡骨。在制作角色小臂的时候，我们选择一些点来对它进行旋转，尤其是在做TPose或者手臂自然下垂的时候。

肩胛骨（图6）是长在后面的，所以人的手臂是稍微靠后的，在做建模的时候会把手臂做得稍微偏后一点，这也是由骨骼决定的。

肩胛骨为三角形扁骨，贴于胸廓后外面，也就是包裹在肋骨外面，能在肋骨上面滑动，可以满足人体做很多的动作。

盆骨（图7、8）是由骶尾骨和两侧髋骨构成，形状如盆，故称为骨盆，分为上部的大骨盆和下部的小骨盆两部分。

它的形状后面比较高，前面比较低，盆骨的上端叫髂棘。股骨从盆骨上生长出来，股骨并不是垂直地向下生长的，而是倾斜生长的。

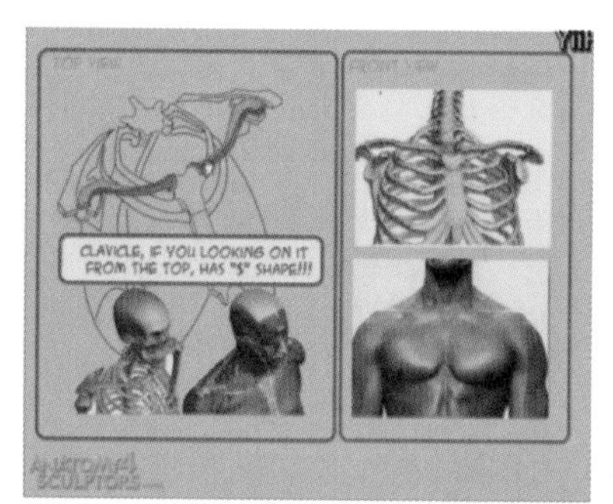

图4

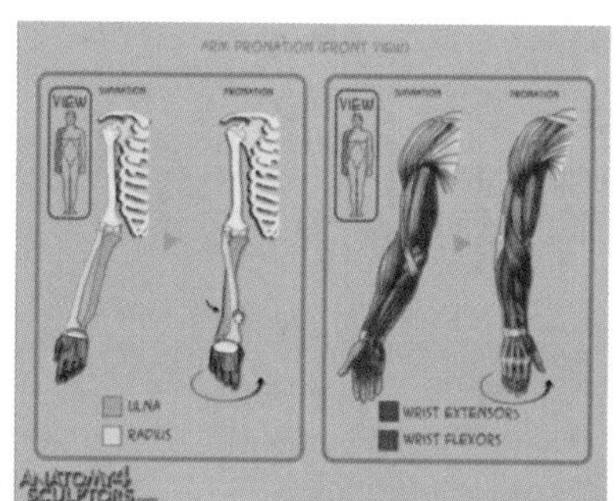

图5

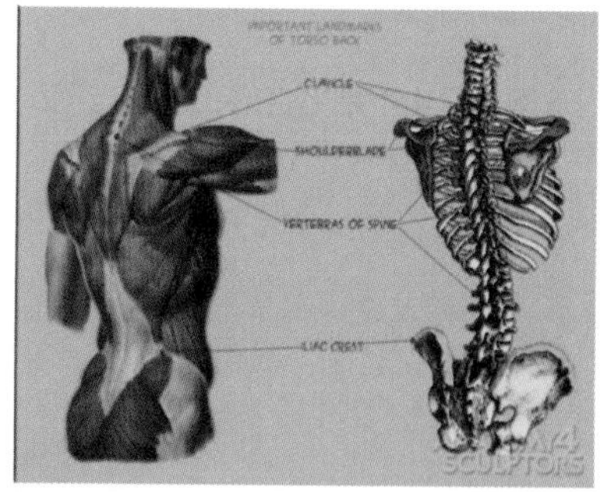

图6

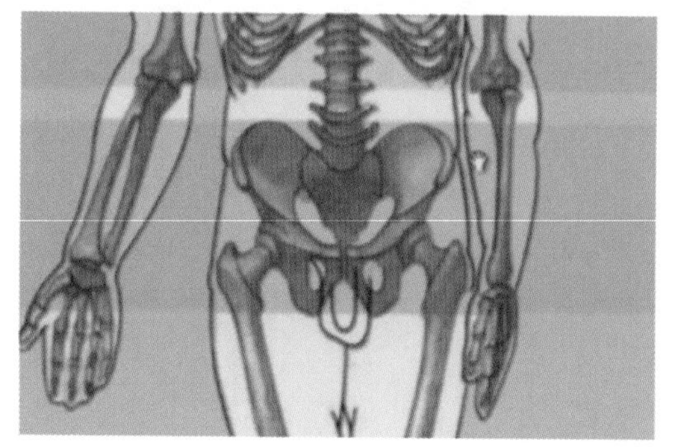
图7

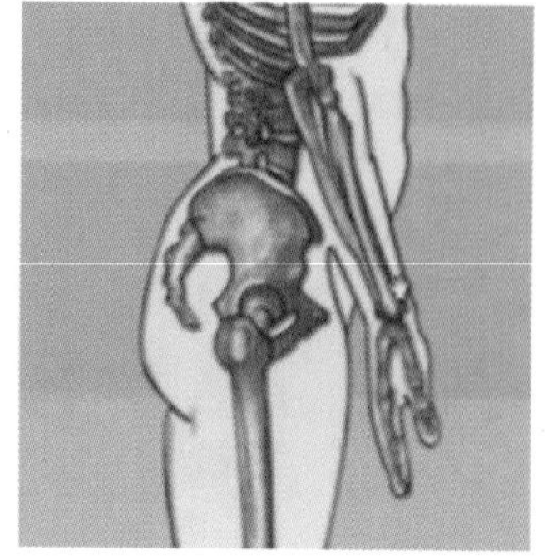
图8

股骨下来是髌骨，也就是俗称的膝盖骨。它是股四头肌肌腱中形成的一块籽骨，也是全身最大的籽骨，呈扁粟状，位于皮下，容易摸到。

下来是腓骨，是下肢小腿长骨之一，较细，在小腿外侧。上端膨大称腓骨小头，其内上方有关节面与胫骨的腓关节面相接关节。下端较膨大称外踝，其内侧面有平坦的外踝关节面，参与构成踝关节。

下来是叫胫骨，胫骨是小腿内侧的长骨，分一体两端。胫骨近侧端膨大，向两侧突出成为内侧踝与外侧踝。

这是我们从正面观察人体，在建模中比较主要的骨骼结构。

侧面观察人体结构（图9），在建模中要制作出人体S形曲度变化，这个变化主要由脊柱所产生的，脖子处的颈椎共七块位于头以下、胸椎以上的部位。 胸椎下面是腰椎，腰椎下面是尾椎，尾椎处于盆腔的位置。

这是脊柱的一个生理弯曲，在制作角色模型侧面的时候，一定要按照生理弯曲来制作。

腿从侧面看也不是笔直的，是有点稍微倾斜的。大腿和小腿之间是有落差的，就是膝盖部分，在模型制作的时候也要制作出来。

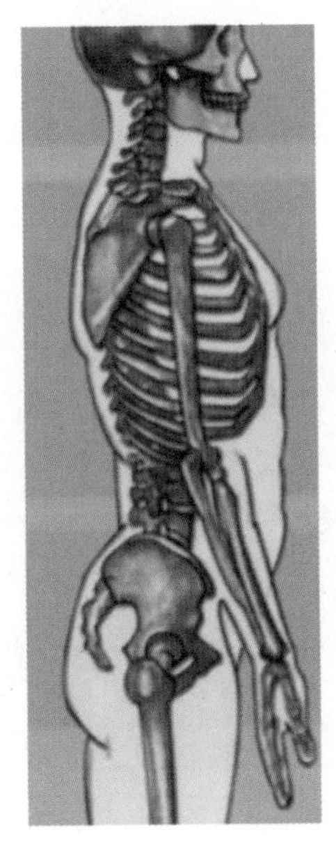
图9

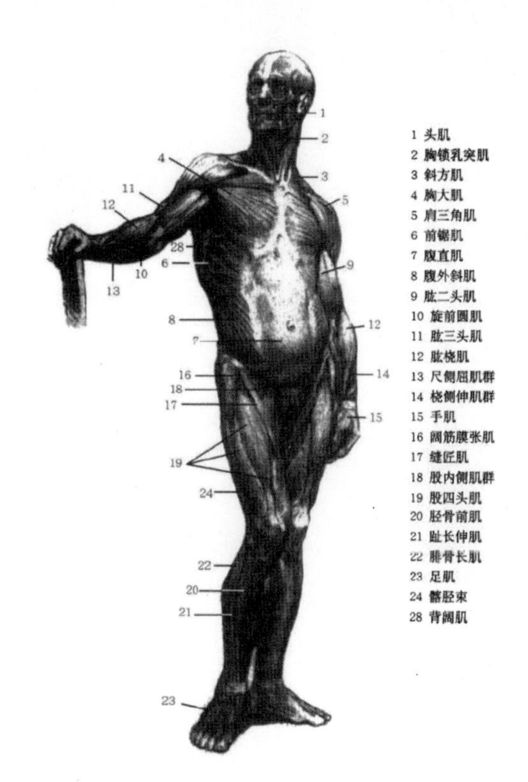

图10

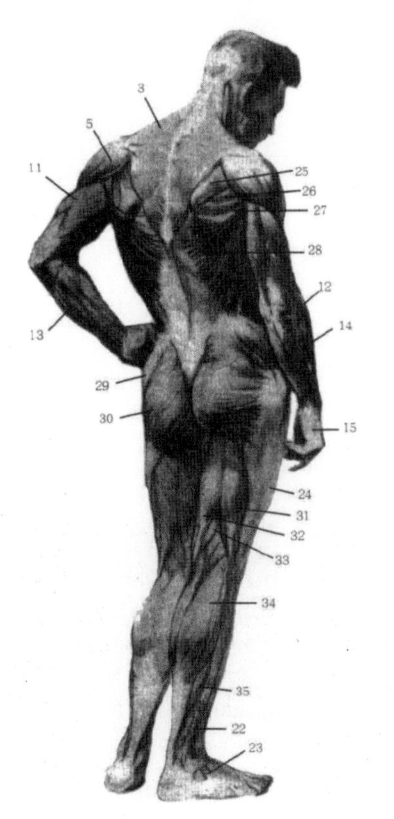

图11

2.角色制作流程

① Z球的基本应用

ZSphere（Z球）是ZBrush中多边形建模工具中的一种，ZSphere（Z球）功能强大，可以快速、精确地创建基础网络，不必再费力地选定和挤出多边形结构（边和面）。现在可以使用ZSphere（Z球），该工具是在圆链系统基础上构建的，其中每个圆的链接上都包含着分辨率信息，使用该工具能够精确创建拓扑结构。

ZSphere也存在一个潜在的弱点，该建模方式不具备传统多边形对边的控制能力。可以使用ZSphere构建基础网络并使用Topology（拓扑）工具调整出最终雕刻模型来解决这个问题。

ZSphere与ZBrush中其他工具的创建方式是相同的。在Tool工具栏下面找到3DMeshes里面的ZSphere。选中ZSphere，将其拖到画布上，然后按快捷键进入编辑模式。

在ZSphere上开始工作之前，需要打开Symmetry（对称），在主菜单下面点击Transform（变化）里面的Activate Symmetry（激活对称）（图12）。

当将鼠标移动到ZSphere上，可以看到两个红点在彼此旁边同时移动，这就已经打开了对称命令。

在ZSphere上拖动鼠标就可以画出新的Z球，然后按快捷键A键预览效果模型（图13）。

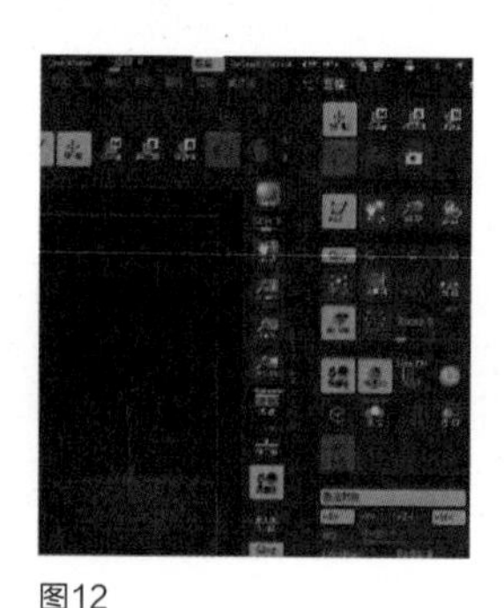

图12

图13

② 大体塑造

在使用ZSphere时，通常都会画两个Z球。一个位于基础Z球的顶端，一个位于底部，构成躯干的结构。

配合移动、缩放和旋转命令工具，点击任意一个Z球，然后根据基础模型的需求移动添加Z球，拉出四肢。

将大体形态调整完之后，我们选择Z球模型按快捷键A进入阅览模式，然后在Tool下面点击Make PolyMesh3D（生成PolyMesh3D）命令转化成ZBrush中可雕刻的3D模型。

然后就可以在ZBrush中开始模型的雕刻工作了。

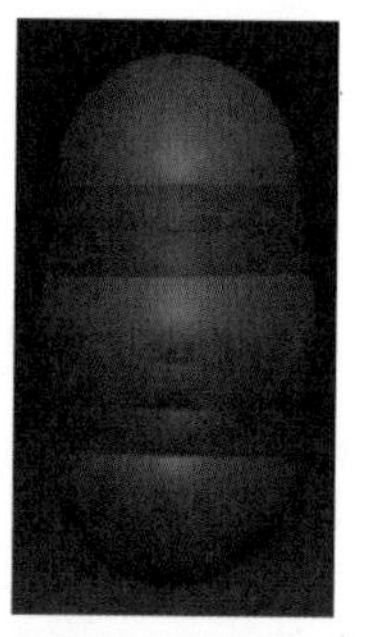

图14

图15

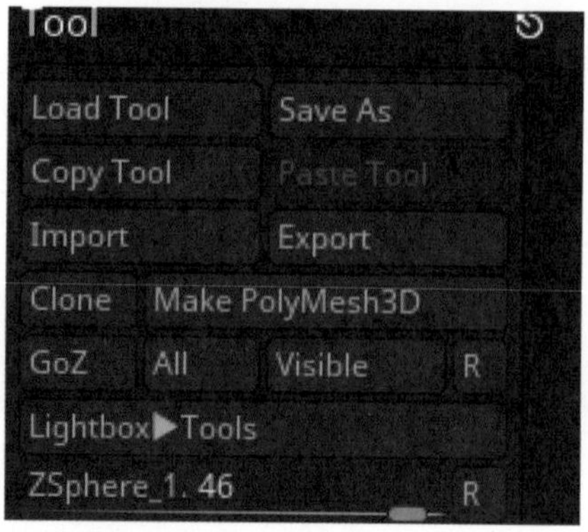

图16

二、狼头人身怪物——雕刻实例

一、狼头人身怪物——角色设计（图17至图20）

角色设计思路：这个角色是我专门为这本书的案例而设计的。我想制作一个便于表现ZBrush建模特色的角色，一开始考虑了卡通造型、人体、机器人等造型，可一细想：卡通造型过于简洁，不利于角色肌肉的表现；单纯的人体过于标准化，缺少趣味；机器人表面过于光滑，不便于模型的细节表现。最后我设计了一个狼头人身怪物，主要是考虑到这个怪物比单纯的人体有意思，又不失对人体结构、肌肉的表现；角色基本接近人的造型，这样的练习对我们今后的创作很有裨益。

图17

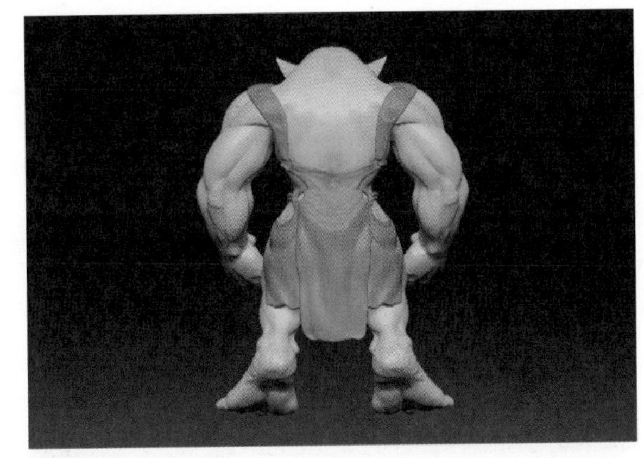

图18

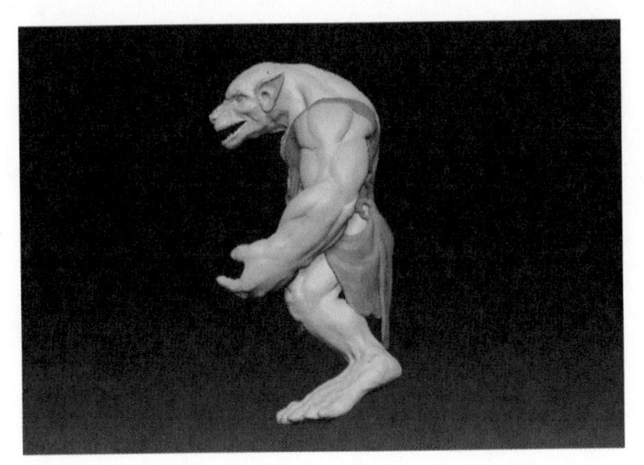

图19

图20

二、狼头人身怪物——身体的制作

1. 总的建模思路：在ZBrush建模的过程中，我们始终遵循一个原则，就是先整体、后局部、再细节的过程。不要急于制作模型细节，先确定好角色的比例、骨骼结构准确后，再做大的肌肉群。在制作肌肉群的同时对之前的模型基本进行反复修正，如此往复，一步一步地深入，直到最终完成。

在场景中新建一个Z球（图21），按快捷键T进入编辑模式，按快捷键X进行对称命令，这样可以使Z球制作的结构左右相同，能节省很大一部分制作时间。

2. 在基础Z球上面使用移动命令快捷键W拉出胸部和腹部的大致位置（图22）。

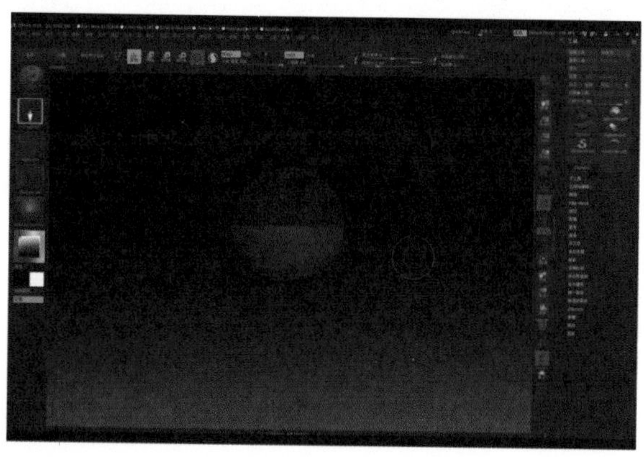

图21

图22

3. 在躯干上继续使用移动命令拉出Z球，调整身体躯干大形（图23）。

4. 在身体躯干调整得大体可以之后，开始来添加Z球，制作出手臂结构（图24），顺便调节手臂与躯干衔接的位置（图25、26）。

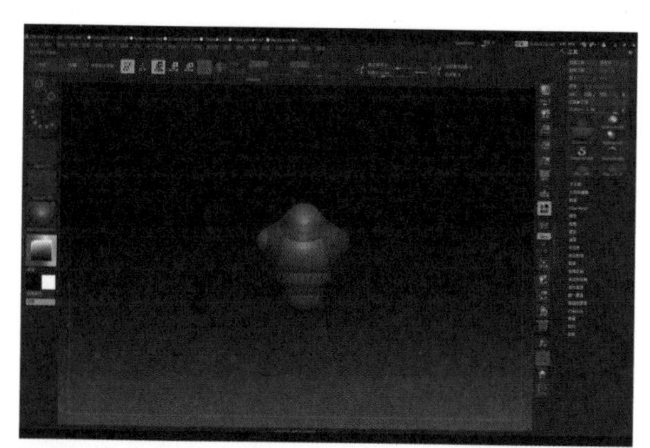

图23

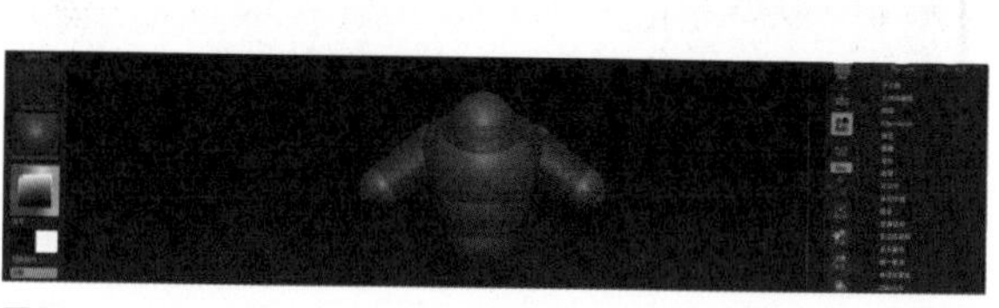

图24

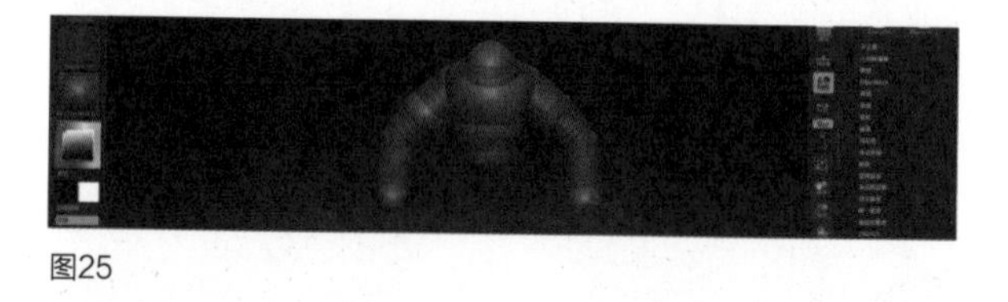

图25

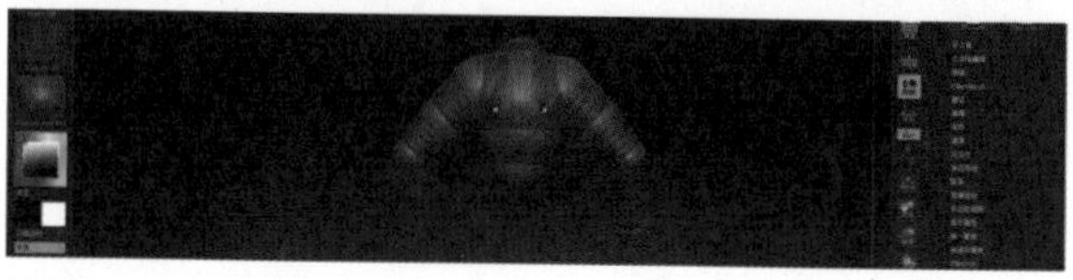

图26

5. 在腹部的Z球上进行移动操作，拉出腿部结构（图27、28）。

6. 在制作的过程中，我们需要转到不同的角度来调整形体（图29）。

7. 在制作脚部的时候我们需要找到模型的受力点，使其看上去不至于受力不稳（图30、31）。

8. 在现有的结构基础上我们进行大体的结构调整（图32至图36）。

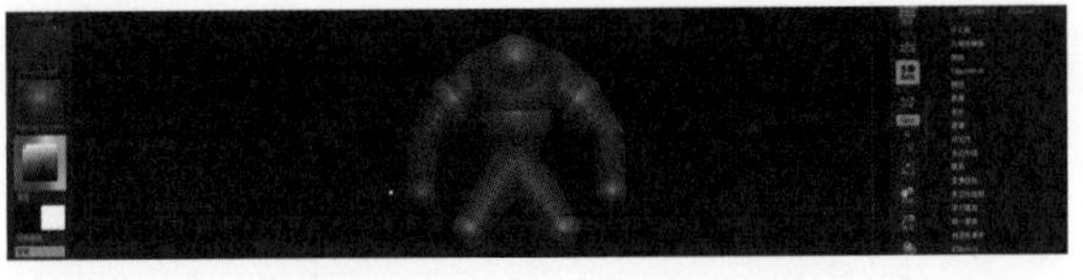
图27

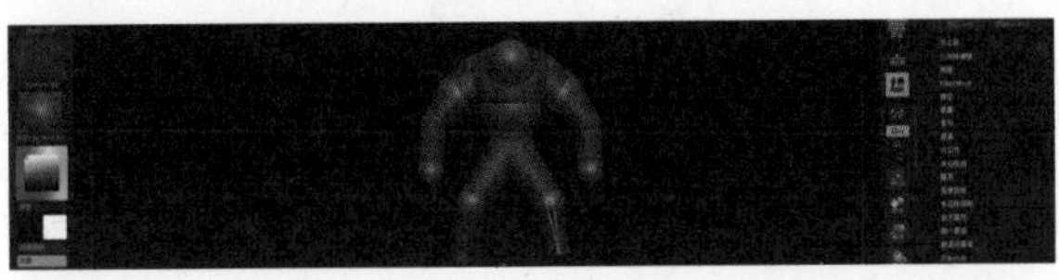
图28

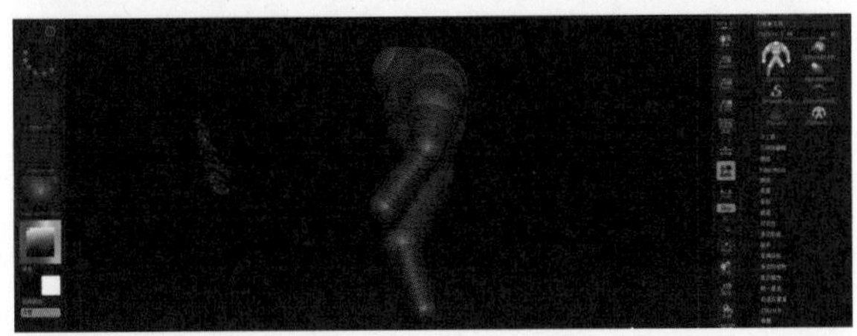
图29

图30

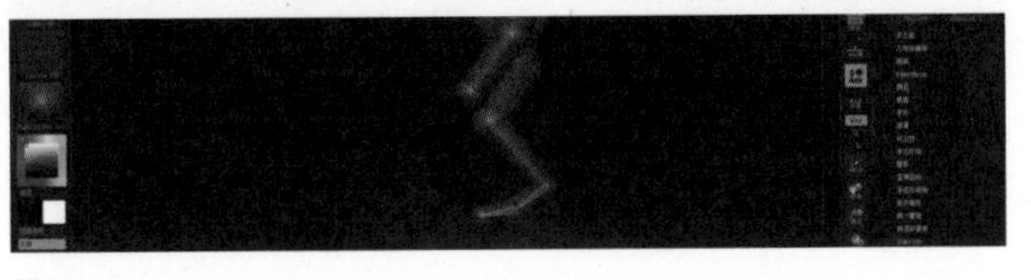
图31

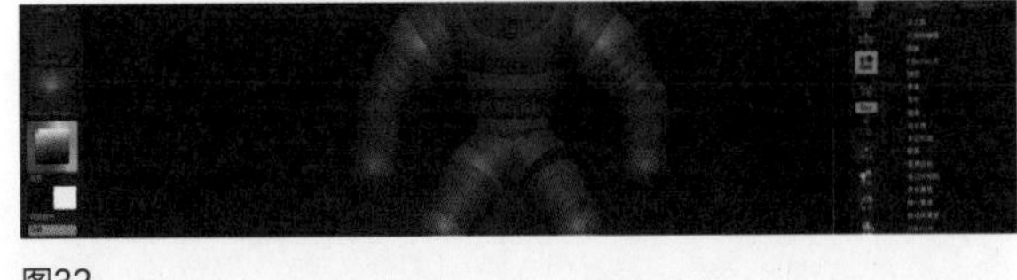
图32

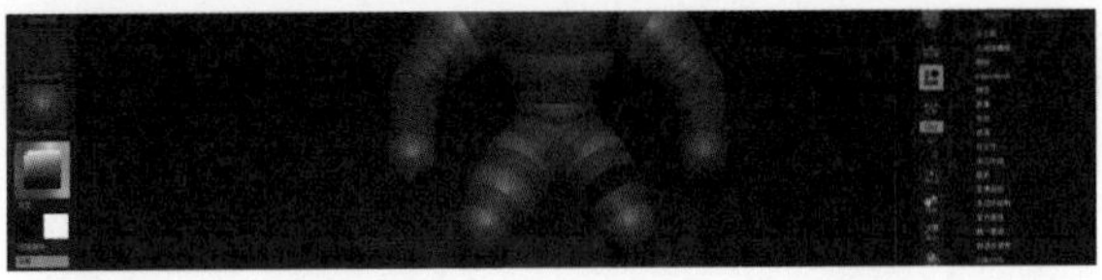

图33

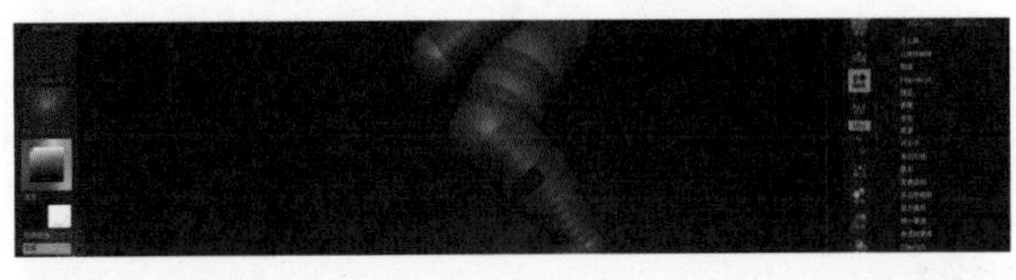
图34

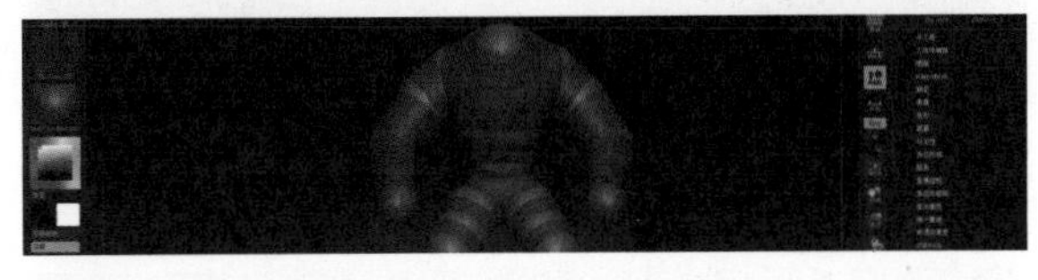
图35

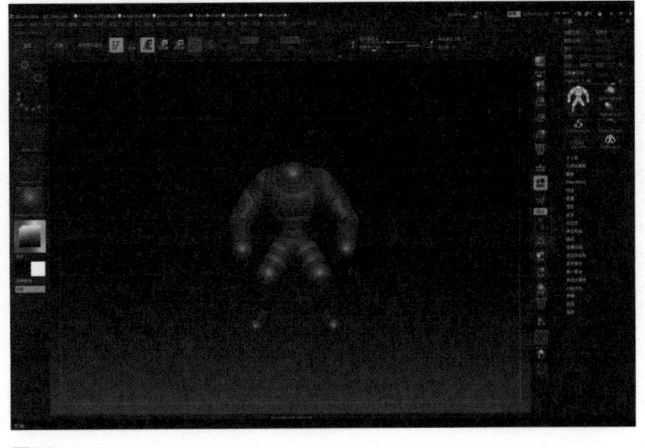
图36

9. 接下来制作手部的结构，用Z球拉出指节的基本形态（图37至图46）。

10. 在制作结构的过程中，可以按快捷键A来查看Z球转变成3D模型后的阅览效果，以便随时找出问题随时进行修改（图47）。

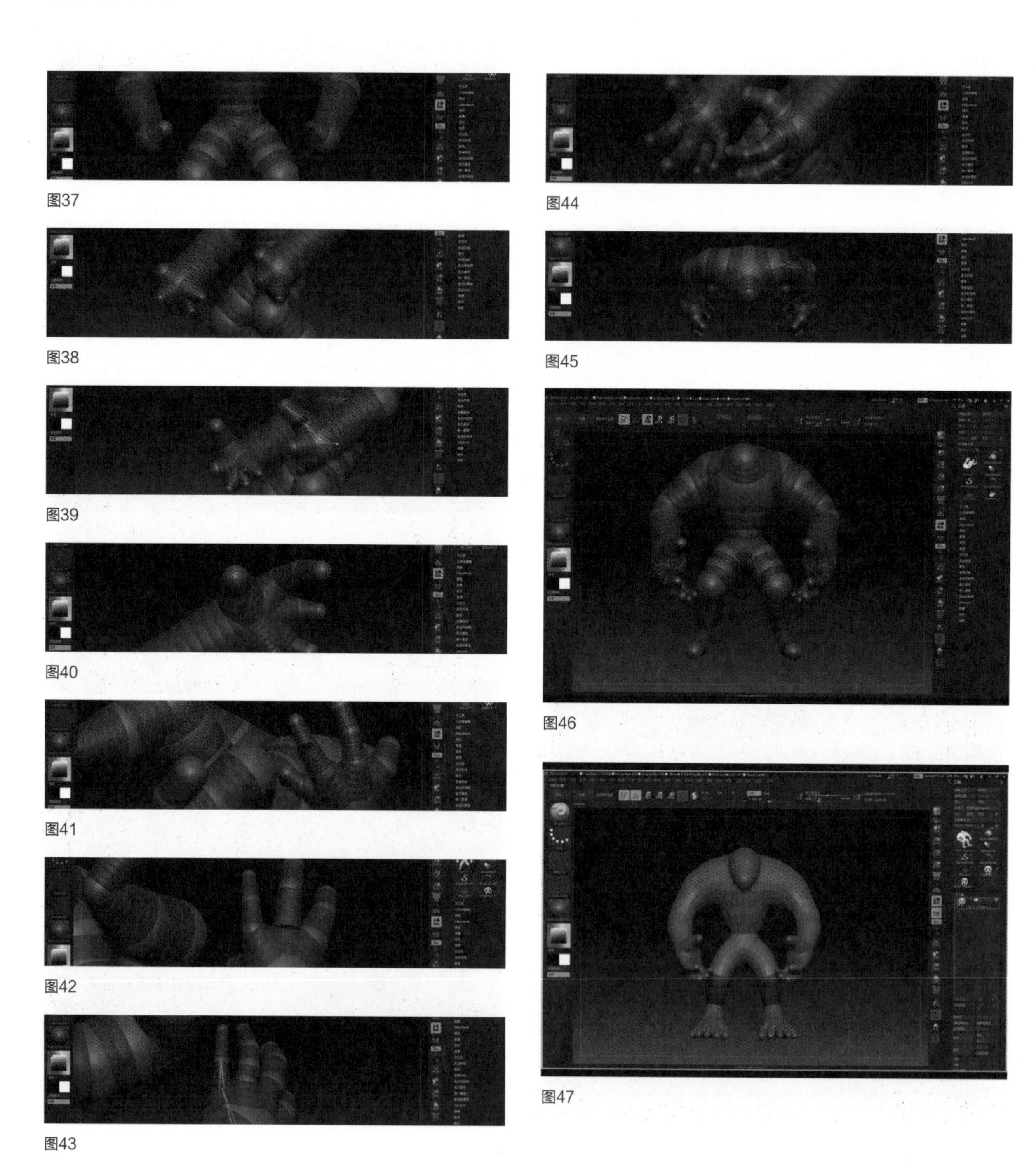

图37

图38

图39

图40

图41

图42

图43

图44

图45

图46

图47

11. 在躯干、四肢、手和脚部Z球建立得差不多之后，我们来创建头部的Z球。先在脖子位置使用移动命令快捷键W拉出Z球（图48至图51）。

12. 下面来制作脚部结构（图52至图56）。

13. 搭建完全身Z球后，按快捷键A进入模型阅览模型（图57），点击Tool里面的Make PolyMesh3d（生成PolyMesh3d）转化成可雕刻的基础模型（图58）。到这里Z球搭建基础模型的工作完成了。

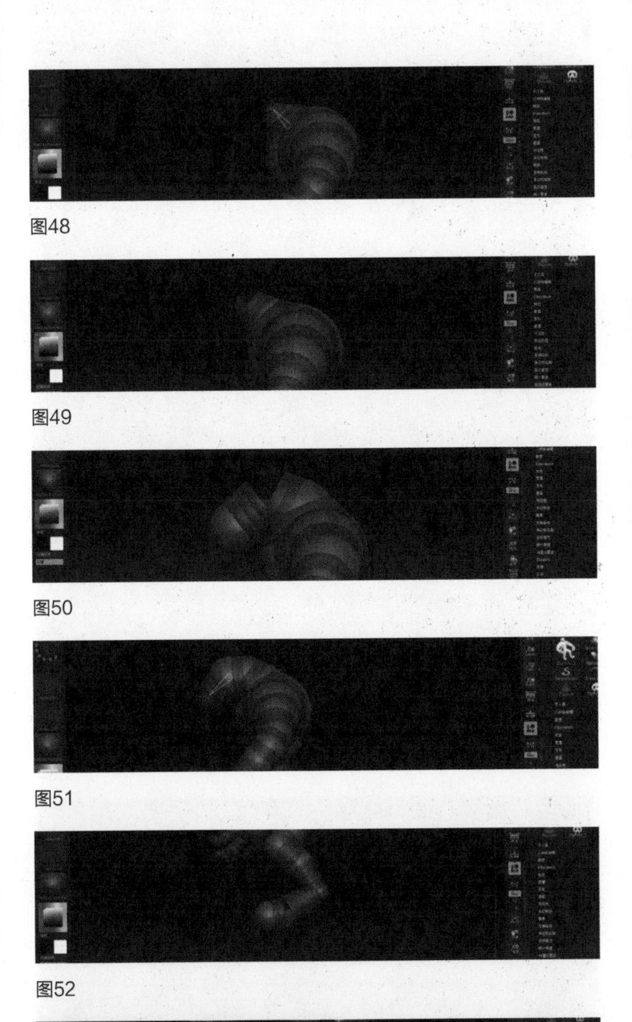

图48

图49

图50

图51

图52

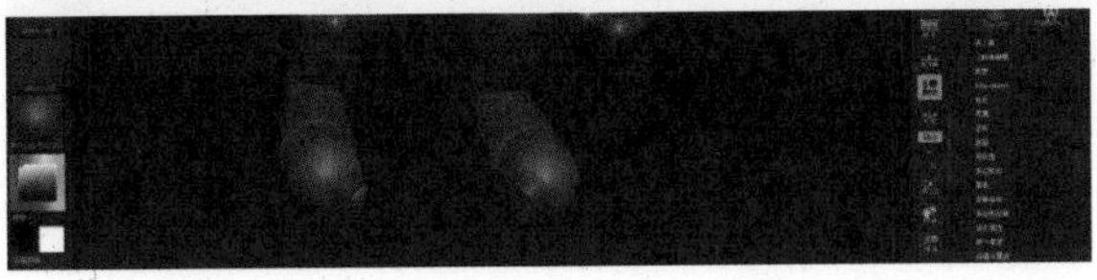

图53

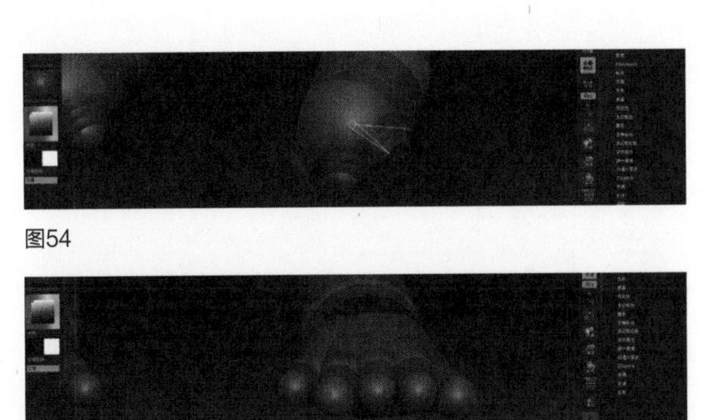

图54

图55

图56

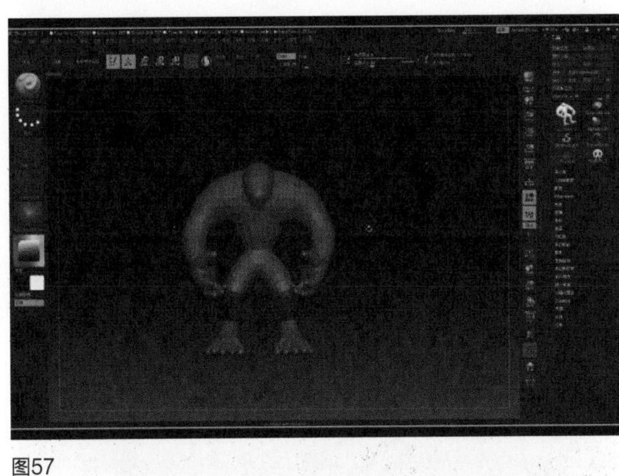

图57

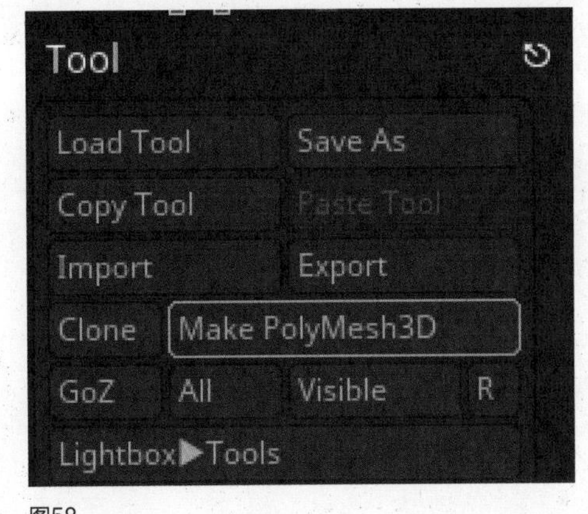

图58

二、怪物身体模型雕刻

1. 使用Z球转换成3D基础模型（图59），我们可以看到模型面数非常的高，我们需要对它进行一次自动拓扑。在Tool下面Geomertry（几何体编辑）里面的ZRemesher，使模型重新布线并回到最低的细分级别（图60）。

按Shift+F可以开启模型的布线模式，方便观察模型的布线情况（图61）。

2. 我们观察到模型虽然布线已经合理了，但在模型表面依然有一棱一棱好像凸起的结构，这就需要使用到Smooth笔刷（图62、63）。按快捷键Q进入笔刷绘制模式，然后按住键盘的Shift键，使用笔刷在模型上进行平滑操作（图64）。

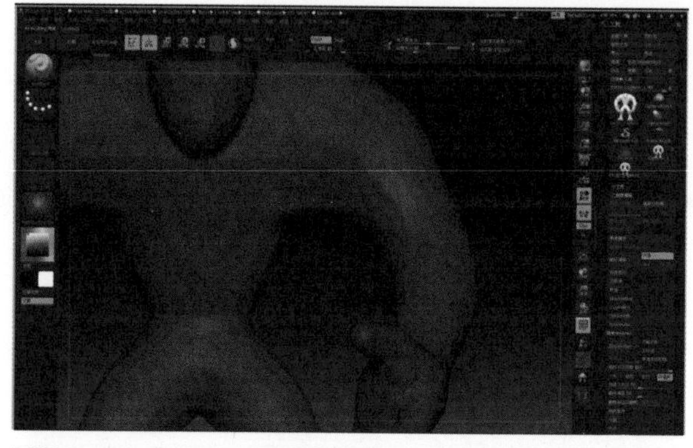

图61

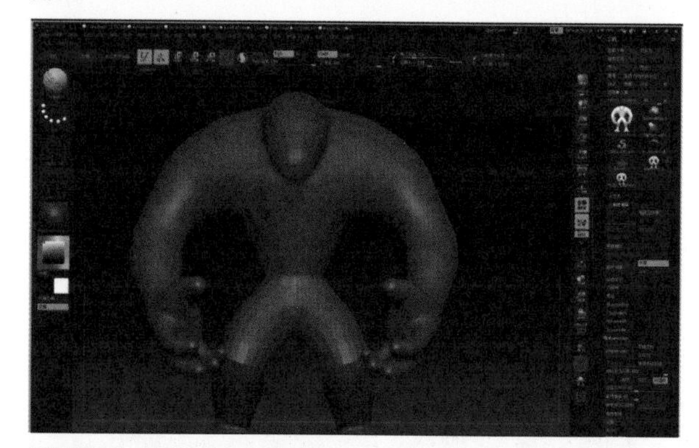

图62

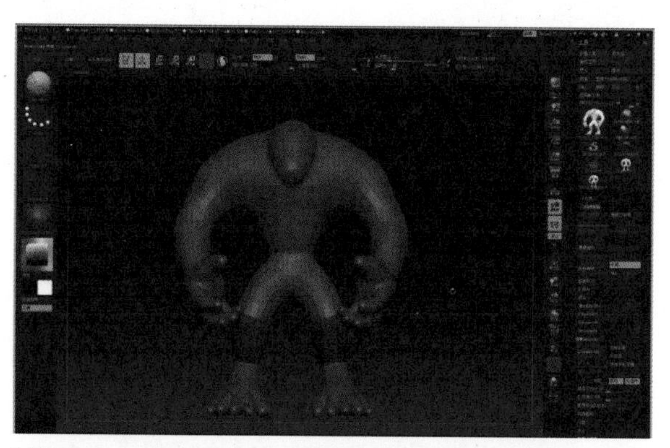

图59

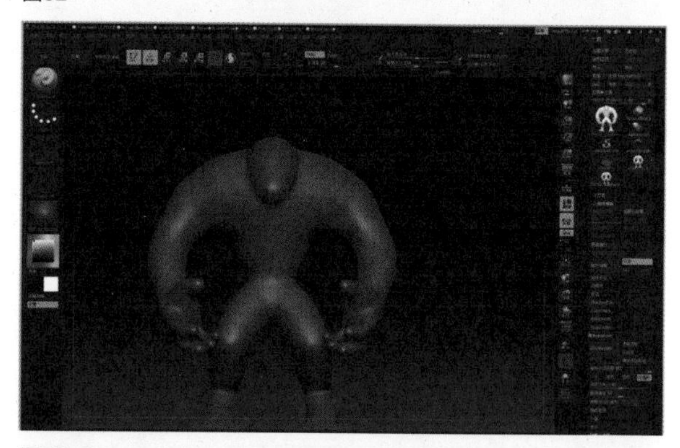

图63

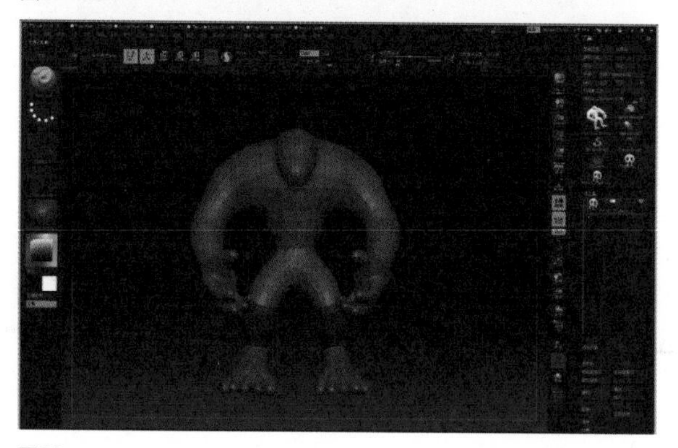

图60

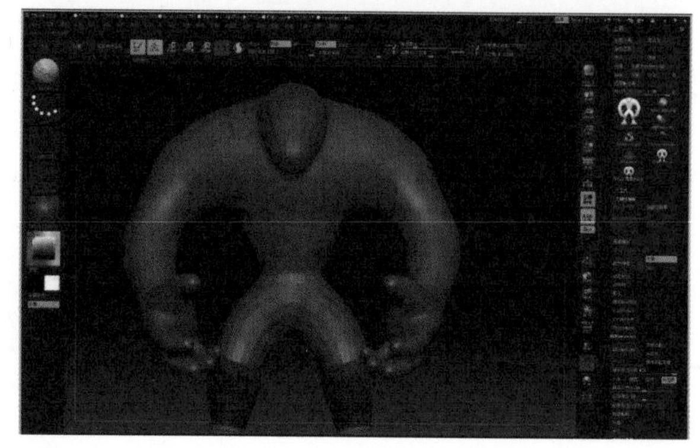

图64

当模型表面平滑之后，我们就可以开始正式的雕刻工作了（图65）。

3. 点击快捷键X进入对称模式，使用ClayBuildup黏土笔刷配合Smooth笔刷刷出身体上的大块肌肉，值得注意的是，在使用笔刷的时候可以调节它的Focal Shift（焦点衰减）、Z Intensity（Z强度）和Draw Size（绘制大小）参数，来得到笔刷的更多效果（图66）。

可以在屏幕顶部的菜单里面找到它，也可以在场景中点击空格键将笔刷参数列表显示出来（图67）。

4. 在调整完笔刷的各项参数之后，就可以开始刷身体上的大块肌肉（图68）。可以先从胸大肌开始（图69）。前期的形体雕刻最重要的就是控制人体的基本形和基本的比例结构，在这个阶段不急于制作模型细节。

图67

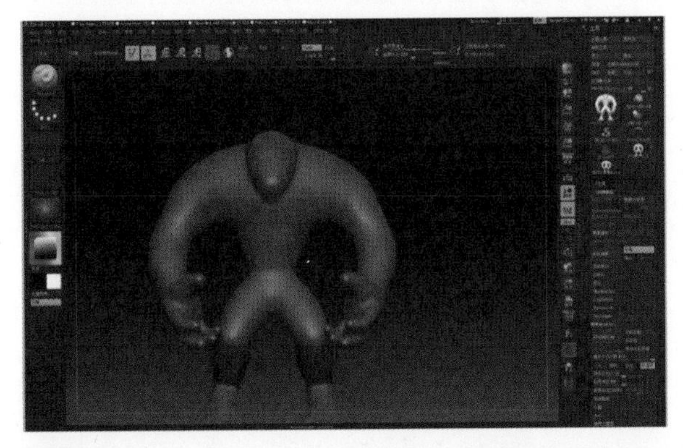

图65

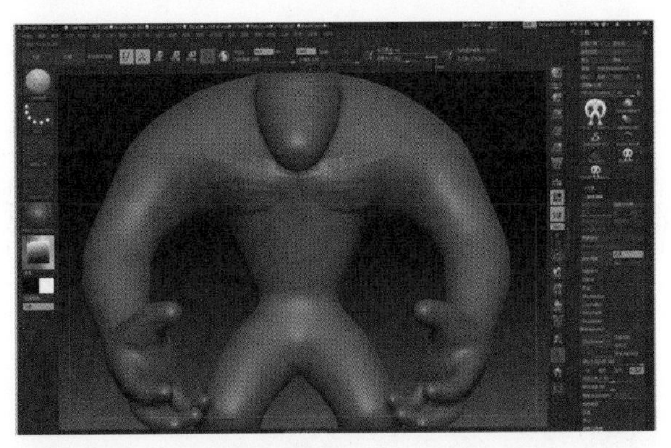

图68

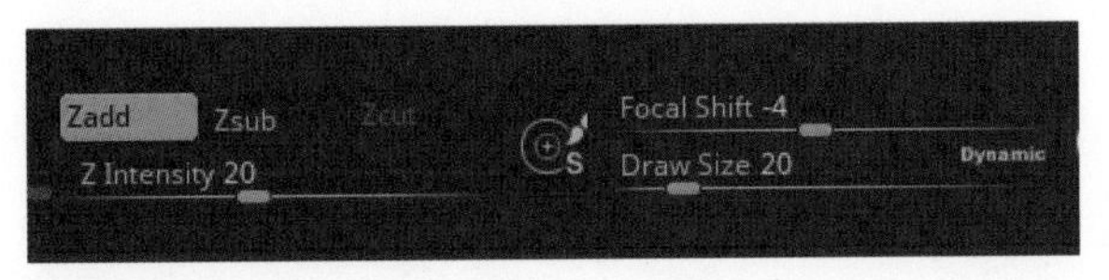

图66

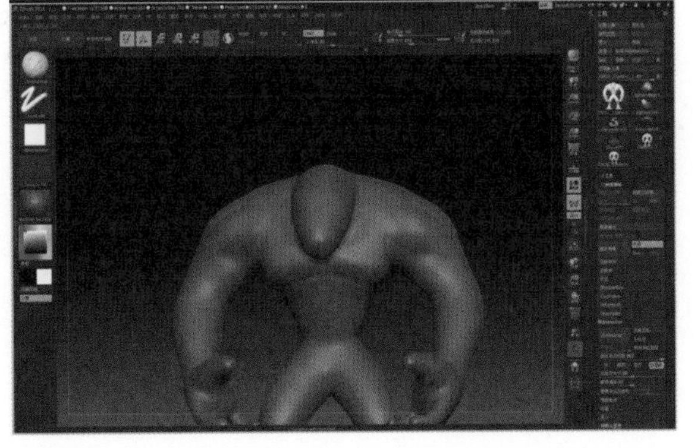

图69

5. 背部肌肉也是应先把该有的结构大块先雕出来（图70）。要注意的是我们雕刻的是3D模型，所以应该从不同的角度去观察所雕刻模型的结构是否正确（图71）。

6. 继续用ClayBuildup黏土笔刷刷出肩三角肌（图72、73）。

7. 将腹部肌肉的大致位置雕刻出来。由于这是一个卡通角色，在造型上会比较夸张一点，肌肉的体块做得比较大，突出一种力量感（图74、75）。

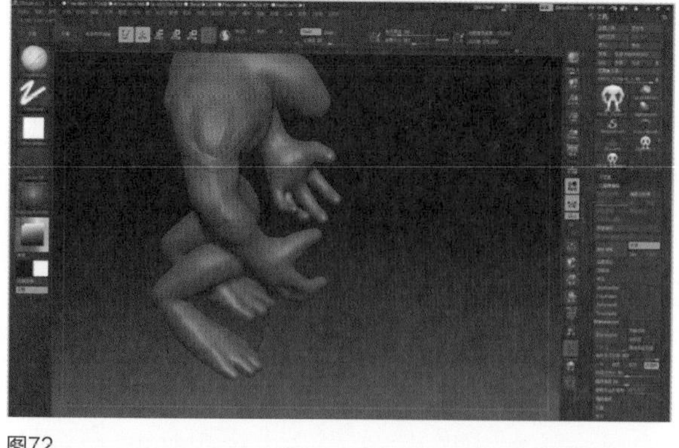

图72

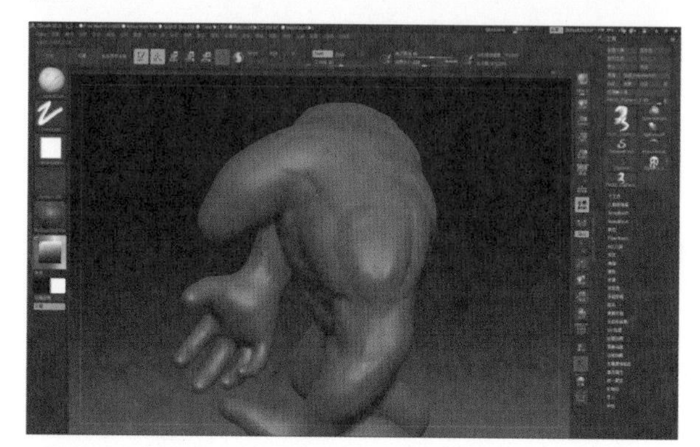

图73

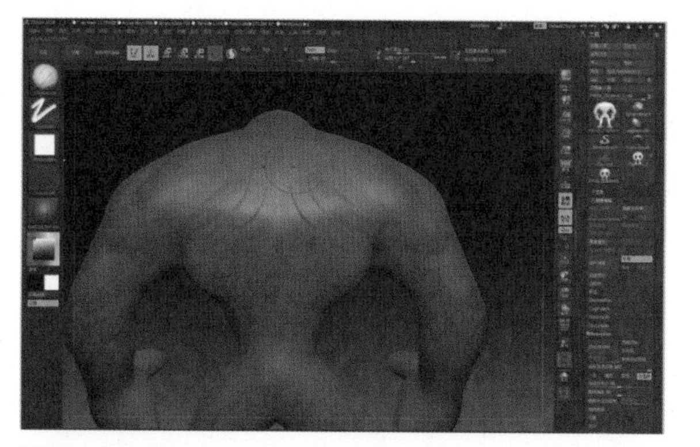

图70

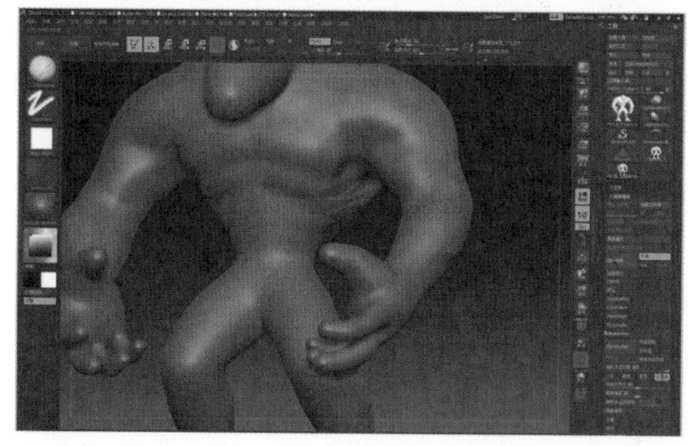

图74

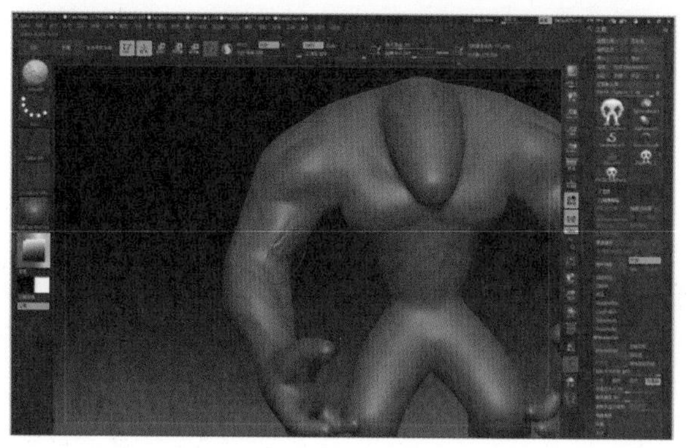

图71

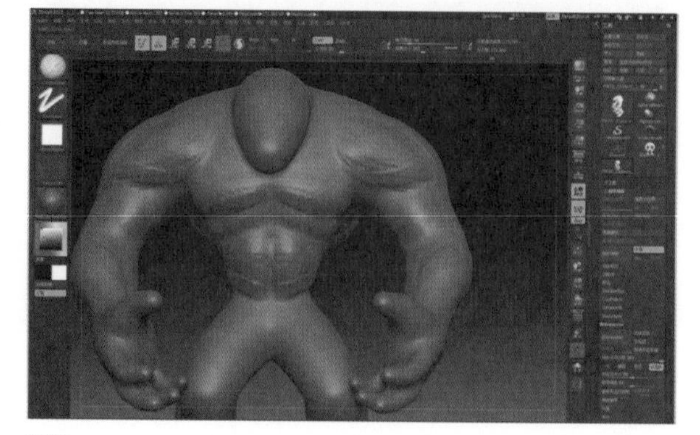

图75

8. 按键盘Ctrl使用遮罩笔刷（图76），刷出模型上不受雕刻影响的灰色部分，然后在受影响靠近灰色边缘部分刷出起伏结构，这样可以使结构的转折更加明显。完成后按键盘Ctrl加鼠标左键，在场景中框选空白区域解除遮罩模式（图77）。

9. 继续用ClayBuildup黏土笔刷刷出斜方肌的位置（图78、79）。

10. 按键盘Ctrl，使用遮罩笔刷配合ClayBuildup黏土笔刷，来刷出小臂的大结构（图80、81）。

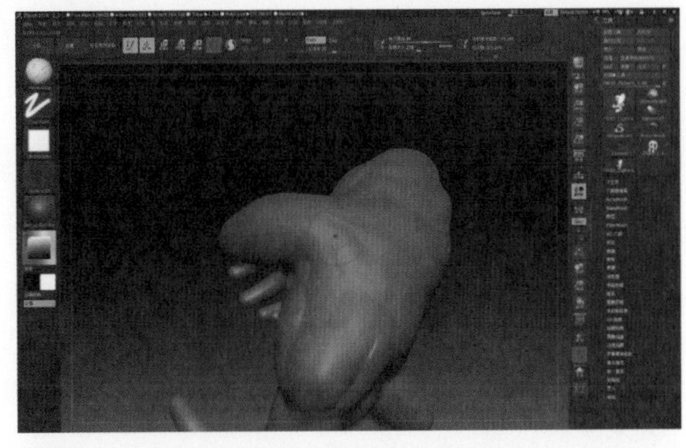

图78

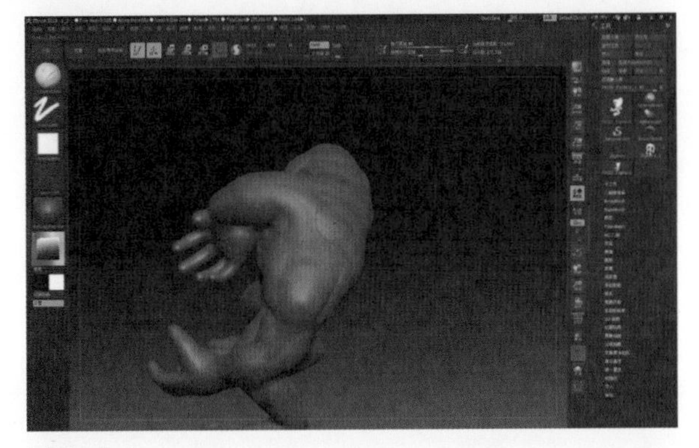

图79

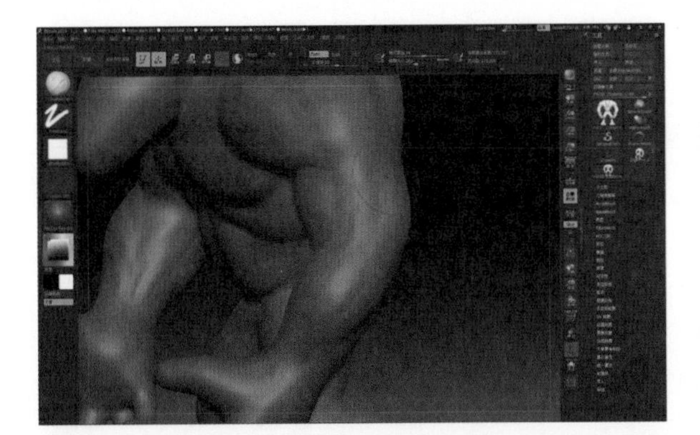

图76

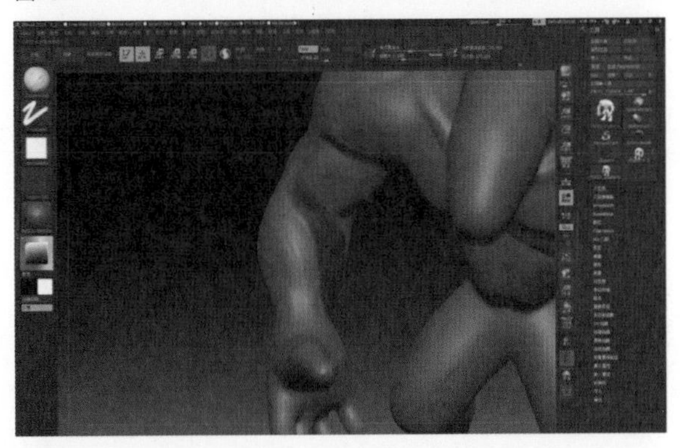

图80

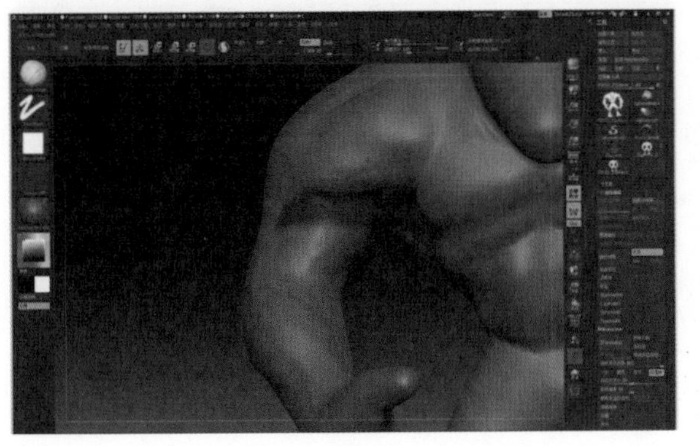

图77

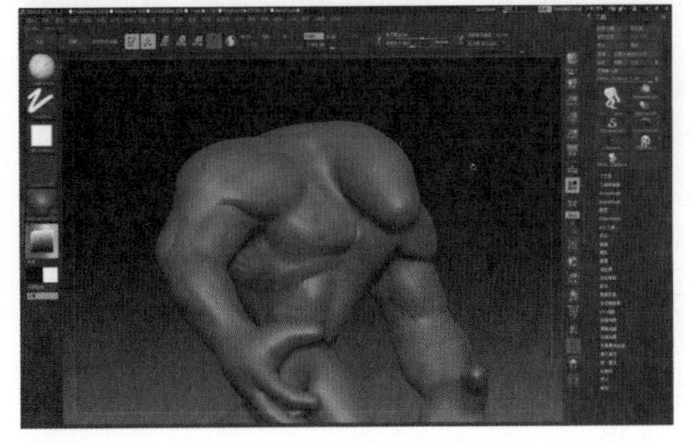

图81

11. 刷出肱二头肌部分的结构（图82、83）。

12. 刷出肱三头肌部分的结构（图84、85）。

13. 刷出肘关节的结构（图86、87）。

14. 刷出大腿的肌肉结构（图88、89）。

15. 回到身体部分，刷出脖子处的结构（图90、91）。

16. 使用Move移动笔刷配合ClayBuildup黏土笔刷刷出头部结构（图92、93）。在刷的过程有一部分的笔刷是让模型凹陷的，有一部分是可以在模型上堆砌出结构的，就像我们做雕塑一样，大家可以注意一下不同笔刷的区别（图94、95）。

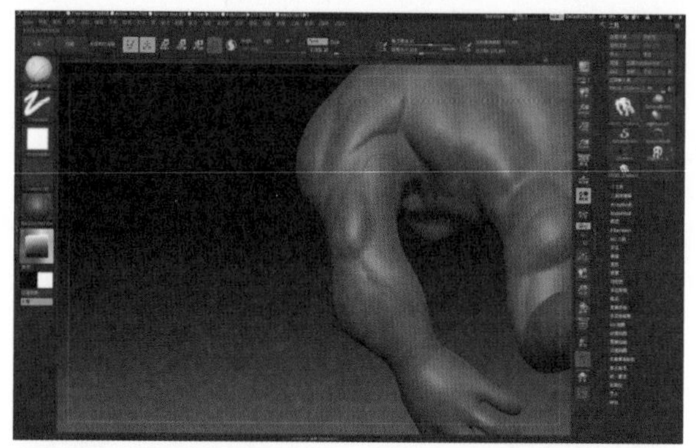

图84

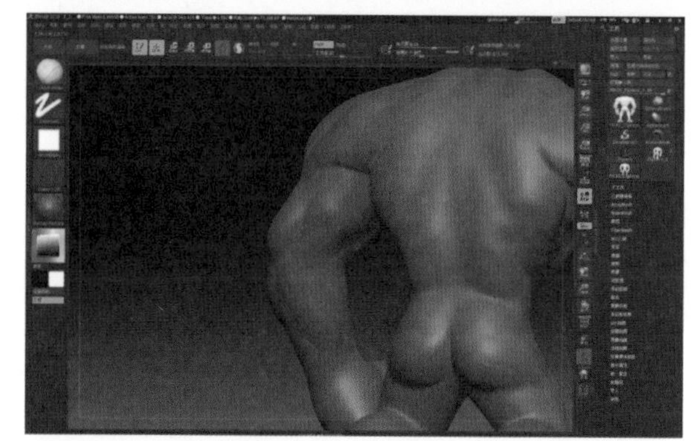

图85

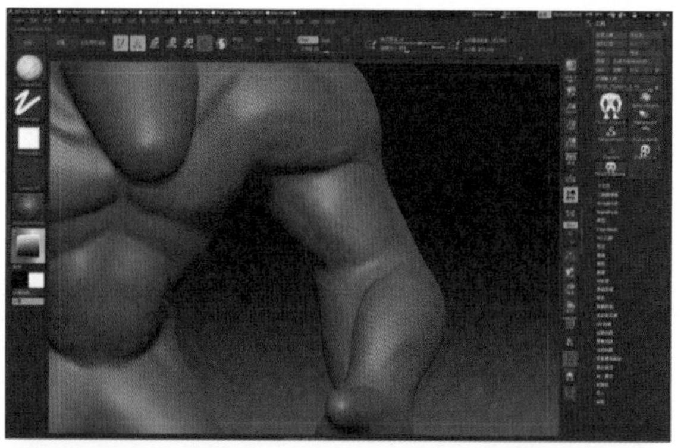

图82

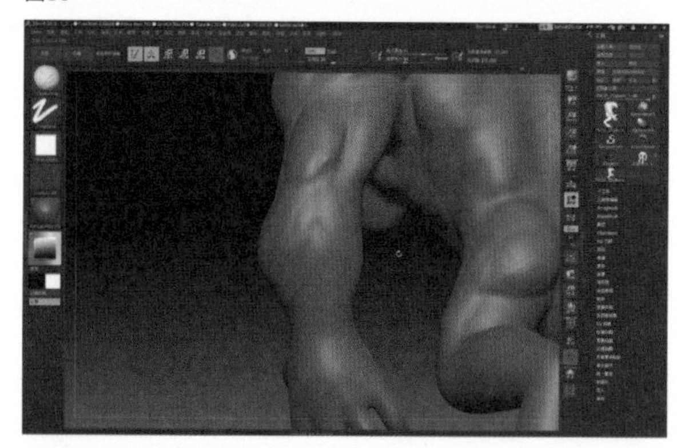

图86

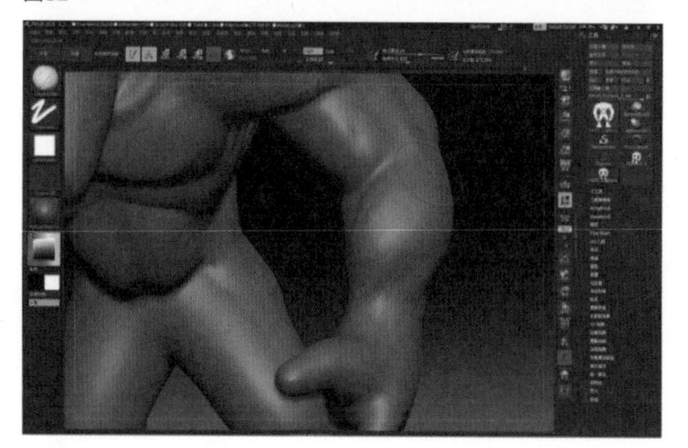

图83

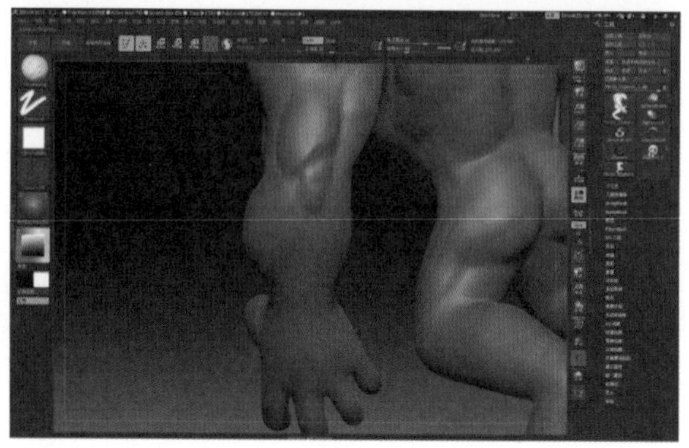

图87

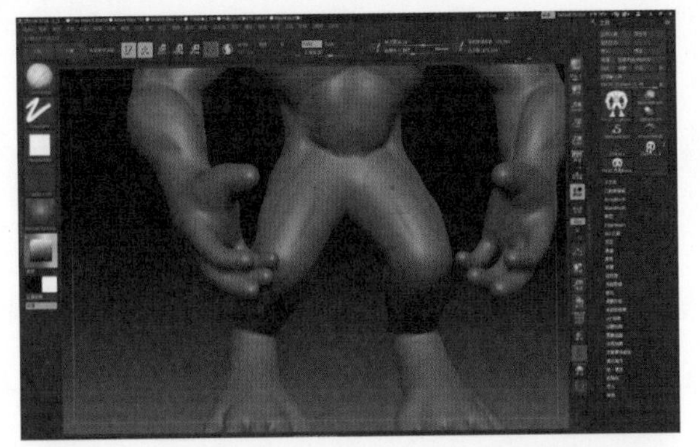
图88

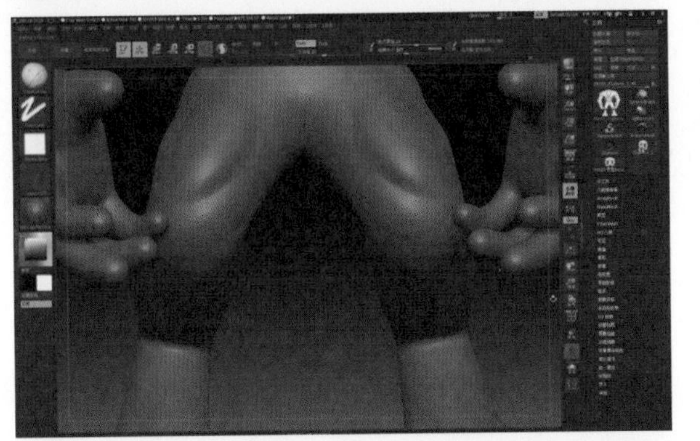
图89

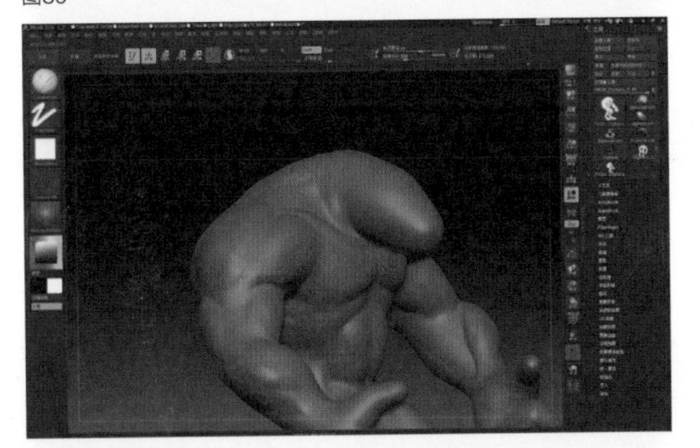
图90

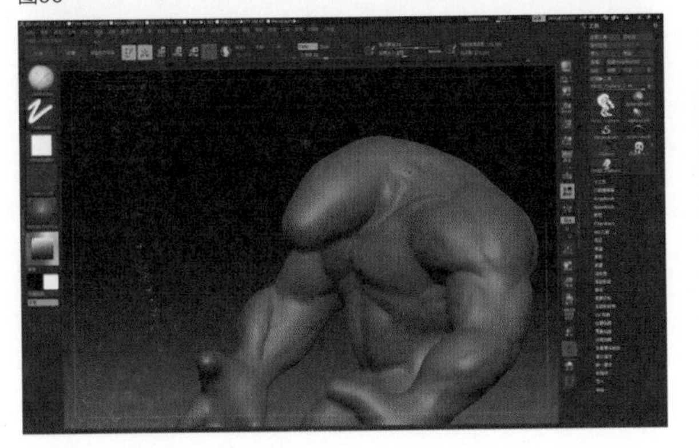
图91

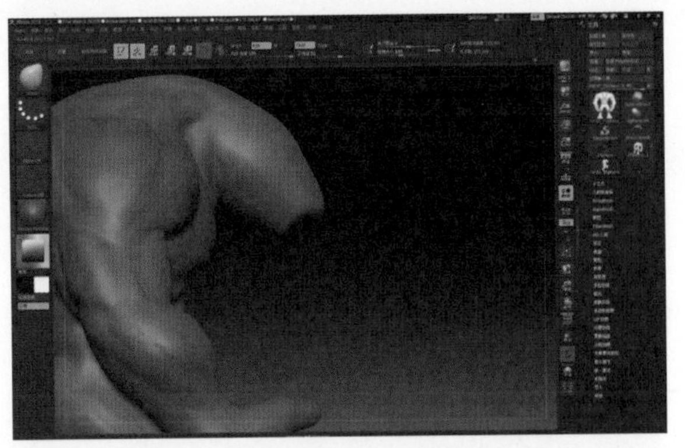
图92

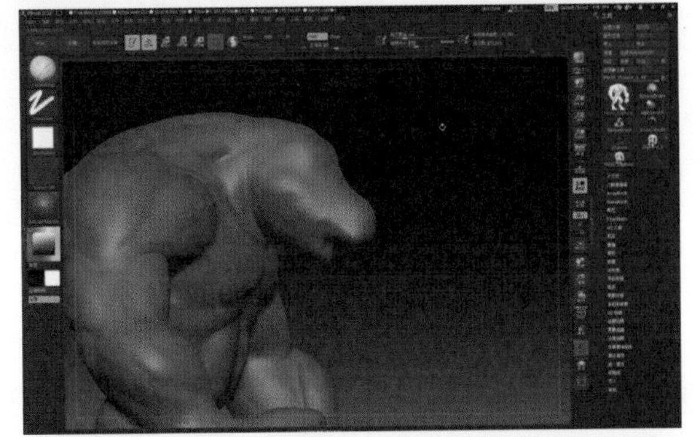
图93

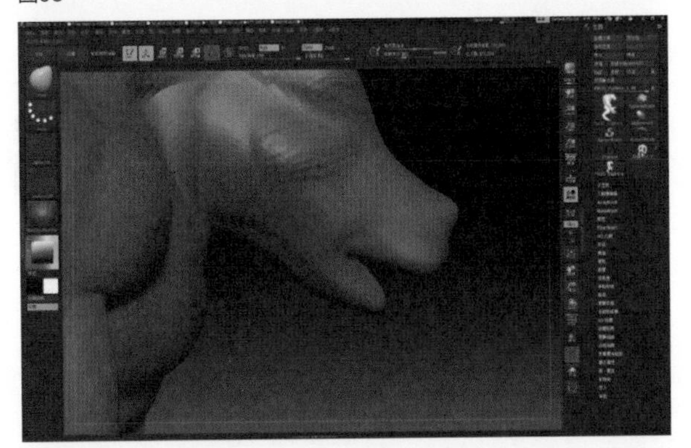
图94

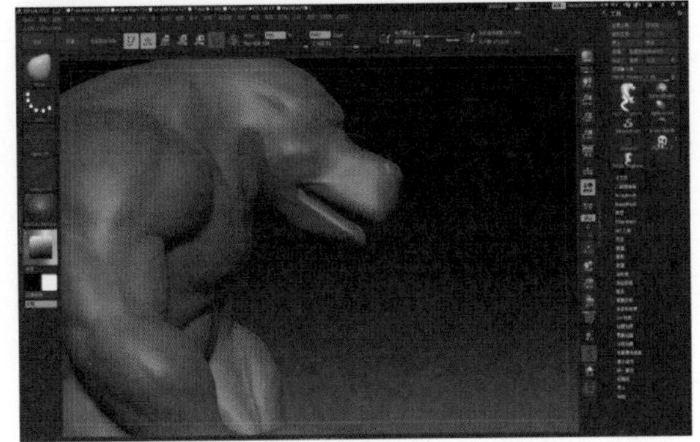
图95

17. 调整模型头像位置（图96），按键盘Ctrl加鼠标左键在场景中框选模型中需要调整的头部结构，进入遮罩模式（图97）。再按键盘Ctrl加鼠标左键点击模型，使遮罩边缘进行虚化处理（图98）。再按键盘Ctrl加鼠标左键点击模型外的场景处进行反选操作（图99），这样我们就选择了需要调整的部位，而遮罩的灰色部分就是不能被操作的冻结部分（图100）。然后按快捷键W进入移动模式，我们可以看到里面有个操作手柄（图101），先点击锁定图标解开锁定模式，再点击图标使坐标轴自动归位到选择模型部分的中心点，再点击锁定图表锁定当前坐标轴的位置，进行移动操作（图102）。当移动调整完后按键盘Ctrl加鼠标左键，在场景中框选空白区域解除遮罩模式（图103）。

18. 使用ClayBuildup黏土笔刷刷出大腿部分的肌肉结构（图104至图111）。

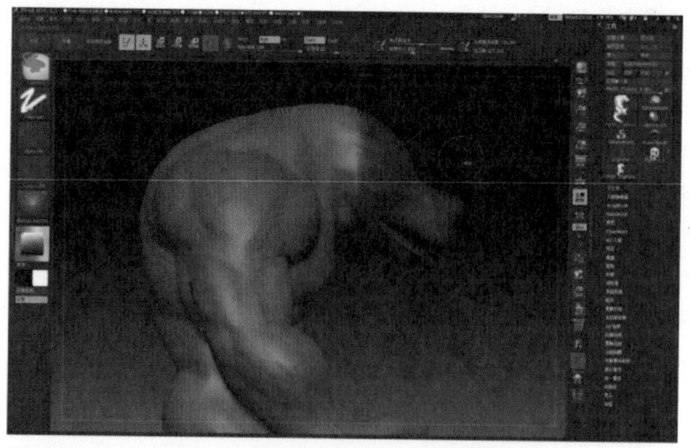
图98

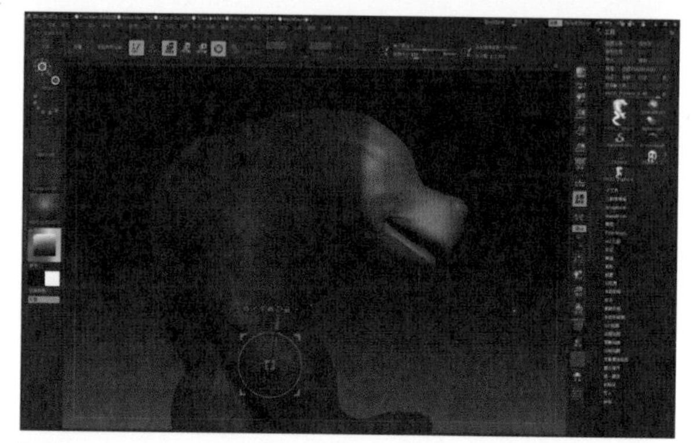
图99

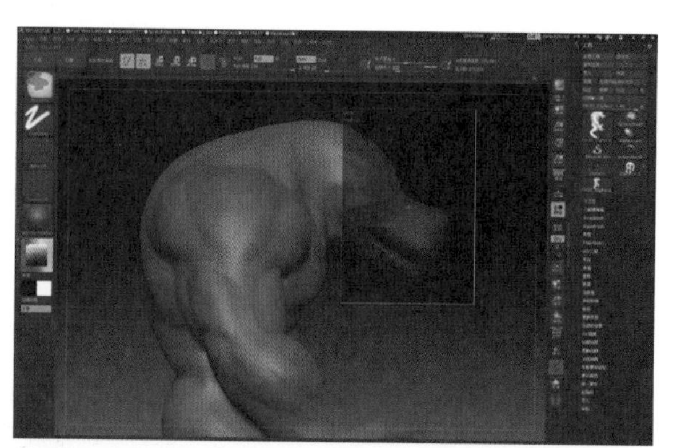
图96

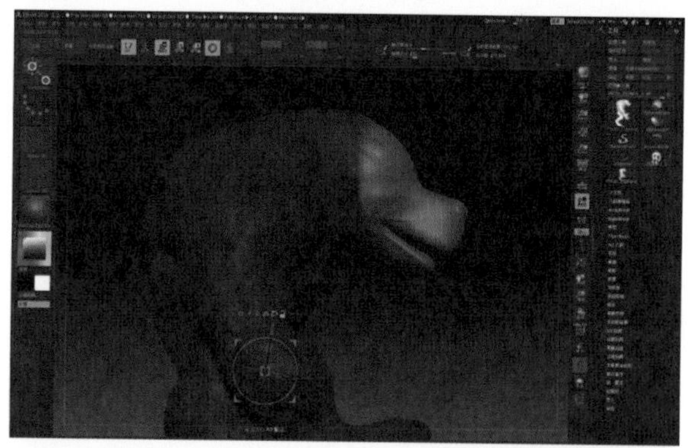
图100

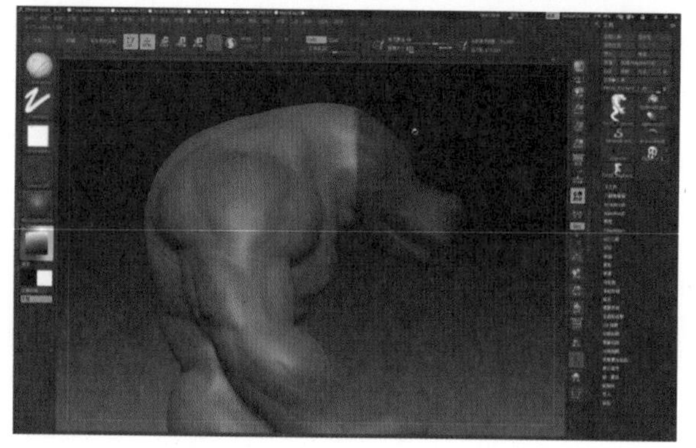
图97

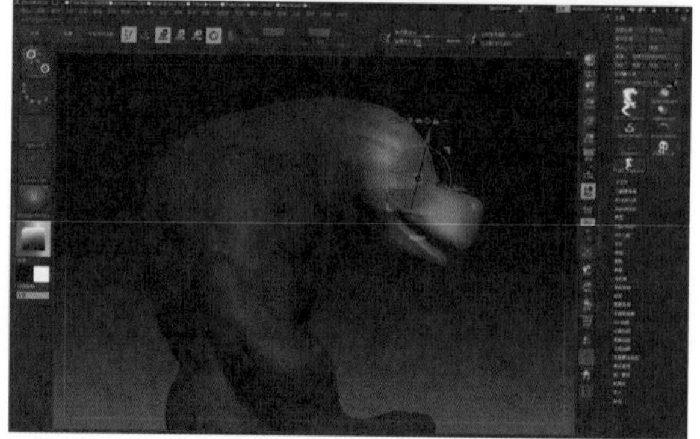
图101

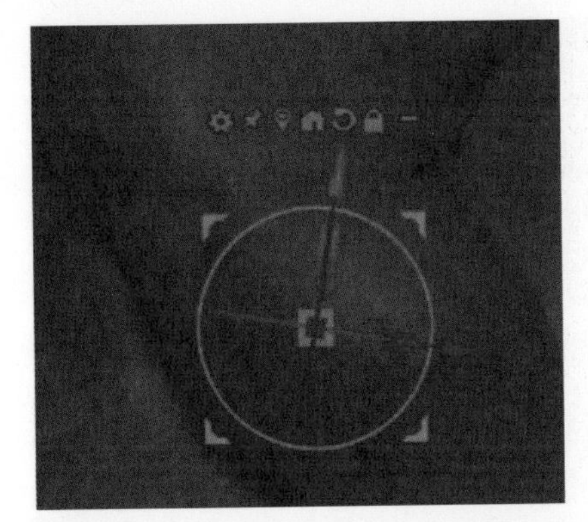
图102

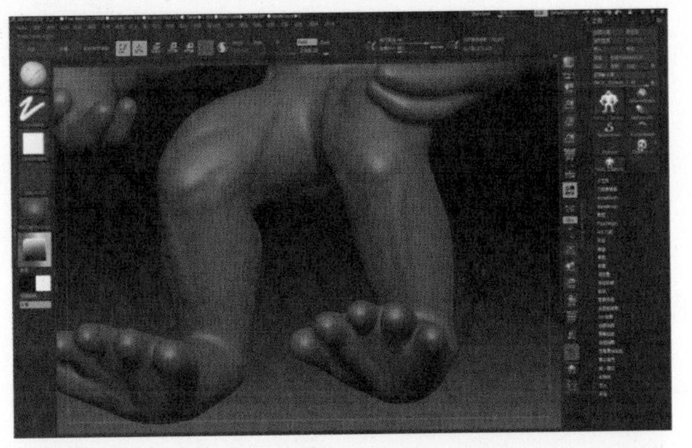
图106

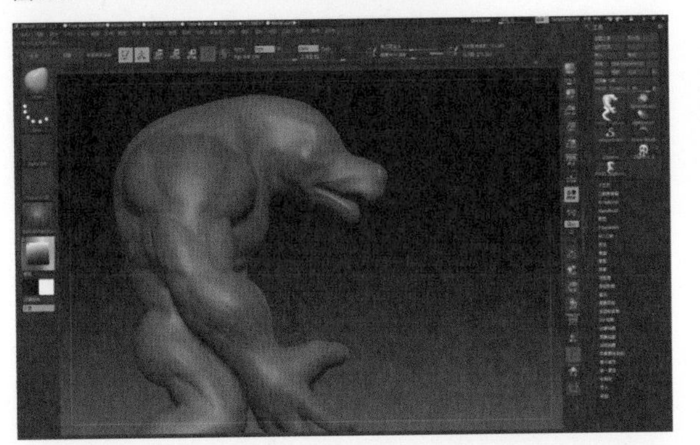
图103

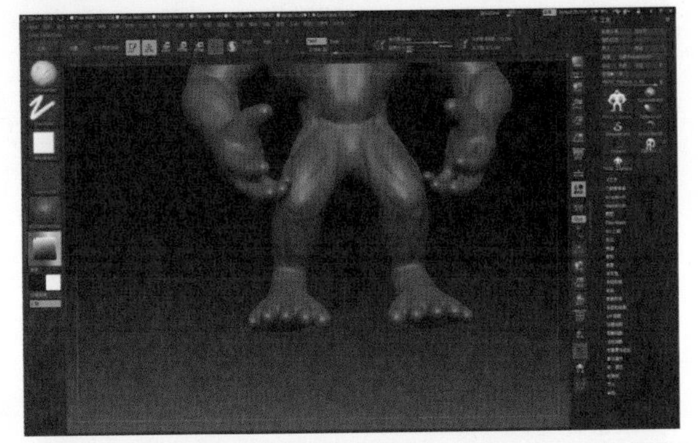
图107

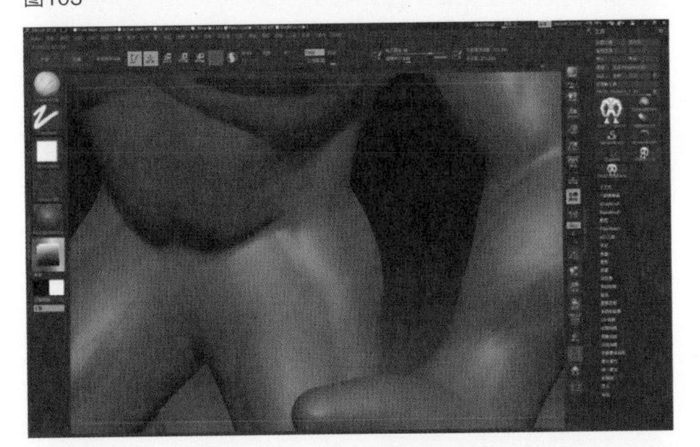
图104

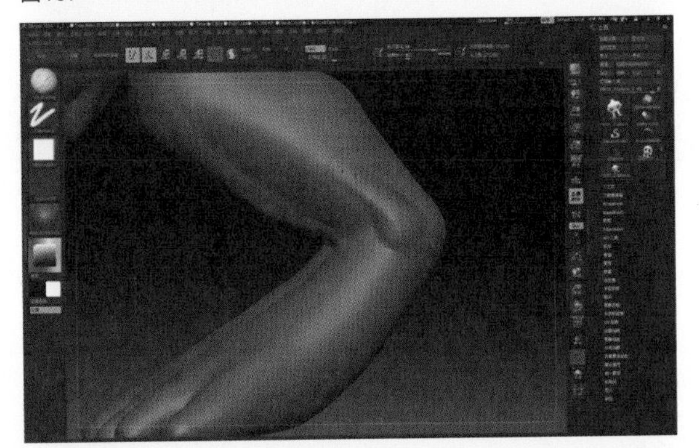
图108

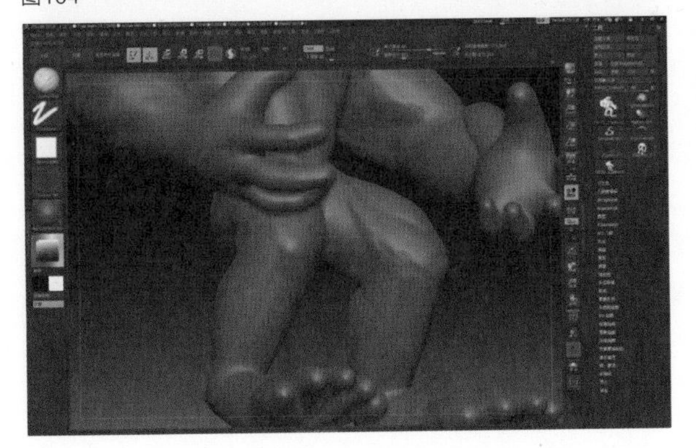
图105

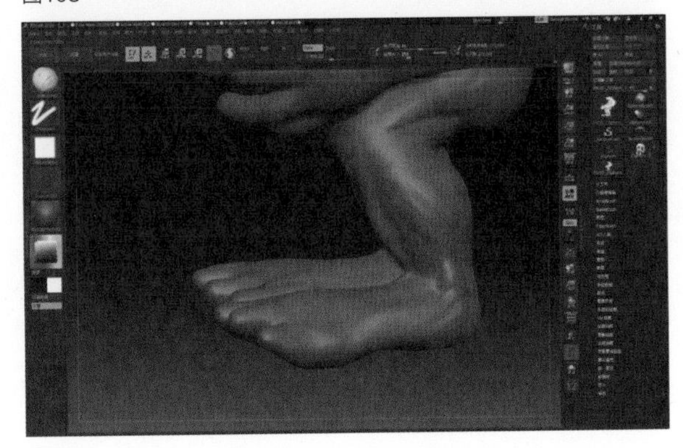
图109

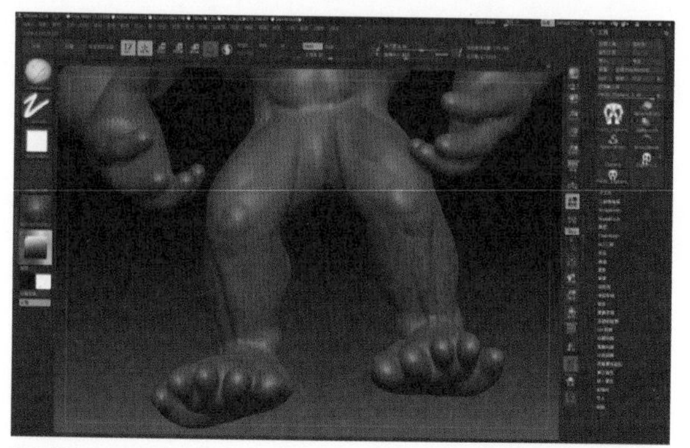

图110

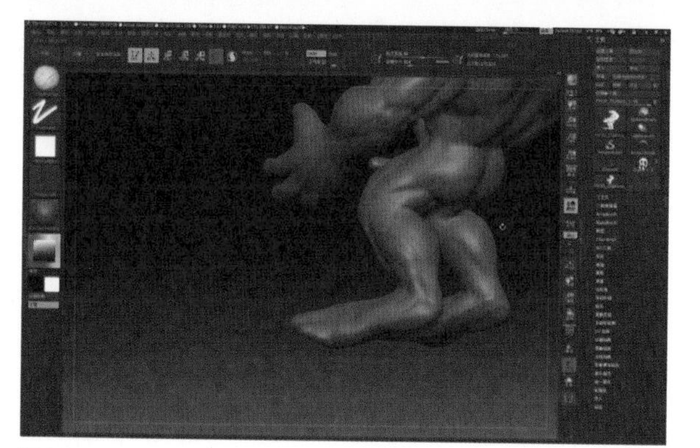

图111

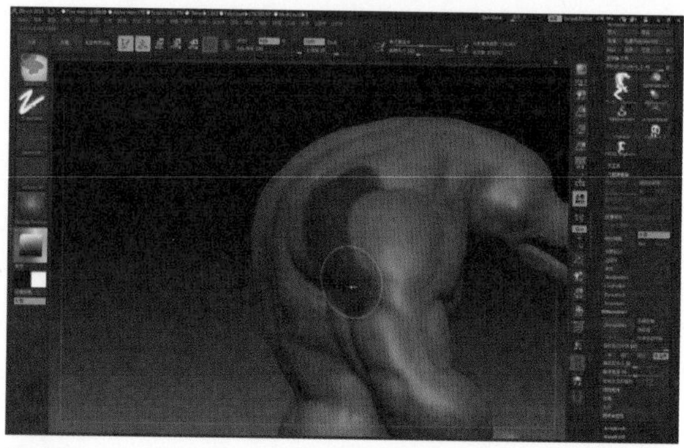

图112

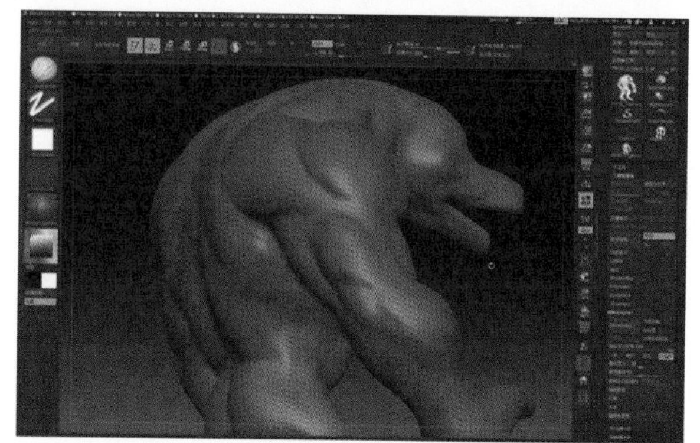

图113

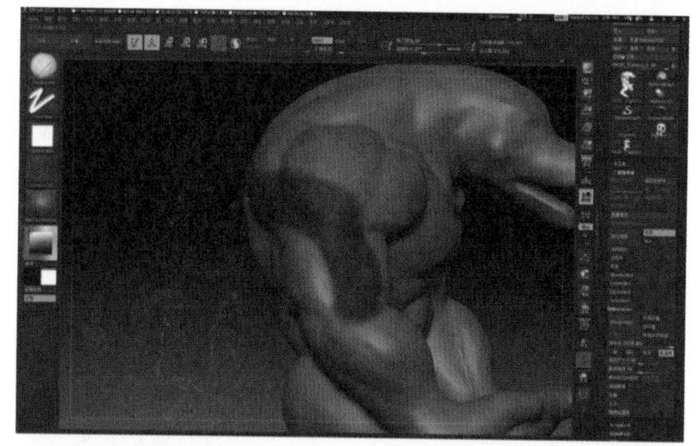

图114

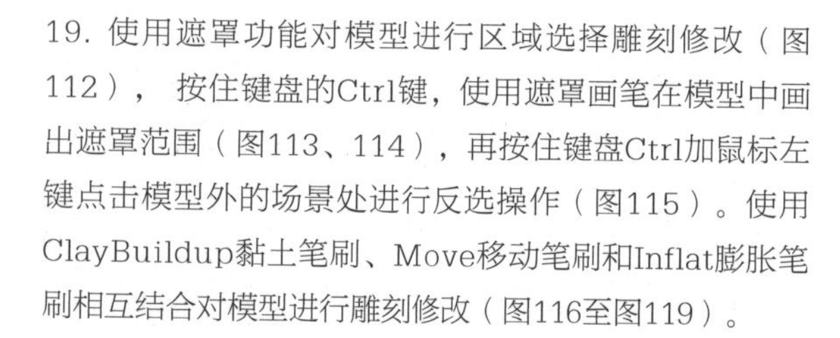

19. 使用遮罩功能对模型进行区域选择雕刻修改（图112）， 按住键盘的Ctrl键，使用遮罩画笔在模型中画出遮罩范围（图113、114），再按住键盘Ctrl加鼠标左键点击模型外的场景处进行反选操作（图115）。使用ClayBuildup黏土笔刷、Move移动笔刷和Inflat膨胀笔刷相互结合对模型进行雕刻修改（图116至图119）。

20. 使用ClayBuildup黏土笔刷、Move移动笔刷刷出肱三头肌的肌肉结构（图120至图123）。

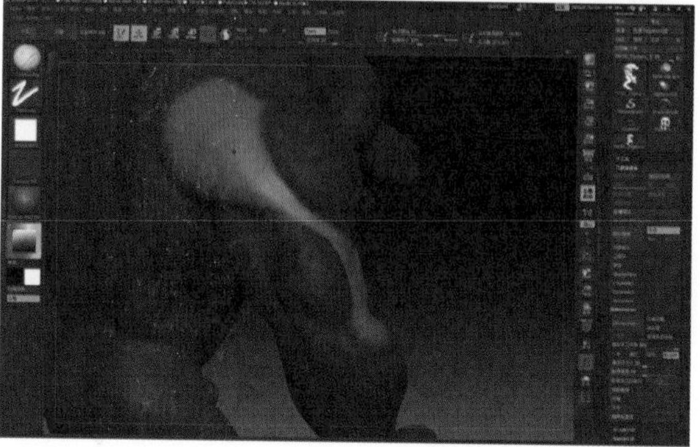

图115

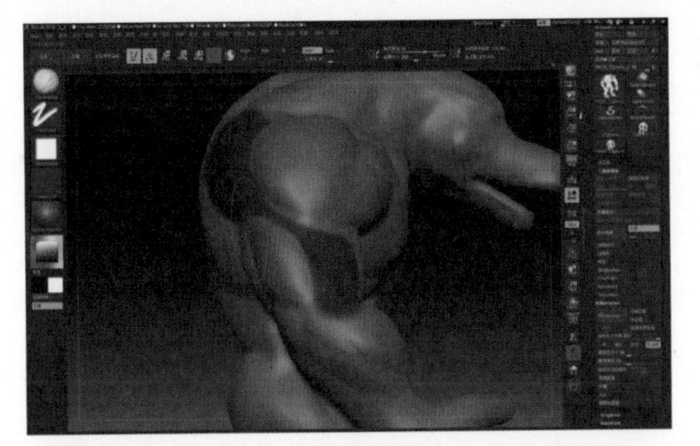
图116

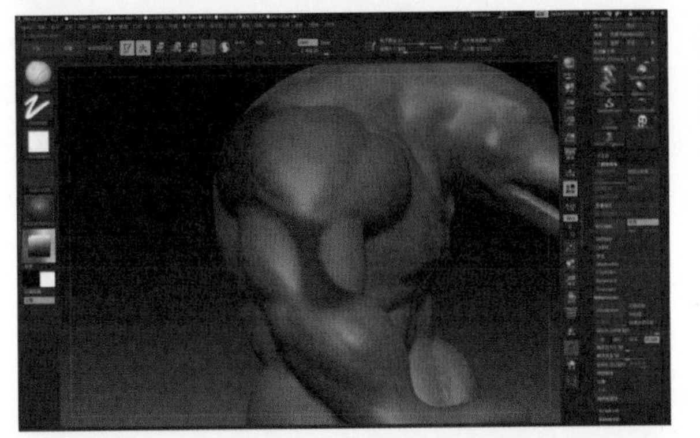
图117

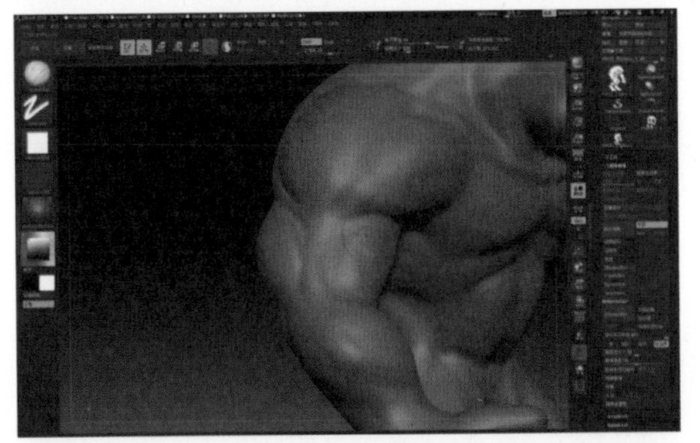
图118

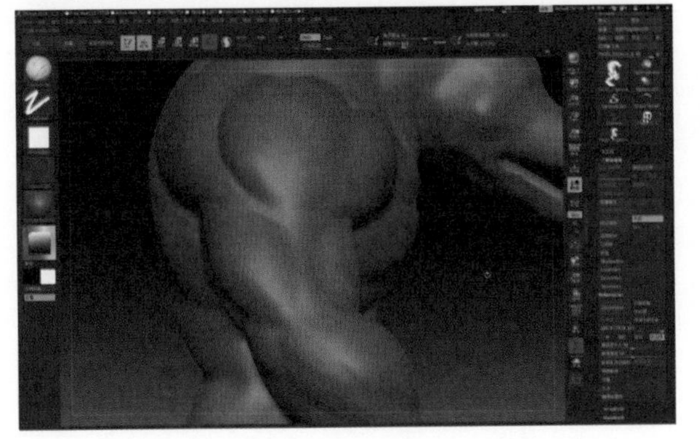
图119

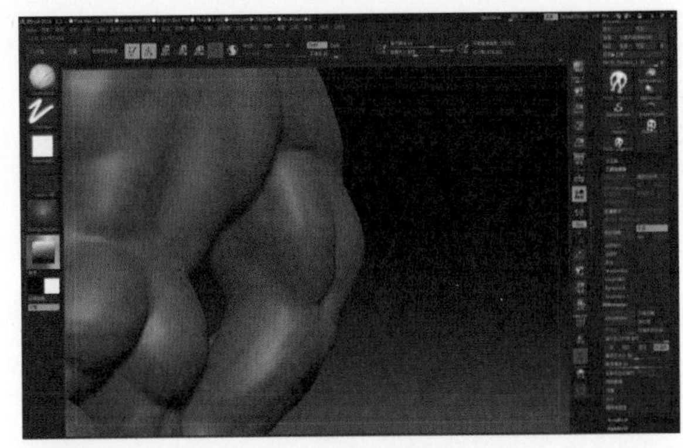
图120

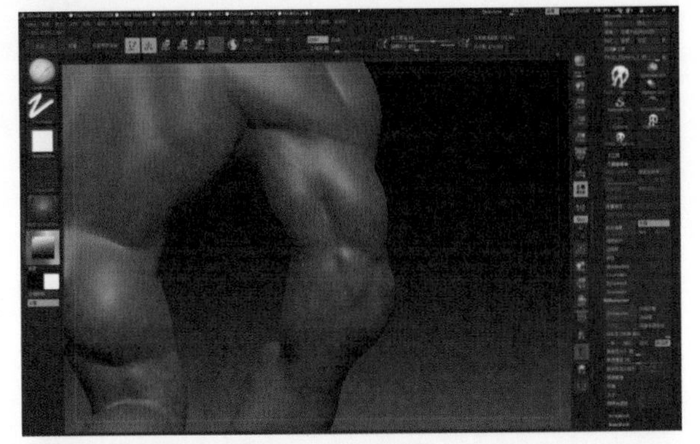
图121

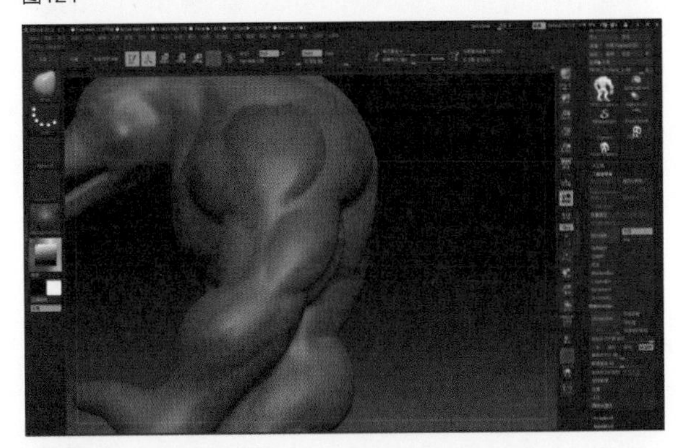
图122

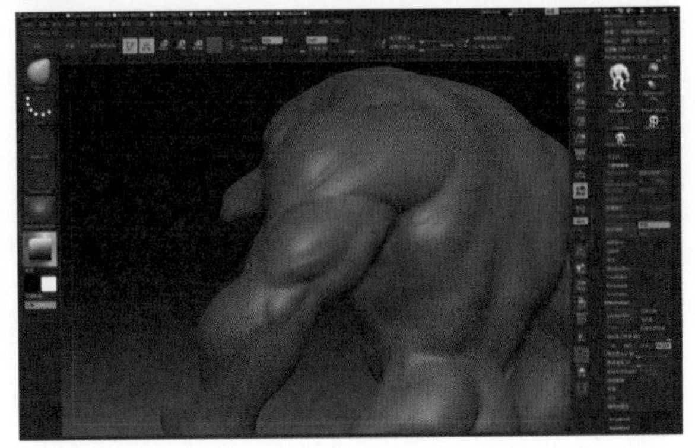
图123

21. 使用ClayBuildup黏土笔刷刷出小臂肌肉结构，并对肌肉造型进行修改（图124至图131）。

22. 使用ClayBuildup黏土笔刷刷出头部的大型，使用Move工具拉出耳朵的大形（图132至图135）。

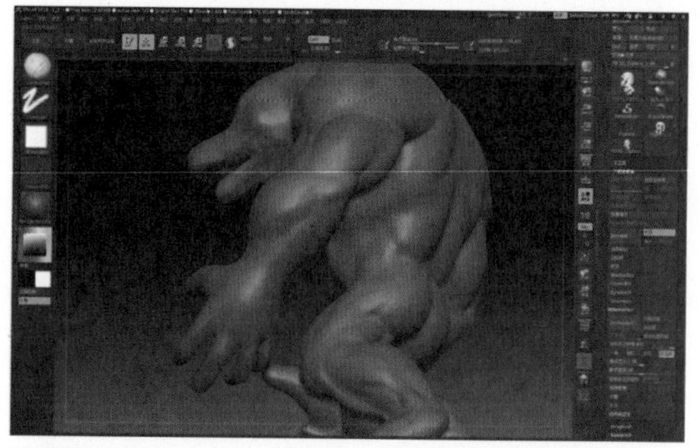

图124

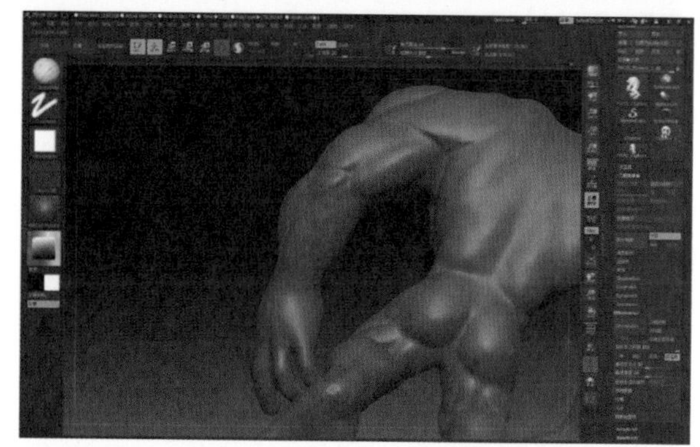

图125

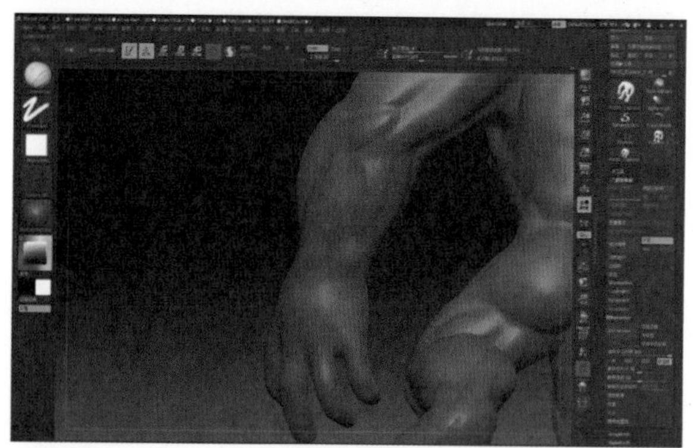

图126

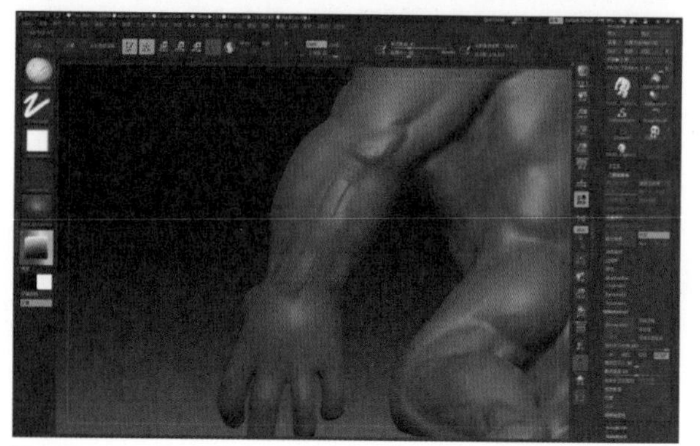

图127

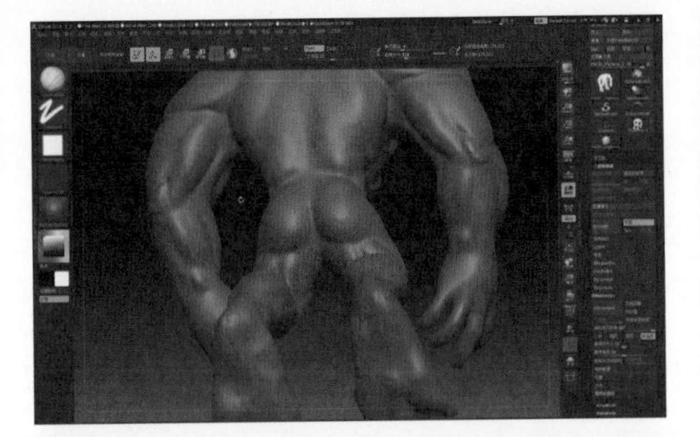

图128

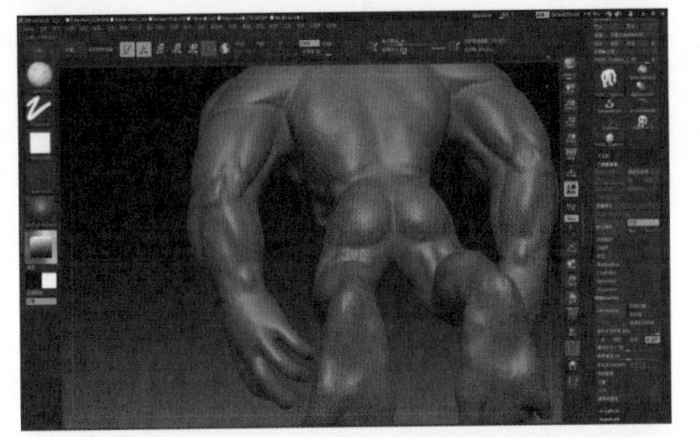

图129

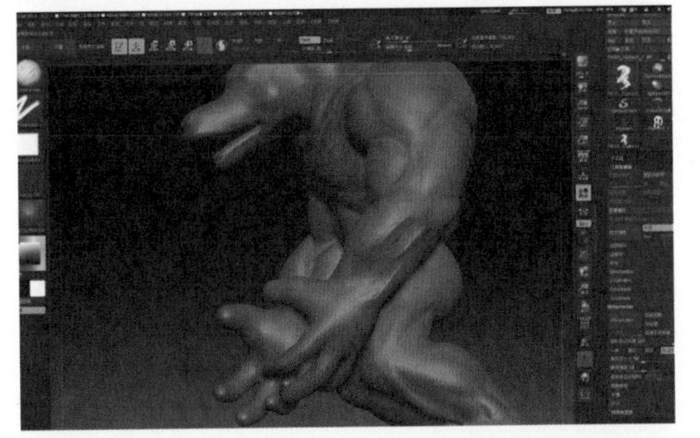

图130

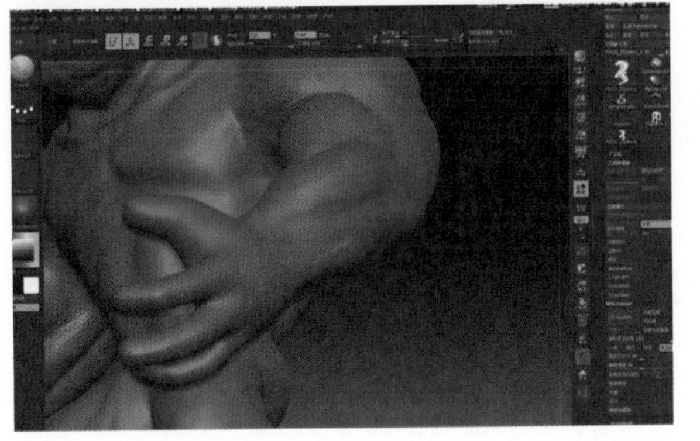

图131

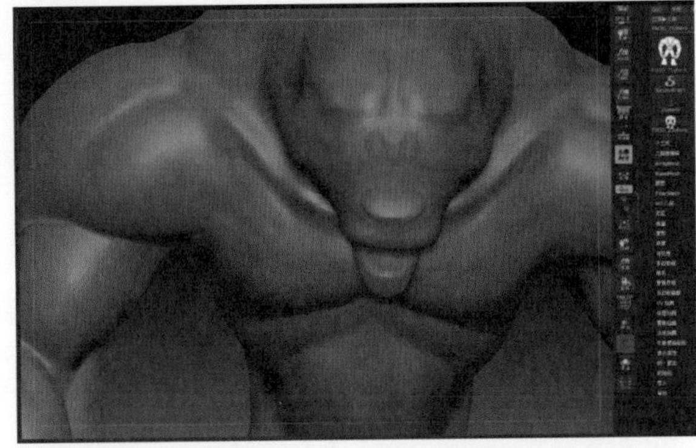

图132

图133

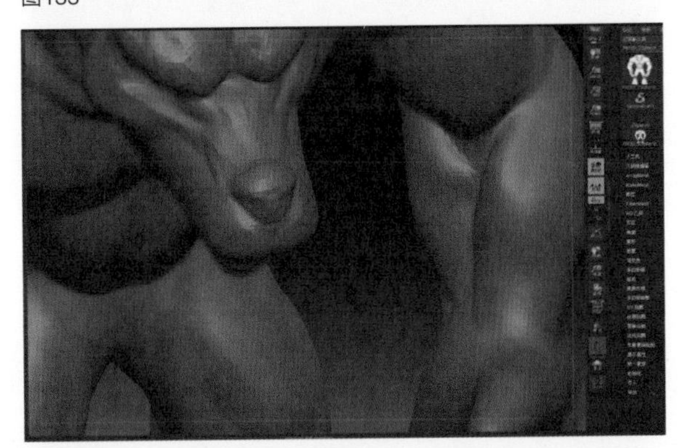

图134

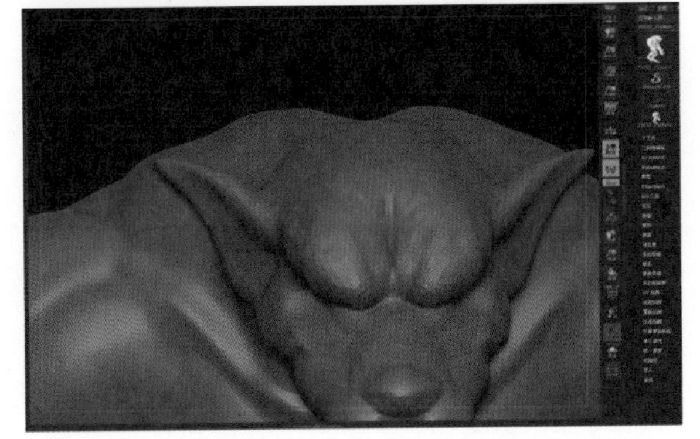

图135

23. 在对头部的耳朵进行雕刻的时候，我们还是可以用到遮罩命令进行雕刻。按住键盘的Ctrl键，使用遮罩画笔在模型中画出遮罩范围（图136），再按住键盘Ctrl加鼠标左键点击模型外的场景处进行反选操作（图137、138、139）。

24. 在进行手部雕刻的时候，可以把它单独分开显示便于细节雕刻（图140、141），这样既能释放电脑资源，使它运行得更快，还可以去掉其他模型遮挡的麻烦，可以使雕刻工作更加便利（图142至图147）。点击键盘Shift+Ctrl+鼠标左键进入框选模式，然后在左侧的Stroke里面选择Lasso的框选样式，框选要分离出来的模型部分（图148）。

使用遮罩功能对手指部分进行区域选择，进行外形调整。使用ClayBuildup黏土笔刷，刷出手指部分的细节。

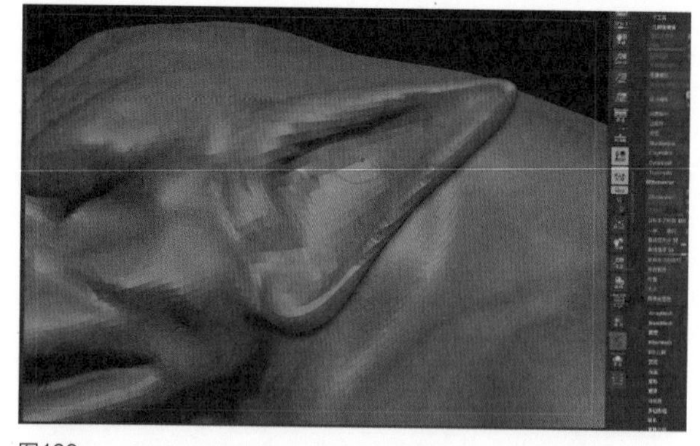

图138

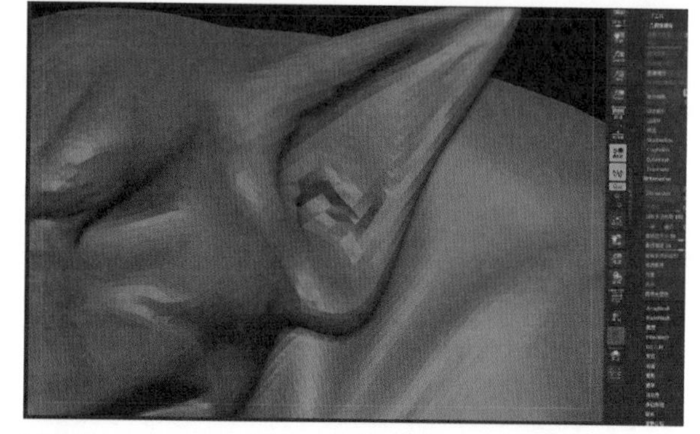

图139

图136

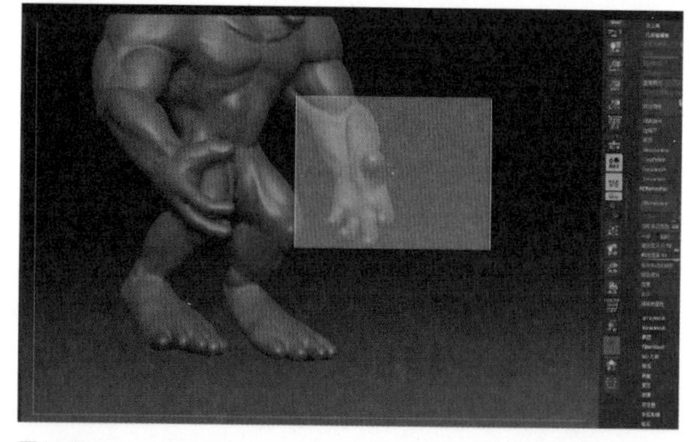

图140

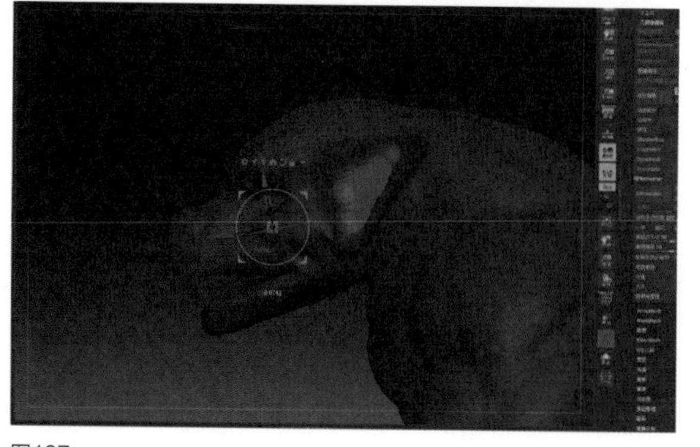

图137

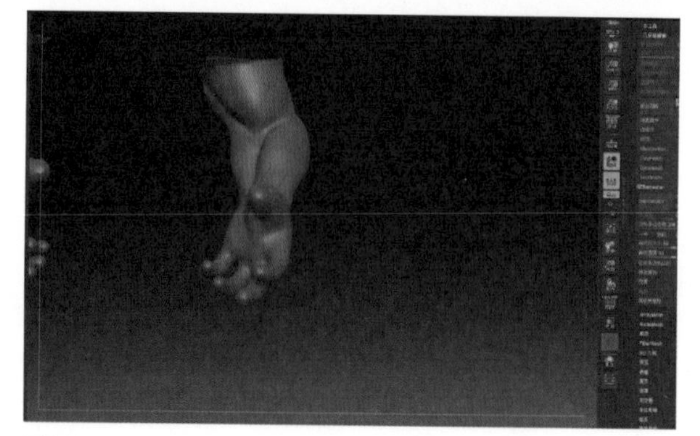

图141

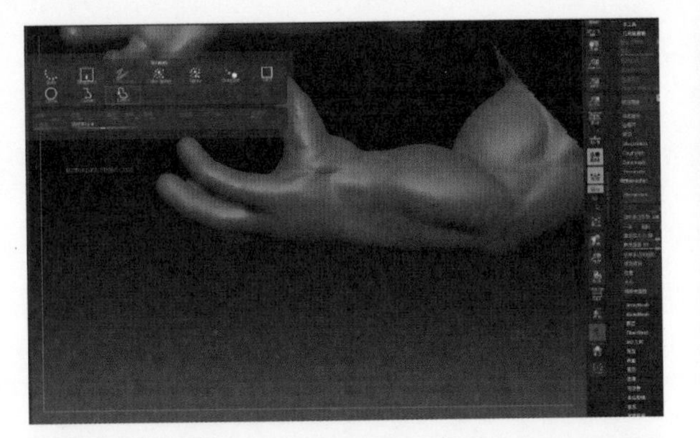

图142

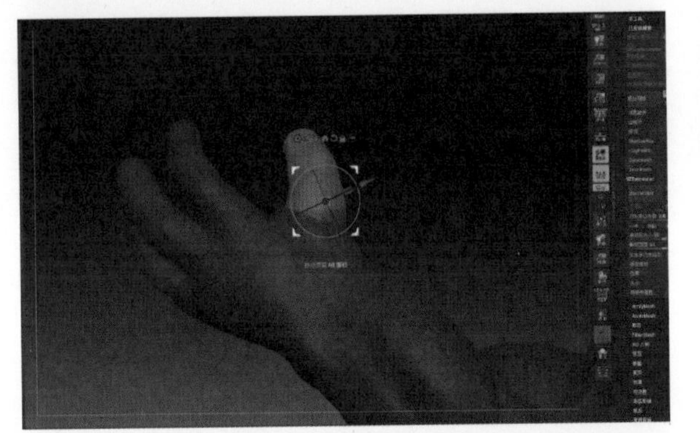

图143

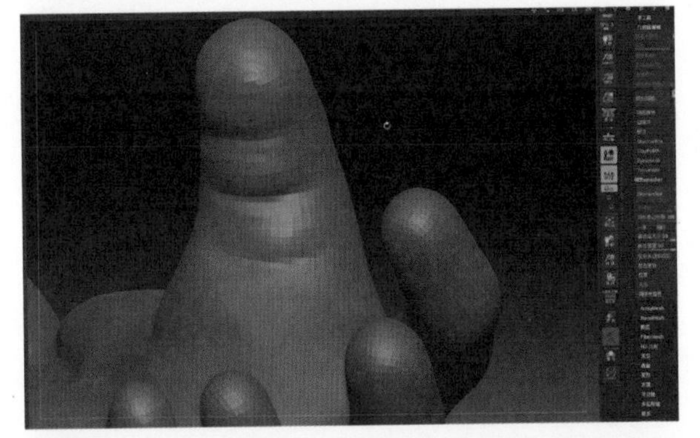

图144

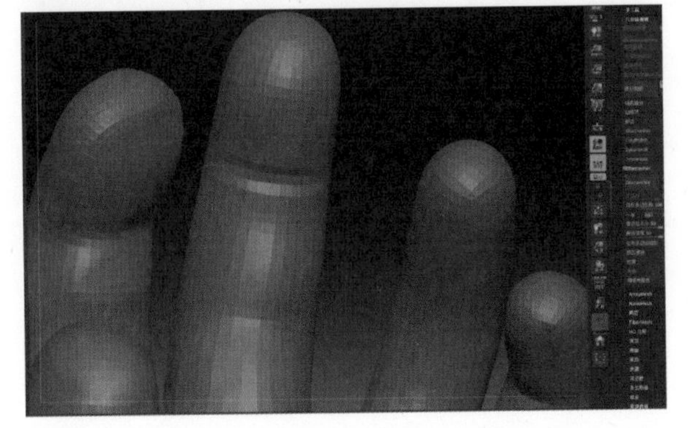

图145

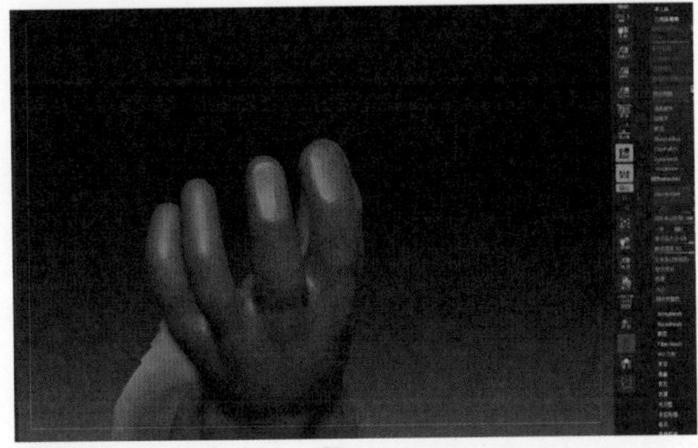

图146

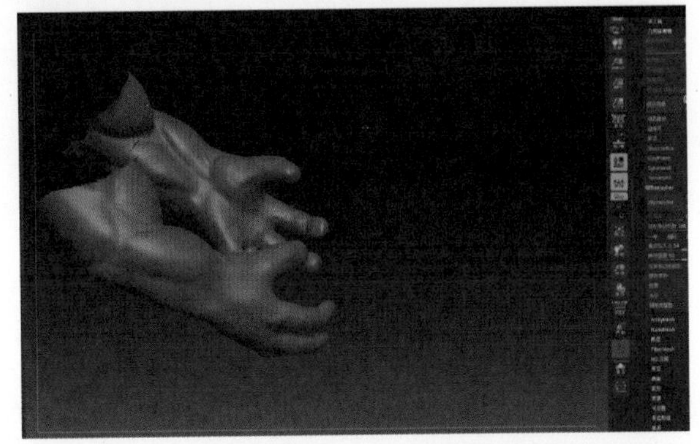

图147

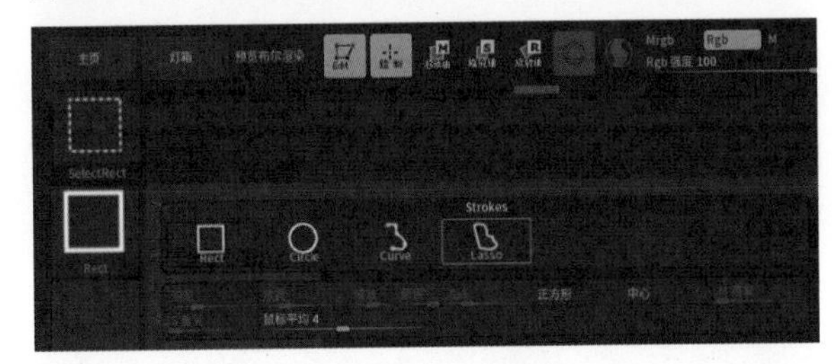

图148

25.使用遮罩功能对腿部部分进行区域选择，辅助ClayBuildup黏土笔刷增加腿部细节（图149、150）。

26. 增加模型分辨率细分级别，点击键盘Ctrl+D命令（每按一次增加一级）（图151至图154），也可以在右侧Tool工具栏里面的Geometry几何体编辑下面点击Divide细分网格按钮（图155）。使用ClayBuildup黏土笔刷刷出肩膀和脖子上的细节。

27. 单独分离出手臂部分的模型，使用ClayBuildup黏土笔刷和Smooth笔刷增加手部细节（图156至图159）。

28. 使用遮罩功能对头部部分进行区域选择（图160），再按住键盘Ctrl加鼠标左键点击模型外的场景处进行反选操作。然后用移动、旋转和缩放命令对头部进行调整（图161）。

图151

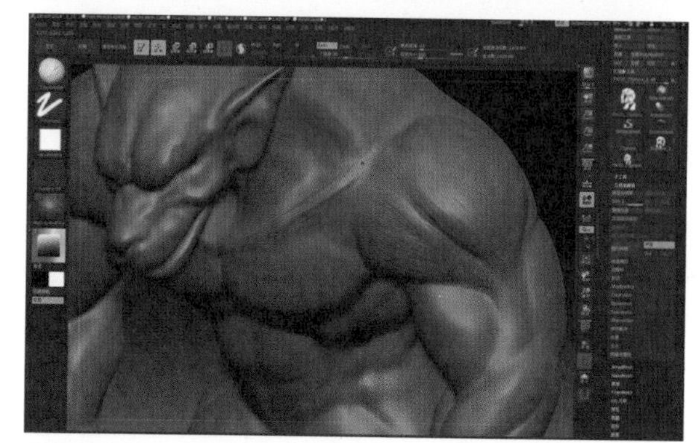

图152

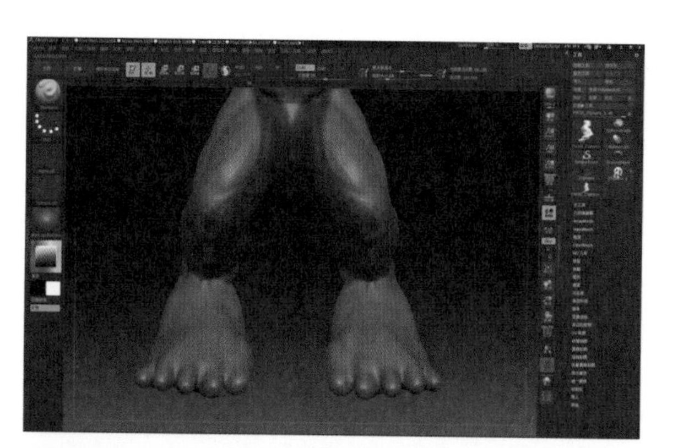

图149

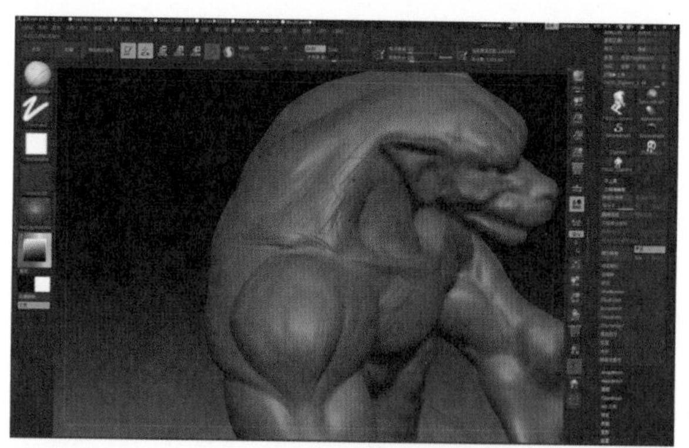

图153

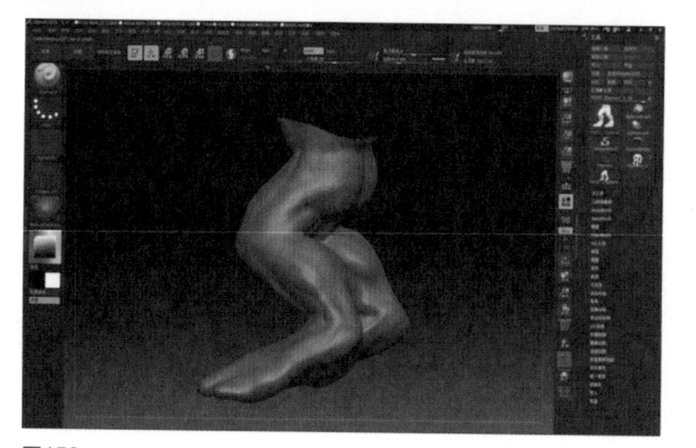

图150

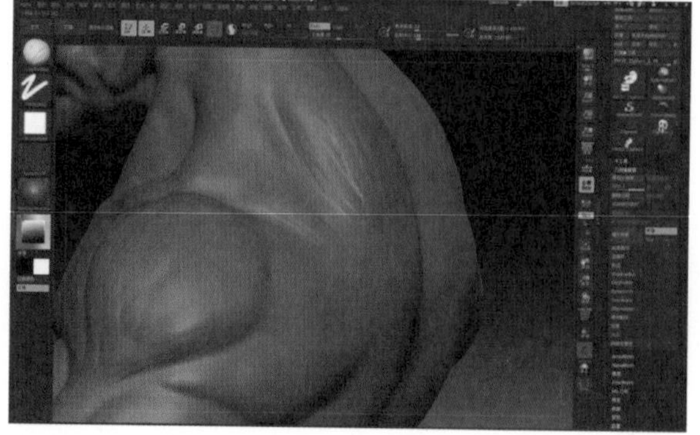

图154

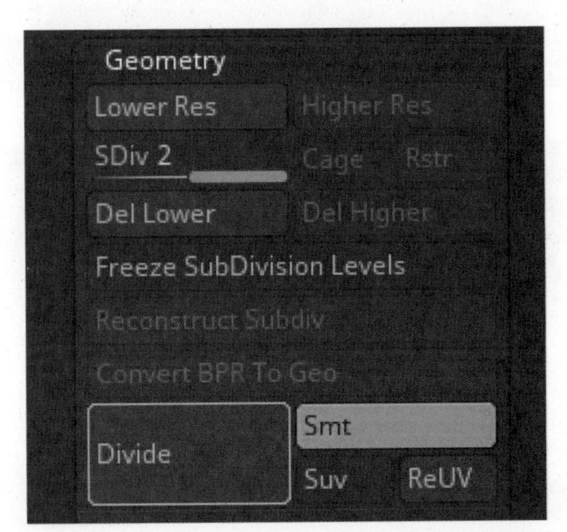

图155

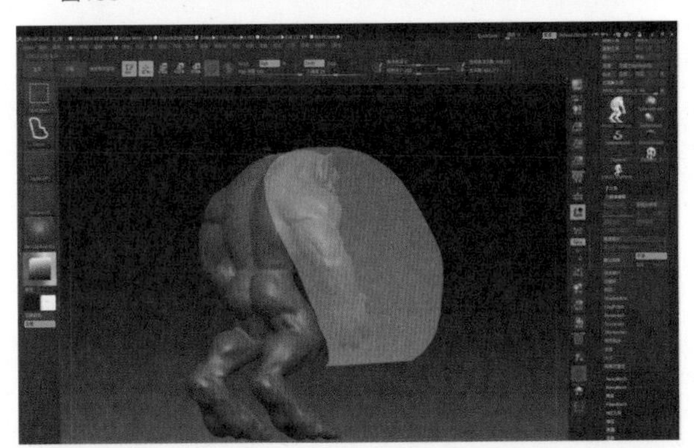

图156

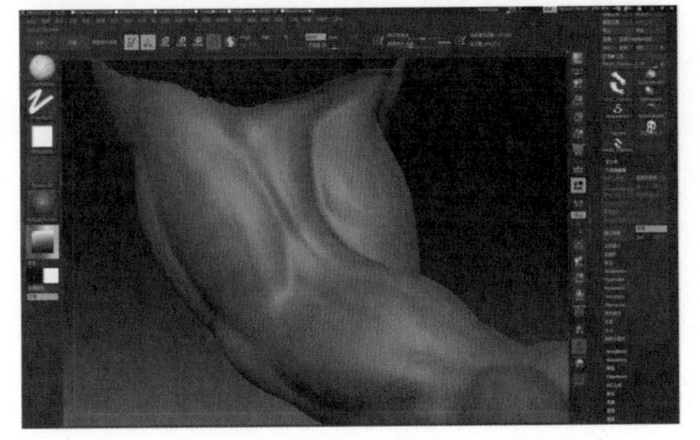

图157

图158

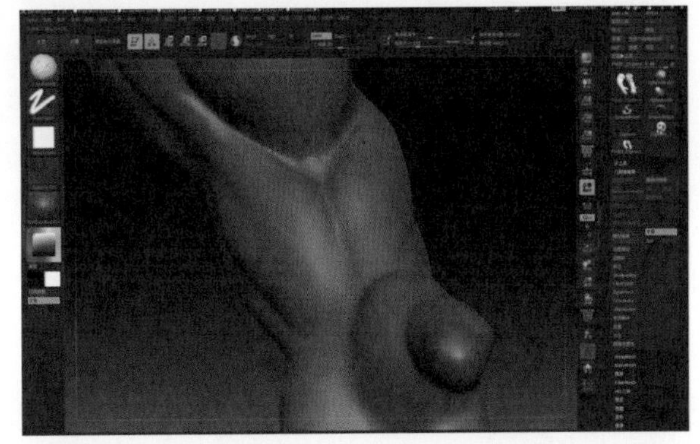

图159

图160

图161

29. 单独分离出头部部分的模型（图162、163），创建Spher3D当作怪物的眼球，在怪物模型的Subtool（子工具）里面，点击Append（追加）命令将眼球模型添加进来（图164），进行移动和缩放命令，将眼球放在头部的合适位置。再将眼球模型在Subtool（子工具）下面进行Duplicate（复制）命令（图165），在Deformation（变形）下面点击Mirror里面的X轴向进行镜像复制（图166）。使用ClayBuildup黏土笔刷和Smooth笔刷进行上下眼帘的雕刻（图167）。

30. 使用ClayBuildup黏土笔刷和Smooth笔刷刷出头部的基本结构，突出狼的特征，有一种凶狠的感觉（图168、169）。

31.创建Cone3D的3D模型来制作怪物牙齿的基础模型（图170）。首先可以在工具栏的初始化里面进行初始参数的修改（图171），调整完之后再进入Deformation（变形）进行Spherize（球化）、Gravity（重力）和SBend（S弯折）等参数调整（图172至图175）。调节出牙齿的基本形状。

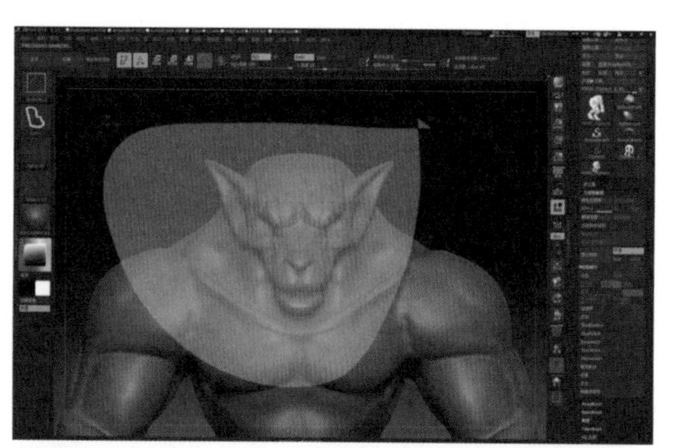

图162

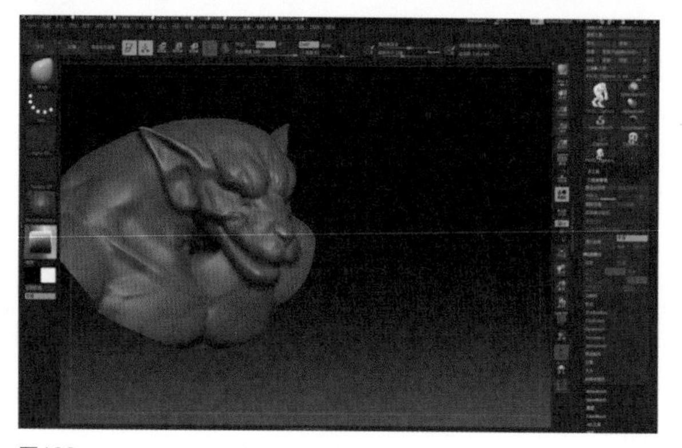

图163

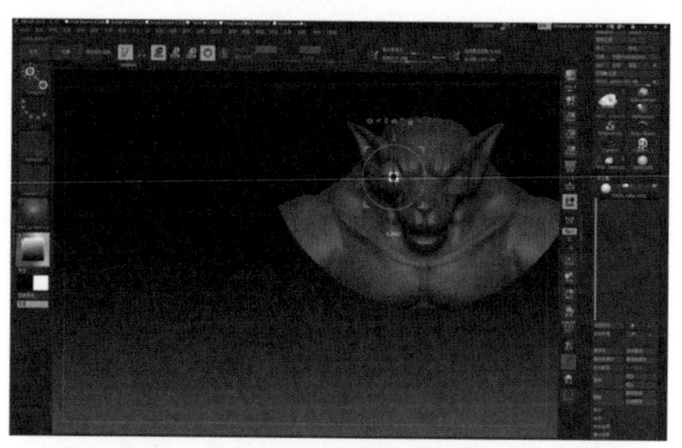

图164

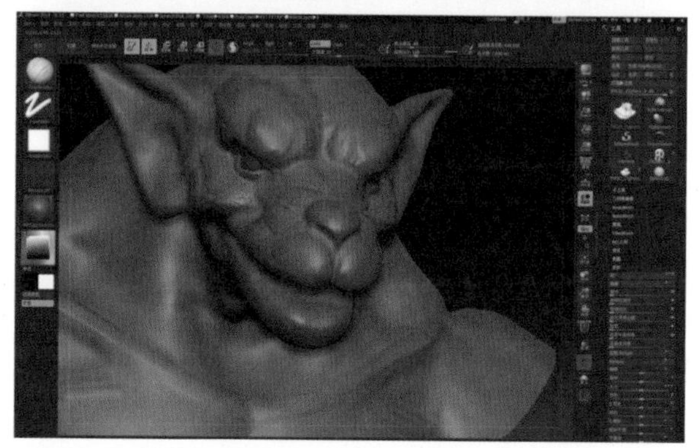

图165

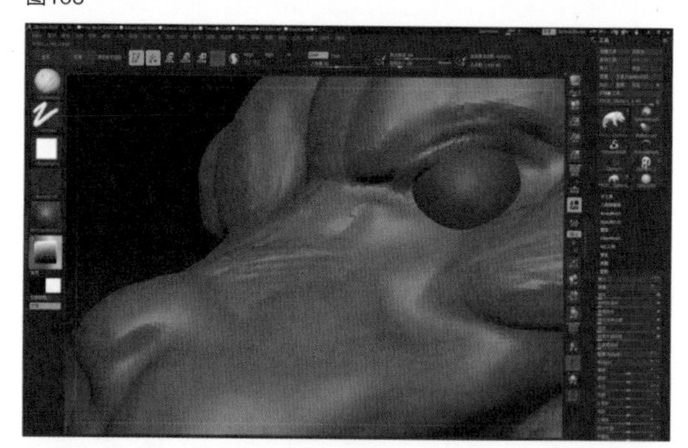

图166

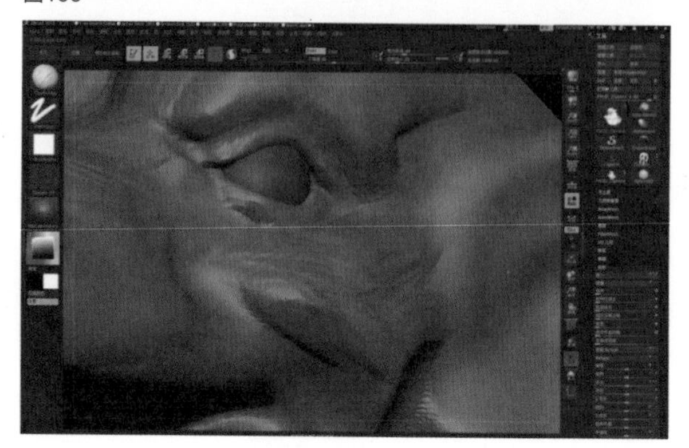

图167

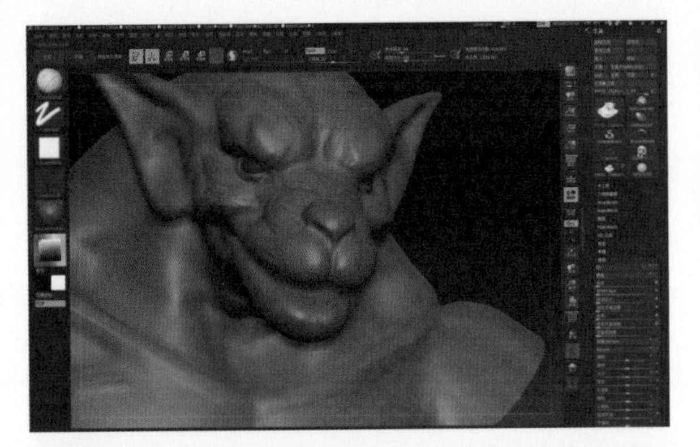

图168

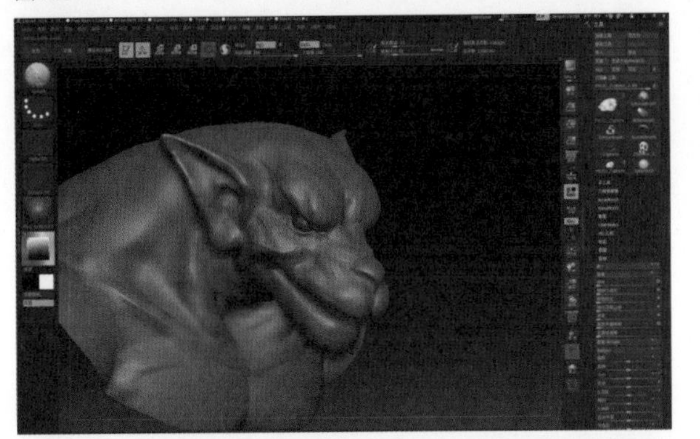

图169

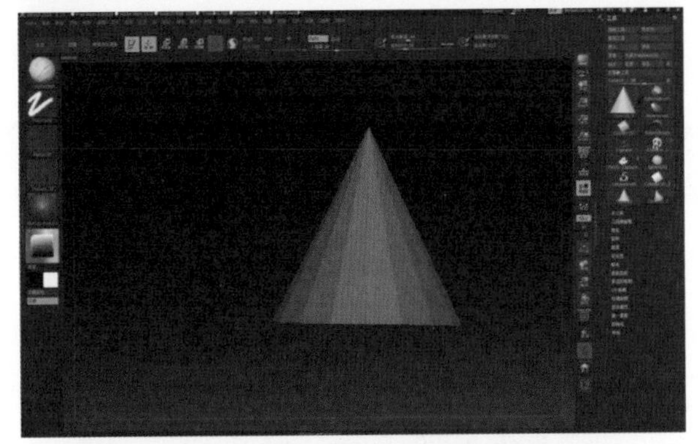

图170

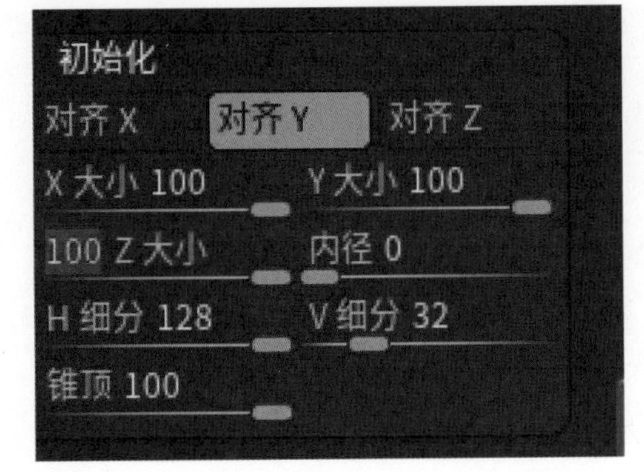

图171

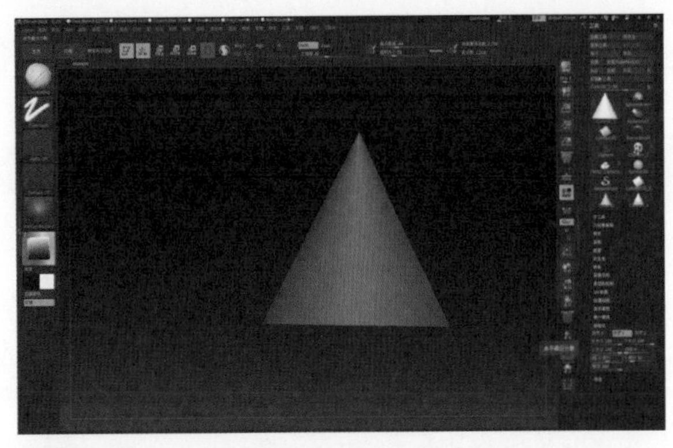

图172

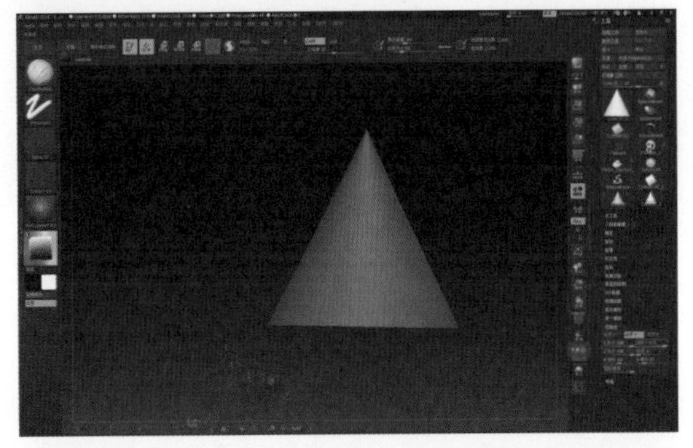

图173

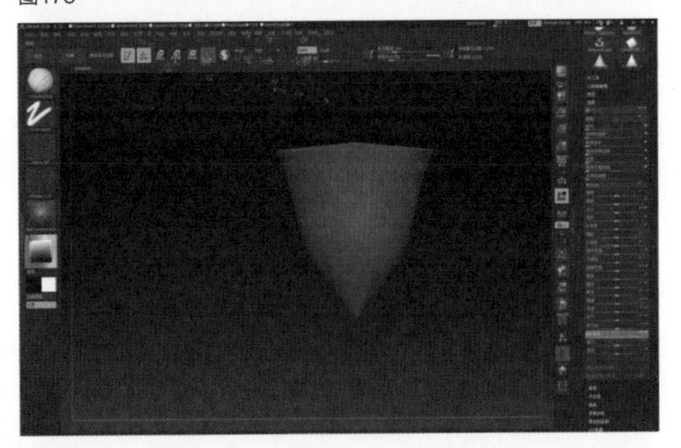

图174

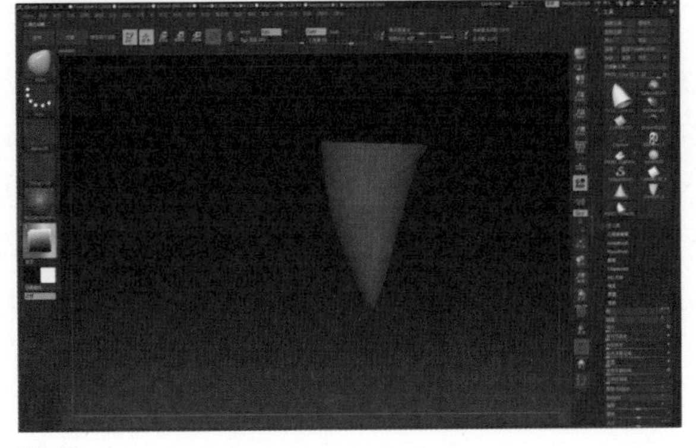

图175

32. 在怪物模型的Subtool（子工具）里面，点击Append（追加）命令将刚刚创建好的牙齿模型添加进来（图176），使用移动、旋转和缩放命令，将牙齿移动到嘴巴里面的合适位置（图177）。再点击Subtool（子工具）里面的Duplicate（复制）命令复制牙齿模型（图178），继续使用移动、旋转和缩放命令排出其他牙齿的位置（图179、180）。等右边的牙齿排列好之后（图181），我们可以在Subtool（子工具）里面选择右边牙齿模型中在组里最靠上的一颗，点击Merge（合并）中的MergeVisible（向下合并）（图182），将右边的牙齿组成一个整体，方便我们后面的镜像复制到左边（图183）。

Duplicate（复制）命令，在Deformation（变形）下面，点击Mirror里面的X轴向进行镜像复制。

33. 使用ClayBuildup黏土笔刷和Smooth笔刷雕刻脸部细节（图184至图187）。

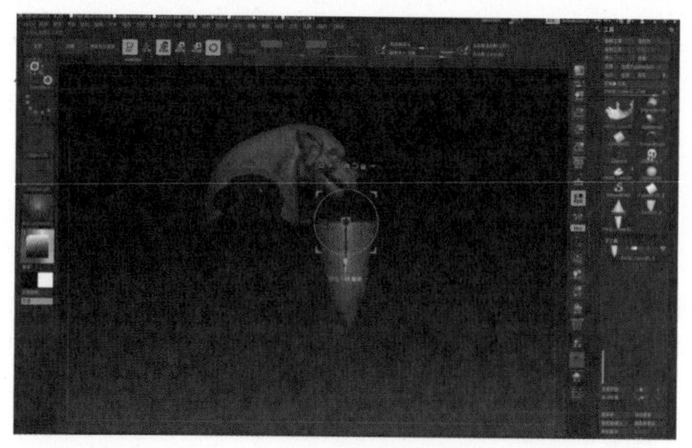
图176

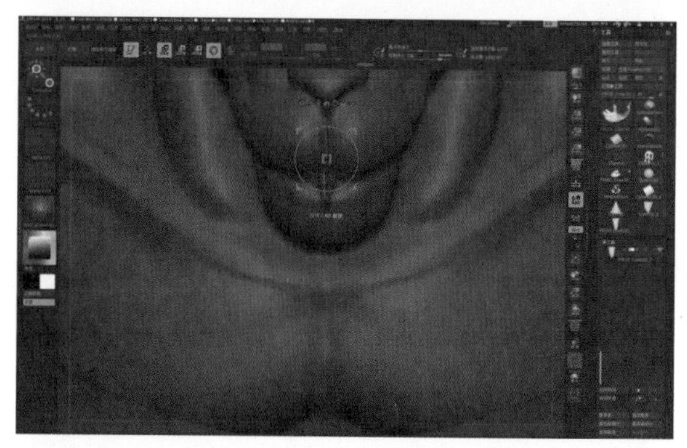
图177

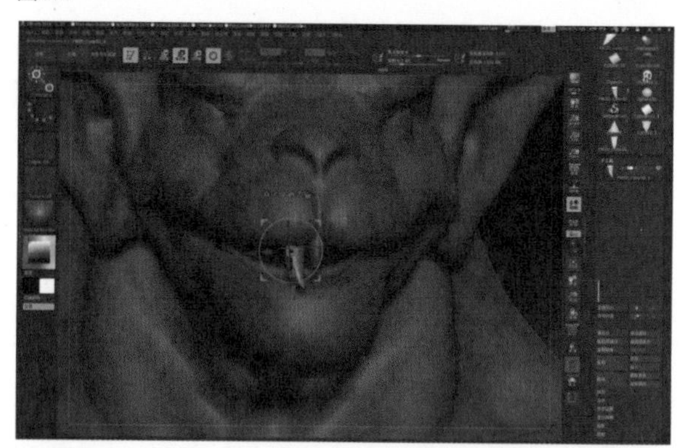
图178

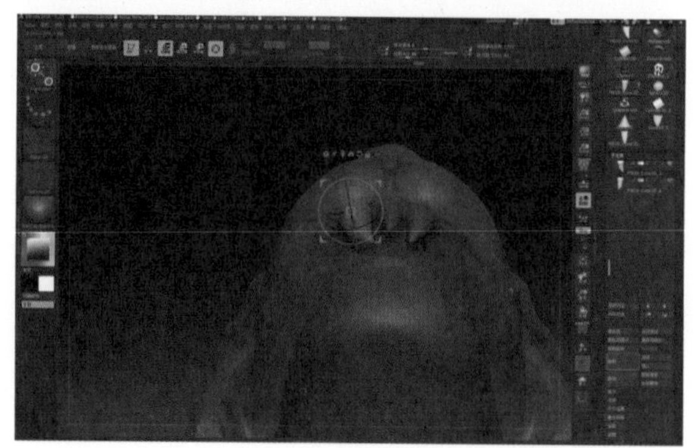
图179

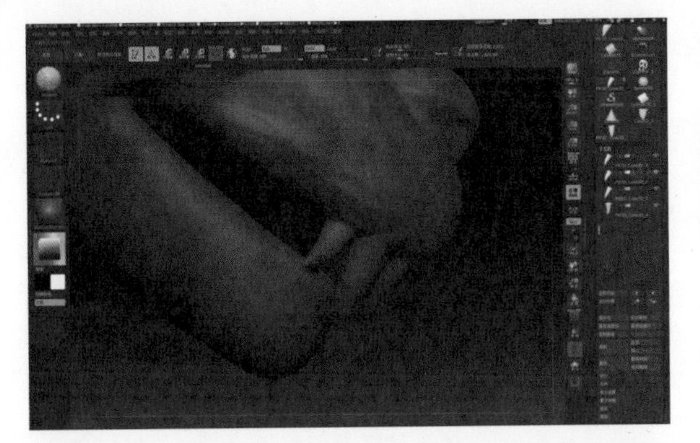

图180

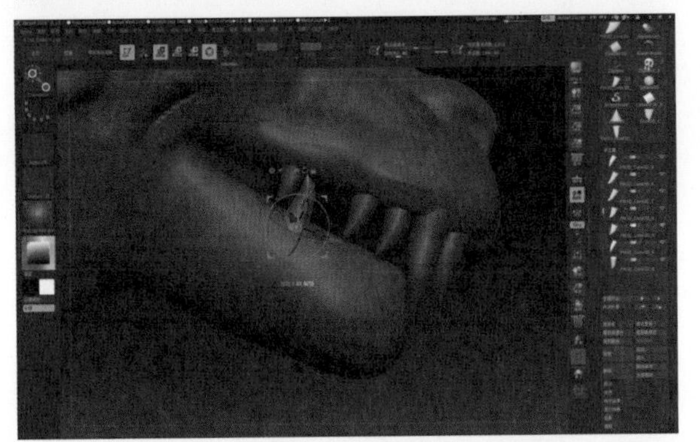

图181

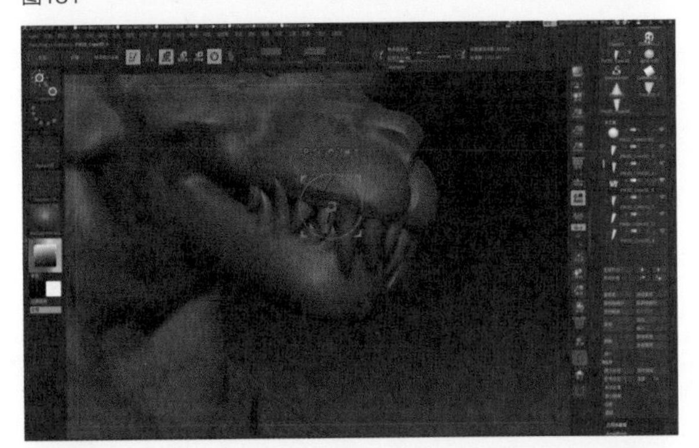

图182

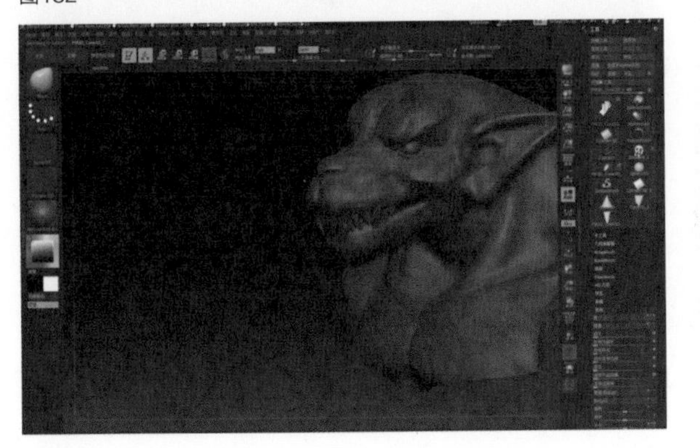

图183

图184

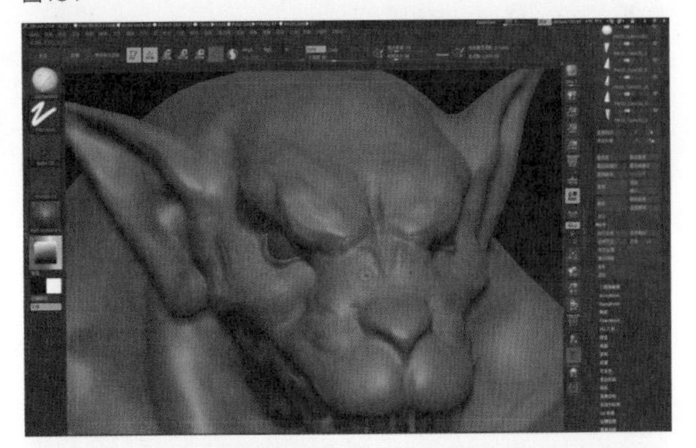

图185

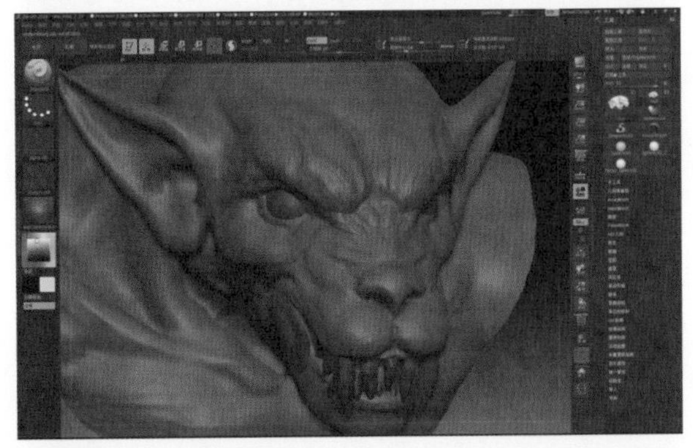

图186

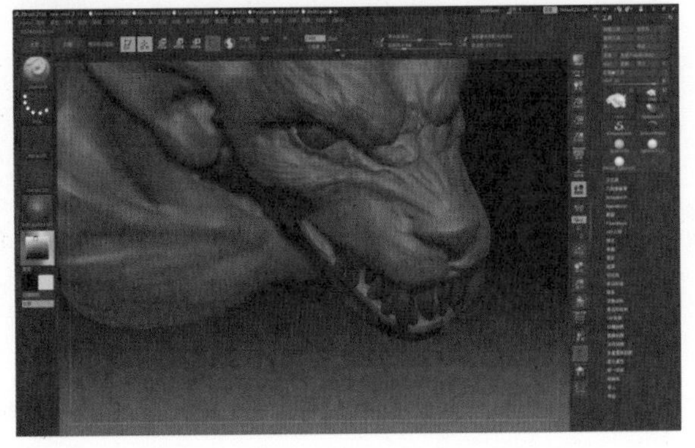

图187

34. 使用ClayBuildup黏土笔刷和Smooth笔刷雕刻脚部模型细节（图188至图193）。

到这里怪物全身的雕刻工作已经完成了，下面就是进行配饰的制作（图194、195）。

35. 创建Ring3D的3D模型来制作怪物身上配件中的铜环模型（图196），同样的在怪物模型的Subtool（子工具）里面，点击Append（追加）命令，将创建好的铜环模型添加进去（图197）。使用移动、旋转和缩放命令，将铜环模型放到身体的合适位置（图198）。

36. 使用遮罩笔刷（键盘Ctrl+鼠标左键）画出腹部处的布匹轮廓（图199），将铜环模型进行镜像复制（Subtool子工具下面进行Duplicate复制命令，在Deformation变形下面点击Mirror里面的X轴向进行镜像复制）。

遮罩画出的轮廓形状相匹配（图200）。将身体部分的模型进行单独分离显示（点击键盘Shift+Ctrl+鼠标左键进入框选模式，然后在左侧的Stroke里面选择Lasso的框选样式，框选要分离出来的模型部分）。

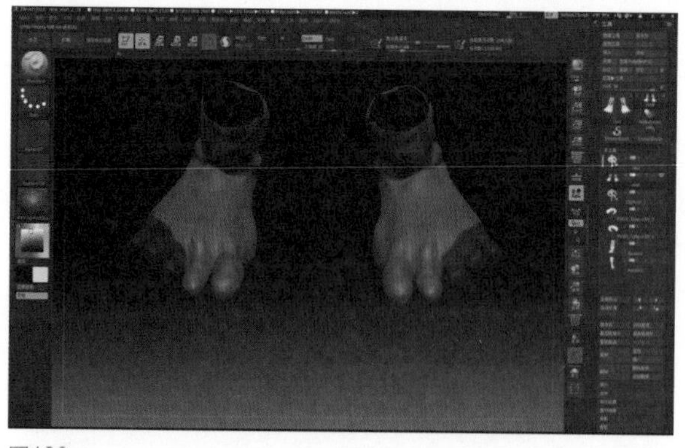
图189

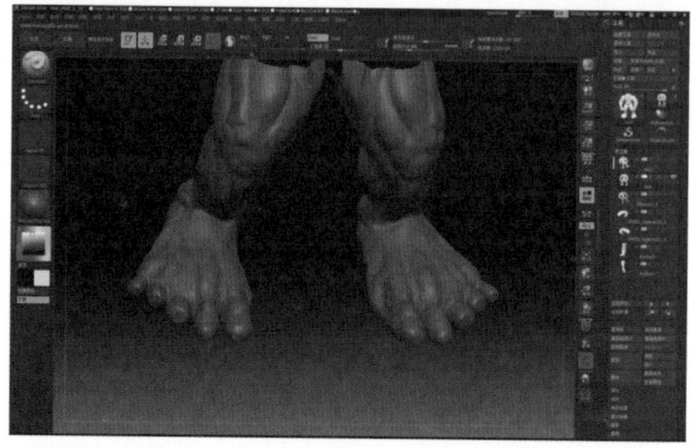
图190

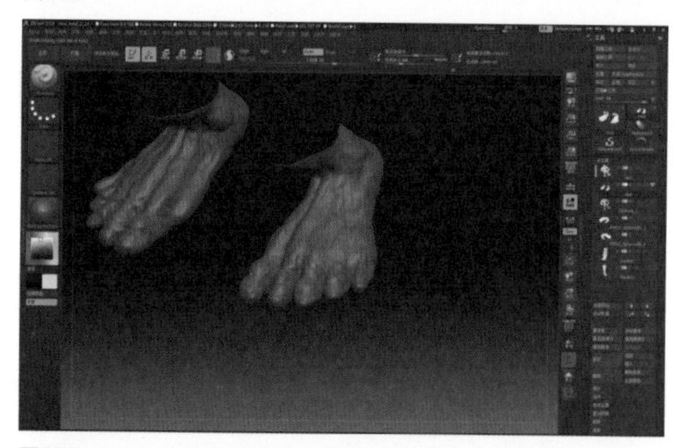
图191

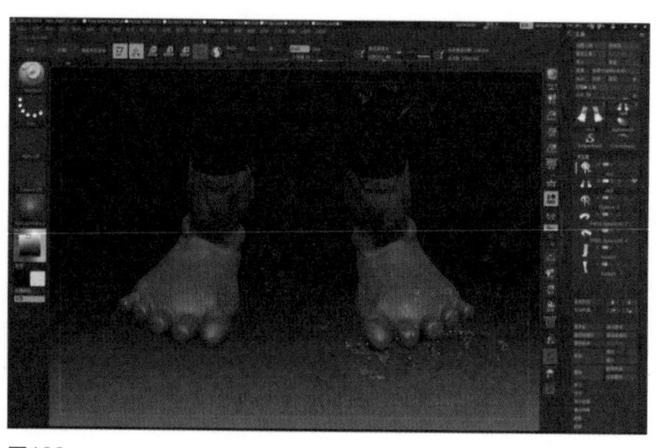
图188

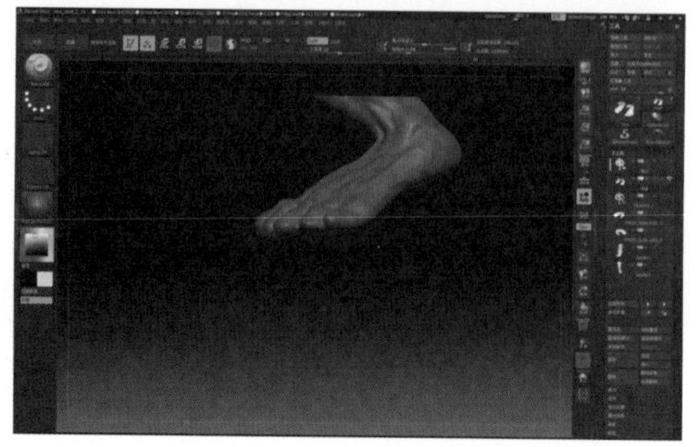
图192

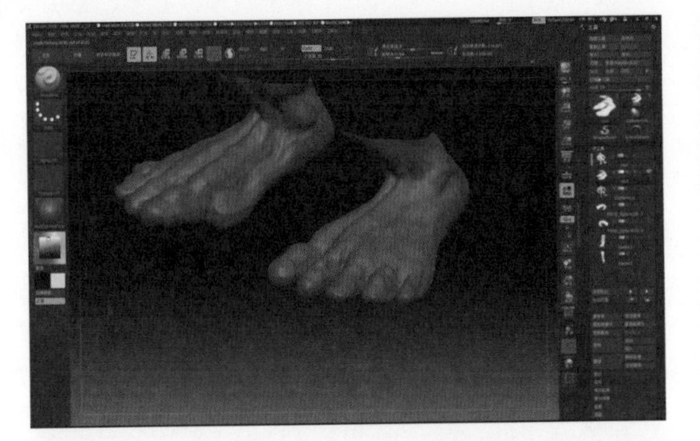

图193

图194

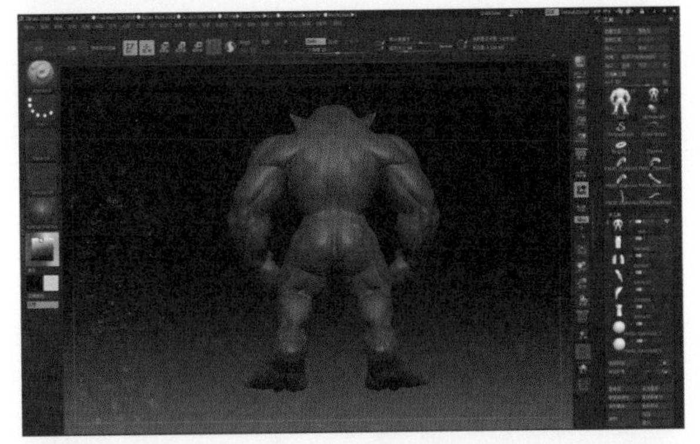

图195

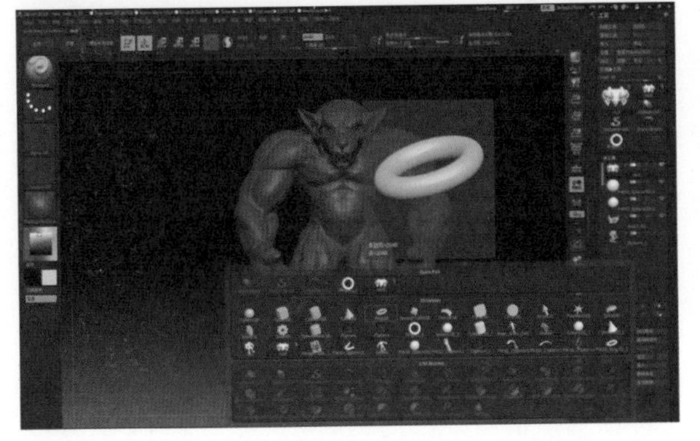

图196

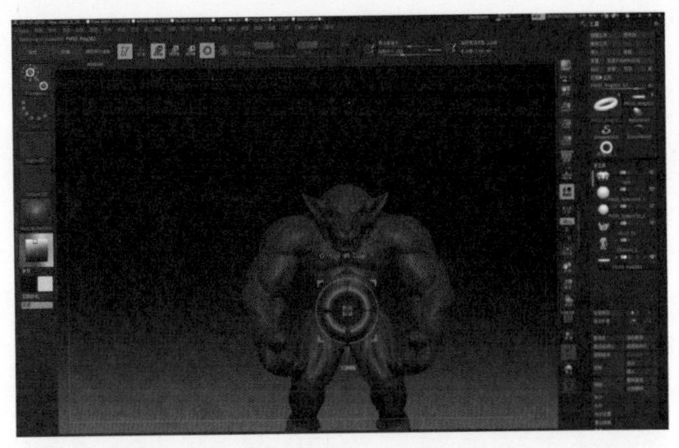

图197

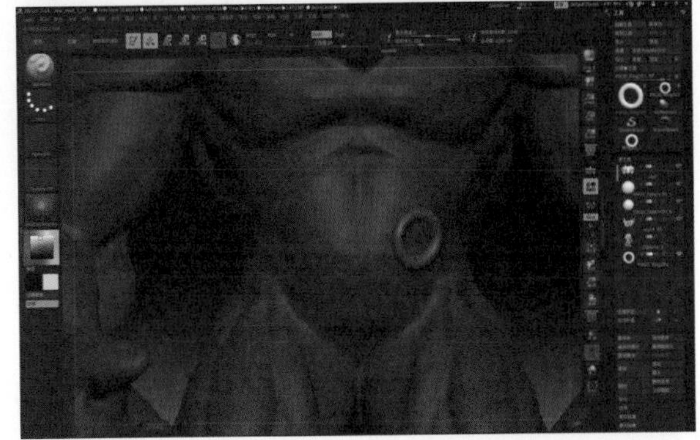

图198

图199

图200

37. 将遮罩笔刷画出的布匹轮廓进行提取命令，使其成为一个独立的模型（图201），这种方法常用于制作角色模型身上的装备及佩饰模型（图202）。

38. 在怪物模型的Subtool（子工具）里面选择身体模型（图203），在Subtool（子工具）下面找到Extract（提取）命令。值得注意的是在调整完里面的S Smt和Thick（厚度）参数之后，必须要点Accept（接受）命令才能生效，要不然会被系统认为是无效操作而被取消。有时候所提取的独立模型会有多余的错误模型一同被提取出来，原因是对模型进行遮罩笔刷画出轮廓时在不注意的地方多画了几笔，我们可以对其进行分组打散，选择多余的模型进行Delete（删除）命令进行修改。在Subtool（子工具）里面选择提取的模型，在Subtool（子工具）下面找到Split（拆分）命令，将多余的模型拆分出来，然后选择它点击Delete（删除）命令。

对提取的布匹模型进行move（移动）操作，将模型调整成预想中的形态。将模型调整完毕后，就需要将模型进行自动拓扑命令（在工具栏中的Geometry几何体编辑下面的ZRcmesher命令），使模型的布线符合雕刻的要求（图204）。

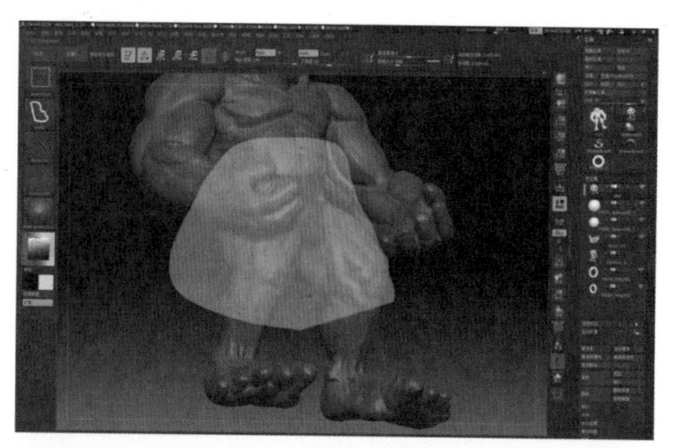
图201

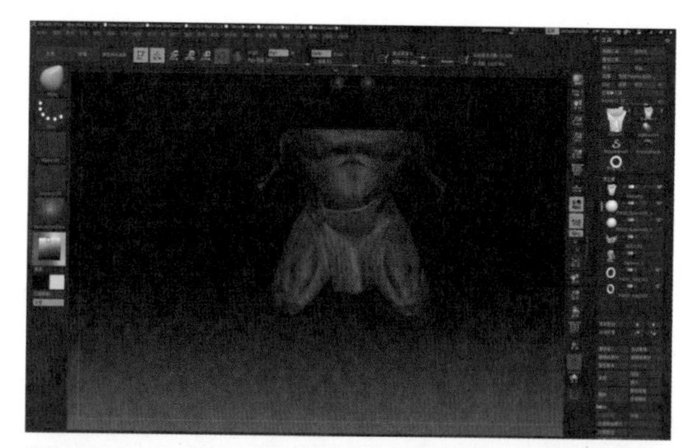
图203

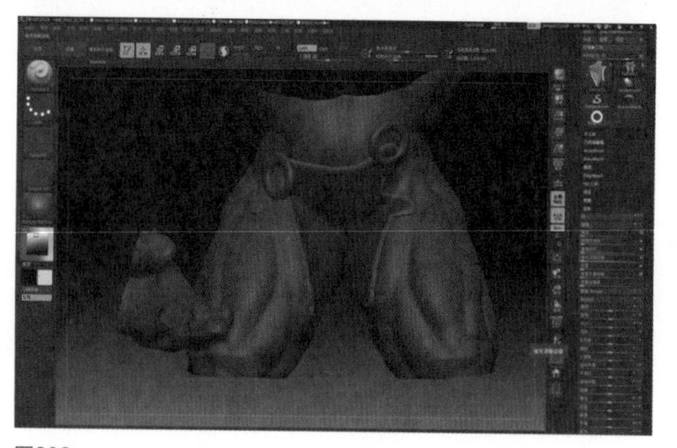
图202

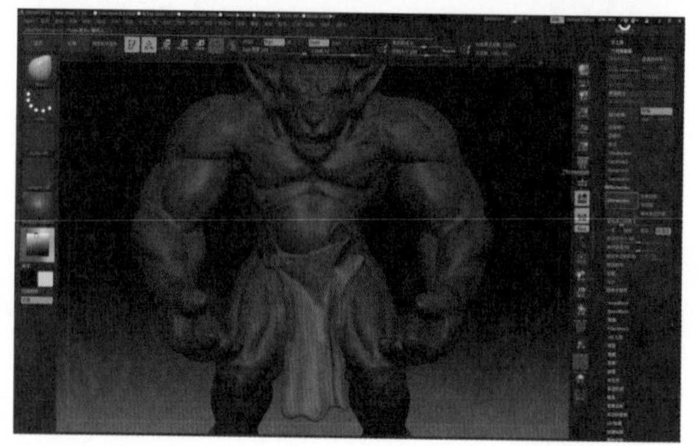
图204

39. 同样使用遮罩笔刷画出身上左侧皮制绑带的轮廓（图205），然后进行提取命令，使其成为独立模型，并且使用自动拓扑命令对其进行重新布线（图206）。

40. 再使用遮罩笔刷画出臀部右侧布匹的轮廓（图207），然后进行提取命令，使其成为独立模型（图208）。使用move（移动）命令调整模型形态（图209），并使用自动拓扑命令对其进行重新布线。最后使用镜像复制，复制出左侧的布匹模型（图210）。

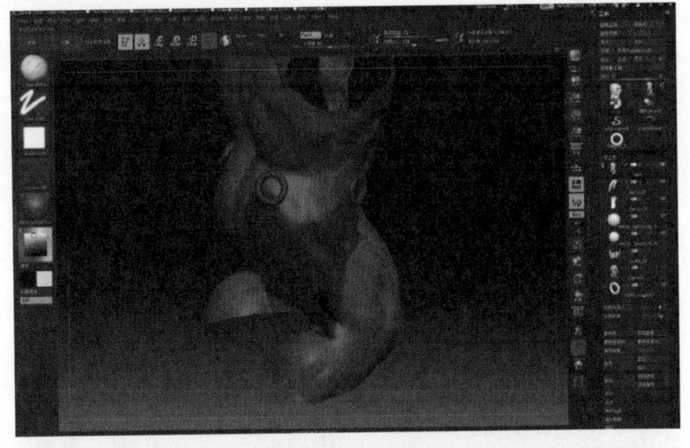

图207

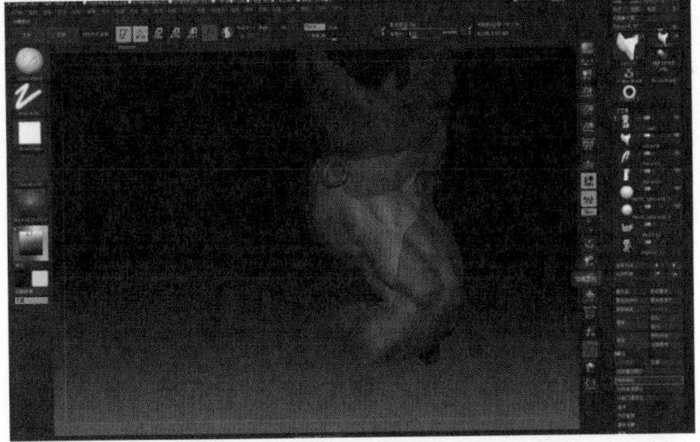

图208

图205

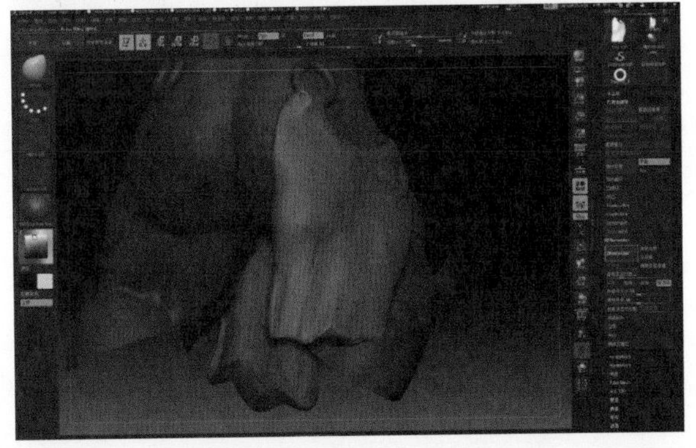

图209

图206

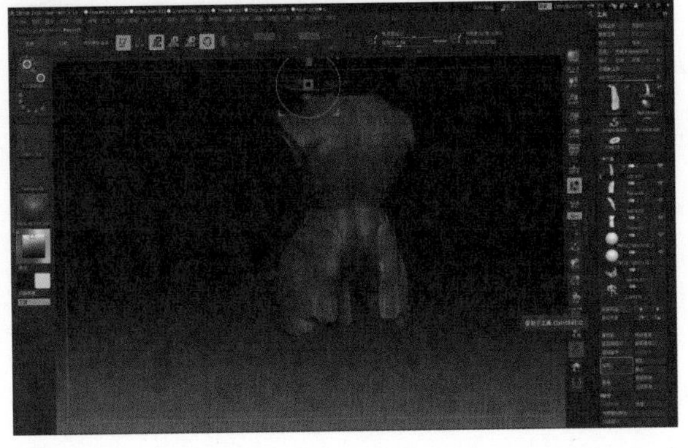

图210

41. 制作铜环间的绑绳，可以使用Z球的制作方式（图211）。和开始制作模型大体形态相同，添加Z球使用移动、旋转和缩放命令拉出绑绳的基本形态，然后再点击工具栏里面的Make PolyMesh3D（生成PolyMesh3D）命令生成3D模型（图212至图216）。

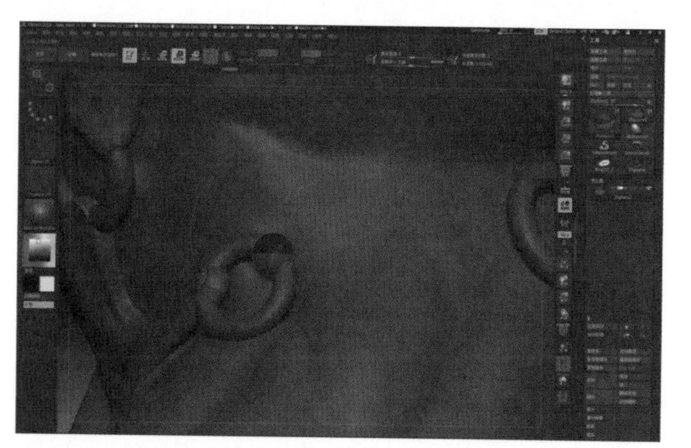

图211

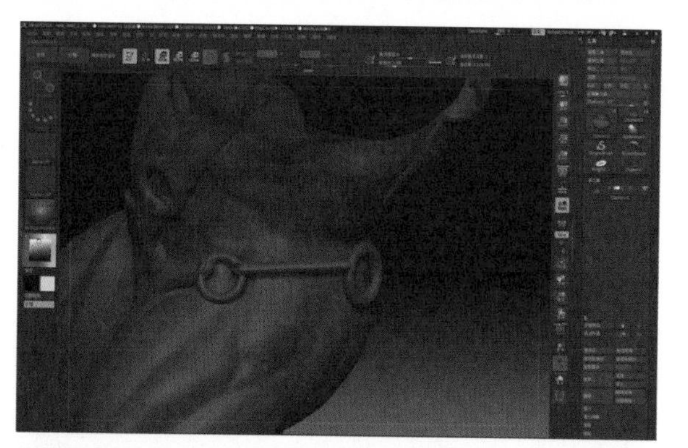

图212

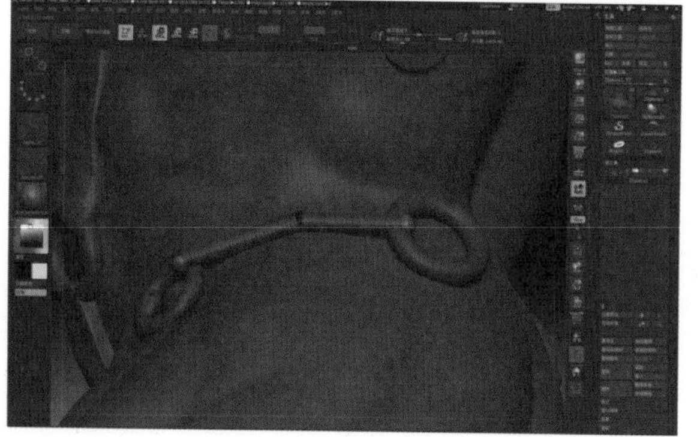

图213

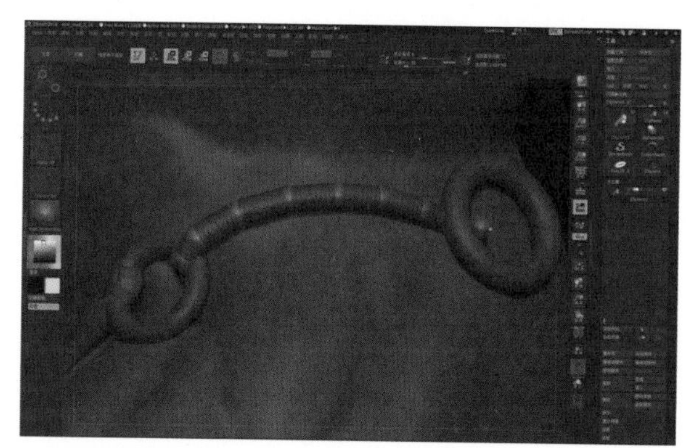

图214

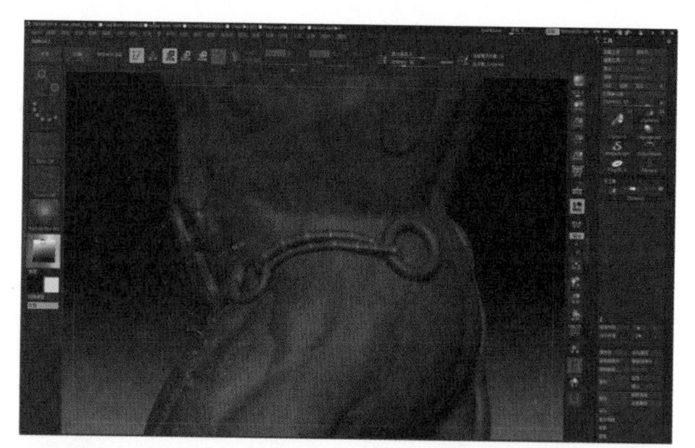

图215

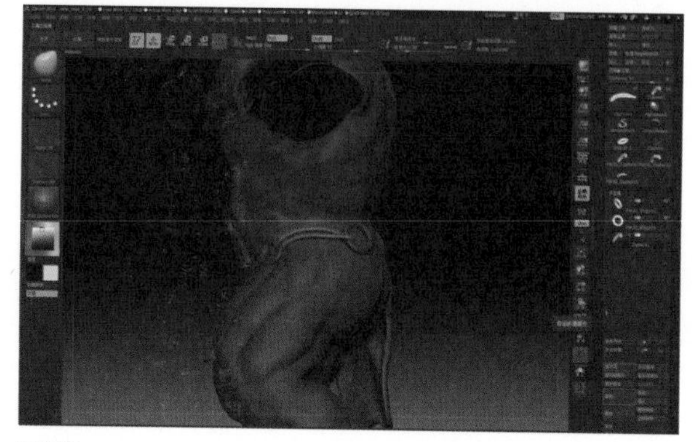

图216

42. 选择Subtool（子工具）组里面的铜环模型（图217），找到Duplicate（复制）命令复制新的铜环模型，使用移动、旋转和缩放命令放在模型上合适的位置（图218）。

43. 再使用遮罩笔刷画出背后下身布匹的轮廓（图219），然后进行提取命令，使其成为独立模型（图220）。使用move（移动）命令调整模型形态，并且使用自动拓扑命令对其进行重新布线（图221）。

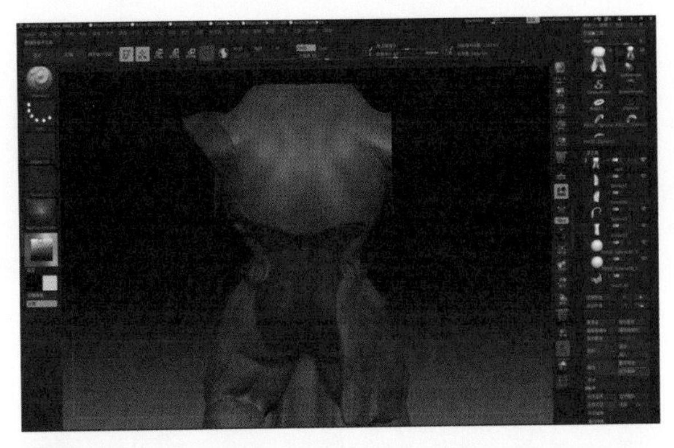

图219

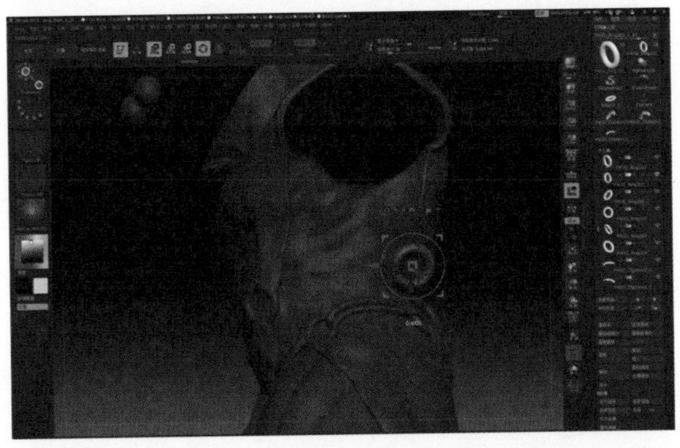

图217

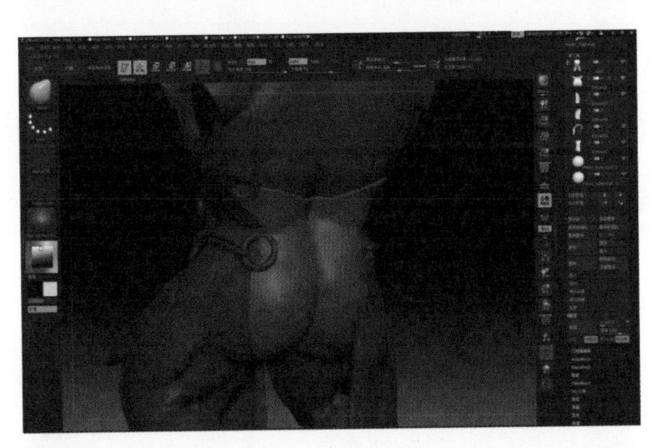

图220

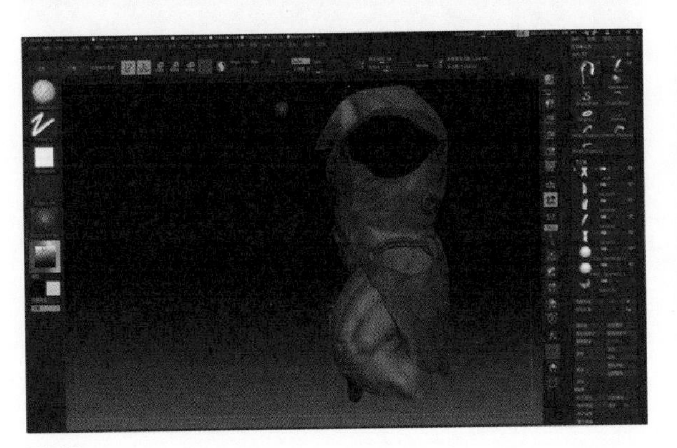

图218

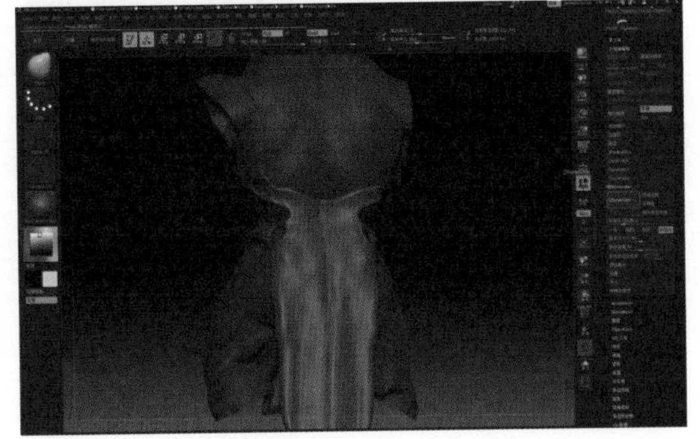

图221

44. 对左侧皮制绑带模型进行镜像复制（图222），并且使用move（移动）命令对其进行模型调整（图223），并且复制铜环模型放在合适位置（图224、225）。

45. 使用Z球的制作方法制作其他绑绳（图226、227），添加Z球或者复制现有的Z球模型，使用移动（图228、229）、旋转和缩放命令拉出绑绳的基本形态，然后再点击工具栏里面的Make PolyMesh3D（生成PolyMesh3D）命令生成3D模型（图230、231）。

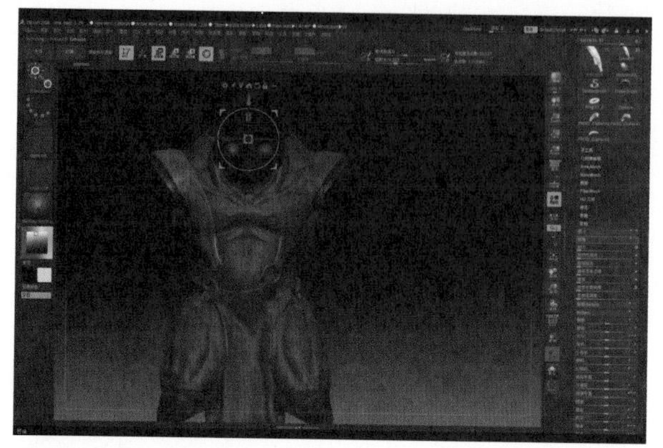
图223

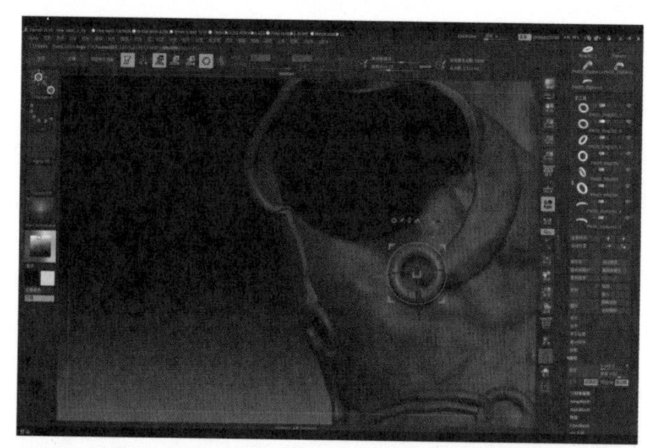
图224

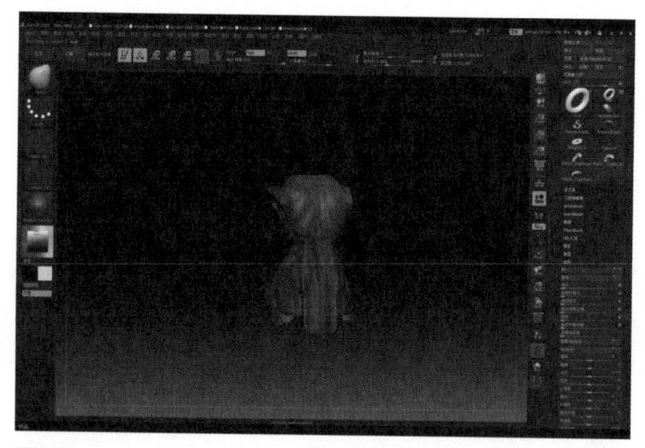
图222

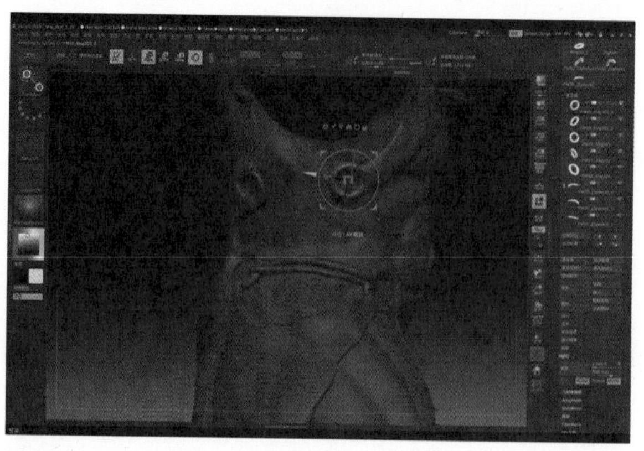
图225

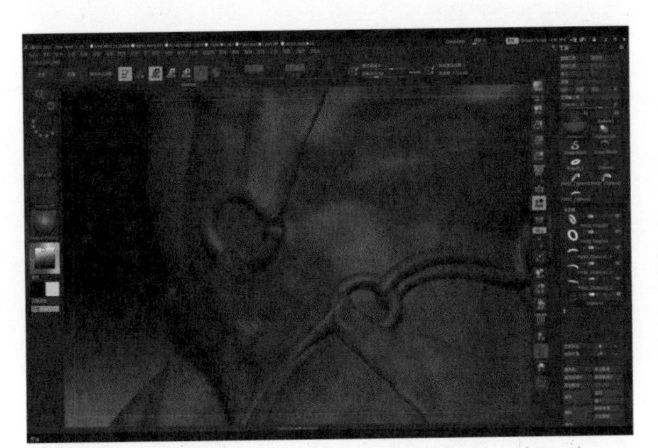

图226

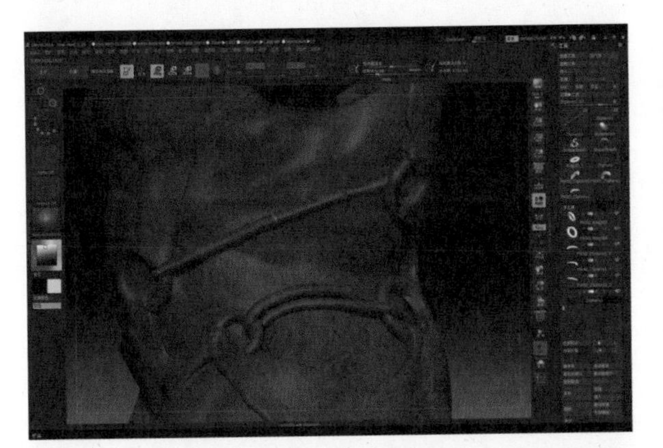

图227

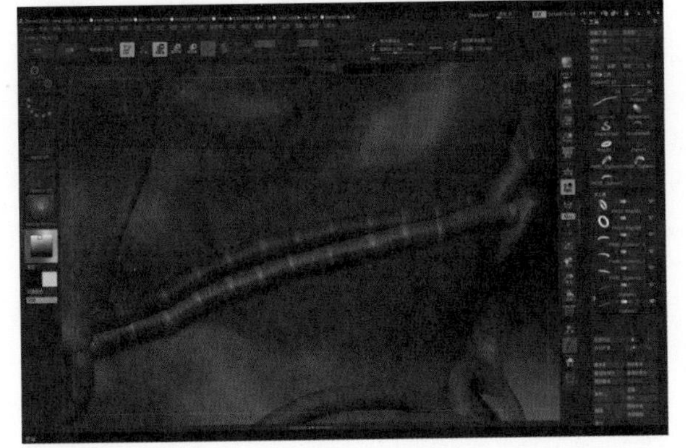

图228

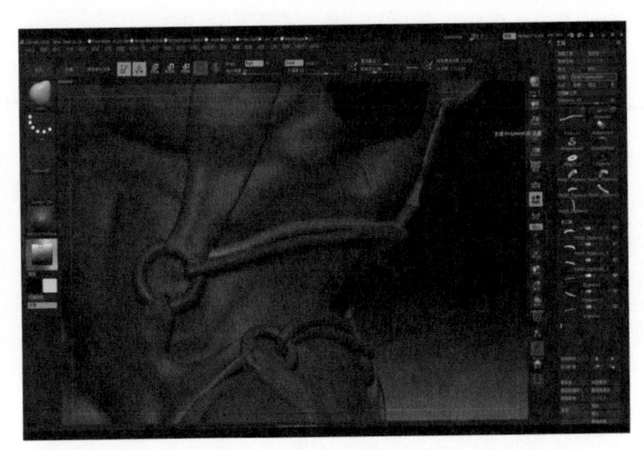

图229

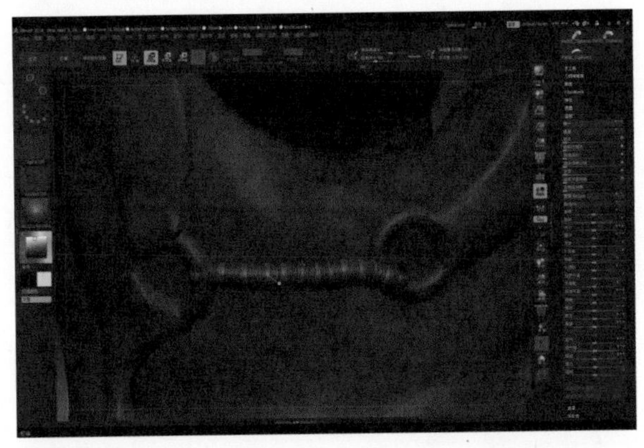

图230

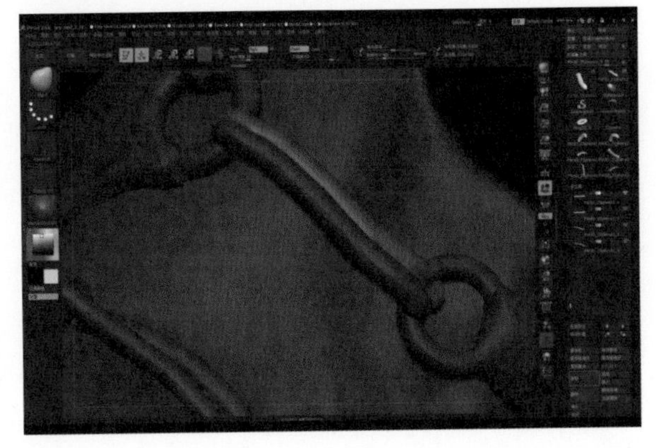

图231

46. 在Subtool（子工具）的组里面将左右两侧的布料模型进行合并，点击Merge（合并）中的MergeVisible（向下合并），使它成为一个模型，便于后面的雕刻工作（图232）。选择布料模型，点击场景右侧的图标工具栏找到Transp（透明）和Ghost（幽灵）命令，可以将其他的模型进行透明化处理（图233），便于雕刻。我们还可以在Subtool（子工具）的组里面直接将身体层的最右上方的眼睛关掉，将其直接隐藏。接下来点击快捷键X打开对称命令，使用ClayBuildup黏土笔刷和Smooth笔刷雕刻布料上面的褶皱细节，配合使用遮罩功能（图234至图237）。

47. 同样使用遮罩反选功能配合move（移动）命令对布料模型进行调整，使用ClayBuildup黏土笔刷和Smooth笔刷雕刻布料上面的褶皱细节（图238至图243）。

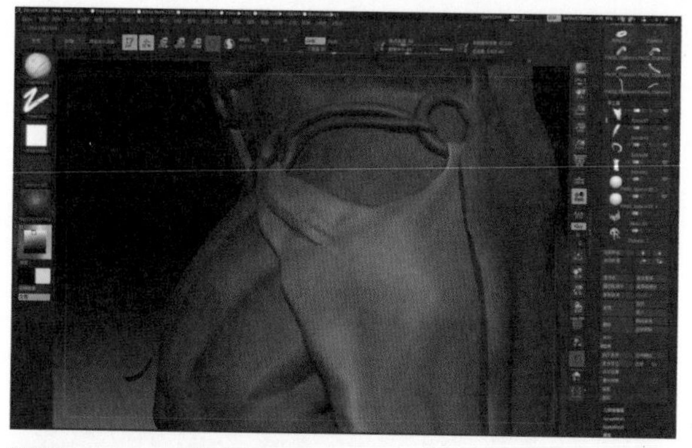
图232

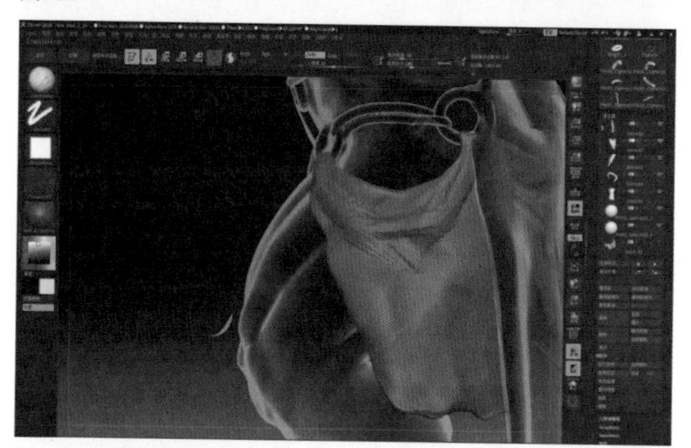
图233

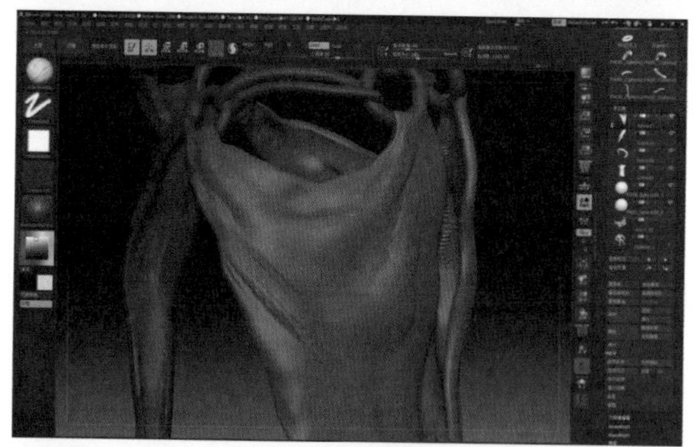
图234

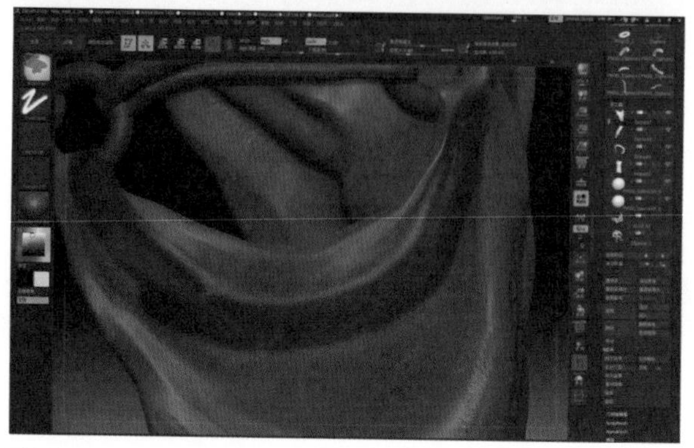
图235

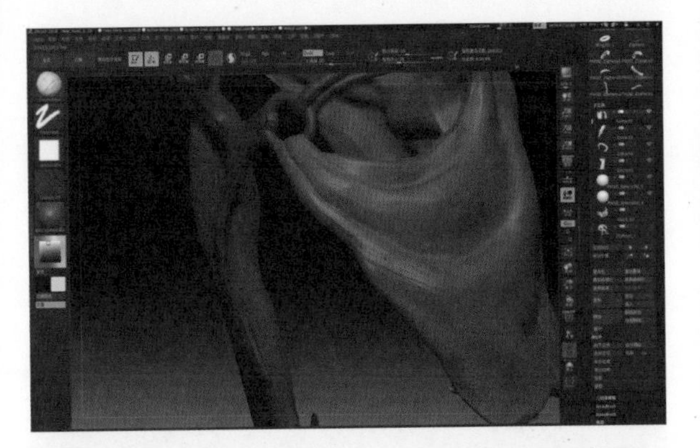

图236

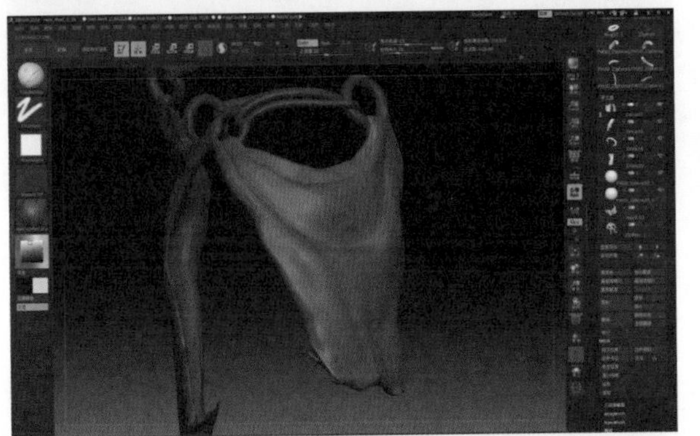

图237

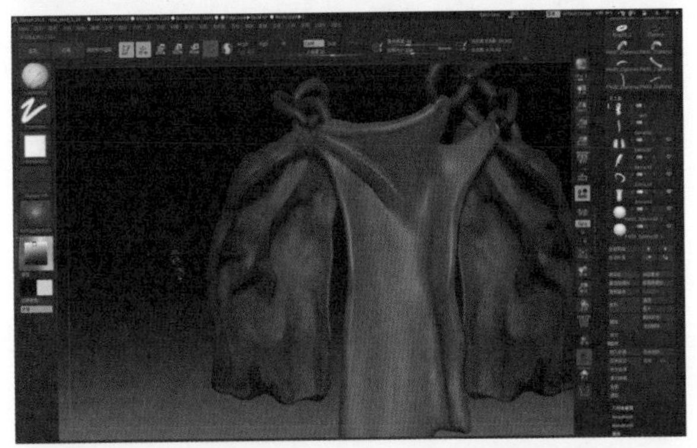

图238

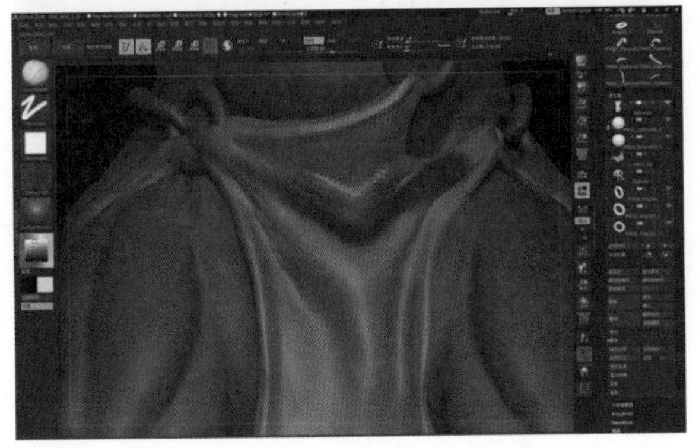

图239

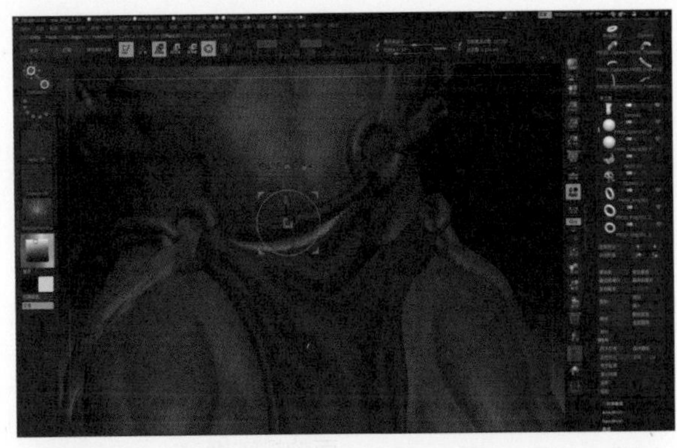

图240

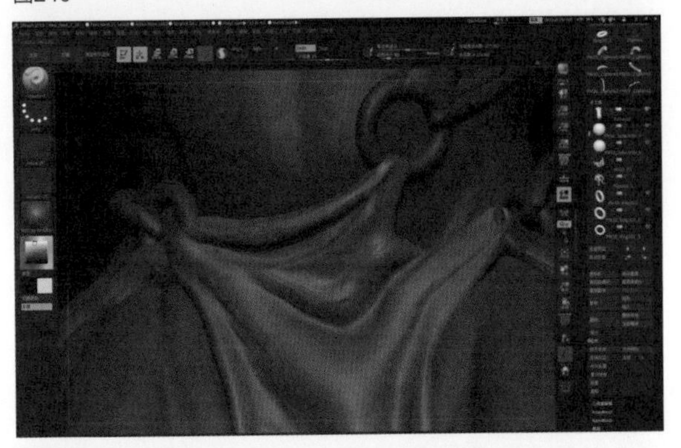

图241

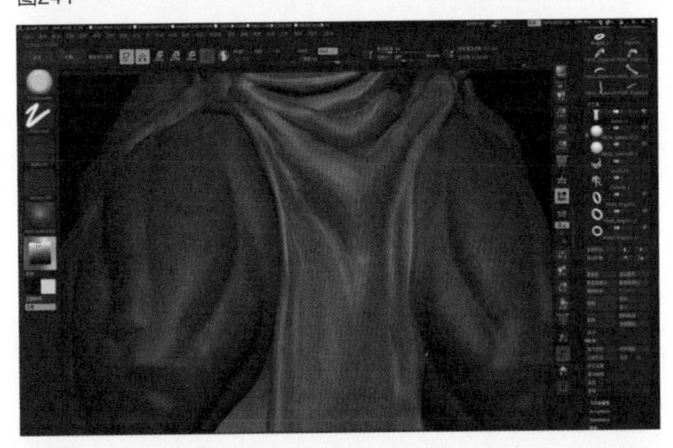

图242

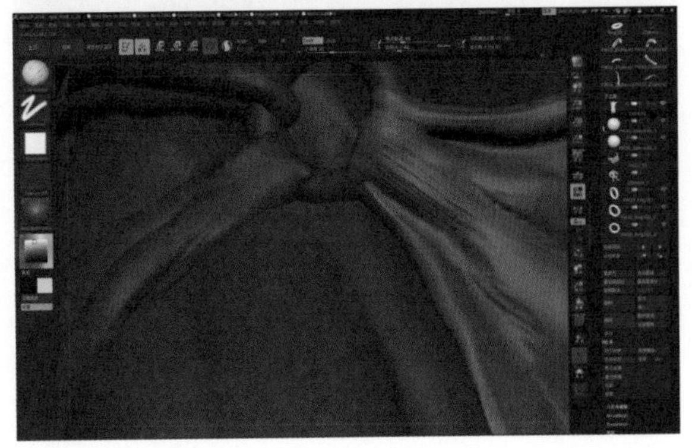

图243

48. 配合遮罩功能对背后下身的布料，使用ClayBuildup黏土笔刷和Smooth笔刷雕刻布料上面的褶皱细节（图244至图249）。

49. 增加布料模型的分辨率细分级别（图250），点击键盘Ctrl+D命令（每按一次增加一级）（图251、252）。使用ClayBuildup黏土笔刷继续增加布料上的褶皱细节（图253）。

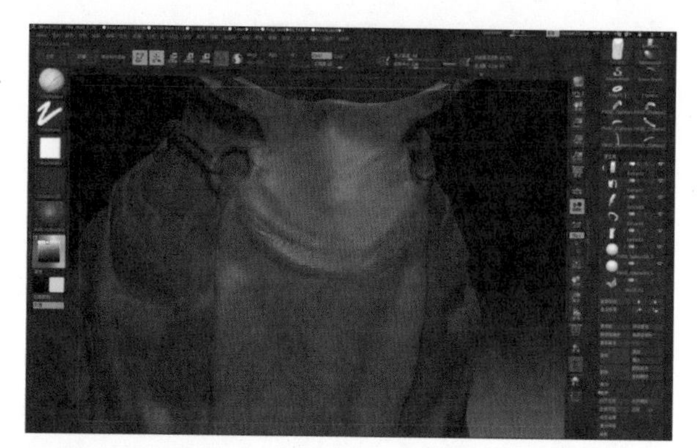

图245

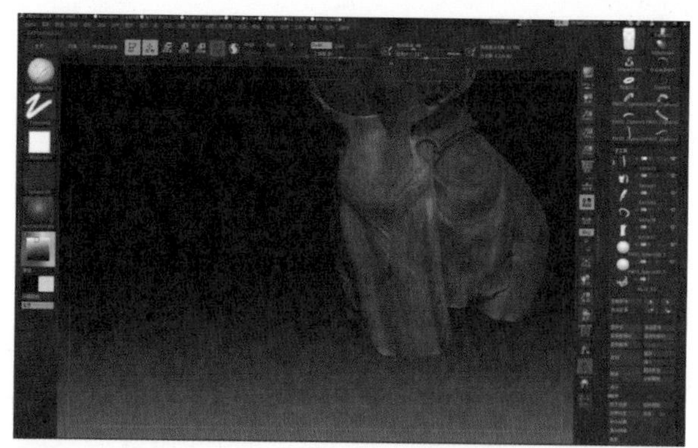

图246

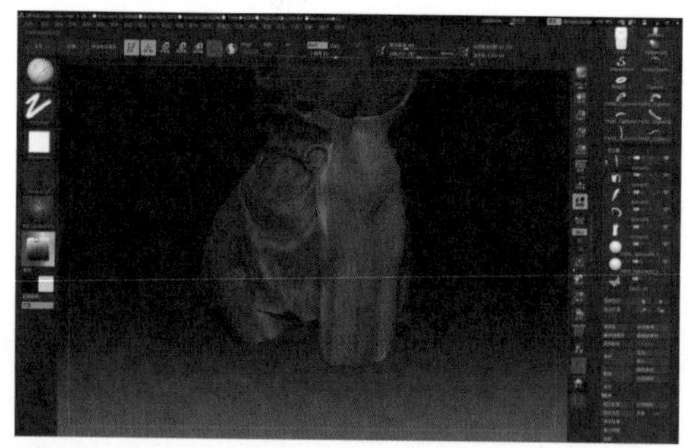

图244

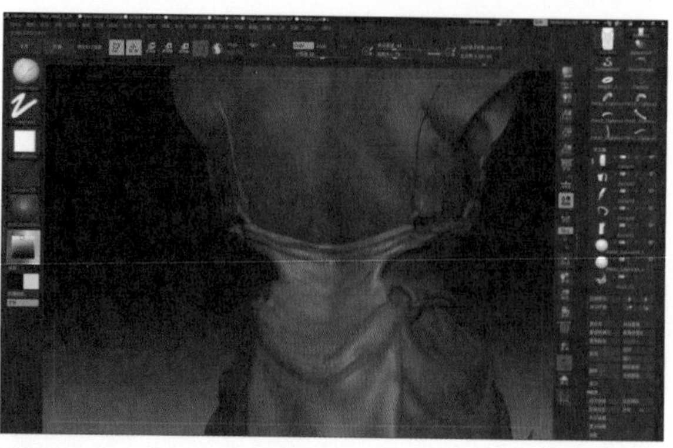

图247

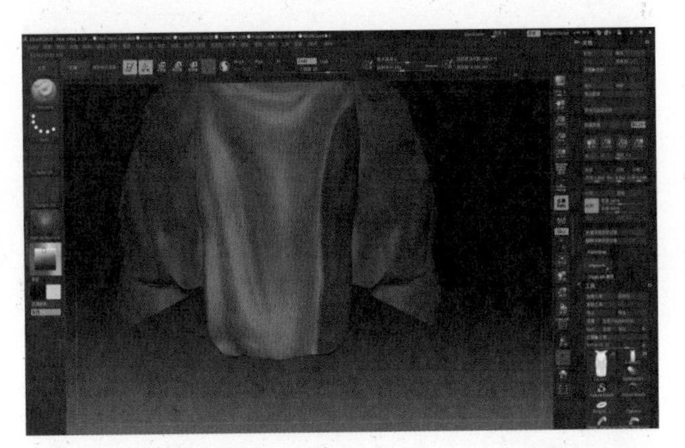
图248

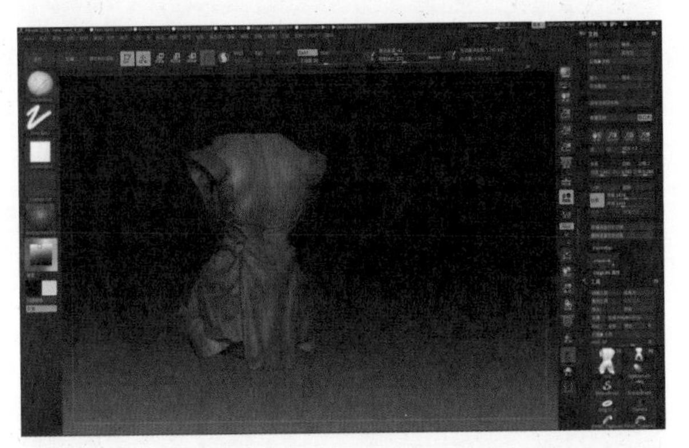
图249

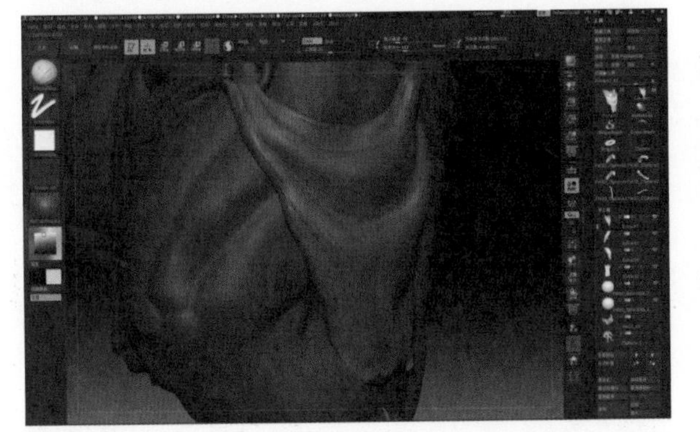
图250

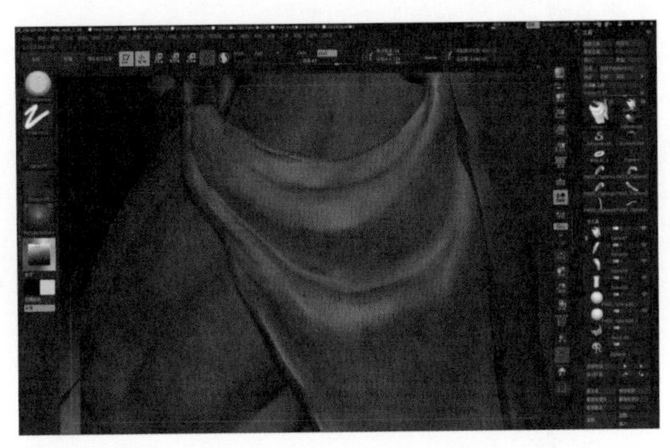
图251

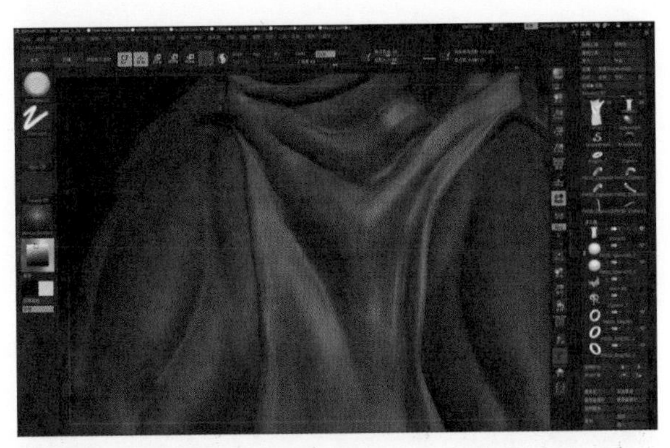
图252

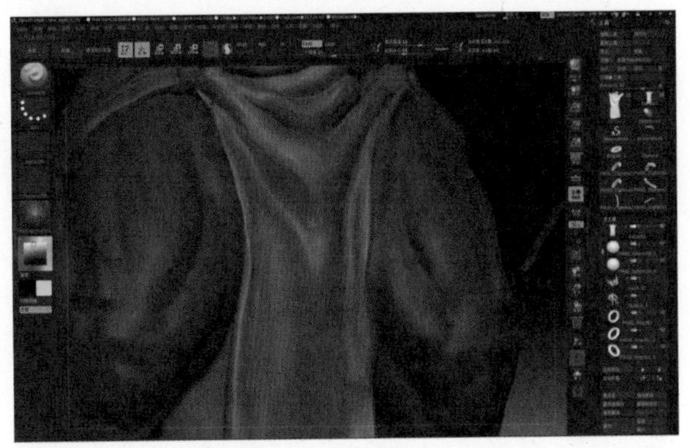
图253

50. 使用ClayBuildup黏土笔刷和Smooth笔刷，雕刻左右两侧皮制绑带上的细节（图254至图261）。

51. 增加背后下身布料模型的分辨率细分级别（图262），点击键盘Ctrl+D升级命令（图263、264）。用ClayBuildup黏土笔刷继续增加布料上的褶皱细节（图265）。

到这里模型配饰和身上的布料雕刻工作基本完成（图266、267），我们把模型全部显示出来，自己再仔细查看，从整体到细节，再回到整体的过程。如果有问题可以通过大的笔刷进行微调整，直到满意为止。

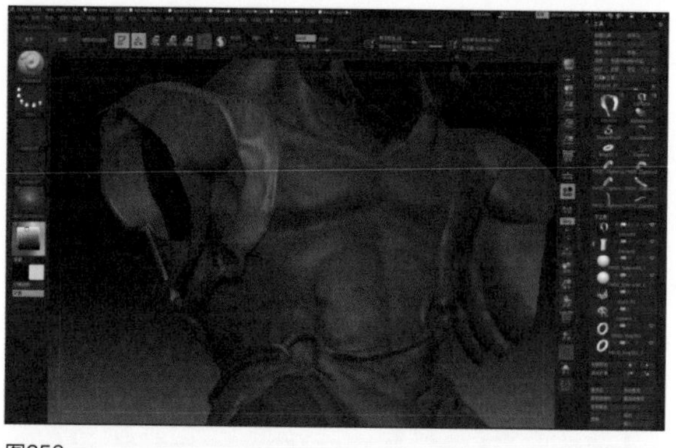

图256

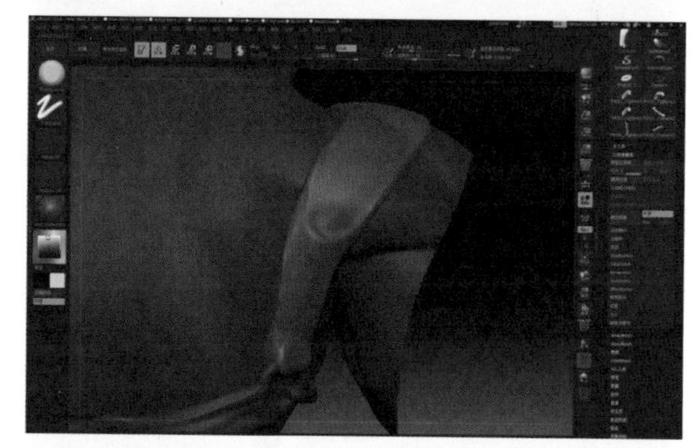

图257

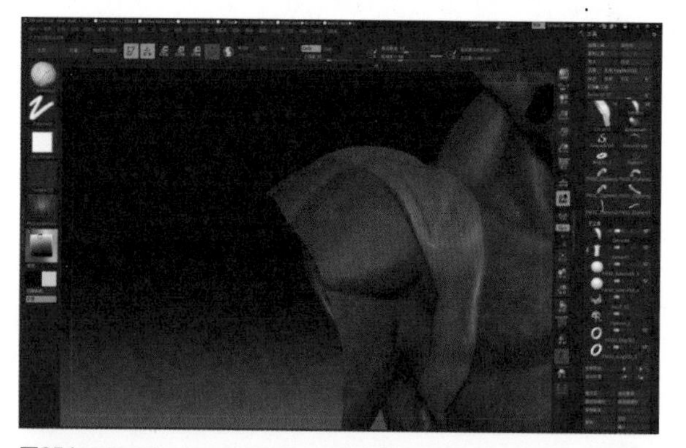

图254

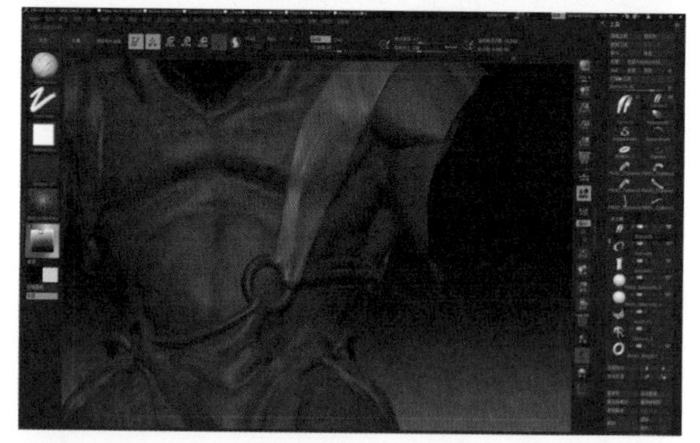

图258

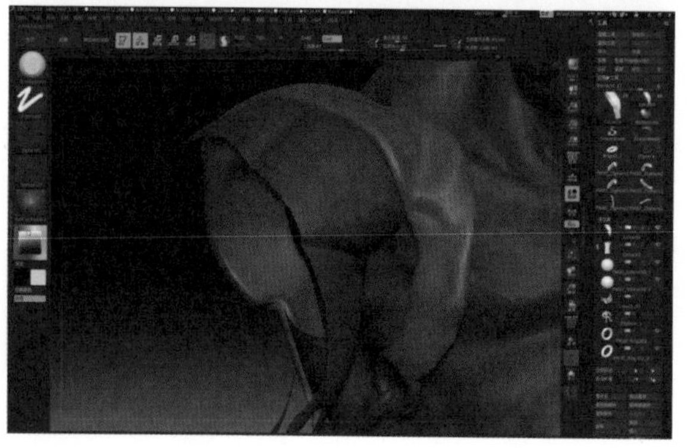

图255

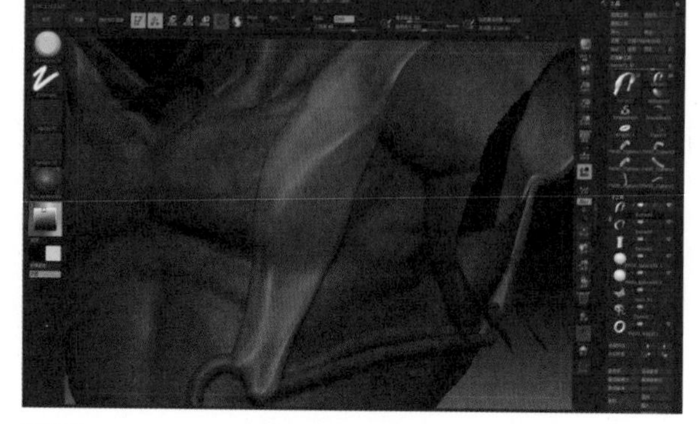

图259

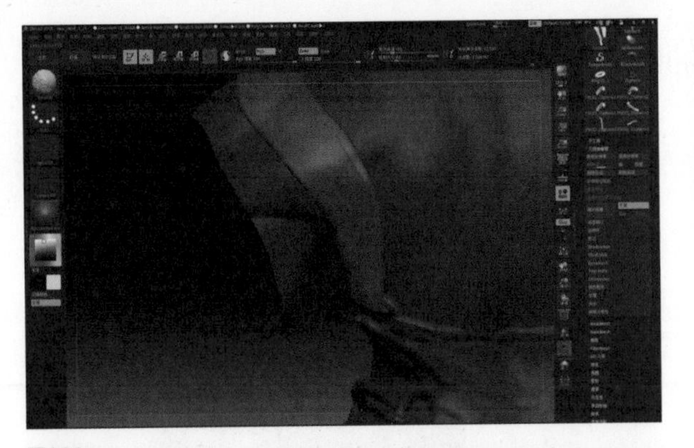

图260

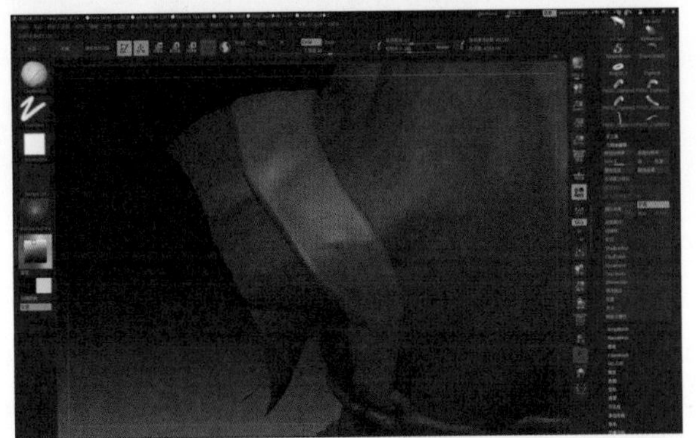

图261

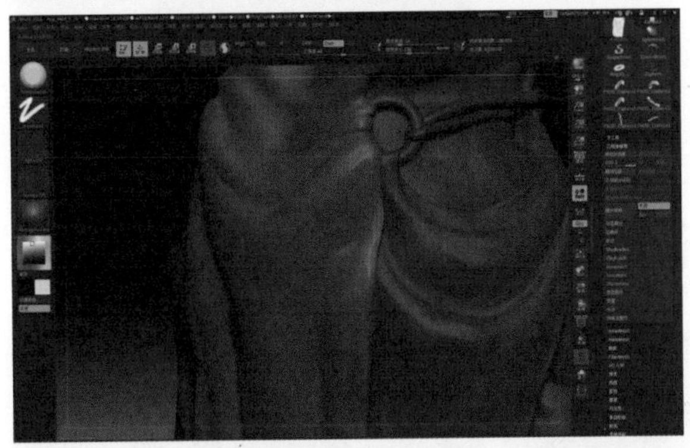

图262

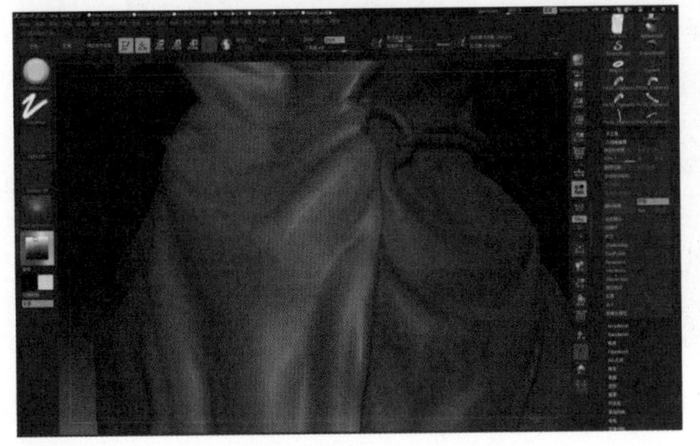

图263

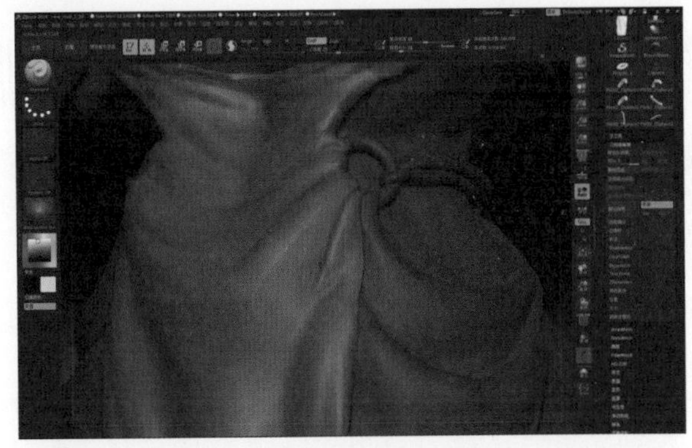

图264

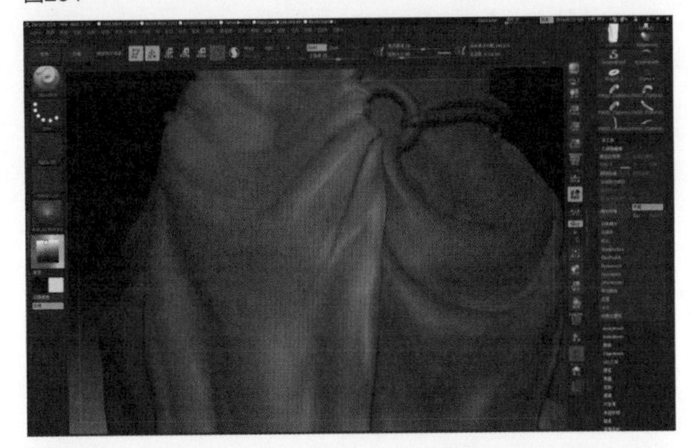

图265

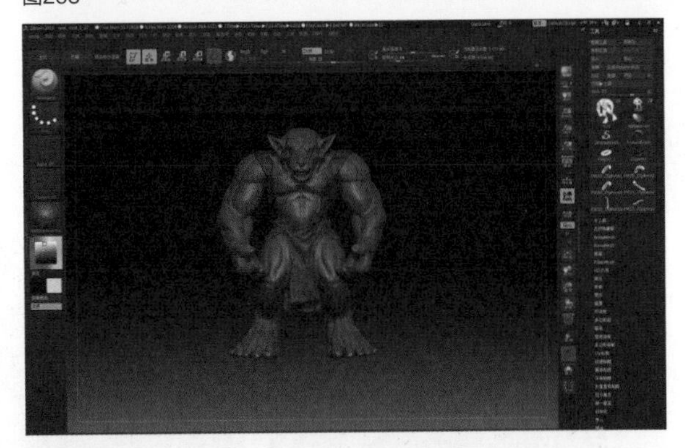

图266

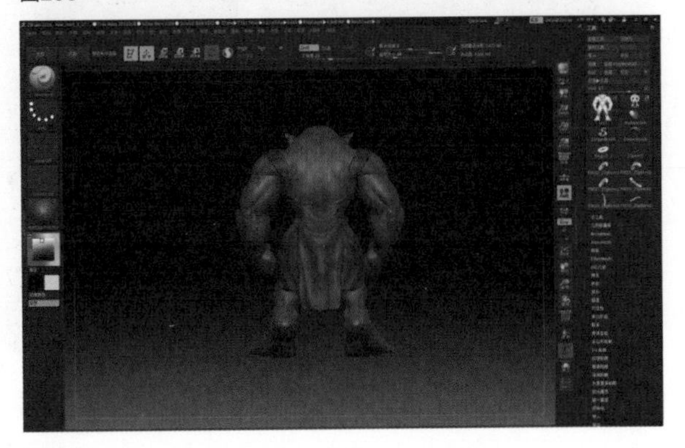

图267

三、怪物模型绘制纹理

1. Texture菜单、UV贴图菜单和纹理贴图菜单

① 对模型进行绘制纹理前，需要了解下ZBrush中的Texture（纹理）菜单（图268、271）。可以从屏幕顶部的工具栏来访问它，可以通过此菜单创建新纹理、旋转和翻转现有贴图以及导入和保存贴图。该菜单栏还提供其他几种处理纹理文件的工具。

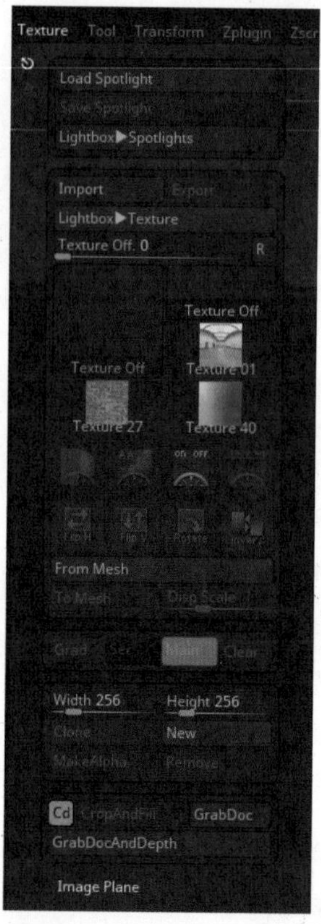

图268

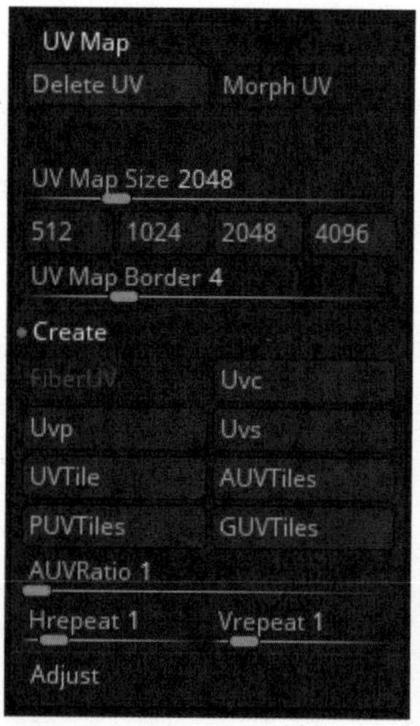

图269

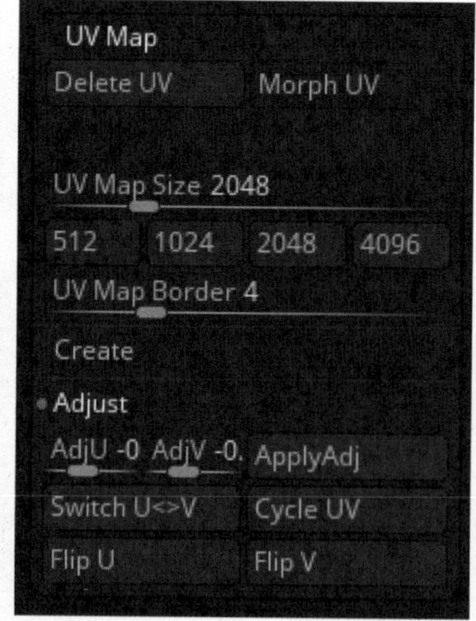

图270

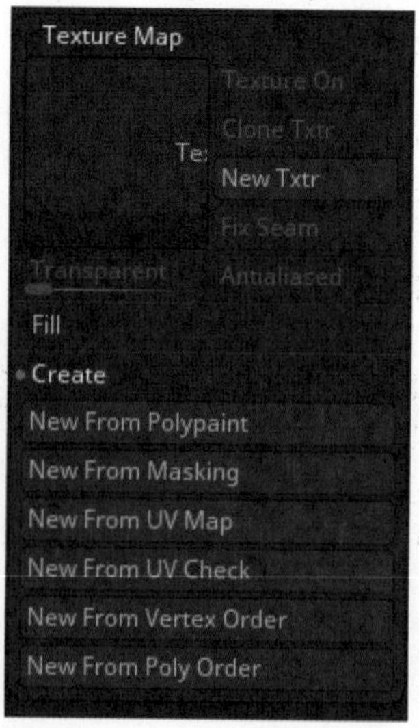

图271

Texture菜单	
菜单项	功能描述
Load/Save Spotlight（加载/保存聚光灯）	将Spotlight文件加载并保存到电脑中。Spotlight文件包含一些图片编号，方便在工作中进行参考。
Lightbox ▶ Spotlight（灯箱 ▶ 聚光灯）	打开灯箱中的聚光灯文件夹。
Import/Export（导入/导出）	导入和导出纹理文件。
Lightbox ▶ Texture（灯箱 ▶ 纹理）	打开灯箱中的纹理文件夹，里面有一些预设的纹理。
Transparent Texture（透明纹理）	调整纹理的透明度。
AntiAlias Texture（反锯齿纹理）	Antialiases颜色纹理。
Turn On Spotlight（打开聚光灯）	启用Spotlight。
Add to Spotlight（添加到聚光灯）	添加当前的纹理文件至Spotlight。
Flip H（水平翻转）	水平翻转当前选定的纹理。
Flip V（垂直翻转）	垂直翻转当前选定的纹理。
Rotate（翻转90度）	将当前选定的纹理沿顺时针方向旋转90度。
Invers（反转）	反向转动当前选定的纹理。
Grad（渐变）	使用右侧颜色框中的颜色创建渐变纹理。
Sec（次着色）	调节Grad的第二颜色。
Main（主着色）	设置Grad的主色。
Clear（清除纹理）	清理纹理并将其填充至当前的Main颜色里。
Width（纹理宽度）	使用New按钮创建的下一纹理的宽度值（以像素为单位）。
Height（纹理高度）	使用New按钮创建的下一纹理的高度值（以像素为单位）。
Clone（克隆纹理）	为当前选定的纹理创建副本，并将其放在Texture调板上。
New（新建纹理）	使用通过滑块设置的高度和宽度值以及在拾色器中选定的当前颜色创建新纹理。
MakeAlpha（生成Alpha）	从当前选定的纹理创建Alpha。Alpha是16位的，而纹理是8位的。这会将纹理转换为16位，并移除所有颜色信息。
Remove（移除纹理）	从Texture调板上删除当前纹理。
Cd（清除深度）	在使用剪裁和填充时可从画布上单击清理深度信息。
CropandFill（裁剪并填充文档）	用当前选定的纹理裁剪和填充文档窗口。
GrabDoc（从文档获取纹理）	捕获文档颜色，并将其加载到Texture调板上。
GrabDocAndDepth（获取文档和深度）	捕获文档颜色和深度，并将其加载到Texture调板上
Image Plane（图像平面）	ZScript允许将参考映像加载至ZBrush里或者图片参考的纹理里。

② UV贴图菜单（图269、270）可以在TOOL工具栏下面找到

UV贴图菜单	
菜单项	功能描述
Delete UV（删除UV）	删除当前子工具中的UV坐标。
Morph UV（变换UV）	交互平展UV坐标视图。
UV Map Size（UV贴图大小）	根据滑块或按钮输入创建制定大小的UV贴图。
512，1024，2048，4096	单击其中一个按钮将自动设定UV坐标的纹理分辨率。
UV Map Border（UV贴图边框）	调整纹理的透明度。
UVc	圆柱体贴图。
UVp	平面贴图。
UVs	球面贴图。
UV Tile（UV平铺）	基础UV拼贴。
AUV Tile（AUV平铺）	基于多边形大小纹理分辨率比率，使用AUV拼贴按钮调整对多边形进行贴图的方式。
PUV Tile（PUV平铺）	密封UV拼贴，GUV和AUV的结合，最有效的自动方法。
GUV Tile（GUV平铺）	分组的UV拼贴，某种程度上用户可读的自动贴图。
AUVRatio（AUV比率）	AUV拼贴比率。
Hrepeat（水平重复）	纹理贴图的水平重复。
Vrepeat（水平重复）	纹理贴图的垂直重复。
AdjU	调整U中的贴图偏移，通过单击ApplyAdj按钮进行更改。
AdjV	调整V中的贴图偏移，通过单击ApplyAdj按钮进行更改。
ApplyAdj（应用调整）	进行AdjU和AdjV滑块中设置的更改。
SwitchU < > V（切换U< > V）	互换U和V空间。
Cycle UV（循环UV）	U和V坐标间的循环。
Flip U（翻转U）	水平翻转坐标。
Flip V（翻转V）	垂直翻转坐标。

③ 纹理贴图菜单（图271）同样在TOOL工具栏下

纹理贴图菜单	
菜单项	**功能描述**
Texture On（纹理开）	使选定的贴图在当前子工具上显示。
Clone Texture（克隆纹理）	创建一个当前选定贴图的副本，该副本可以通过主纹理菜单访问。
New Texture（新建纹理）	根据UV贴图菜单中的UV设置创建新的纹理贴图。
Fix Seam（修复接缝）	重绘断开多边形边缘，以删除人为缺陷。
Transparent（透明）	将黑色显示为透明。
Antialiased（反锯齿）	让纹理消除锯齿，实现颜色间的平滑过渡。
New From Polypaint（通过多边形绘制新建）	根据多边形数据创建新的UV纹理贴图。
New From Masking（通过遮罩新建）	根据当前蒙版创建新的纹理。
New From UV Map（通过UV贴图新建）	根据UV坐标创建纹理贴图。这在快速查看UV布局上非常有用。
New From UV Check（通过UV检查新建）	通过将重叠UV的区域标记为红色帮助确定它们。
New From Vertex Order（通过顶点顺序新建）	根据顶点顺序创建渐变纹理贴图。对比较两个模型以验证顶点ID是否一致非常有用。
New From Poly Order（通过多边形顺序新建）	根据多边形顺序创建渐变纹理贴图。对比较两个模型以验证网格是否一致非常有用。

2. 绘制怪物皮肤

在绘制皮肤纹理中，我们会运用到颜色的一些重要理论。我们先要了解由颜色组织成的色轮（图272），该颜色轮由原色、合成色和第三级颜色构成。原色是指红色、黄色和蓝色，这些颜色不能通过其他颜色的混合来创建。合成色是混合两种原色来创建的，比如紫色是混合红色和蓝色来生成的，绿色是由黄色和蓝色混合生成的。第三级颜色是由原色和合成色混合创建的（图273）。

图272

图273

色温

色温是指一种颜色相对偏冷色调或者暖色调。相对于红色来说，蓝色就是冷色调。一种颜色是冷色调还是暖色调，关键在于和它所混合的颜色。比如说红色与黄色混合它就变暖了，与蓝色混合它就变冷。

饱和度

饱和度是指颜色的相对强度。可以通过将颜色滑块朝着灰色方向滑动来降低颜色的饱和度。

光学混合

光学混合是指通过将两种原色邻近放置生成合成色的现象。比如说将黄色和蓝色邻近放置，在人眼中合成的色相将使观察者看到绿色。

脸部的色温区域

在绘画肖像的时候，画家一般会把肖像的面部划分为几个色温范围，确定相对偏冷或相对偏暖色调的区域。这是由皮肤的半透明性、皮肤组织以及面部肌肉和骨骼距离皮肤表面相对远近决定的。

在开始绘制皮肤纹理前，先准备设置喷洒笔刷。该笔刷的方式和现实中的喷枪技术有点类似，使用喷枪在表面上喷洒一层可调整的薄雾。更改笔刷能够创建出散碎的、带斑点的图案。这种绘制特别适合光学混合现象，从而形成真实的皮肤外观。

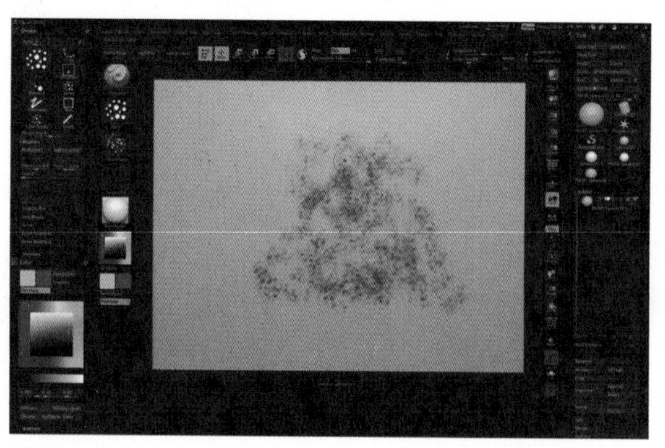

图274

① 创建喷洒笔刷

从Brush调板上选择Standard笔刷（图274）。确保关闭Zadd、Zsub、Mrgb和M并打开Rgb。

从屏幕顶部打开Stroke（笔触）菜单，并将笔触类型选择为Spray，在Alpha模式里面选择Algha 07。在Modifiers（修改器）里面，将Color（颜色）和Flow（流线）值调低至0。如果Color（颜色）值大于1，它将调整所选颜色的强度，这会导致在确定色温时出现问题。

② 划分皮肤的色温区域

根据现在已了解的色温信息，开始划分模型上的冷暖区域。在这个阶段使用设置好的喷洒笔刷时，应保持喷洒足够大，因为该喷洒的是颜色层中的最下层，所以该层越亮，在上面覆盖多层颜色后外观效果越好。

(1) 首先建立怪物的整体基础颜色（图275）。点击顶部工具栏Color（颜色）菜单下面的SysPalette（系统调色板）按钮。从拾色器上选择一种较亮的基础皮肤色调（图276）。

图275

图276

(2) 选定完基础色值之后，确保打开当前笔刷的Rgb（图277）。选择Color（颜色）下面的Fill Object（填充对象），这将会使用所选的基础皮肤色调（图278）。

(3) 下面是在脸部和身体上进行暖色调区域的喷洒。在整个头部区域喷洒暖色，并在脸颊、鼻子、耳朵和脖子部分加重颜色量（图279）。值得注意的是需要保持喷洒的颜色有一定的透明性，这样可以更好地使其混合另一种颜色（图280）。

(4) 喷洒暖色调之后，选择蓝色使用同一喷洒笔刷在脸部的冷色调区域喷洒（图281、282）。这些区域是眼眶、下巴和下颌轮廓，在凹陷区域也可以使用蓝色喷洒，如脖子和耳朵的凹陷部分（图283至图286）。

图279

图280

图277

图281

图278

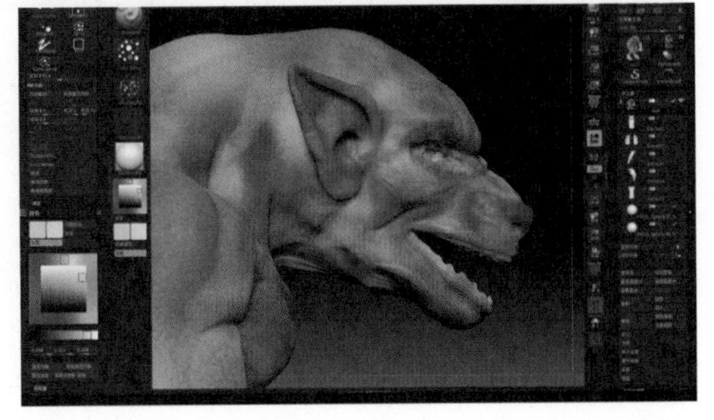

图282

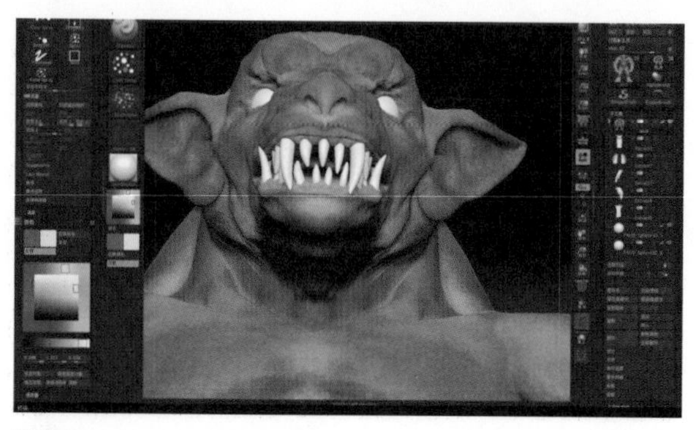
图283

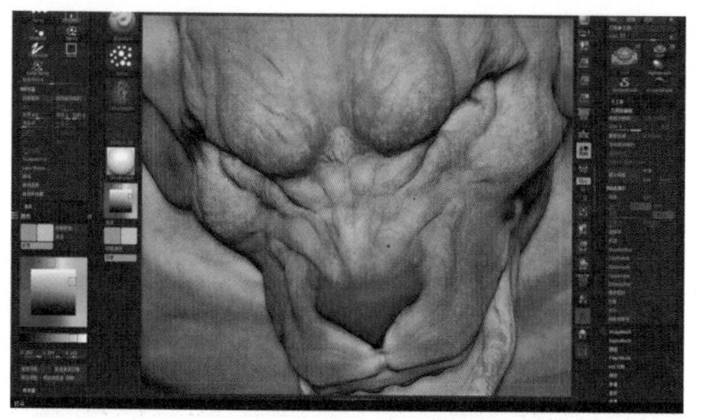
图284

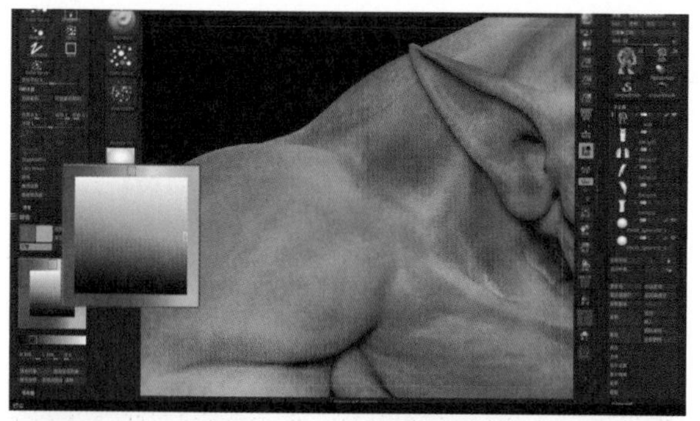
图285

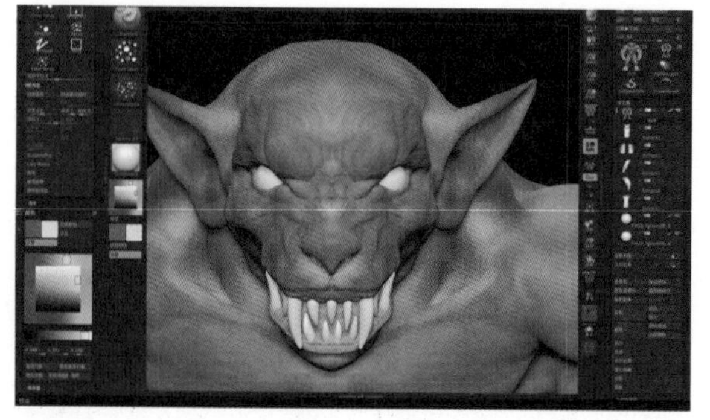
图286

(5) 接下来在头部较瘦部位及骨头和皮肤距离较近的皮肤上面喷洒黄色，如前额、太阳穴、下巴和锁骨处。值得一提的是，在蓝色区域喷洒黄色时，会出现绿色偏色（图287、288）。

(6) 我们在脸部已经划分完的色温区域开始喷洒斑纹效果。在以前喷洒的颜色层上喷洒一层细小、弯弯曲曲的线条，来模仿皮肤层下面的纤维和组织结构（图289）。

喷洒斑纹效果有助于在下面用其他颜色层覆盖的时候，能够打破脸部不同区域间的饱和度界限，使得绘制皮肤的时候能够更好地表现出其深度感和半透明感（图290）。

创建斑纹笔刷，从Brush调板上选择Standard笔刷。确保关闭Zadd、Zsub、Mrgb和M并打开Rgb。选择一种手绘线，在Alpha类型里面选择Alpha01。调低笔刷的绘制大小并将颜色调整成白色，可以适当调整下Rgb Intensity(Rgb强度)（图291）。调整完之后就可以在皮肤上绘制细小的、密集的、数字8形的图案。尽量进行随机绘制，同时保持图案的完整。在眼睛和嘴唇周围可以变换图案，使这些区域的图案更加紧凑，而在头顶和太阳穴附近的图案线条可以相对变宽（图292）。

除了通过手绘的形式来创建斑纹外，还可以通过改变Alpha图案来进行制作（图293）。一般可以选择Alpha22的图案（图294）。

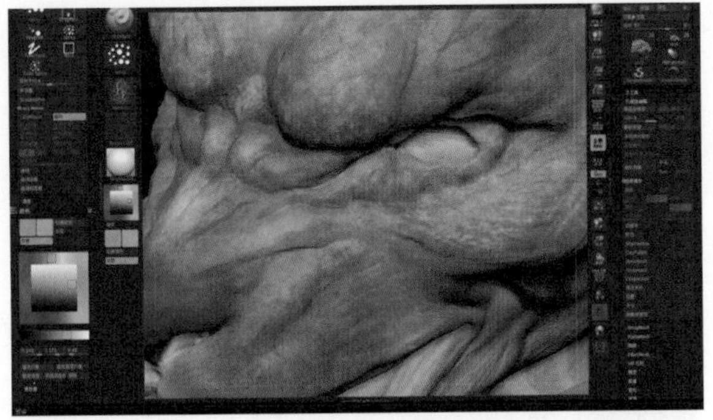

图287

图288

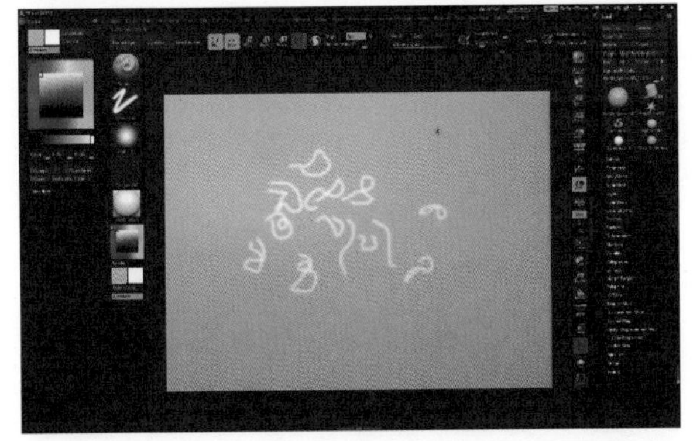

图289

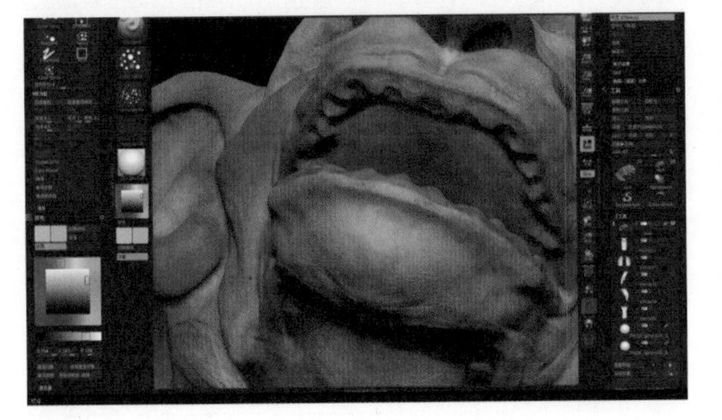

图290

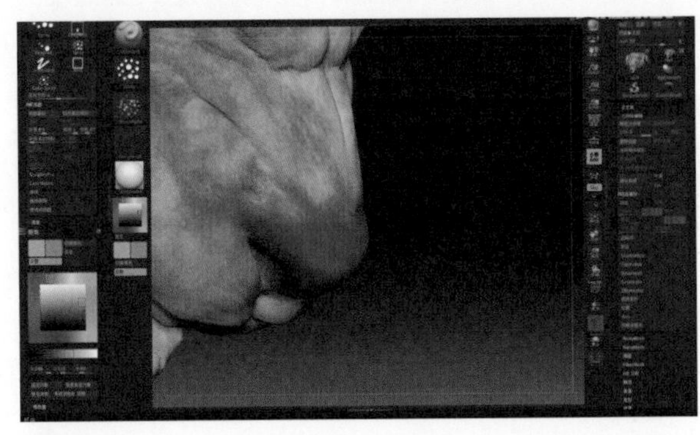

图291

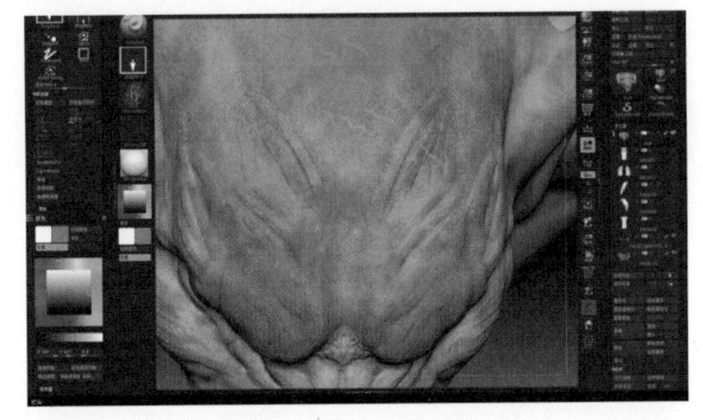

图292

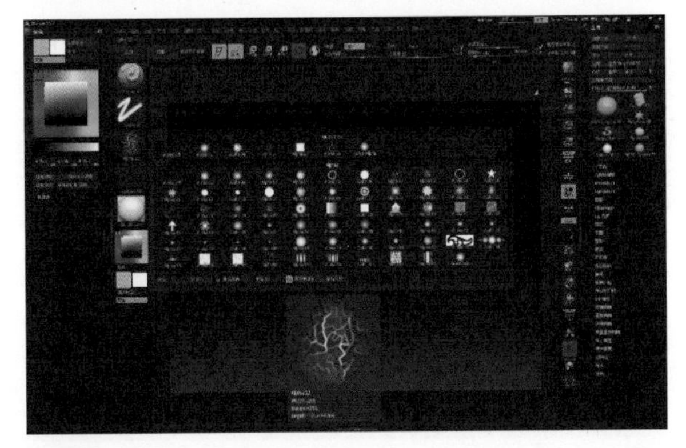

图293

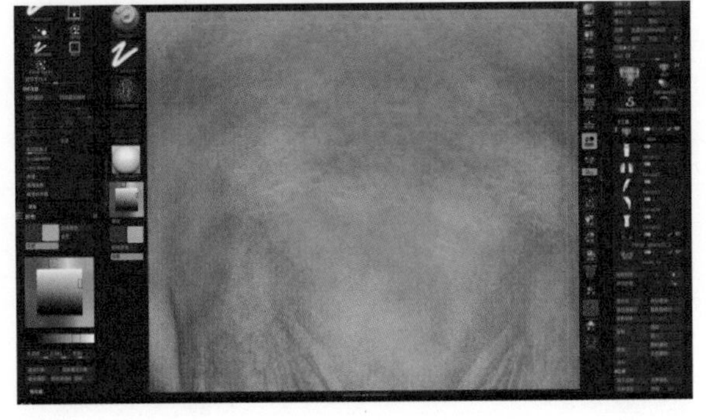

图294

(7) 头部制作到这里，我们下面可以进行淡化基础颜色的工作。这个过程是将前面所使用的基础颜色的浅色涂层覆盖到已经绘制了的基础颜色上（图295）。这是一个淡化的过程，可以减淡颜色以使其更为透明（图296）。

(8) 开始制作牙齿并进行颜色绘制（图297、298）。

(9) 补上眼睛的贴图细节（图299、300）。

(10) 继续进行脸部颜色的淡化处理，并且可以使用Alpha 22类型笔刷变换颜色红色和蓝色，来模拟皮肤层中的毛细血管等，丰富皮肤细节（图301至图308）。

图297

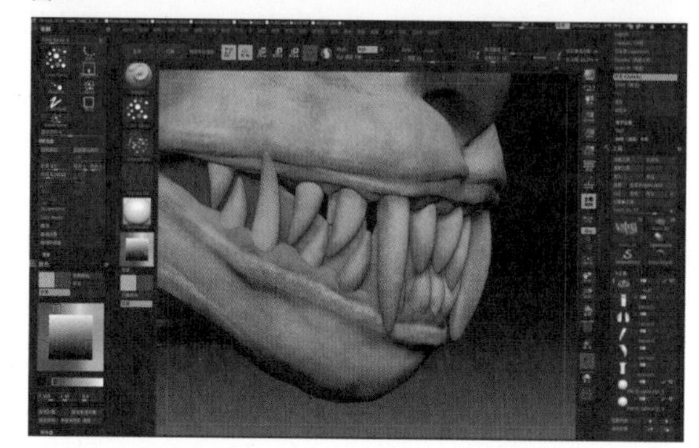

图298

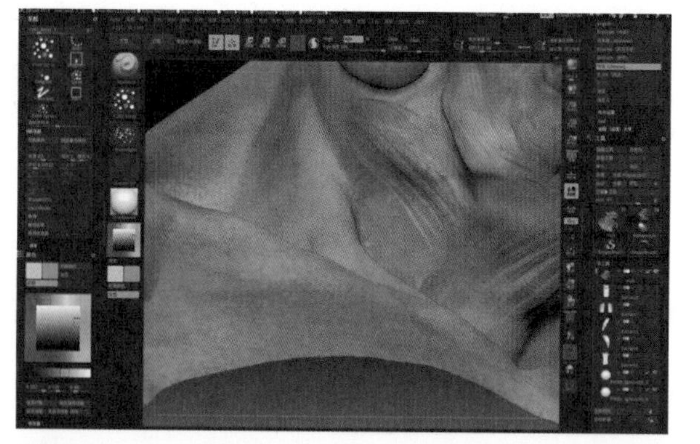

图295

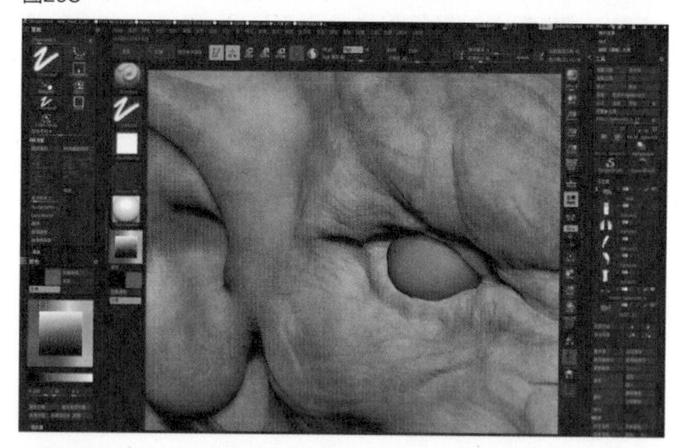

图299

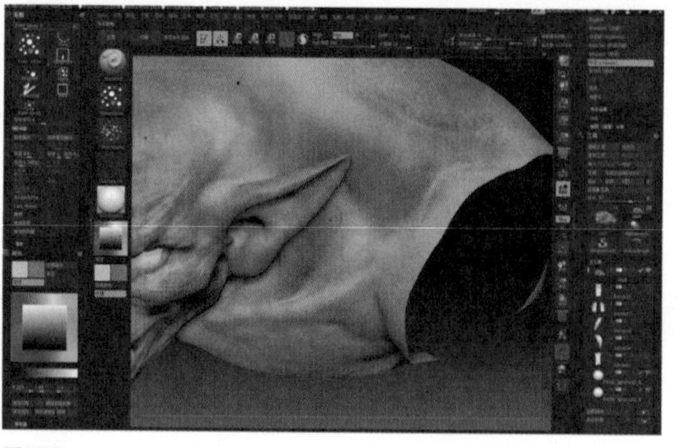

图296

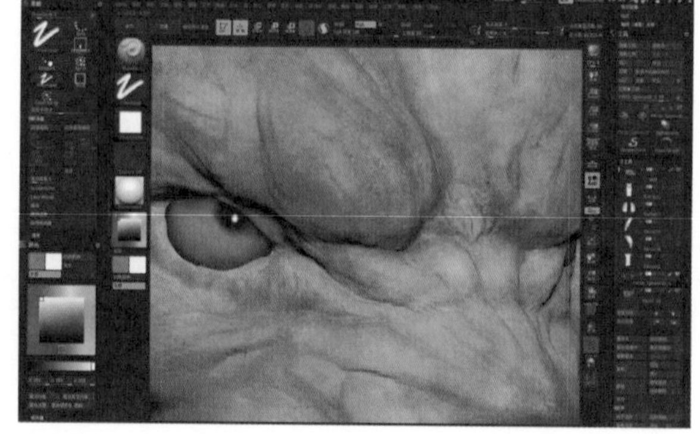

图300

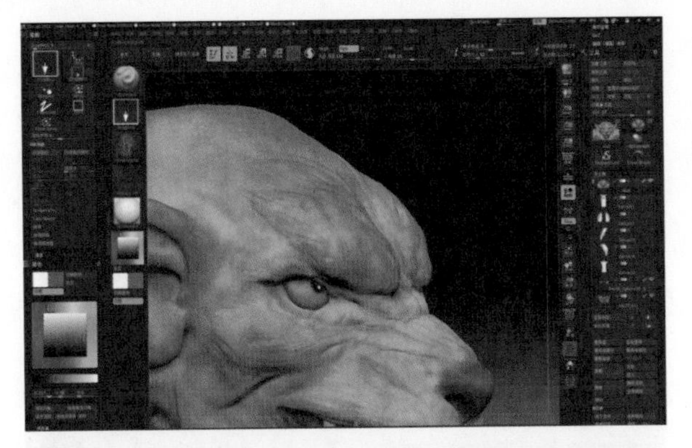
图301

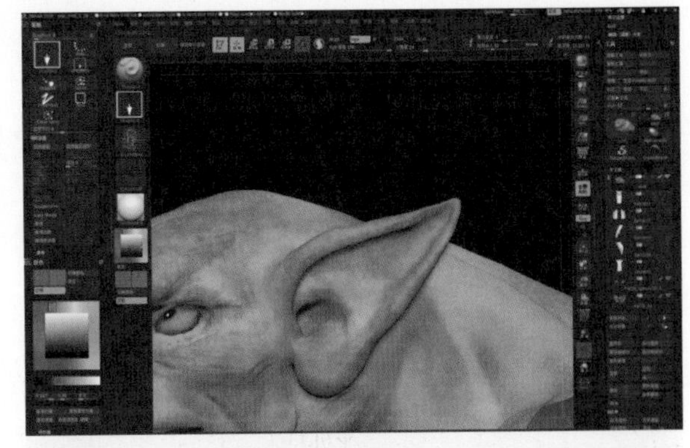
图305

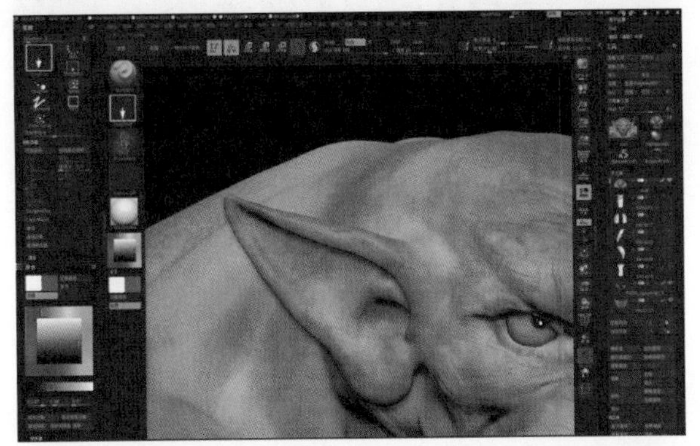
图302

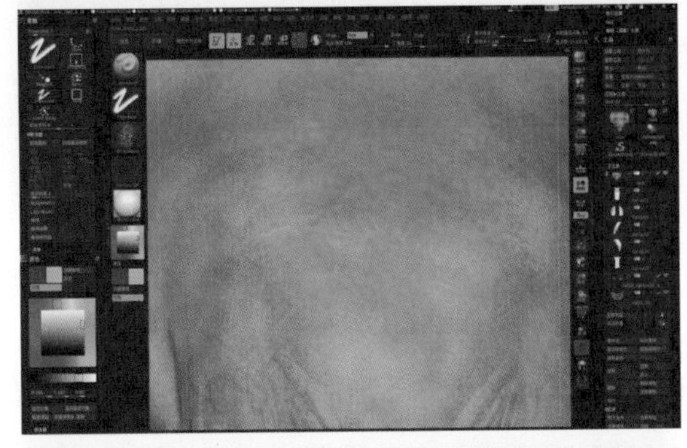
图306

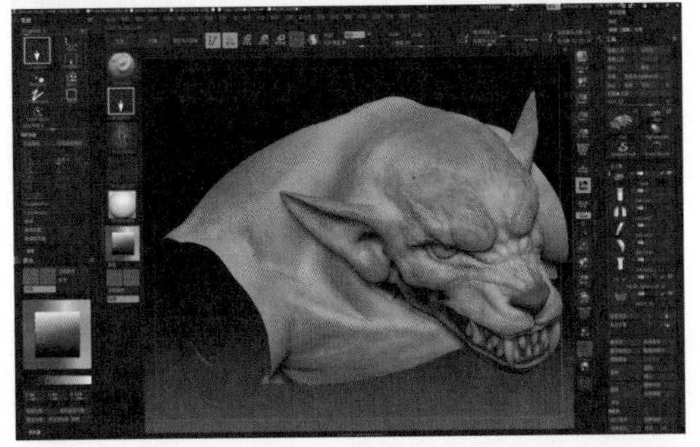
图303

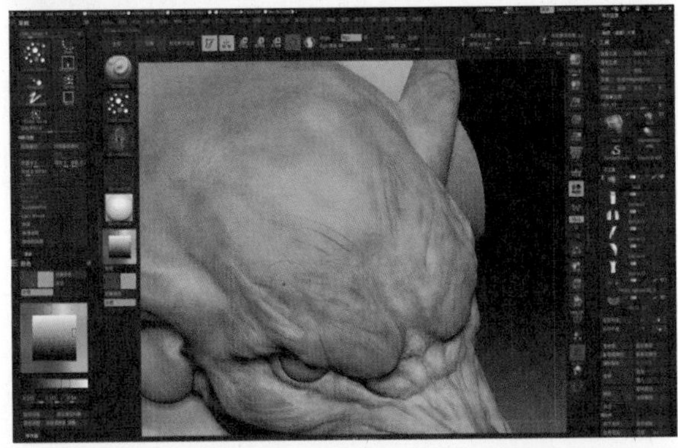
图307

图304

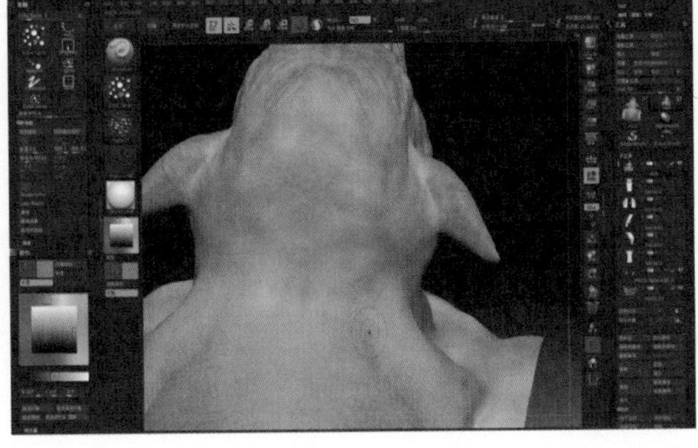
图308

(11) 开始往下绘制身体部分的纹理，我们可以先使它独立显示，方便绘制（图309）。基本思路和脸部绘制差不多，先对它进行暖色调区域的喷洒（图310）。

(12) 选择蓝色，使用同一喷洒笔刷在身体上的冷色调区域、凹陷区域进行喷洒（图311至图315）。

(13) 对身体背部进行颜色淡化处理（图316至图320）。

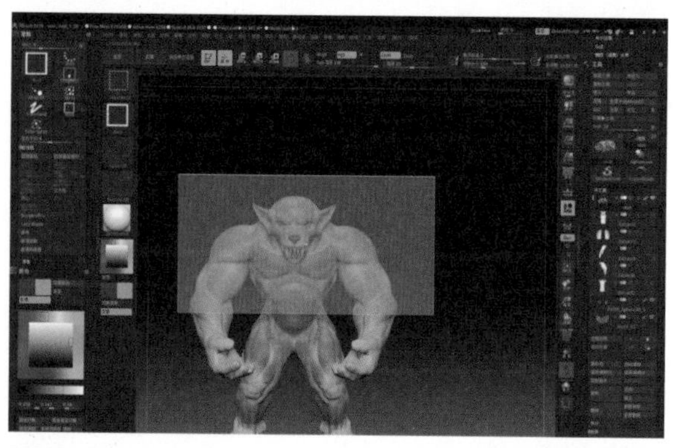

图309

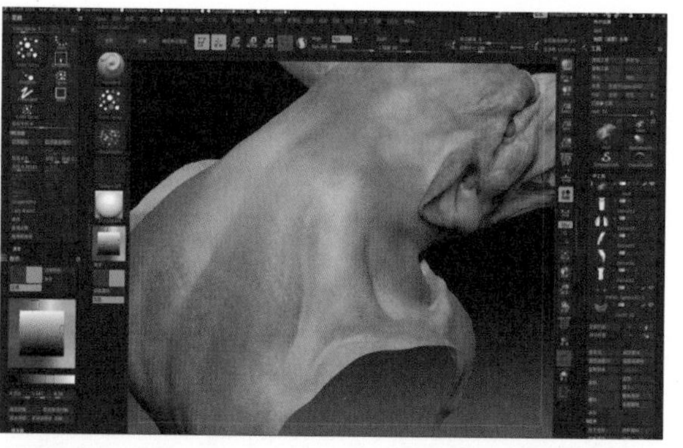

图310

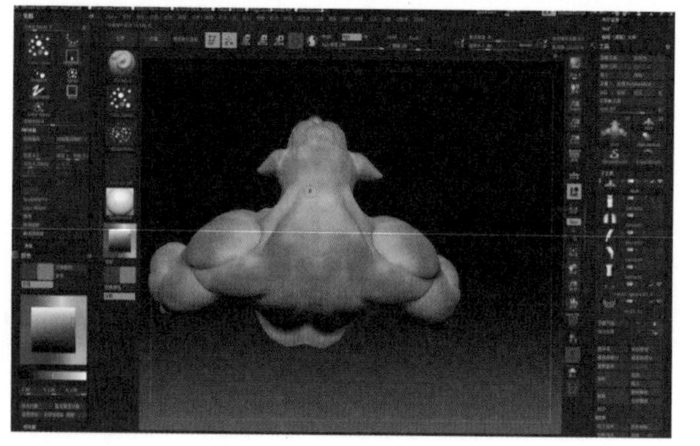

图311

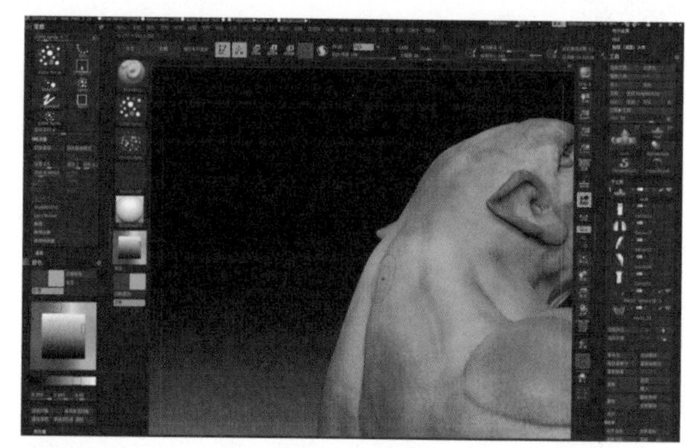

图312

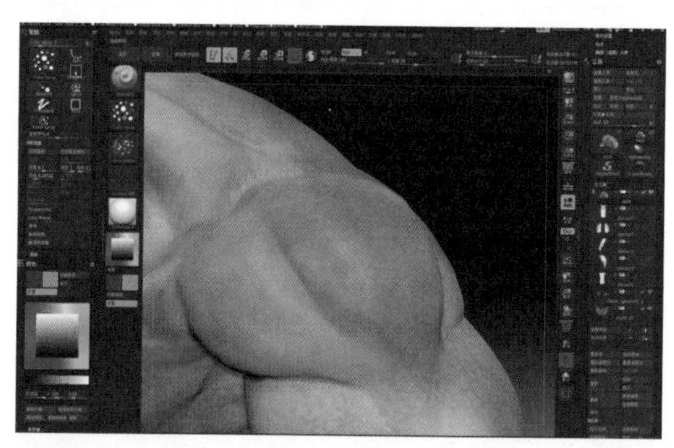

图313

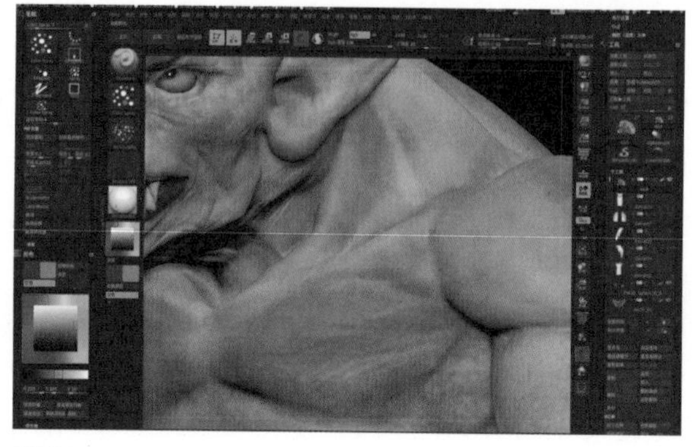

图314

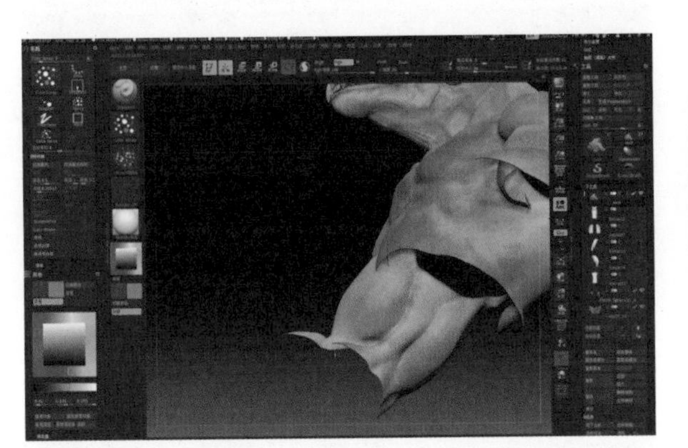
图315

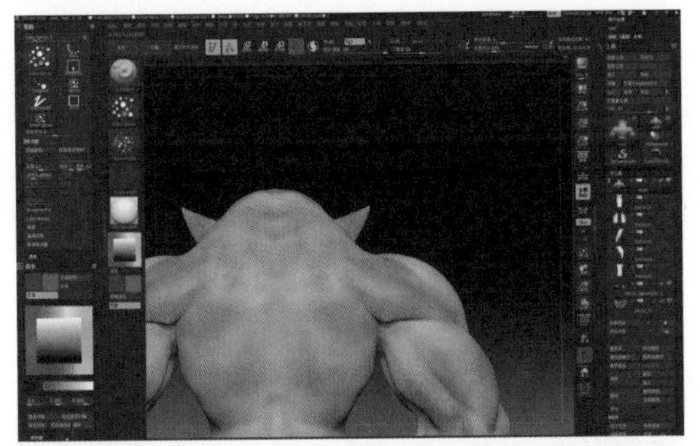
图316

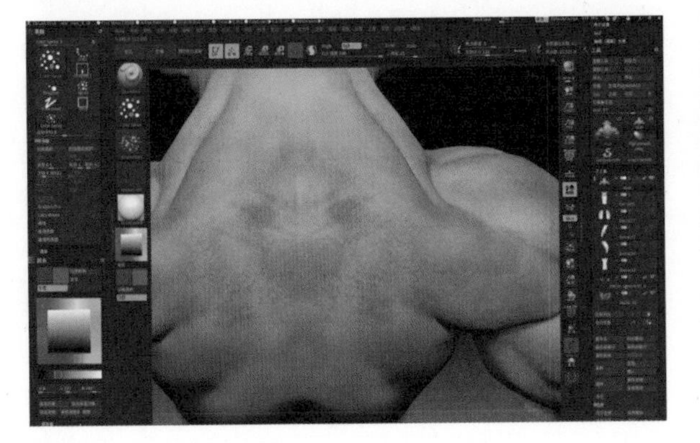
图317

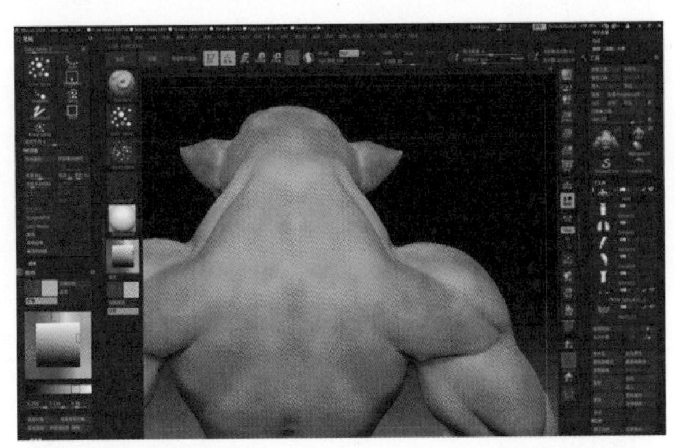
图318

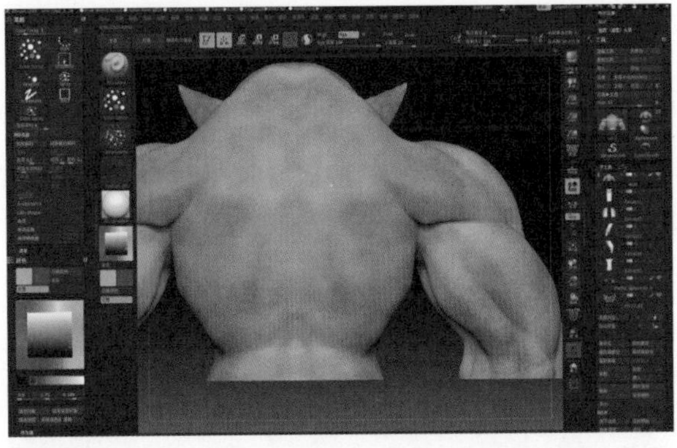
图319

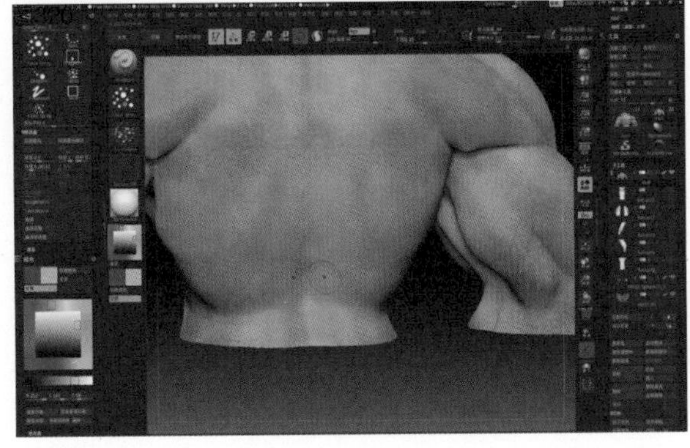
图320

(14) 对身体的胸部和腹部进行颜色淡化处理（图321至图324）。

(15) 选择蓝色笔刷对手臂和大腿部分等冷色调区域、凹陷区域进行喷洒（图325、326）。

(16) 分离出想要绘制细节纹理的身体部分，有一些不需要显示的模型还可以在Subtool（子工具）组里面点击眼睛图标进行关闭（图327、328）。

(17) 继续使用蓝色笔刷对手臂、臀部和大腿处的凹陷区域进行喷洒，喷洒出冷色调区域（图329至图332）。

(18) 在暖色调和冷色调间喷洒一些绿色，来强化黄色喷洒在冷色调上面的混合色（图333、334）。

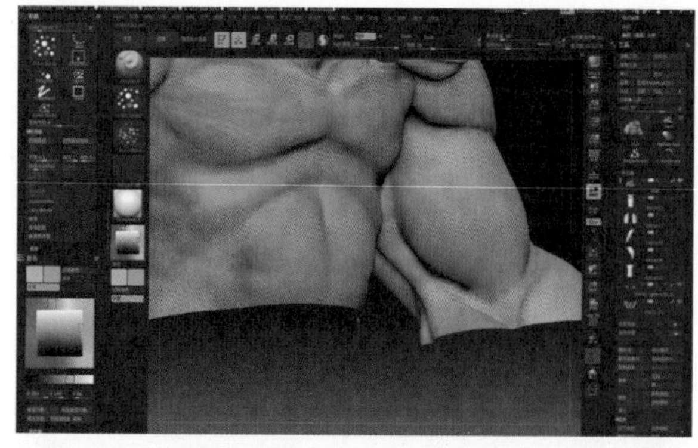

图323

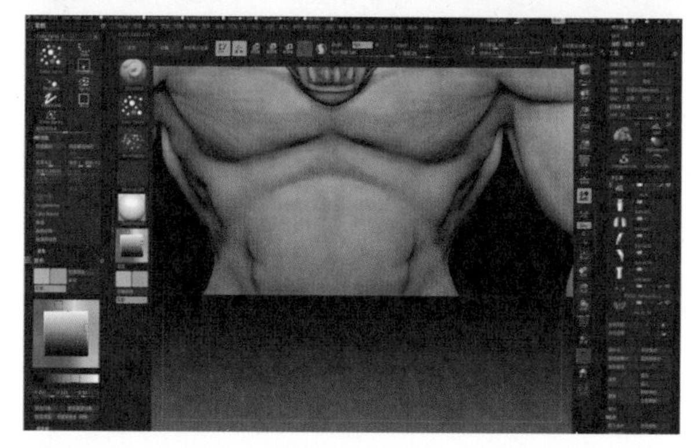

图324

图321

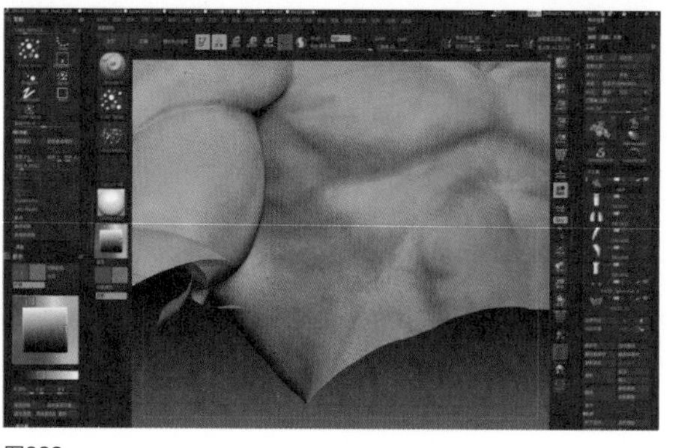

图322

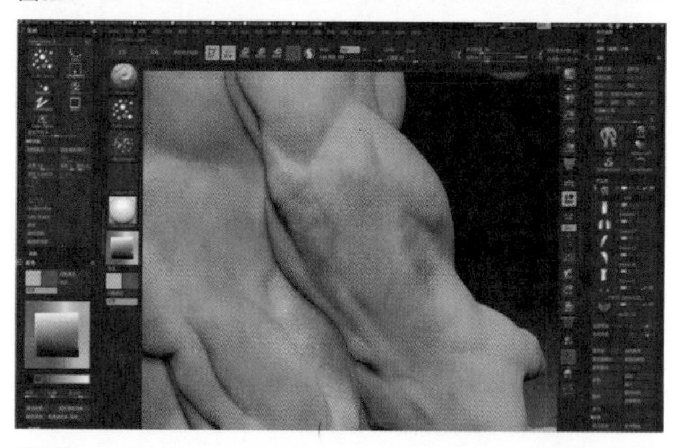

图325

图326

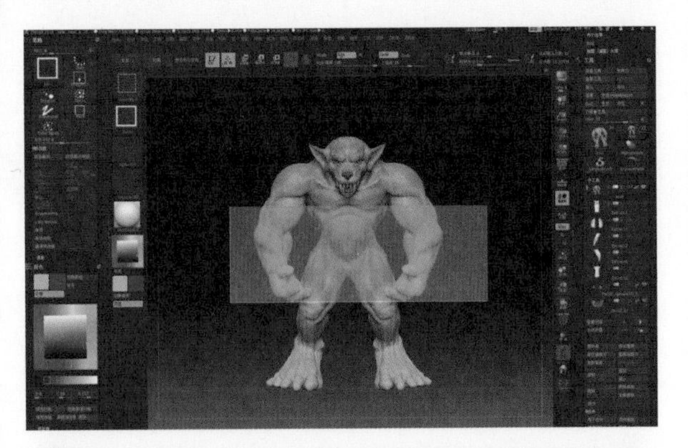
图327

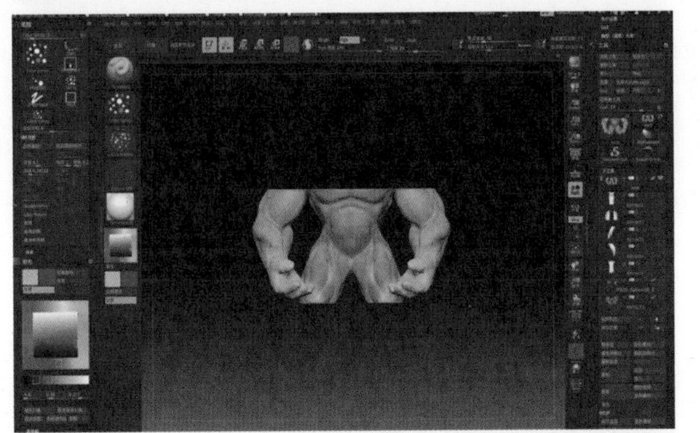
图328

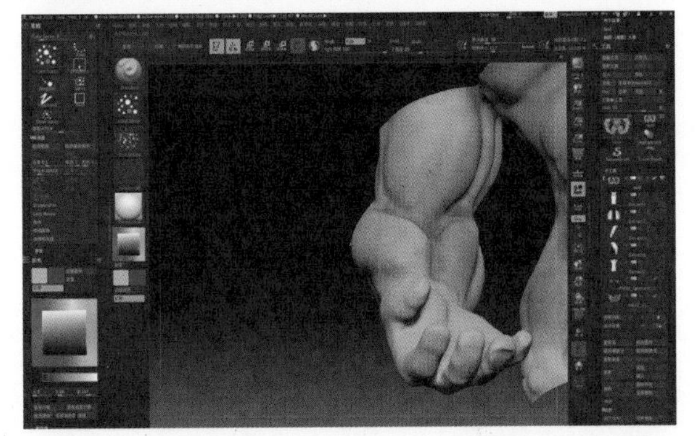
图329

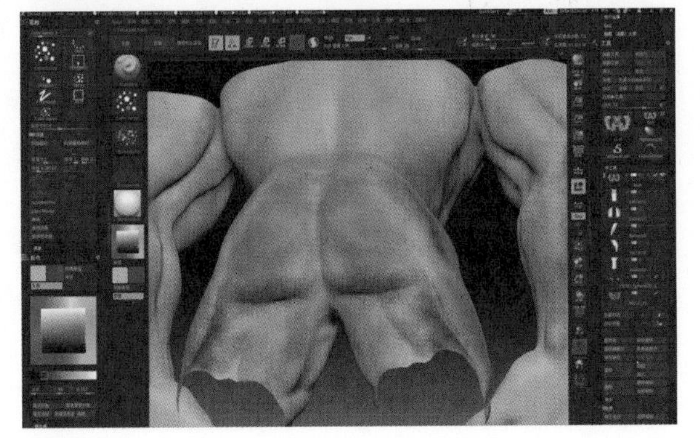
图330

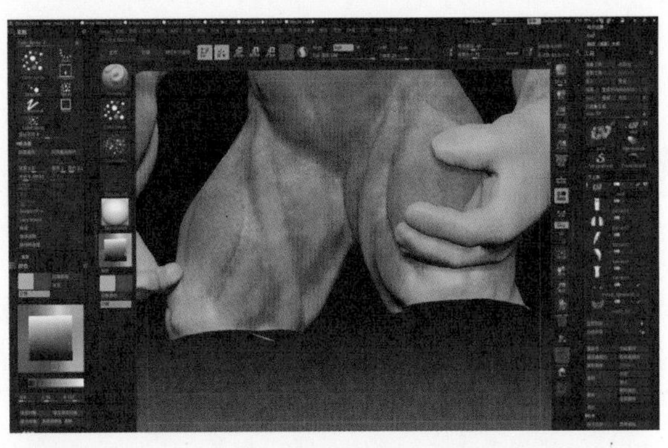
图331

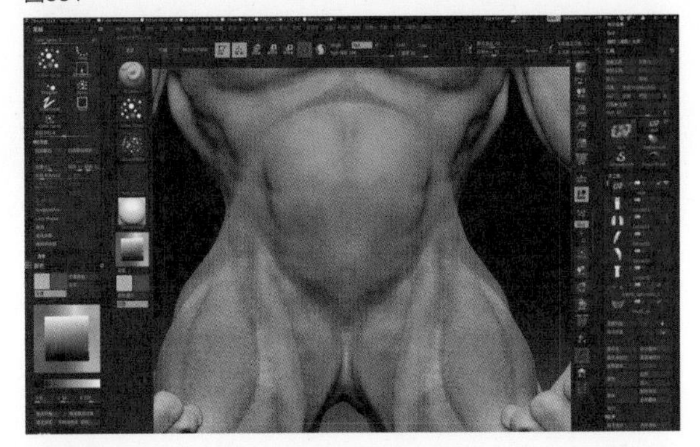
图332

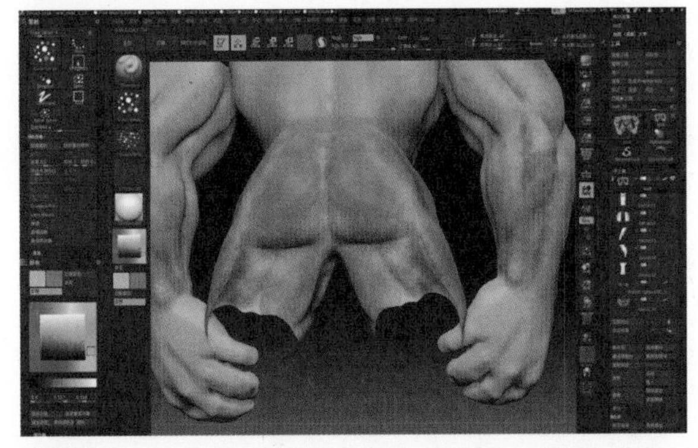
图333

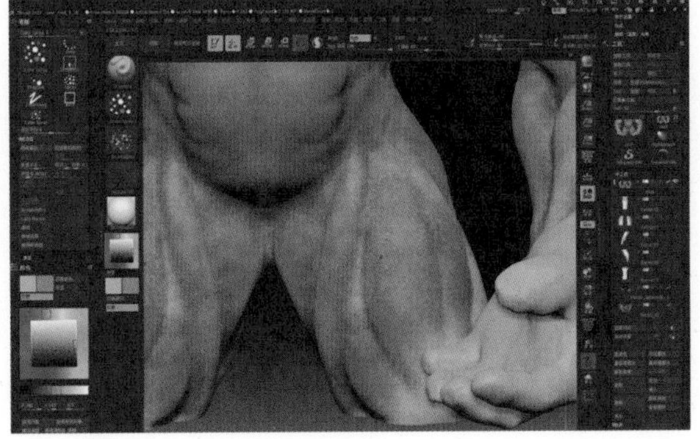
图334

(19) 对大腿部分的现有基础颜色进行淡化处理（图335至图338）。

(20) 对手臂部分的基础颜色进行淡化处理（图339至图344）。

(21) 对手部进行蓝色的冷色调喷洒，按骨骼距离皮肤表面的远近及凹陷区域来决定（图345、346）。

(22) 对手部再进行暖色调喷洒（图347、348）。

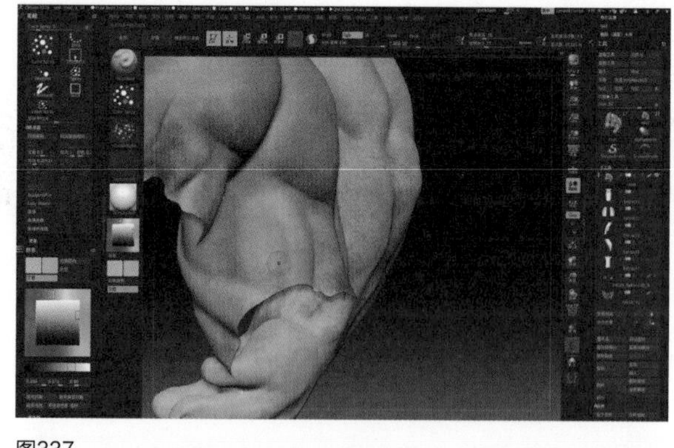

图337

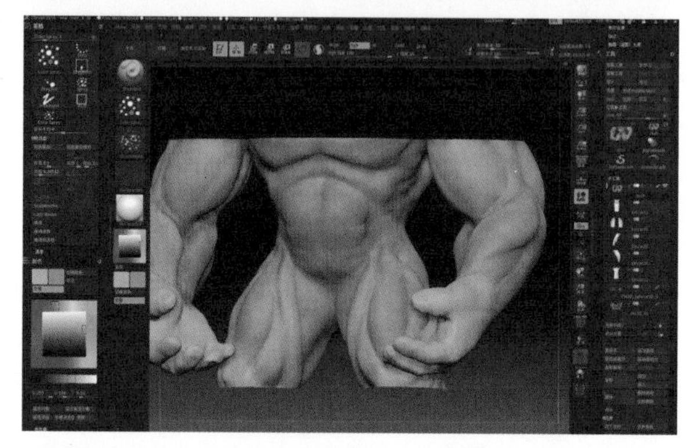

图338

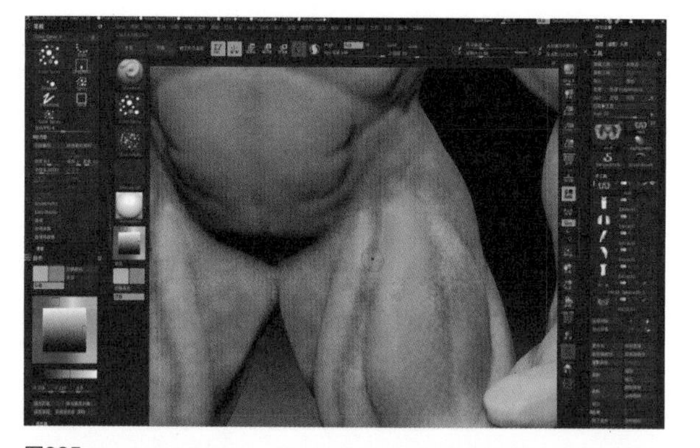

图335

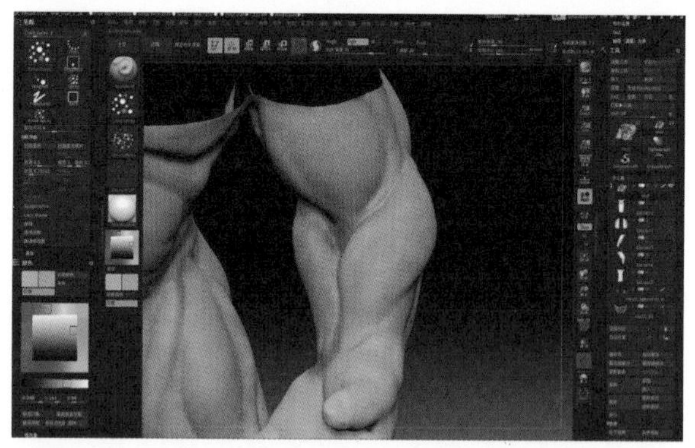

图339

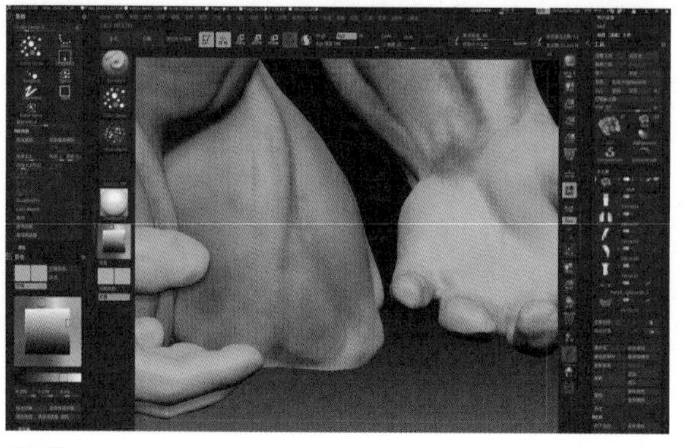

图336

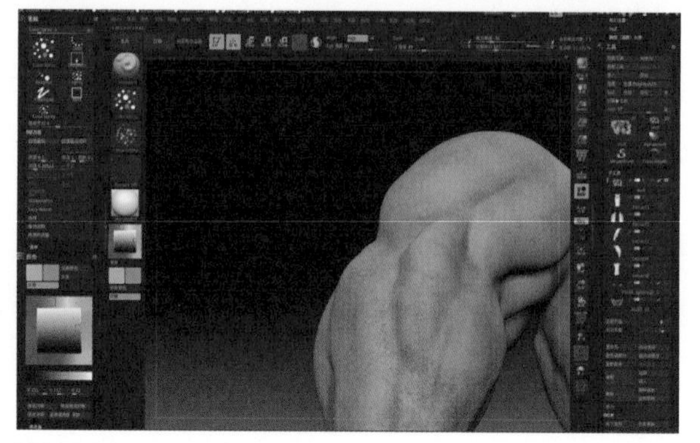

图340

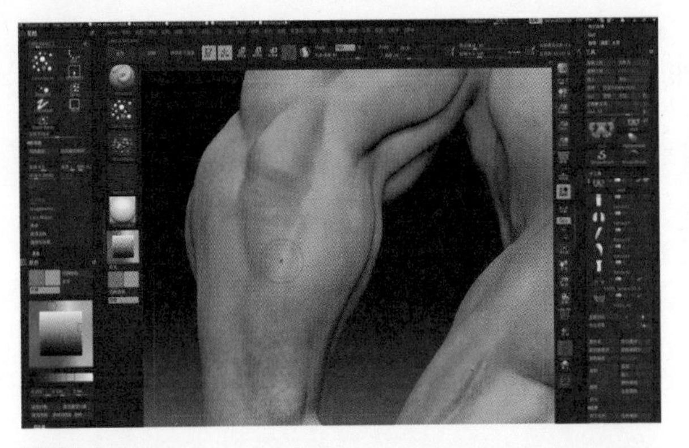

图341

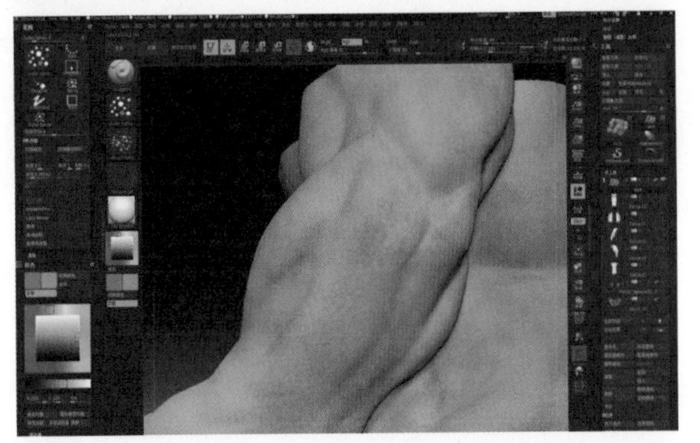

图342

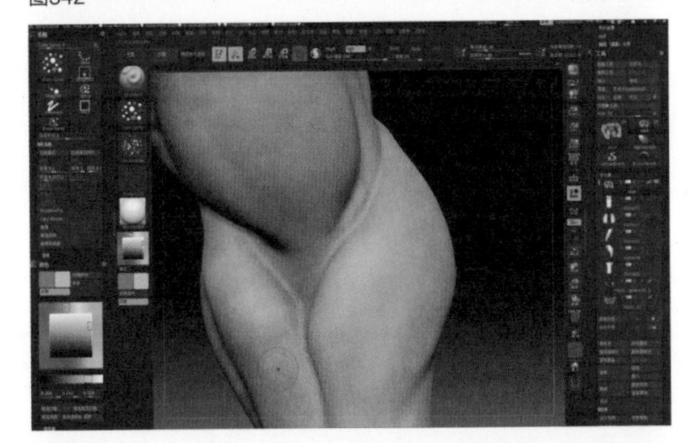

图343

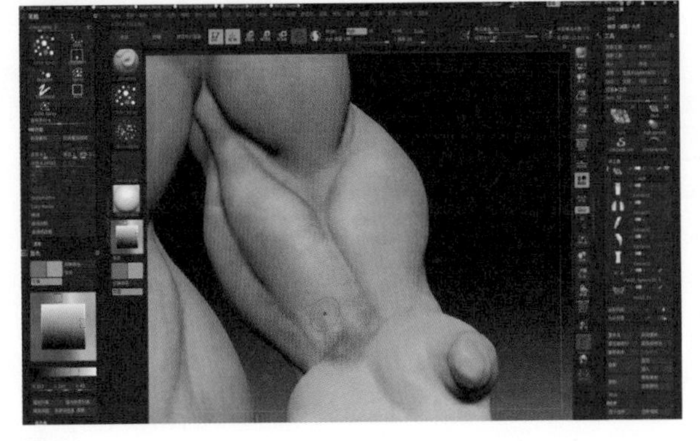

图344

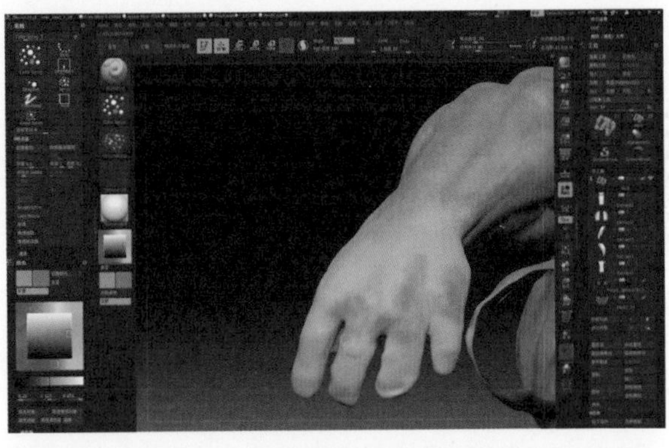

图345

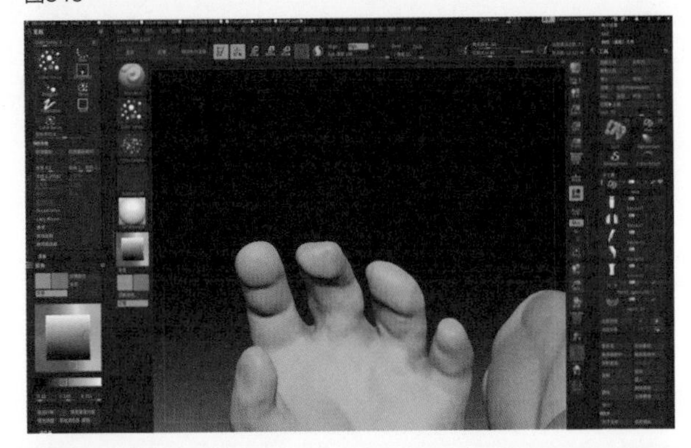

图346

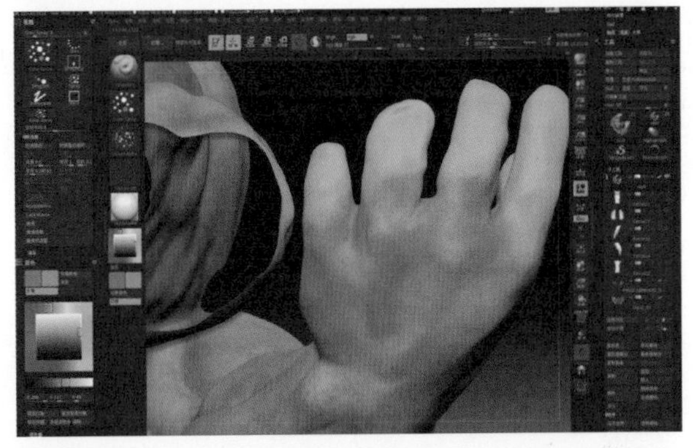

图347

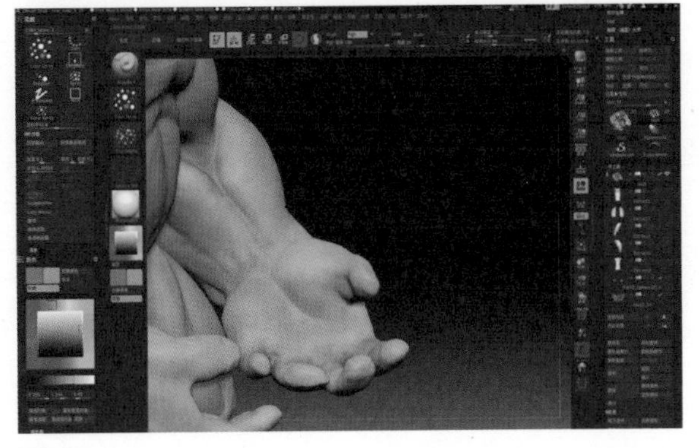

图348

(23) 对手掌及手背部分的颜色进行淡化处理（图349至图354）。

(24) 对小腿及脚部分的区域进行冷色调喷洒，区分色温区域，还是按照骨骼距离皮肤表面远近及凹陷区域决定（图355至图358）。

(25) 继续在冷色调边缘喷洒绿颜色，丰富冷暖色调相混合所产生的颜色细节（图359至图362）。

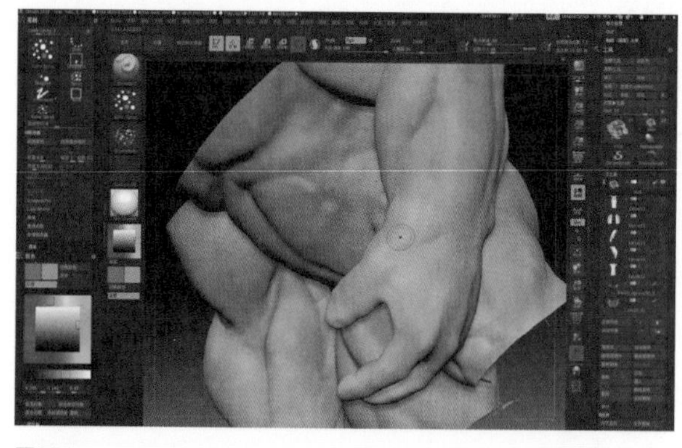

图351

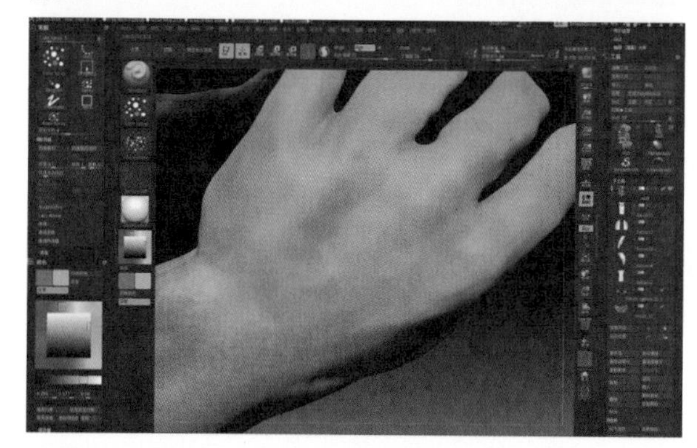

图352

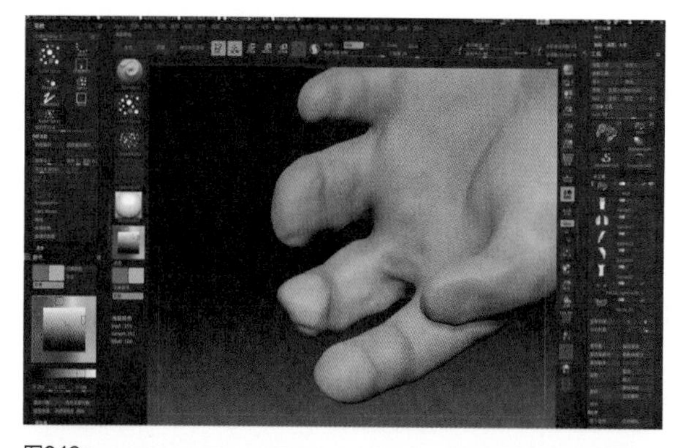

图349

图353

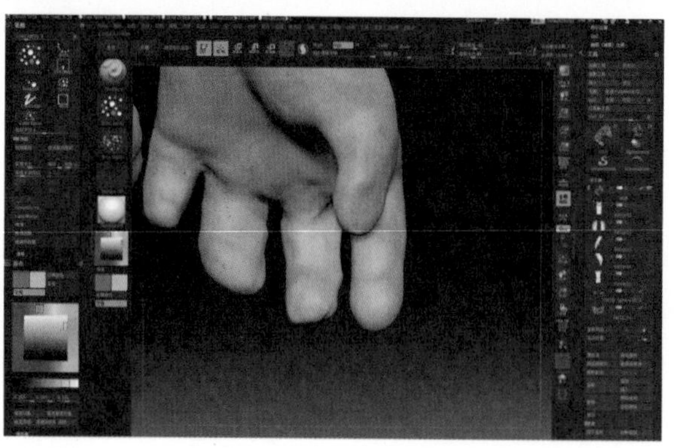

图350

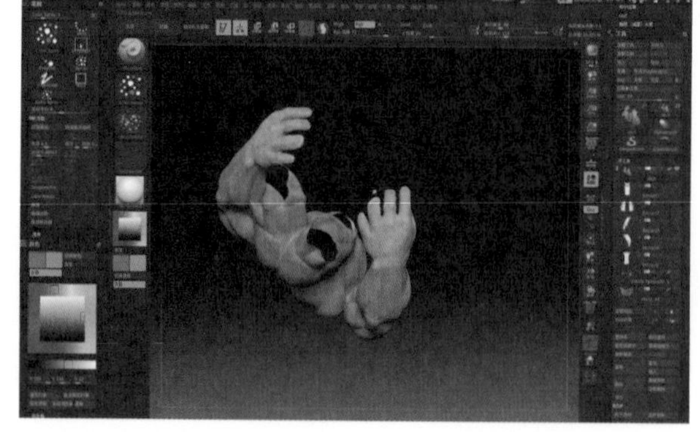

图354

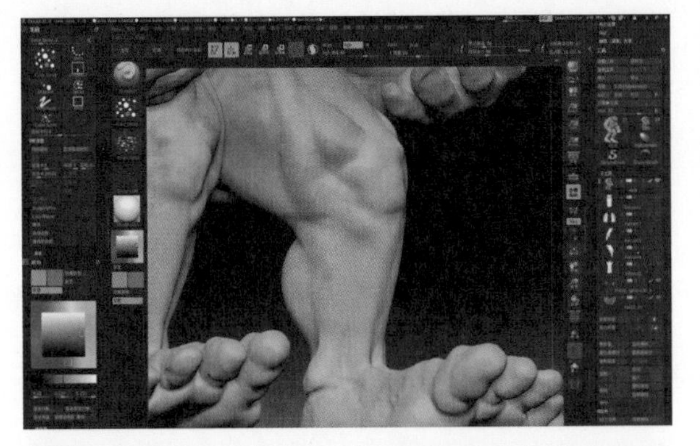

图355

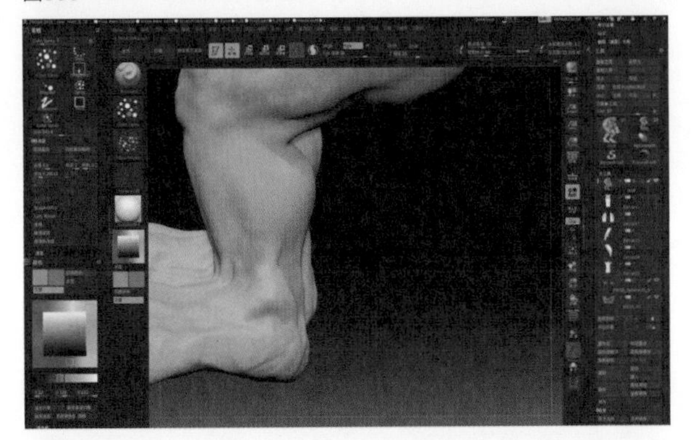

图356

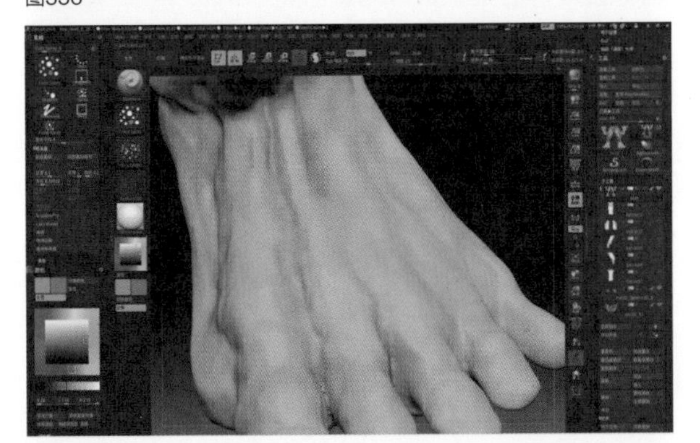

图357

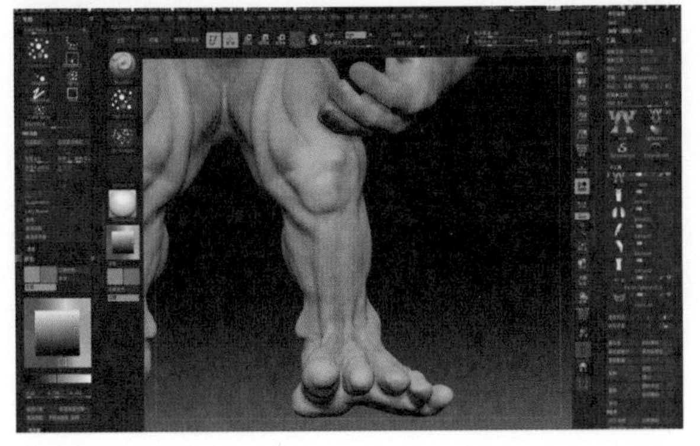

图358

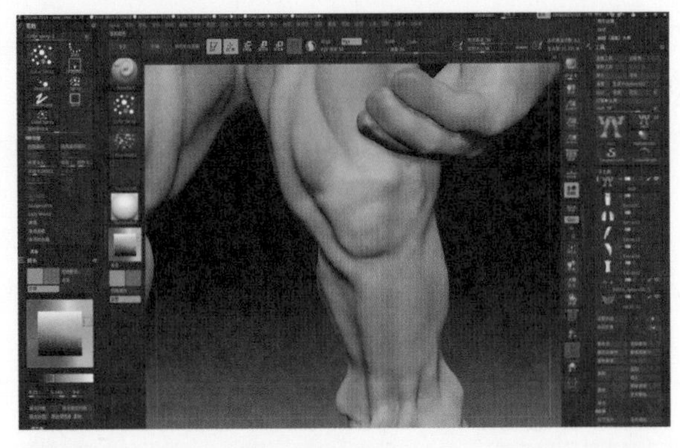

图359

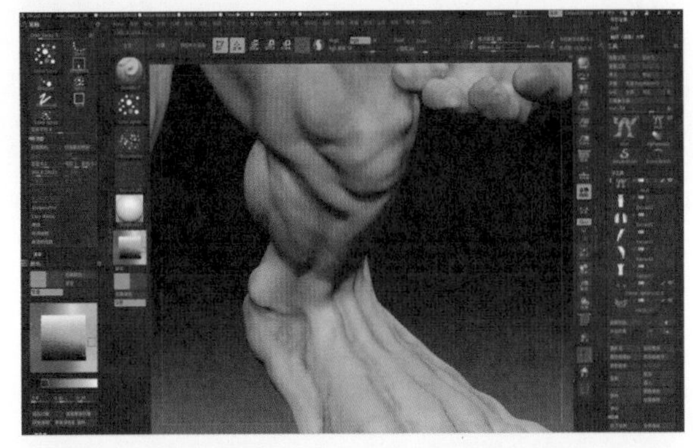

图360

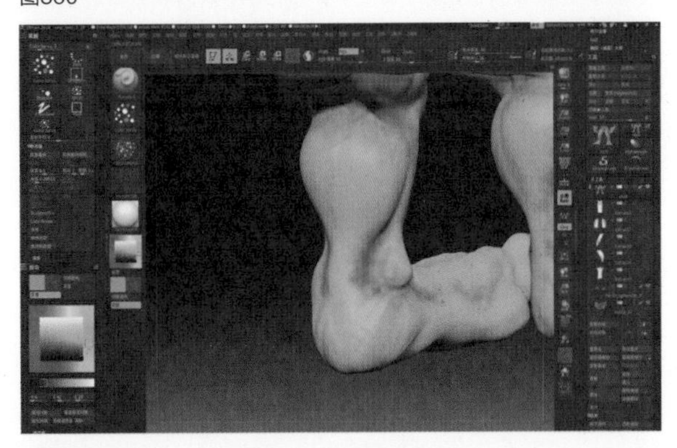

图361

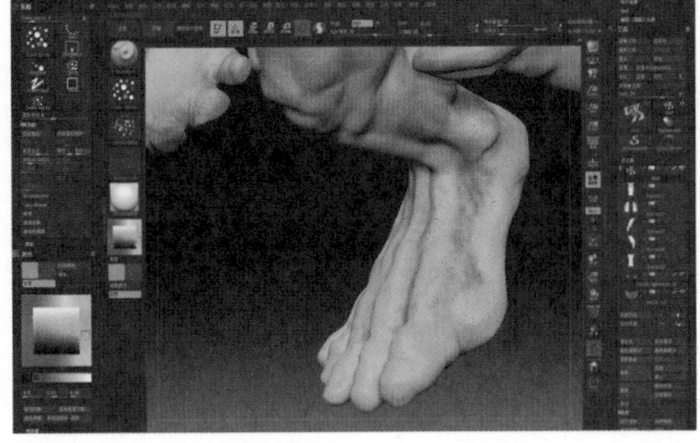

图362

(26) 再继续喷洒暖色调丰富颜色细节（图363至图366）。

(27) 对小腿和脚部进行颜色淡化基础色处理（图367、368、369）。在全身绘制完毕之后，再对整体进行一次色温调整，通过喷洒少量的冷暖色来调整某些区域的色温（图370）。

(28) 接下来开始绘制佩饰铜环的纹理效果（图371）。首先将Subtool（子工具）组里面的铜环模型打开显示（图372），在场景左侧的Texture（贴图）样式里面点击Import（导入）金属贴图（图373）。选择DragRect（拖动矩形）的笔触样式。同样需要关闭笔刷上面的M、Zadd和Zsub，只打开Rgb。将金属贴图覆盖到铜环模型上（图374、375）。然后在Alpha里面选择Alpha23，笔触样式选择Color Spray，适当调整笔刷强度，在铜环上绘制些基础纹理（图376）。

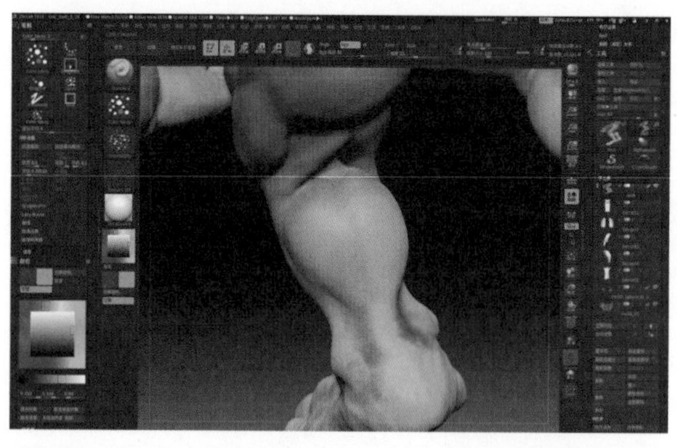

图365

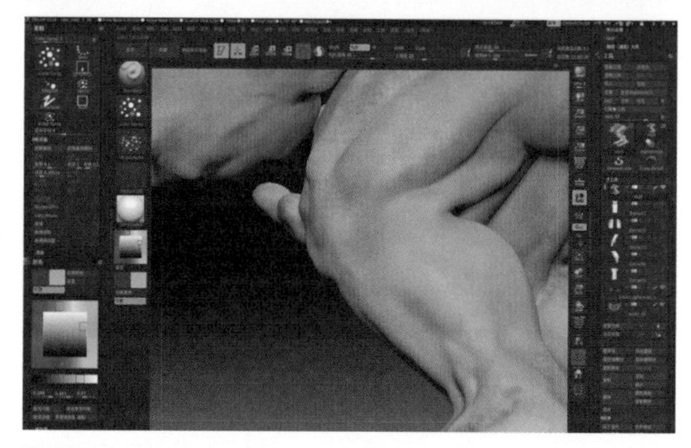

图366

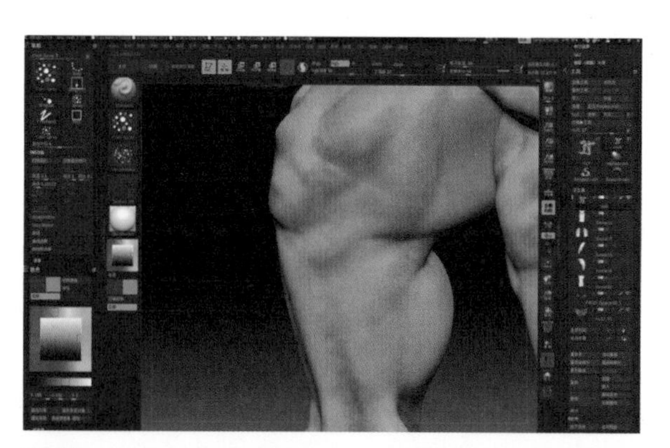

图363

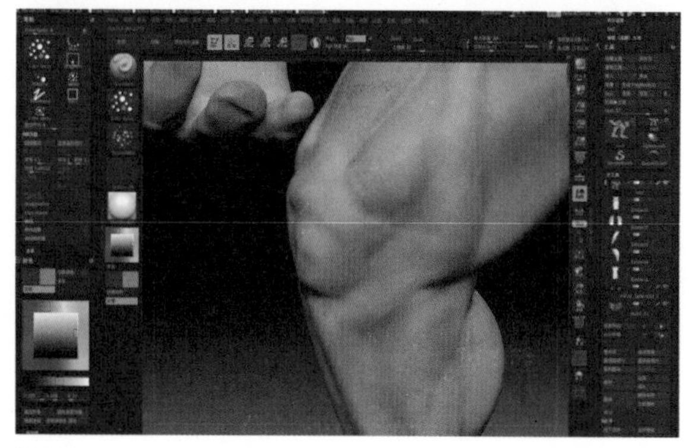

图364

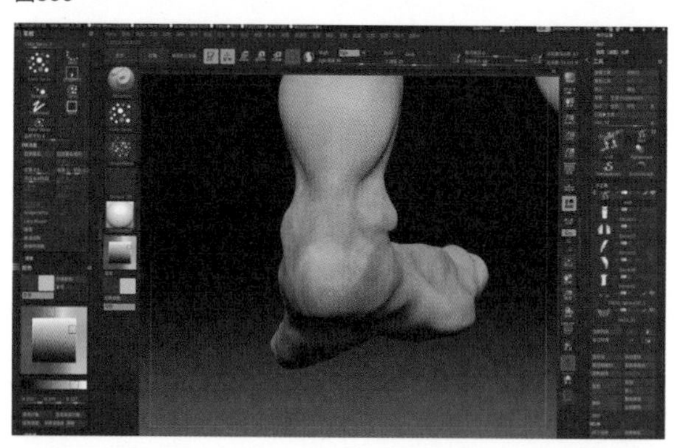

图367

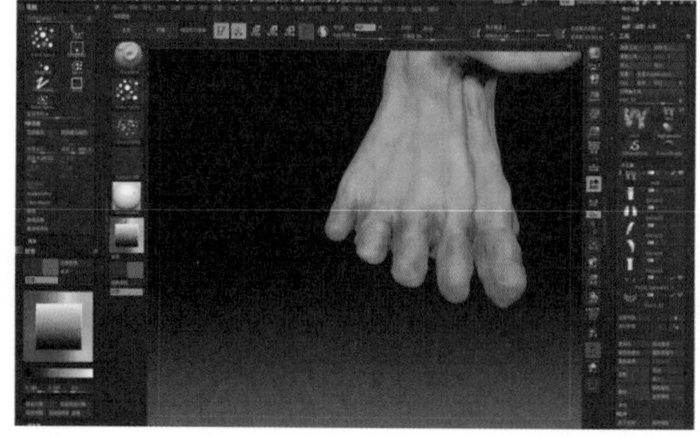

图368

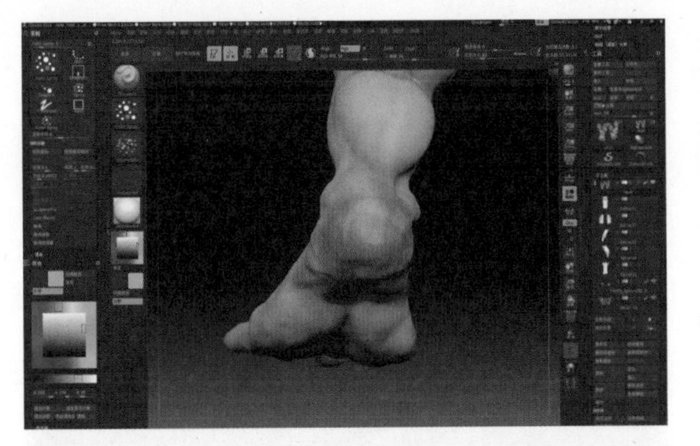

图369

图370

图371

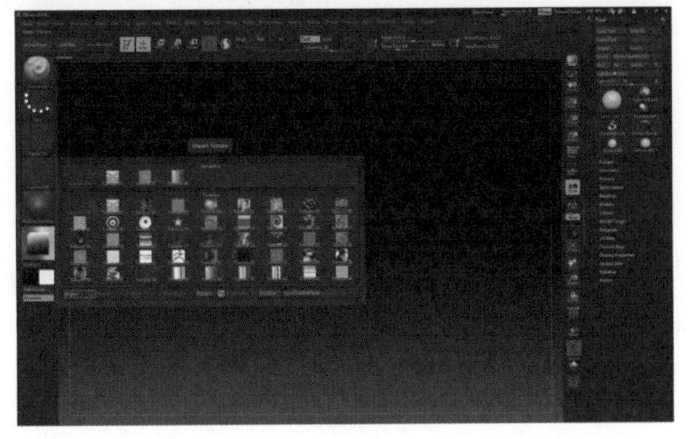

图372

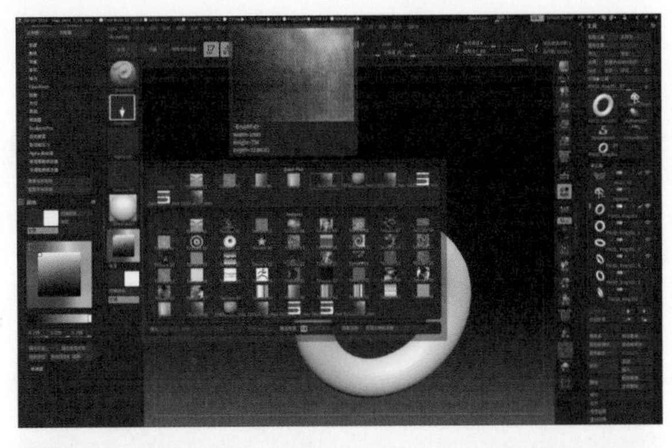

图373

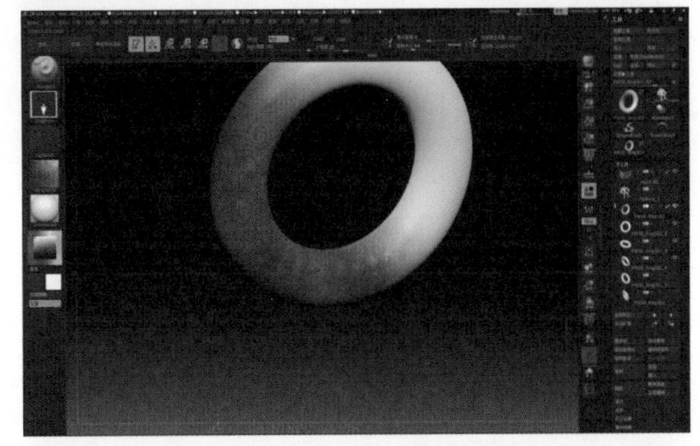

图374

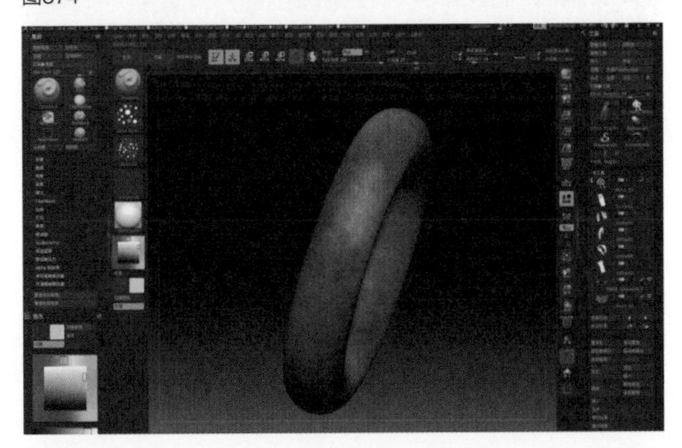

图375

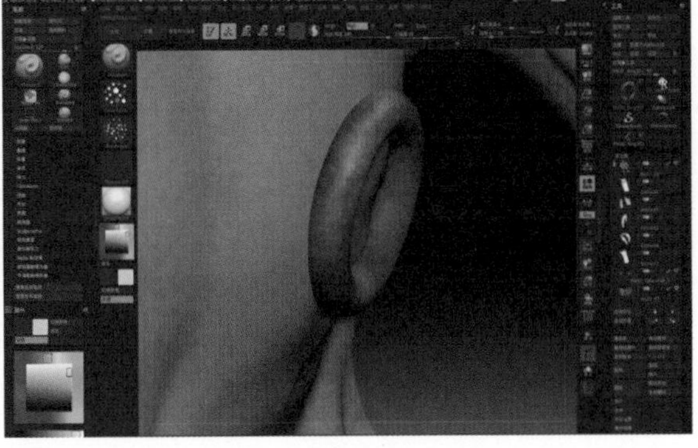

图376

(29) 继续往铜环上添加些凹凸纹理和锈迹（图377至图380）。

(30) 铜环的纹理绘制还有另一种方式，在场景左侧的Texture（贴图）样式同样选择金属纹理贴图，在屏幕顶部找到Color（颜色）（图381、382），点击里面的FillObject（填充对象）将金属纹理自动平铺到模型上，这样的绘制优点是快捷，缺点是会出现纹理接缝（图383、384）。

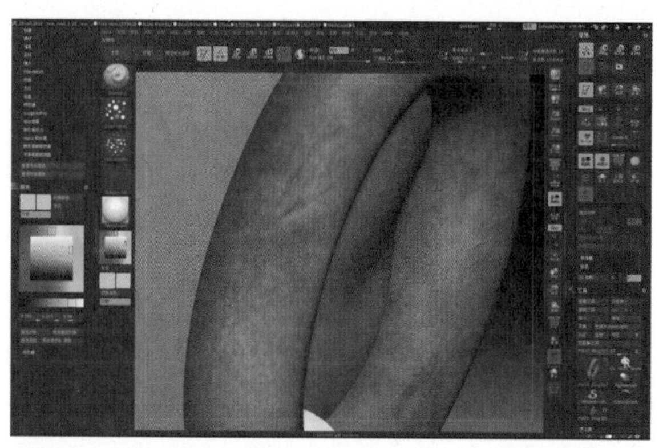

图377

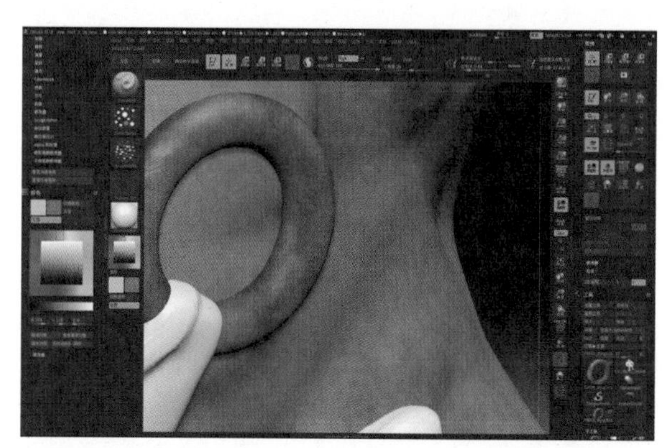

图380

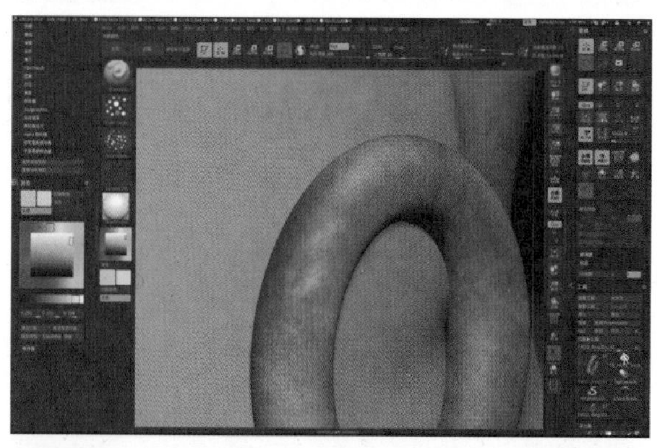

图378

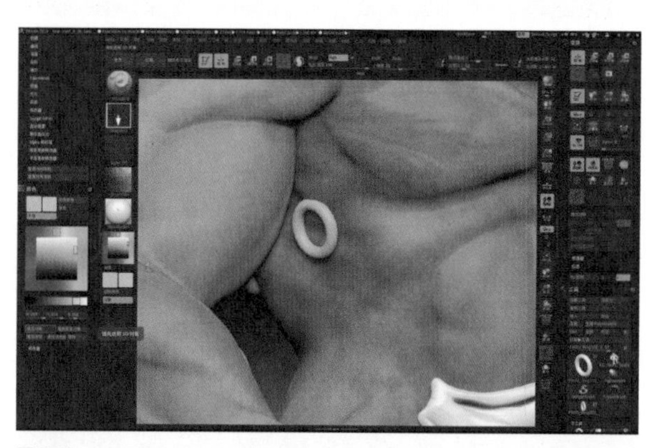

图381

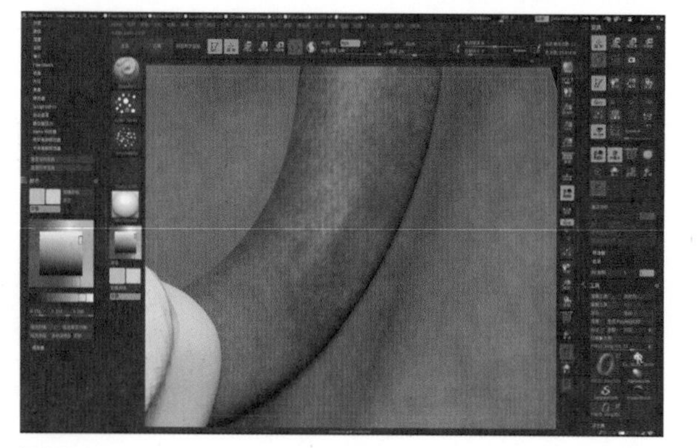

图379

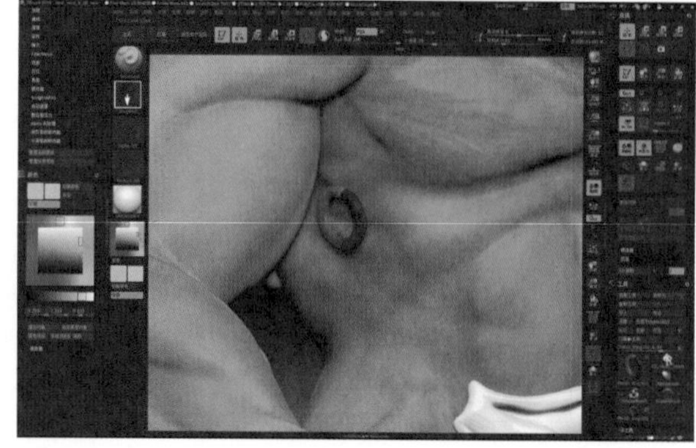

图382

(31) 接下来对铜环模型上面出现问题的接缝部分进行笔刷绘制，使其自然过渡。添加锈迹等纹理细节（图385至图388）。

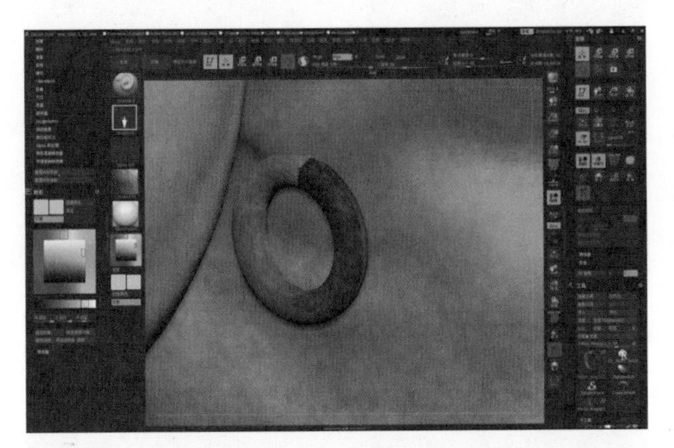
图383

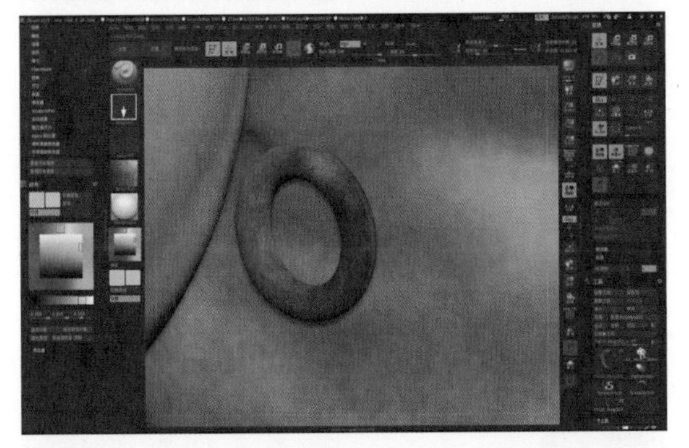
图384

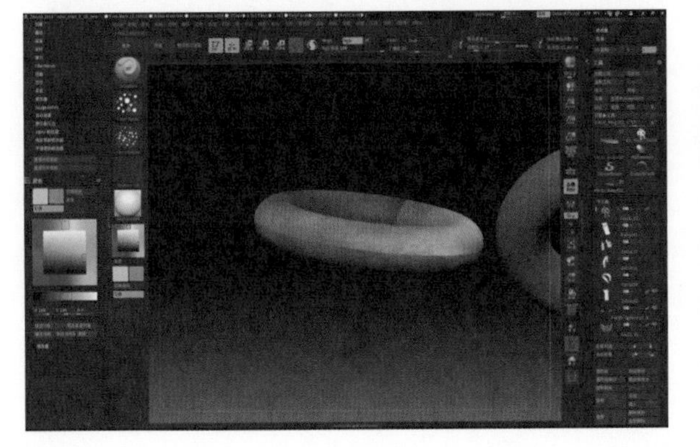
图385

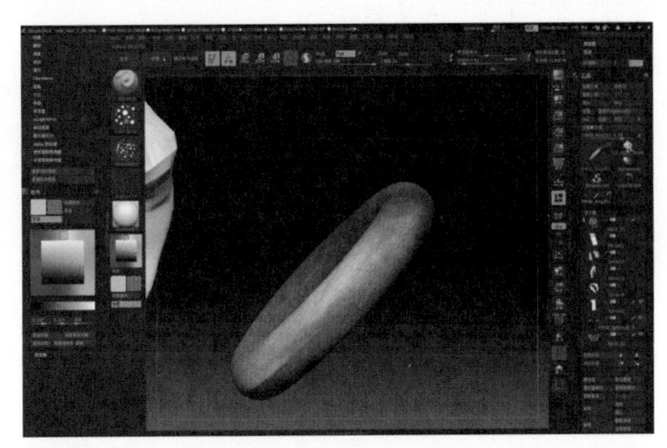
图386

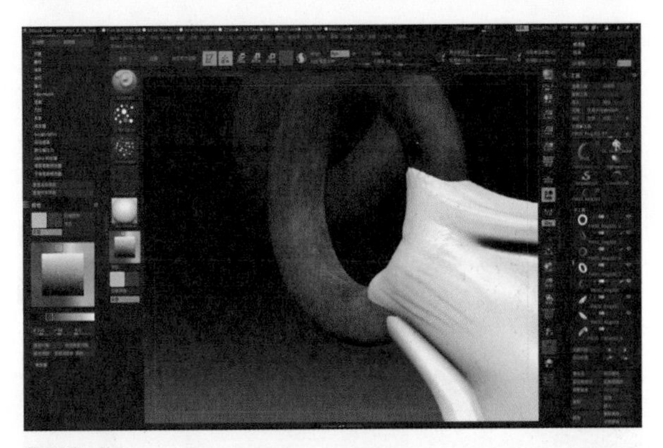
图387

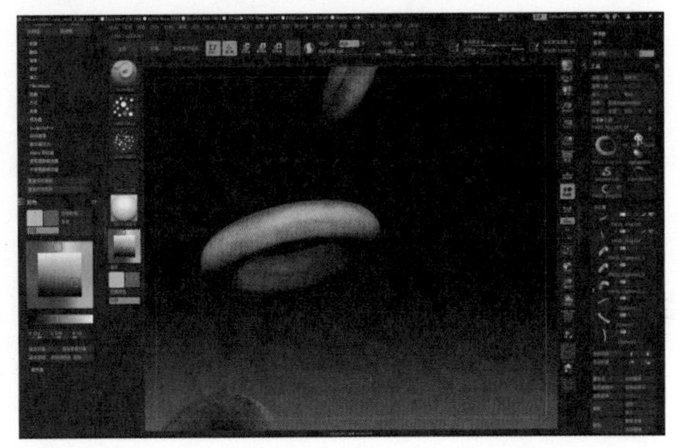
图388

(32) 按照这两种铜环的绘制方法，将其余的铜环模型纹理绘制完成（图389至图392）。

(34) 在绘制铜环纹理的过程中也需要注意一下模型本身的明暗关系，最好在纹理中有所体现（图393、394）。

(35) 在绘制完铜环纹理后，下面开始绘制皮质绑带的纹理。先在Subtool（子工具）组里面将身体部分的模型关闭显示，只显示所需要进行绘制的模型部分。首先给皮质绑带的模型上一个基础颜色，选定好颜色在Color（颜色）下面点击FillObject（填充对象）（图395至图398）。

(36) 接下来选择Standard笔刷，Alpha里面选择Alpha23，笔触样式选择Color Spray适当调整笔刷强度，在皮质绑带模型上进行纹理绘制（图399至图402）。

图391

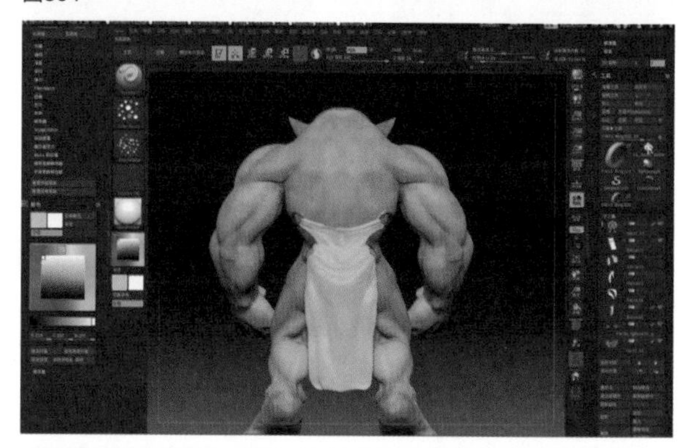

图392

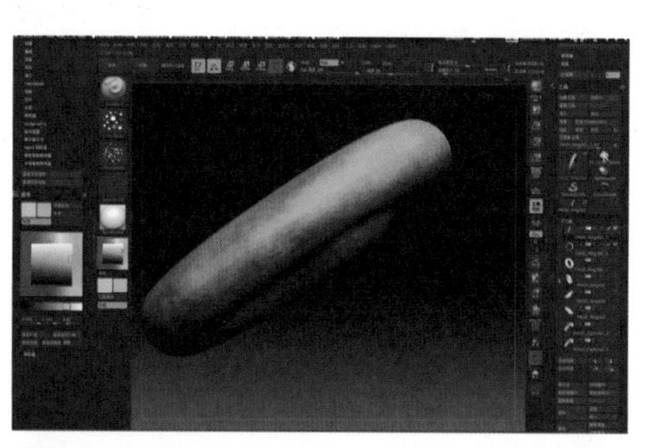

图389

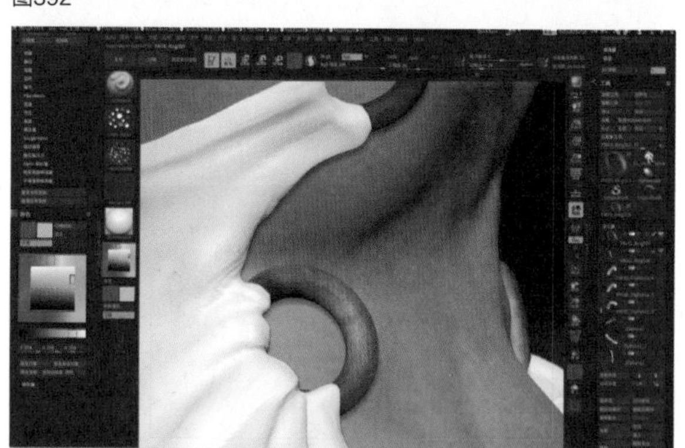

图393

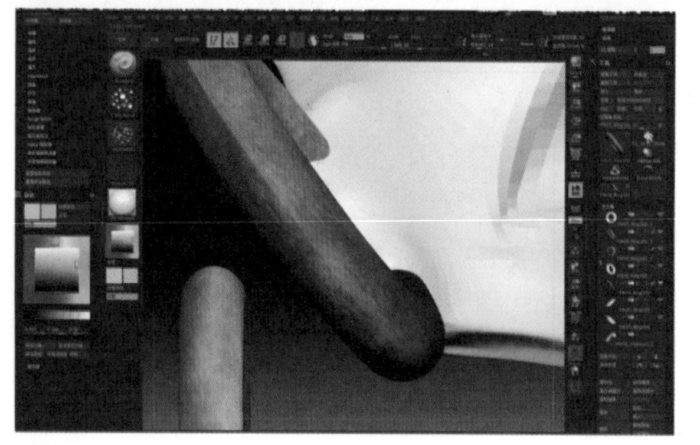

图390

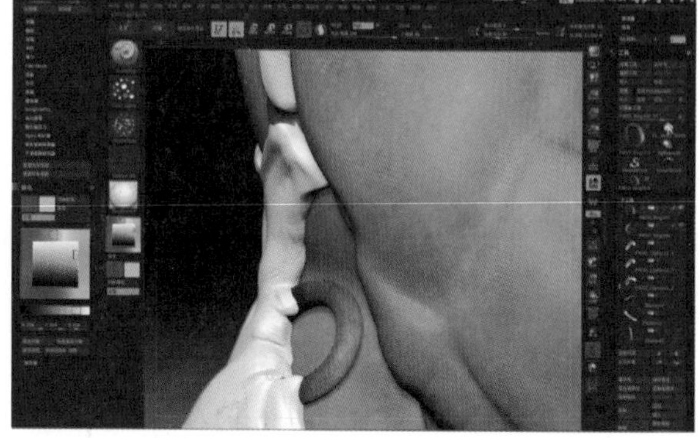

图394

图395

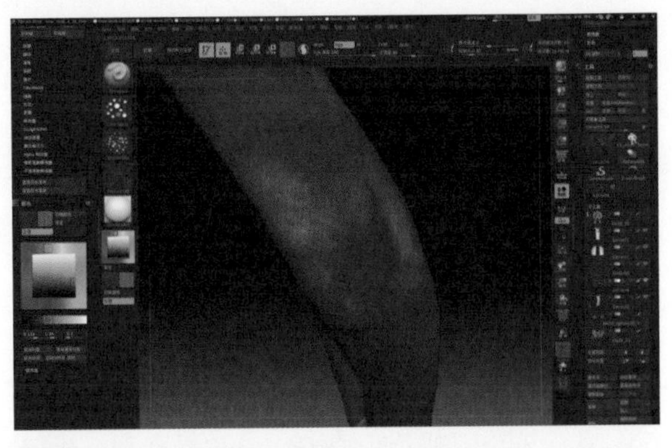
图399

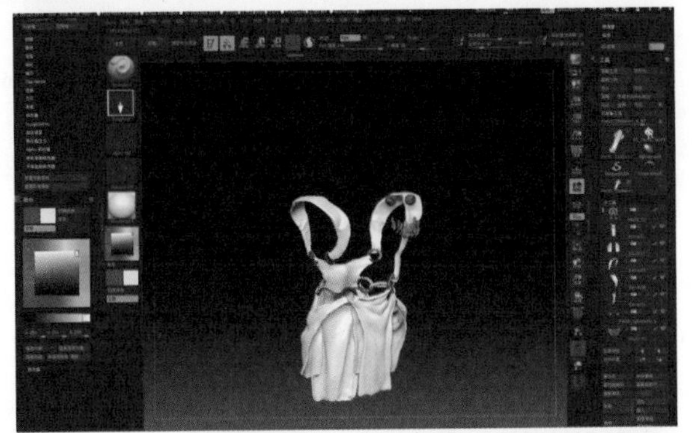
图396

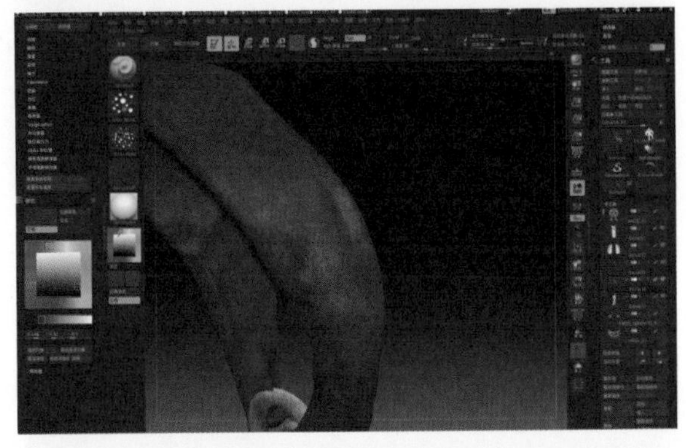
图400

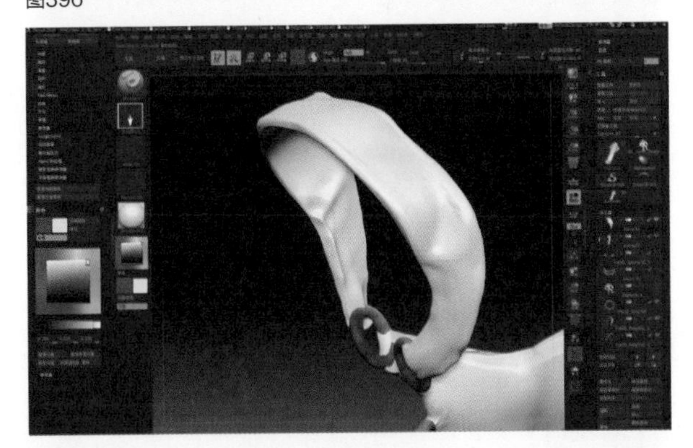
图397

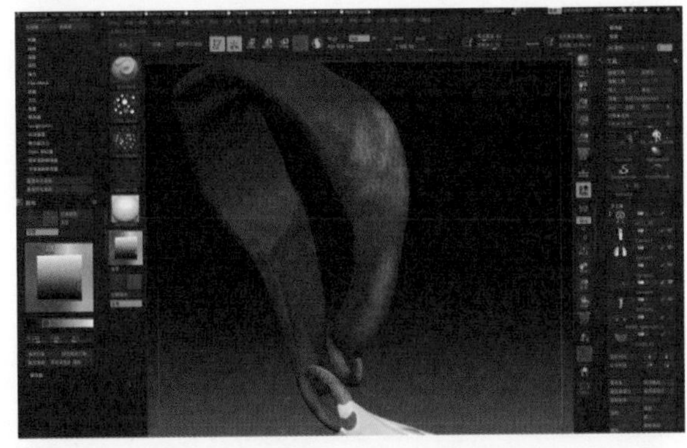
图401

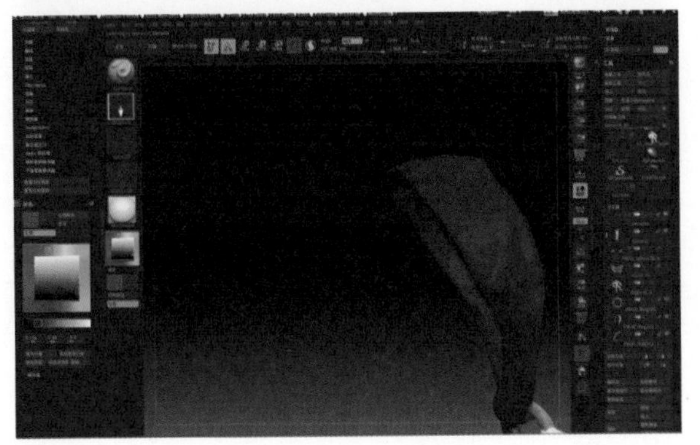
图398

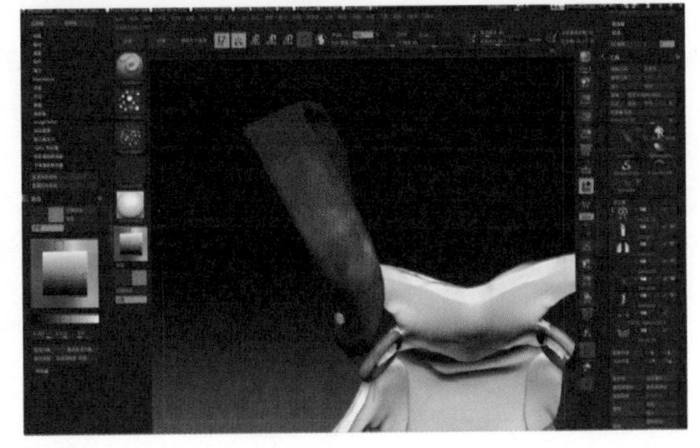
图402

(37) 在进行皮质绑带绘制时应该考虑皮质品的固有属性，其表面会有些粗糙，有细小毛孔（图403、404），所以在绘制过程中尽量多地考虑到这些因素。还值得注意的是皮革类制品在使用过程中边缘会有些磨损，也可以将它绘制出来，以丰富细节（图405至图408）。

(38) 在颜色绘制上，在偏暗处可以略微加一些冷色调（图409至图412）。

(39) 另一边的皮质绑带的绘制方法和前面步骤类似（图413至图416）。

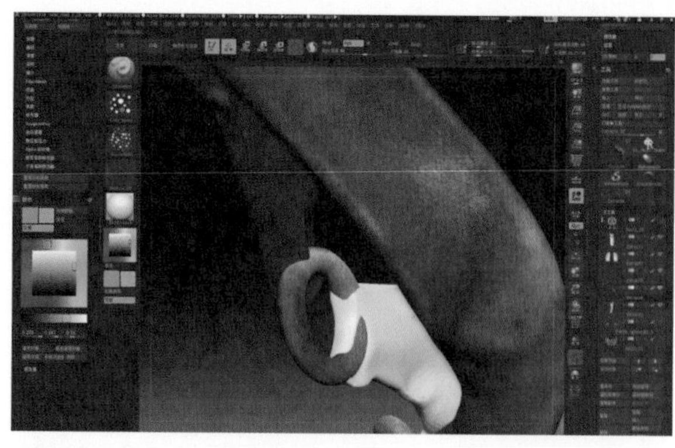

图405

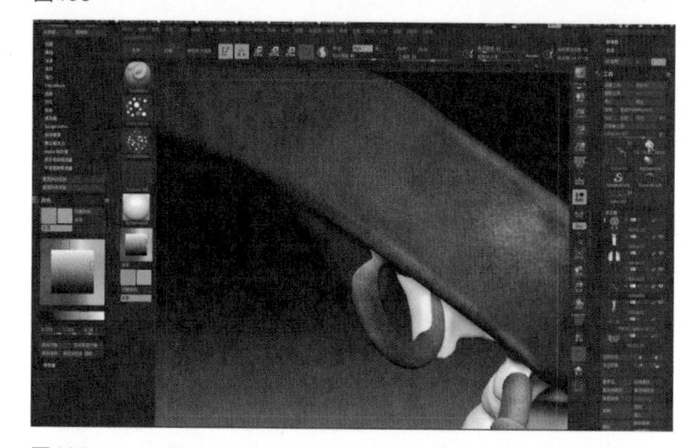

图406

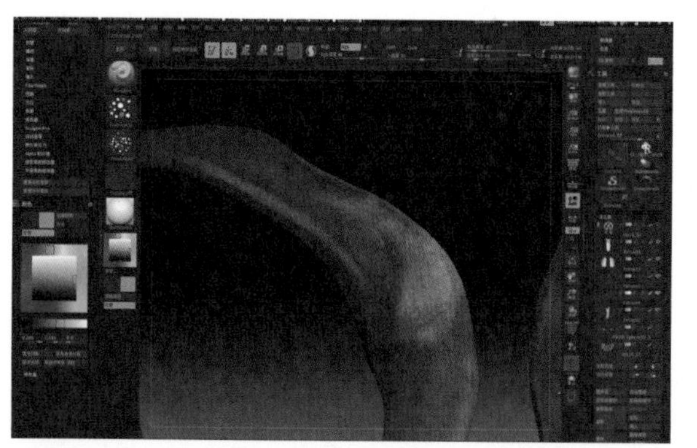

图403

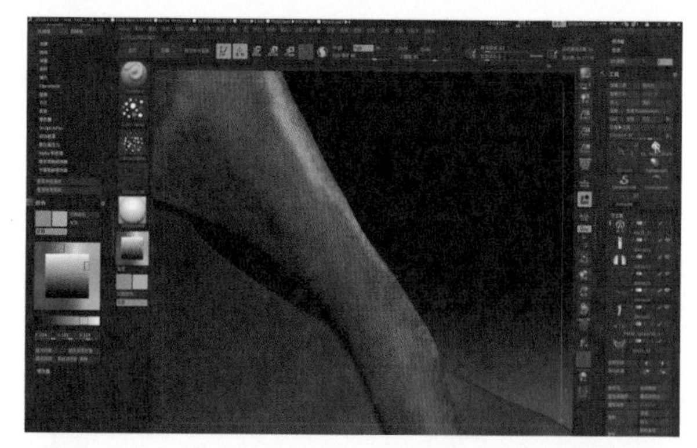

图407

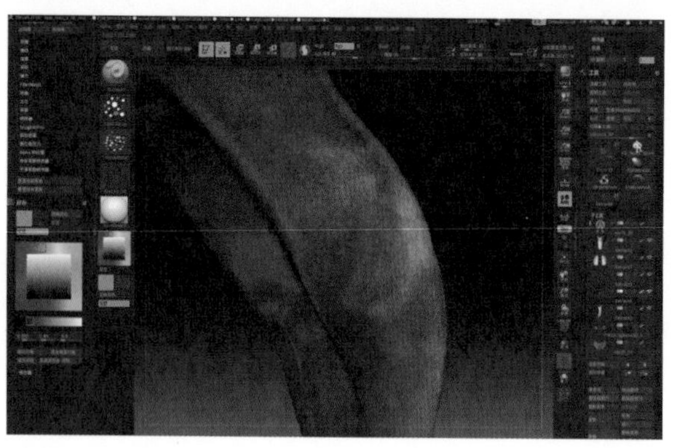

图404

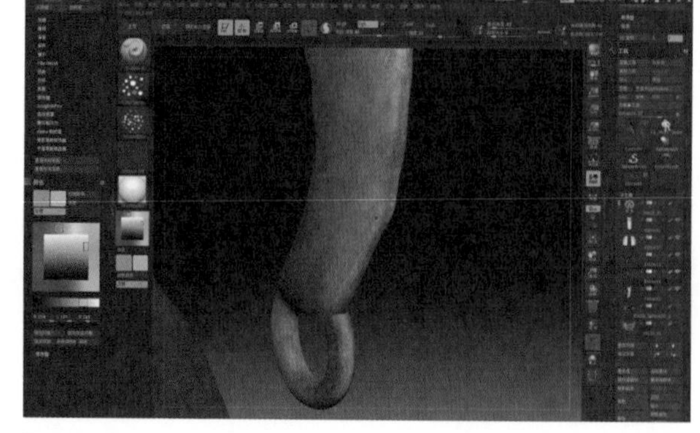

图408

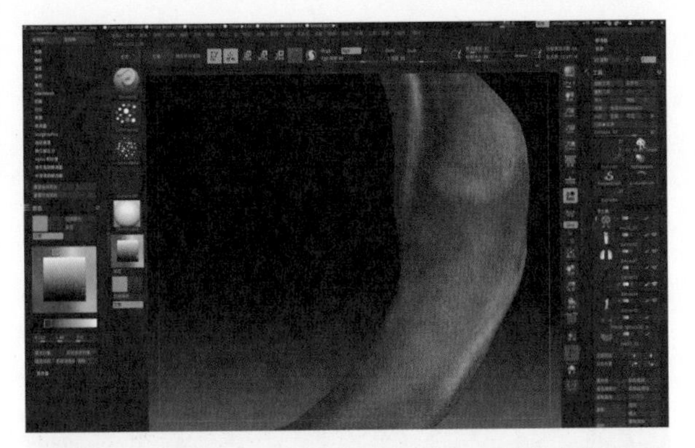

图409

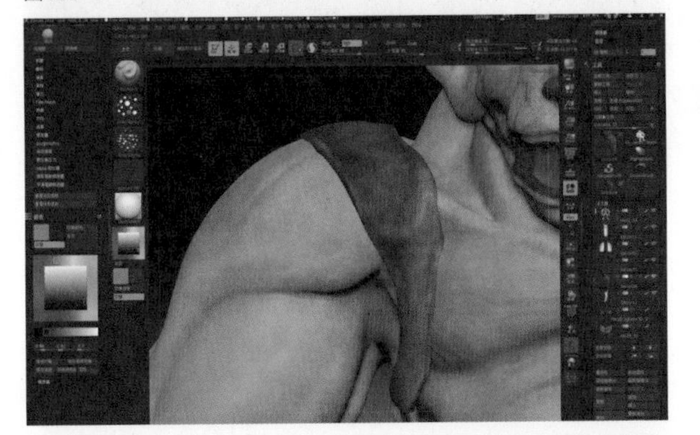

图410

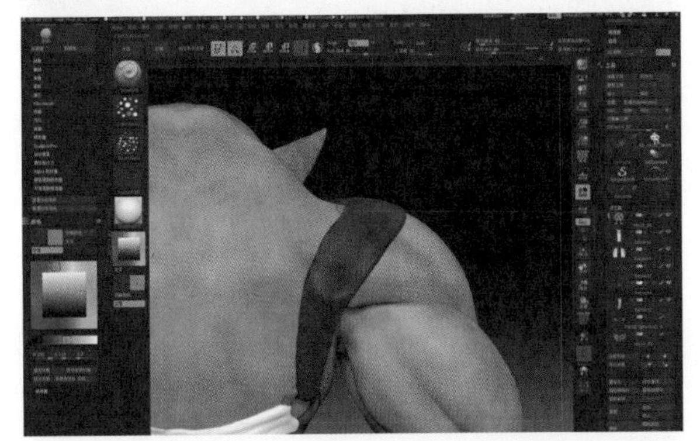

图411

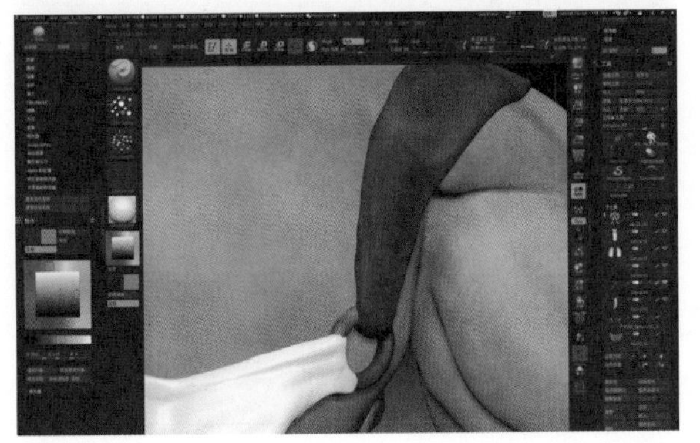

图412

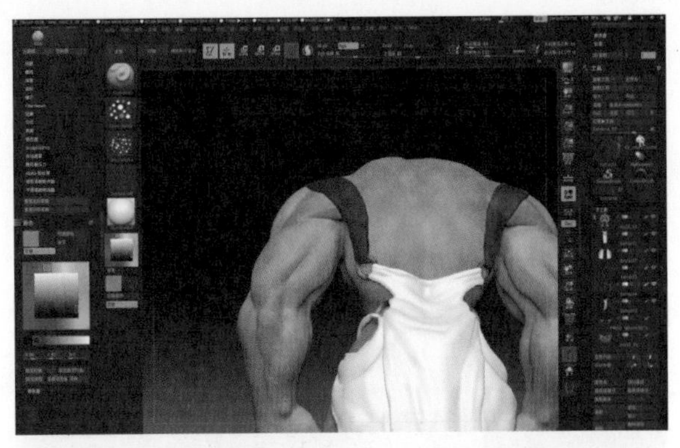

图413

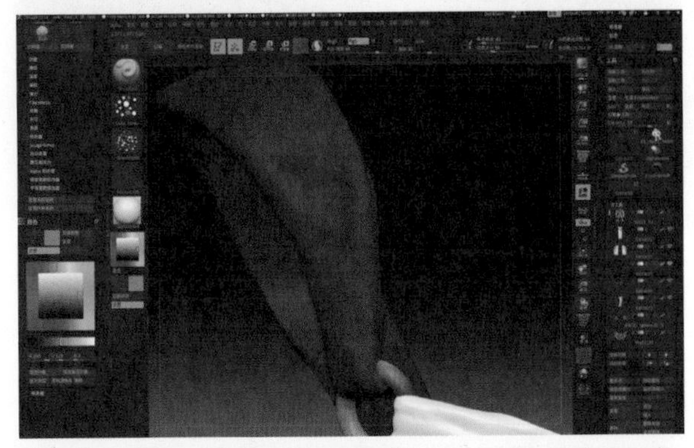

图414

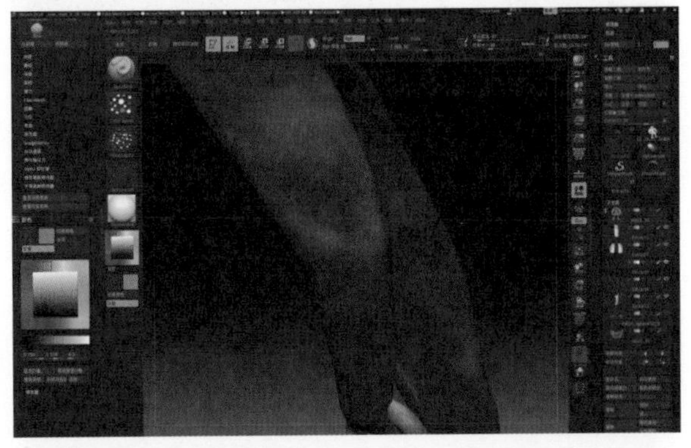

图415

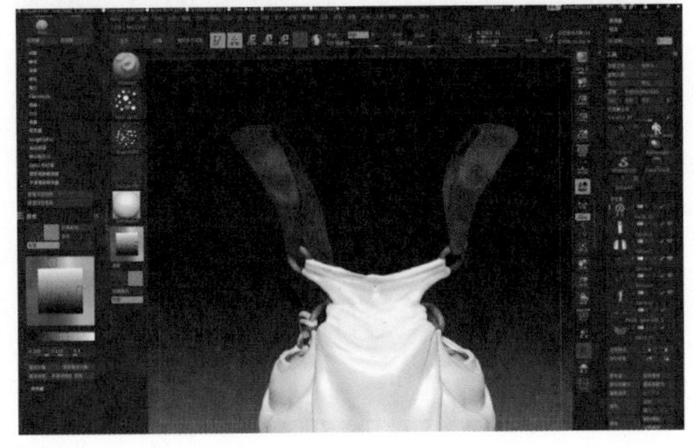

图416

(40) 选择Standard笔刷，在Alpha里面选择Alpha23，笔触样式选择Color Spray。绘制贴图纹理（图417至图420）。

(41) 在绘制过程中还可以对模型进行形体上的修改，使模型达到预期的效果（图421、422）。

(42) 最后在模型的突起和边缘处绘制一些磨损效果，可以使其颜色稍许亮一点，在与铜环相连接的地方和身体相接触的地方可以画上一些脏渍和深色，丰富细节（图423至图428）。

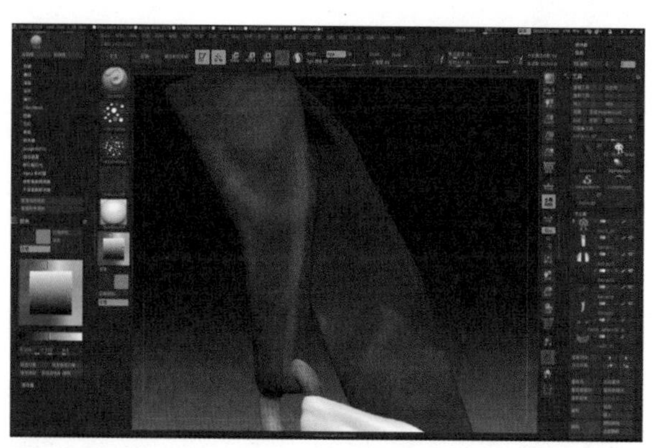
图417

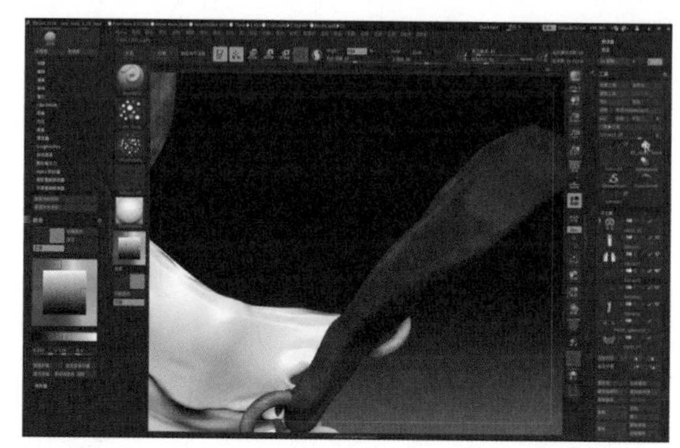
图420

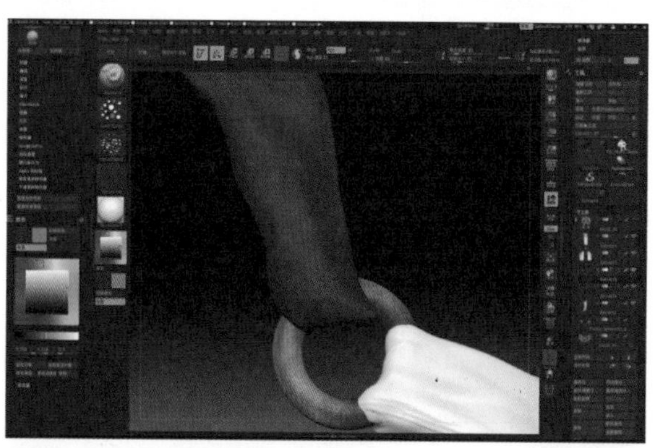
图418

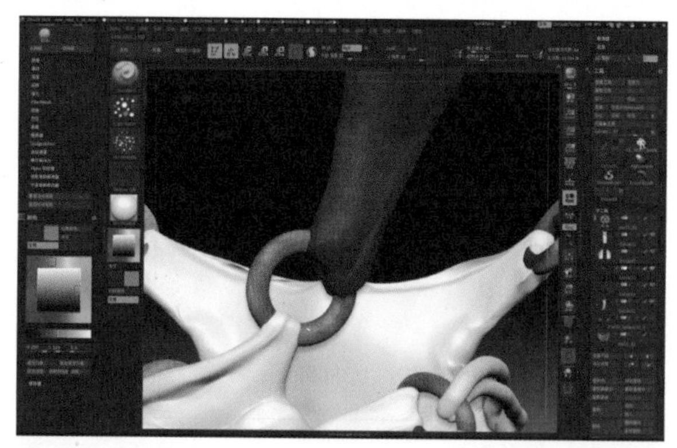
图421

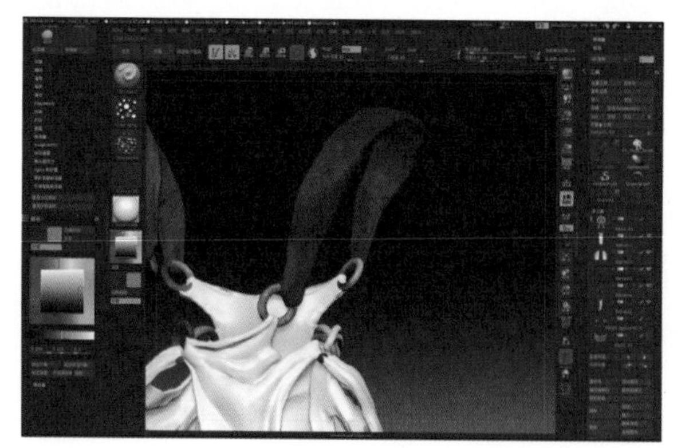
图419

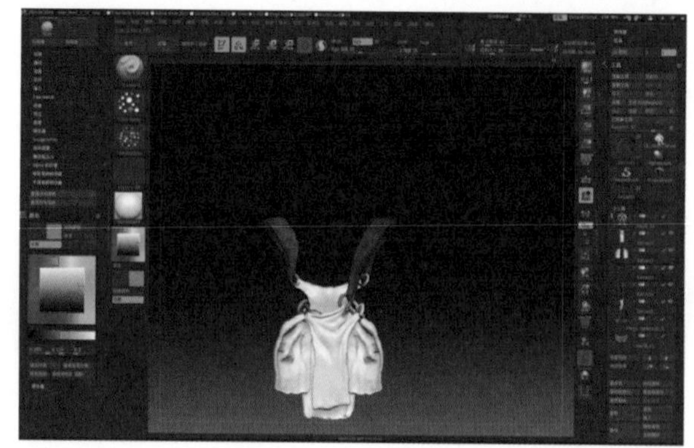
图422

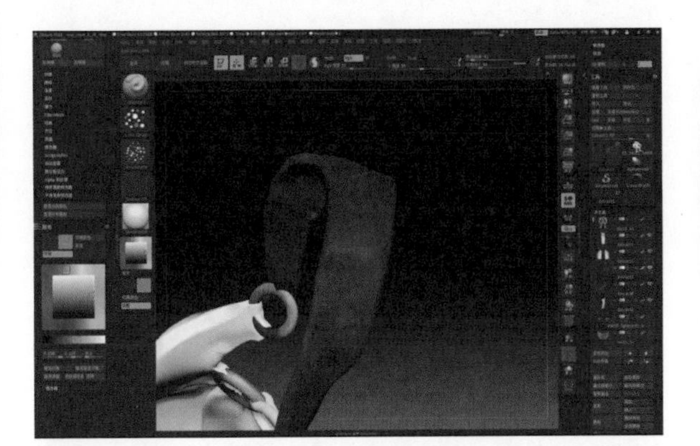
图423

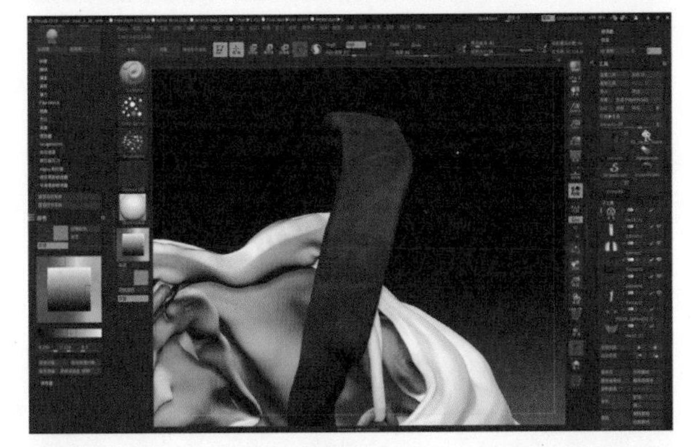
图424

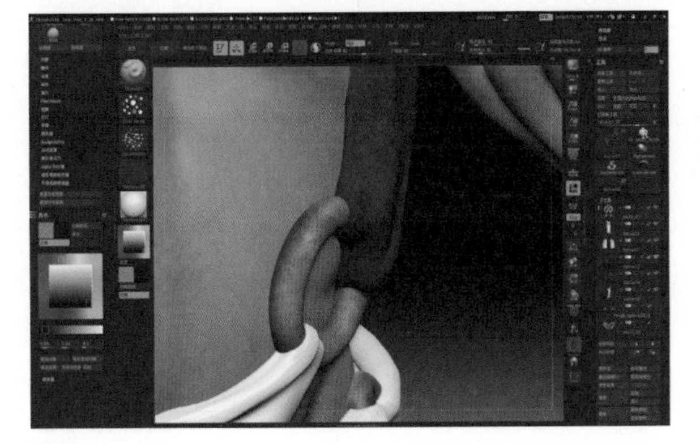
图425

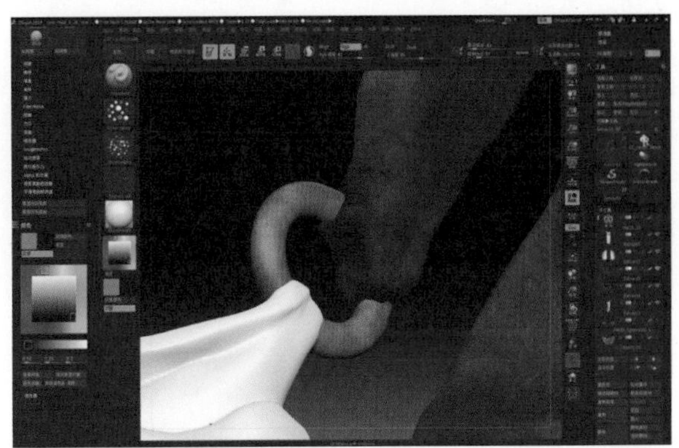
图426

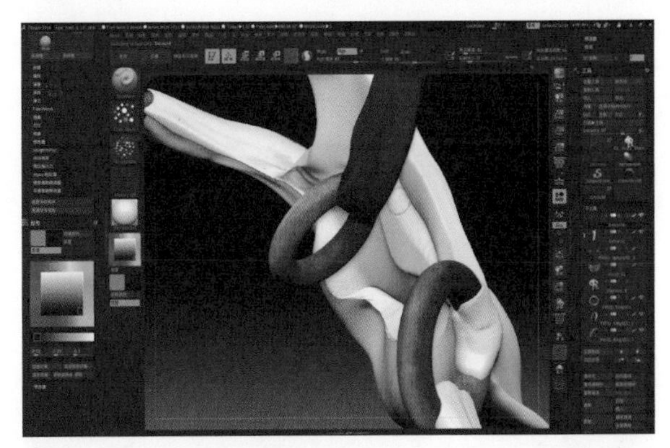
图427

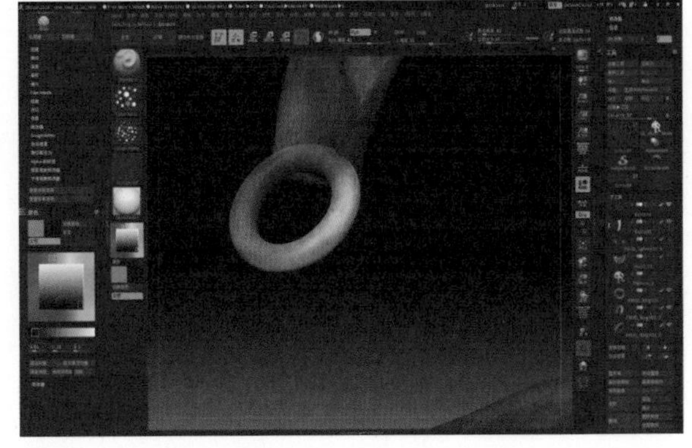
图428

(43) 下面开始绘制下身布料的材质，先给它一个深蓝色的基础材质。在Subtool（子工具）里面找到布料模型，选定好颜色，在Color（颜色）下面点击FillObject（填充对象）（图429至图432）。

(44) 选择Standard笔刷，Alpha里面选择Alpha23，笔触样式选择Color Spray，适当调整笔刷强度，用稍许亮一点的颜色在模型褶皱凸起处画出相对高亮的部分（图433至图436）。

(45) 继续使用同一种笔刷类型，在布料褶皱的凹陷部分颜色可以画得深一点，加深明暗关系和体积感（图437、438）。

(46) 添加一些脏污，丰富纹理细节（图439、440）。

(47) 再强化下亮光部分，不用太过强烈（图441、442）。

图429

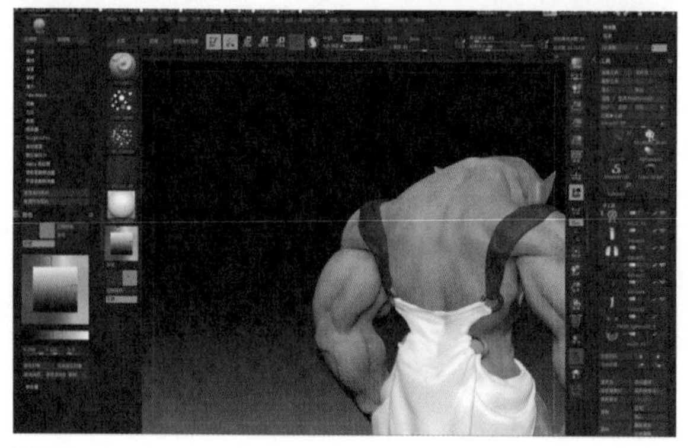

图430

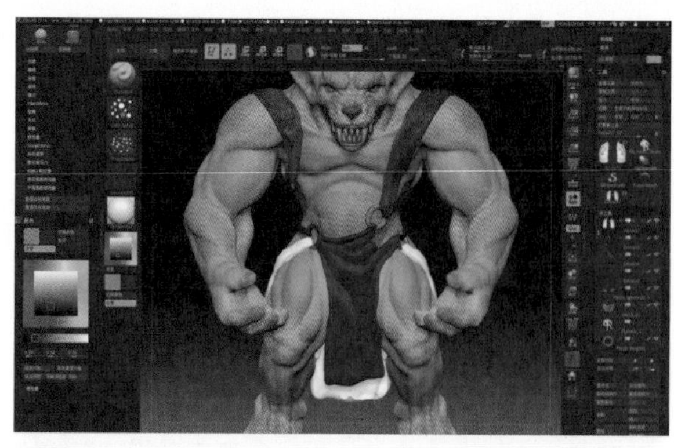

图431

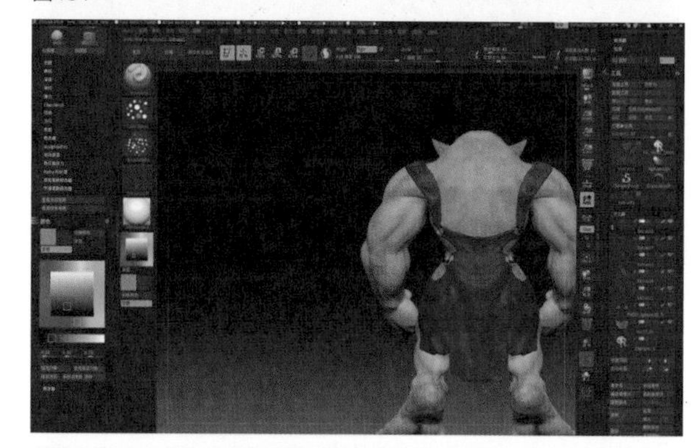

图432

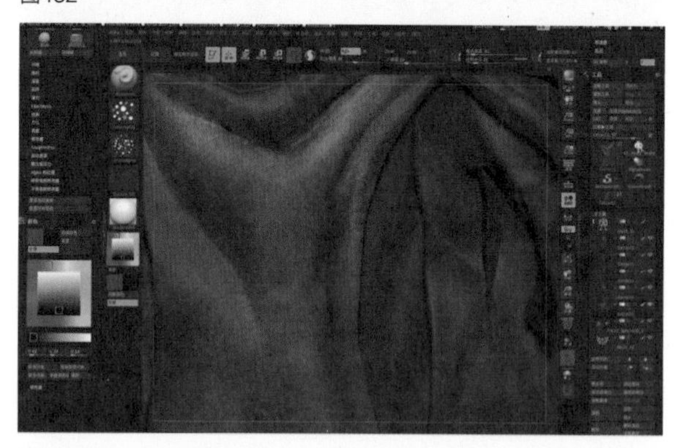

图433

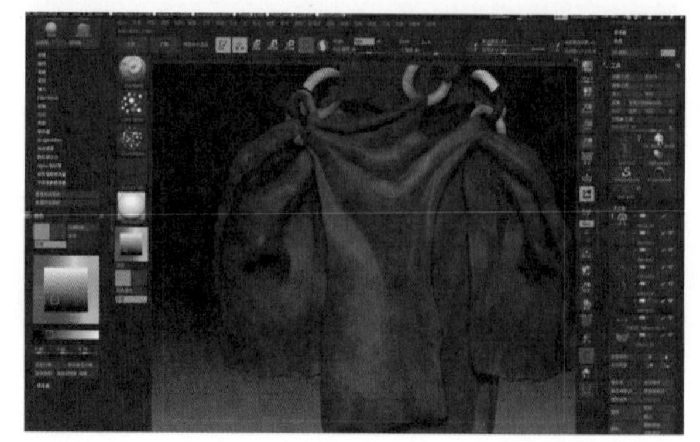

图434

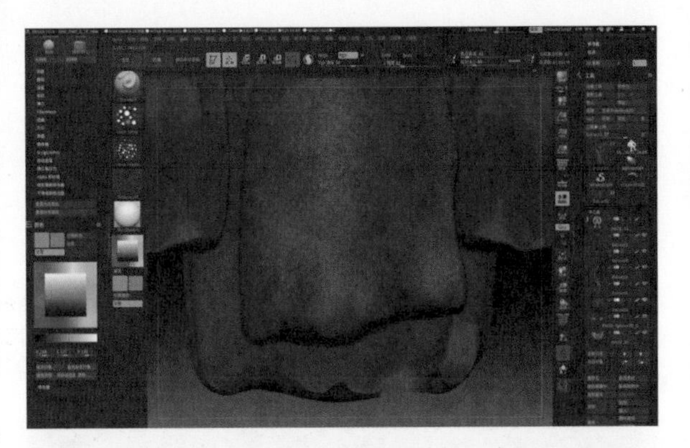

图435

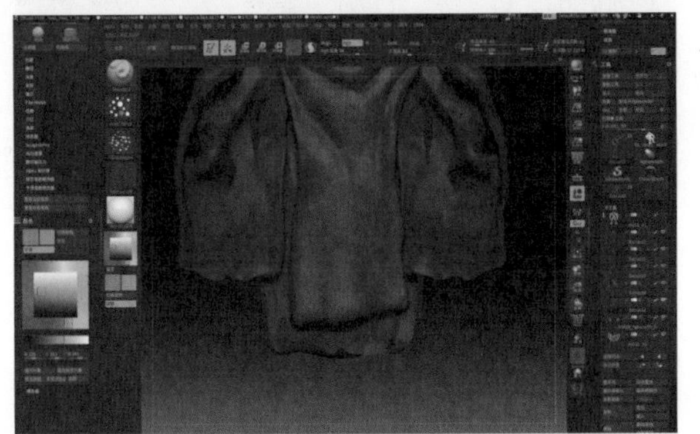

图436

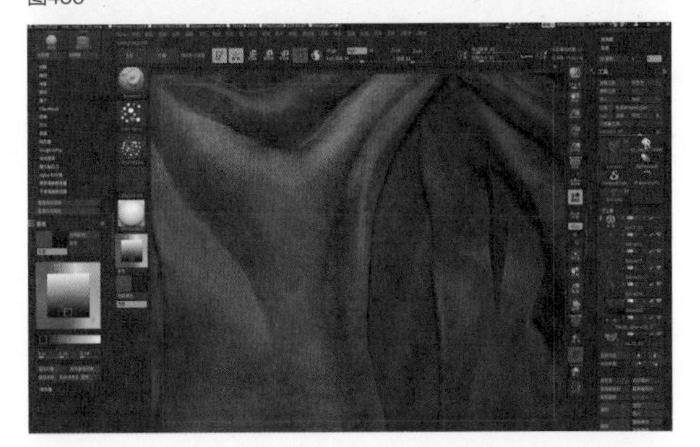

图437

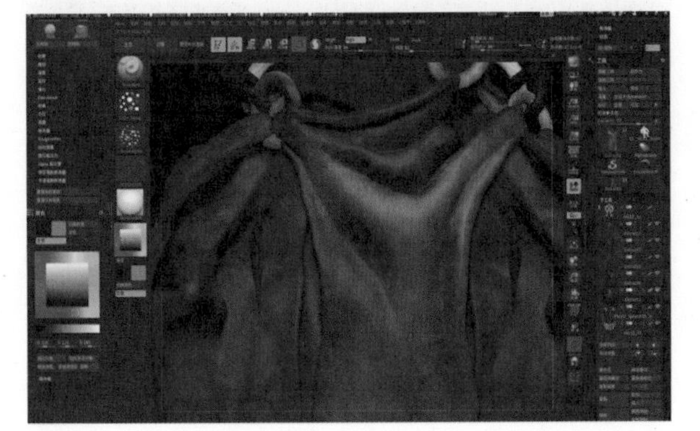

图438

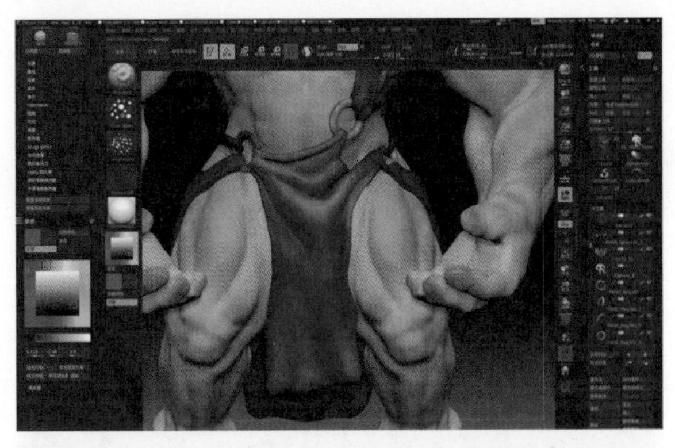

图439

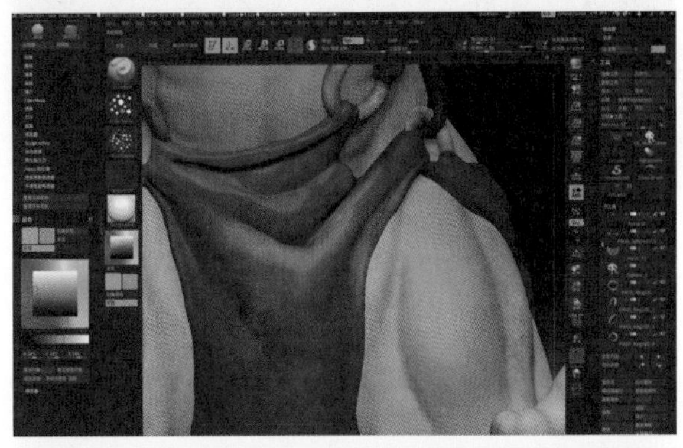

图440

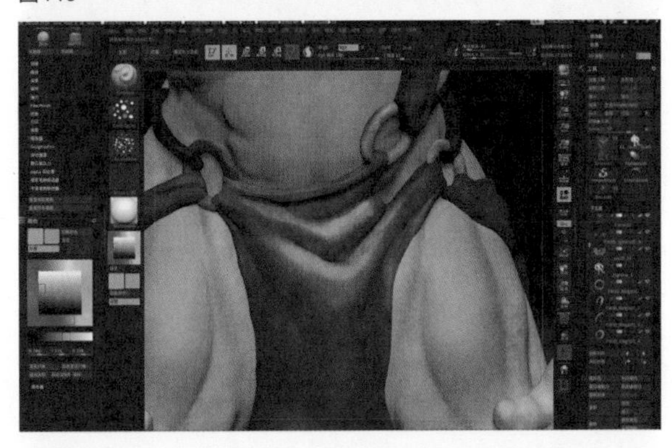

图441

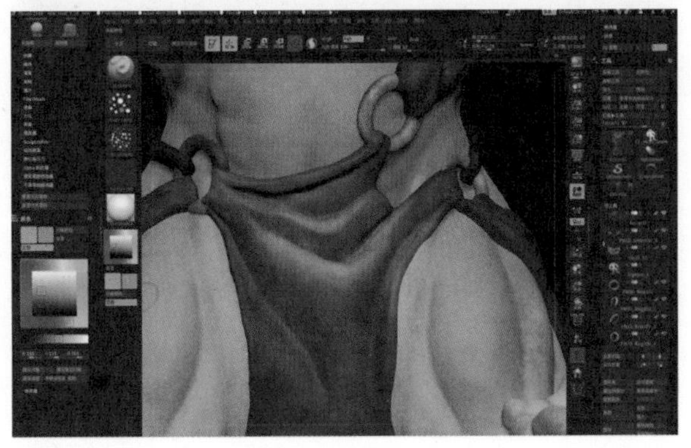

图442

(48) 在布料和铜环相连接处再加些深色和脏污，加深布料质感（图443至446）。

(49) 在褶皱结构处加强亮部，明确结构（图447、448）。

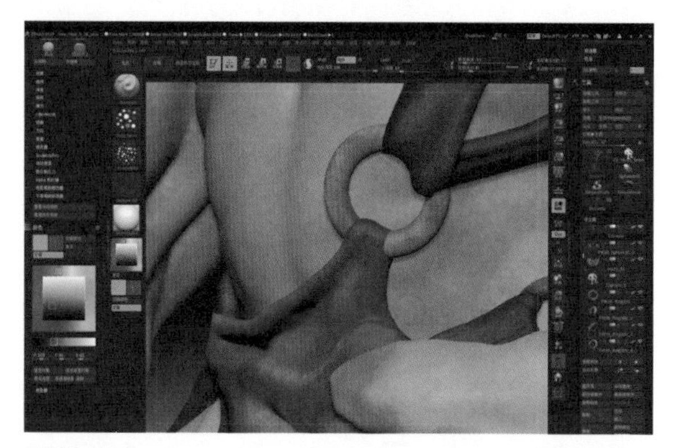
图443

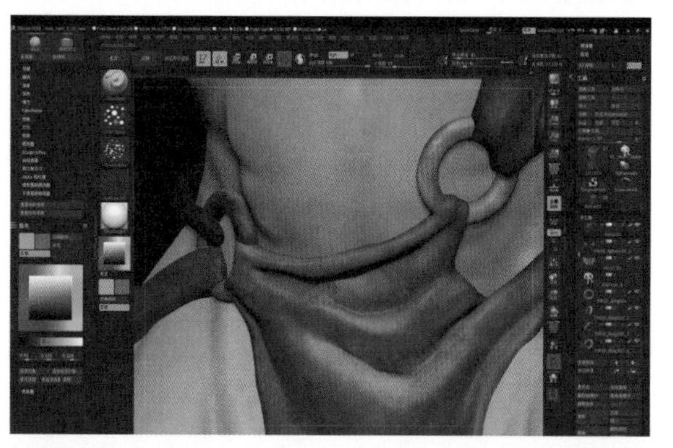
图444

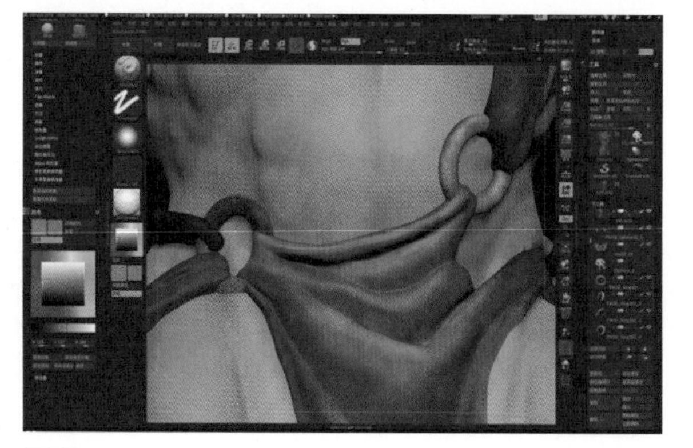
图445

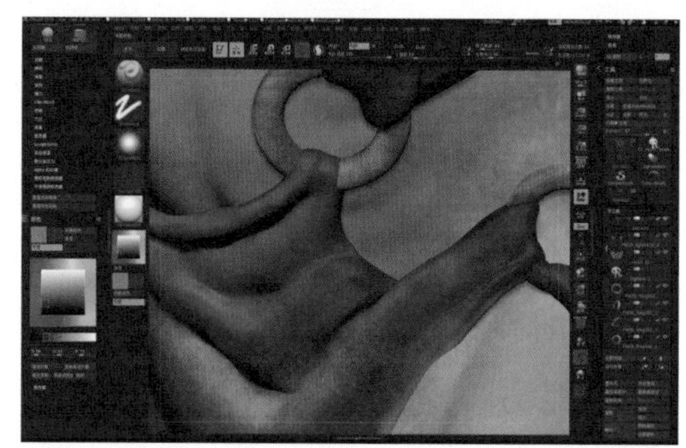
图446

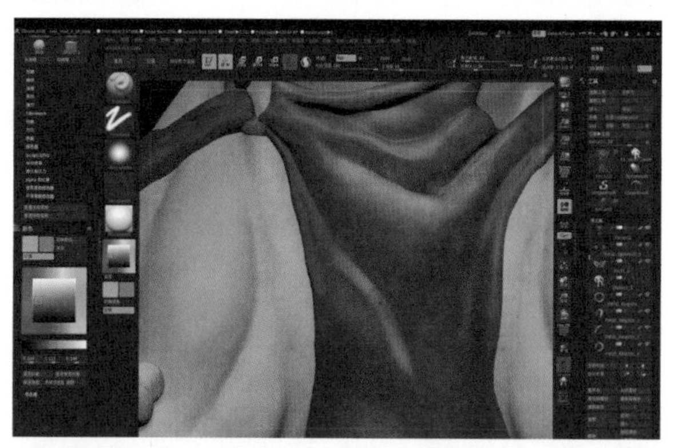
图447

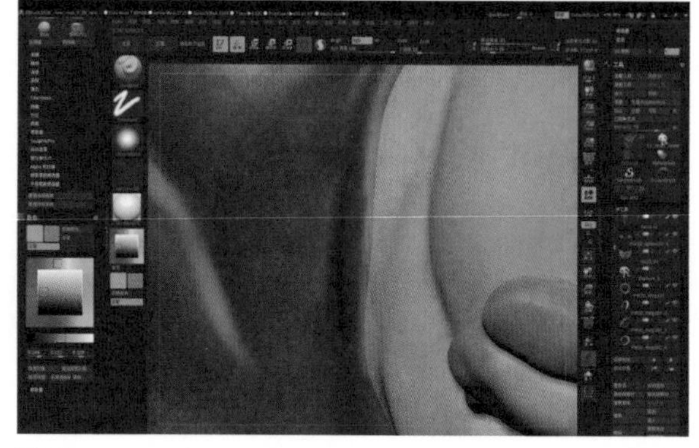
图448

(50) 然后给布料添加一个麻布的Alpha贴图，加深麻布布料本身的材质质感。点击场景左侧的Alpha图标，在它里面点击Import导入一张麻布的纹理贴图。值得注意的是使用的这张贴图必须是黑白色的，白色部分是凸起部分，凸起大小受颜色深浅而改变（图449）。在Storke（笔触）里面选择DragRect（拖动矩形）样式，然后就可以绘制到布料的模型上面（图450）。

(51) 下面对背面的皮质布料进行绘制，基本思路和上面皮质绑带模型的绘制方式相同（图451）。我们可以先将Subtool里面的其他模型进行隐藏，关闭Subtool组里面的小眼睛就可以了（图452）。

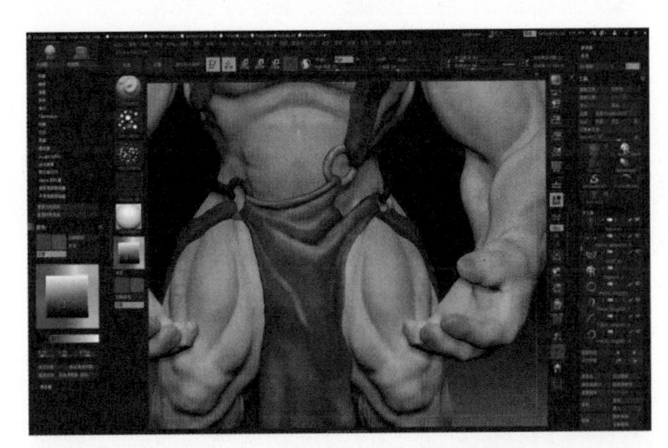

图449

图451

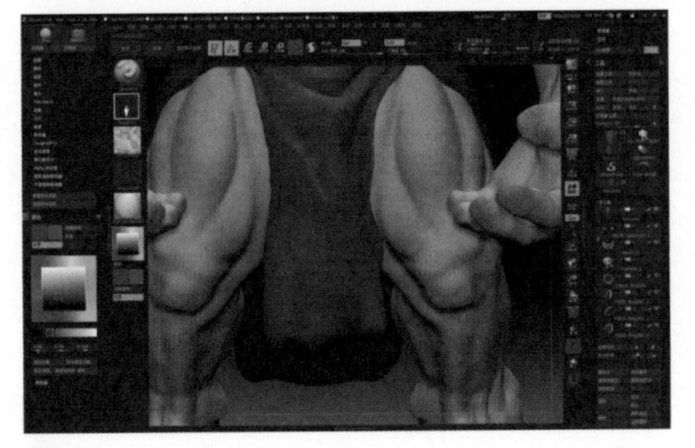

图450

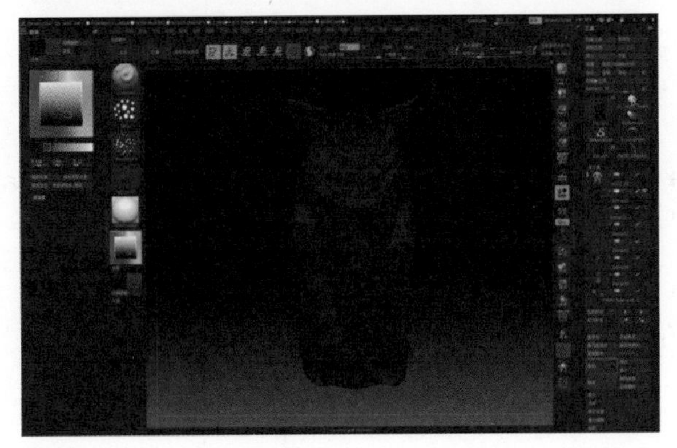

图452

选择Standard笔刷，在Alpha里面选择Alpha23，笔触样式选择Color Spray。在明显褶皱凸起处绘制一层浅色，再绘制一层高光加强模型明暗处的体积结构。在此基础上添加上一层有些粗糙、有细小毛点的皮质纹理（图453至图456）。

(52) 继续绘制侧面的两块布料，同样的先给它上一个基础材质（图457、458）。

(53) 同样的可以在两侧的布料上，添加麻布的Alpha贴图加深麻布布料本身的材质质感（图459、460）。然后选择Standard笔刷，在Alpha里面选择Alpha23，笔触样式选择Color Spray适当调整笔刷强度。使用笔刷在布料模型上加强明暗，在边缘部分画上些泥土的黄色加强其陈旧感（图461、462）。

(55) 使用同一笔刷，回到正面的布料上继续刻画颜色细节（图463至466）。

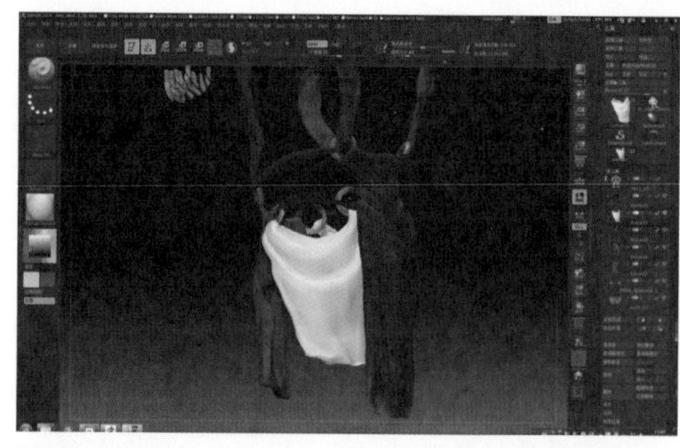
图455

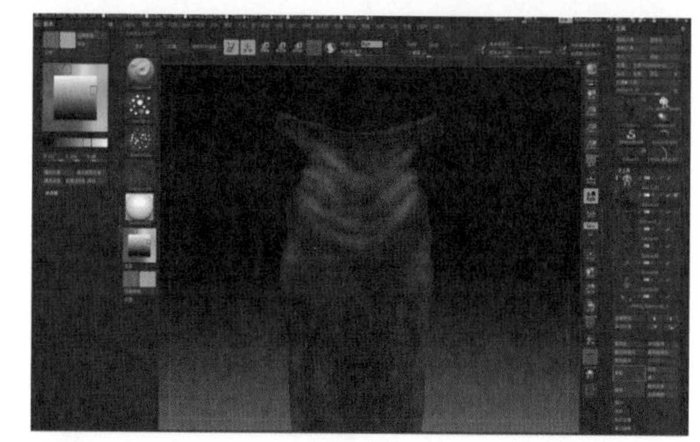
图456

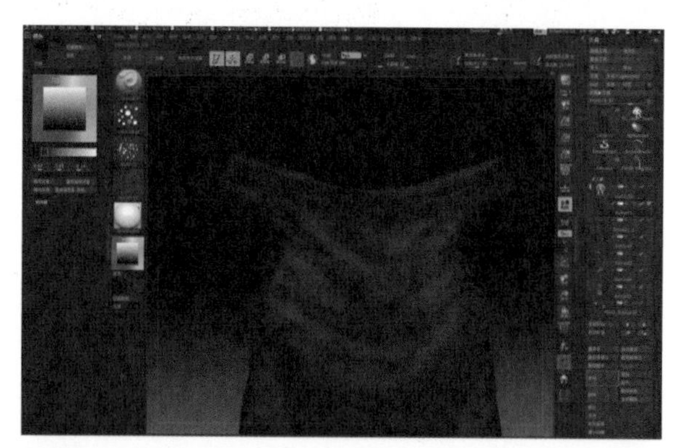
图453

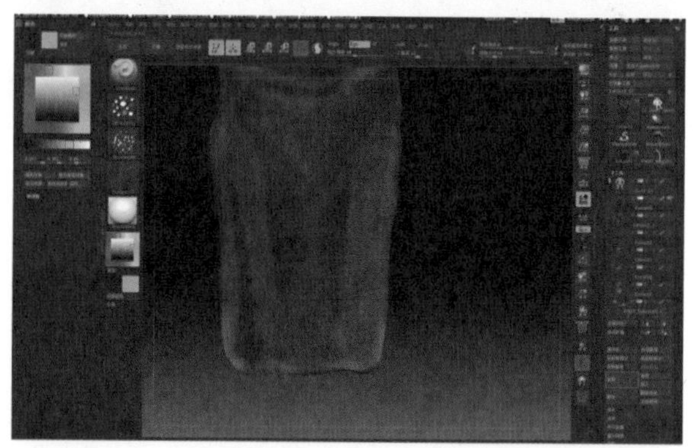
图457

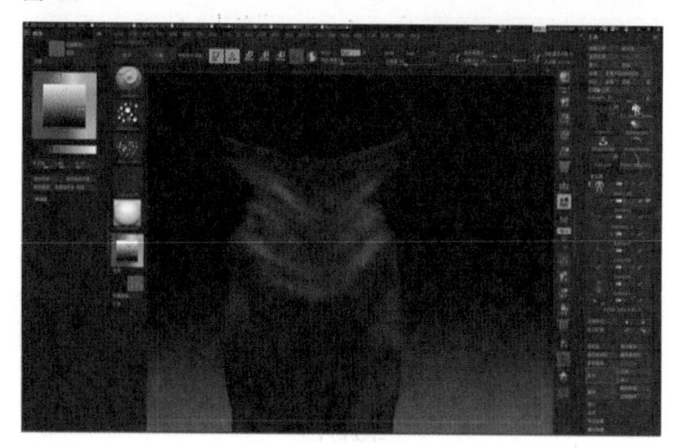
图454

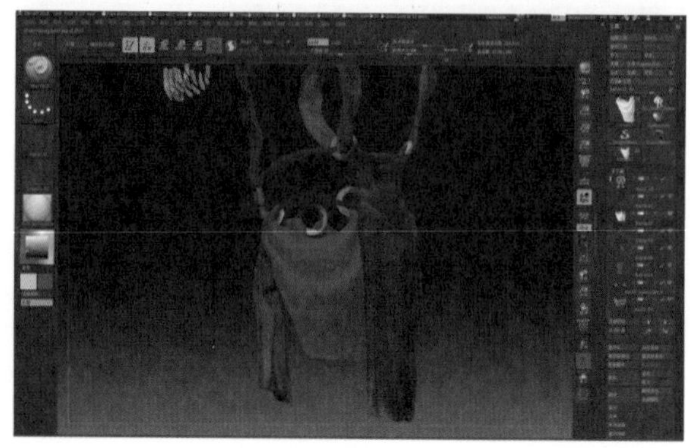
图458

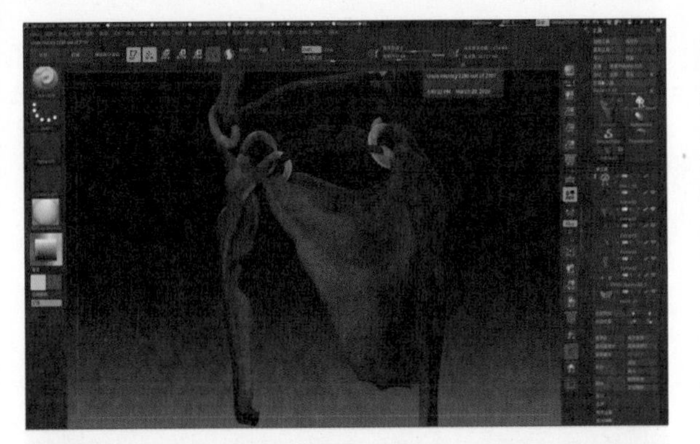

图459

图460

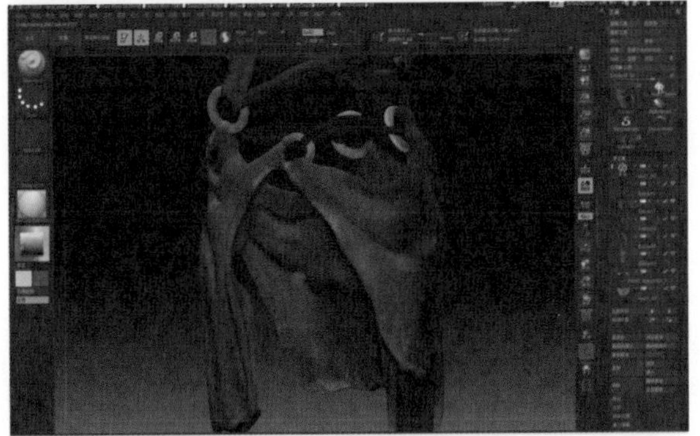

图461

图462

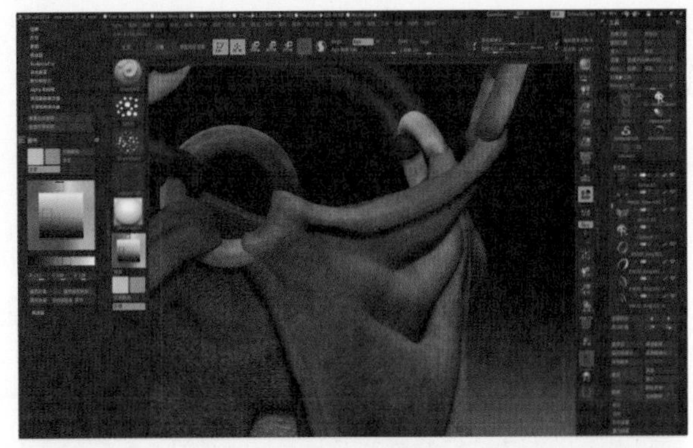

图463

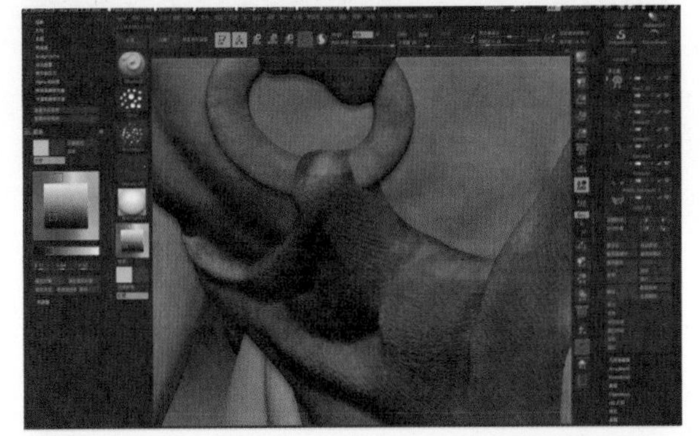

图464

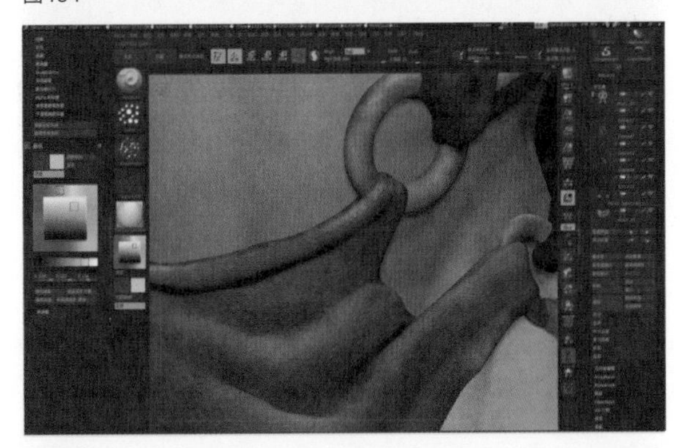

图465

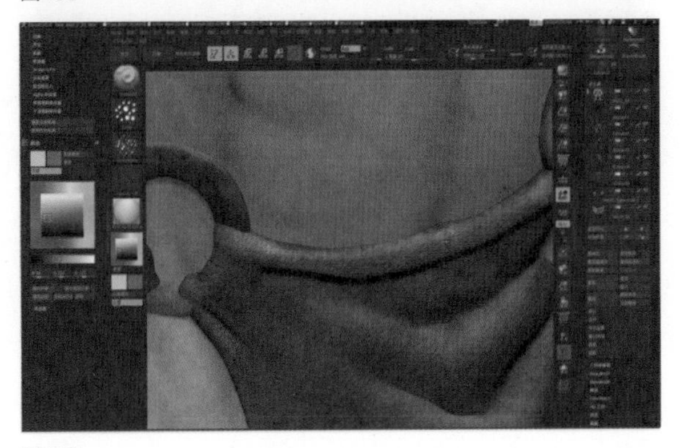

图466

(56) 在布料和铜环相连接处再添加些脏污等颜色细节，加深布料质感（图467至图470）。

(57) 下面绘制背后的皮质布料，在前面绘制的纹理基础上继续增加布料边缘的磨损和脏渍纹理效果（图471至图474）。

(58) 使用笔刷Standard，在笔触样式上选择FreeHand样式对皮质进行凹陷效果（当前笔刷同时按住键盘上的Alt键）的划痕刻画。同时增加划痕周围的纹理颜色（图475至图478）。

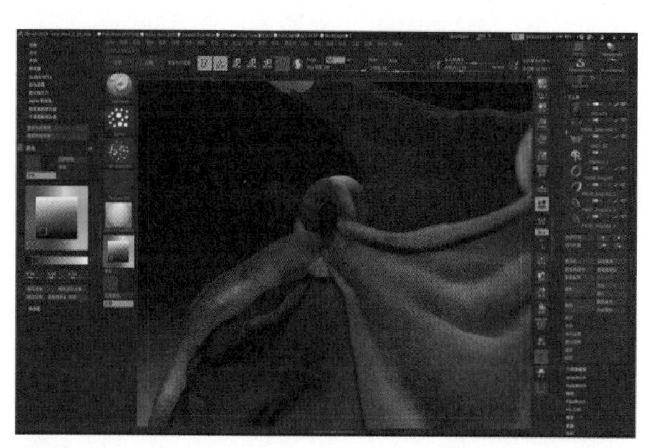
图467

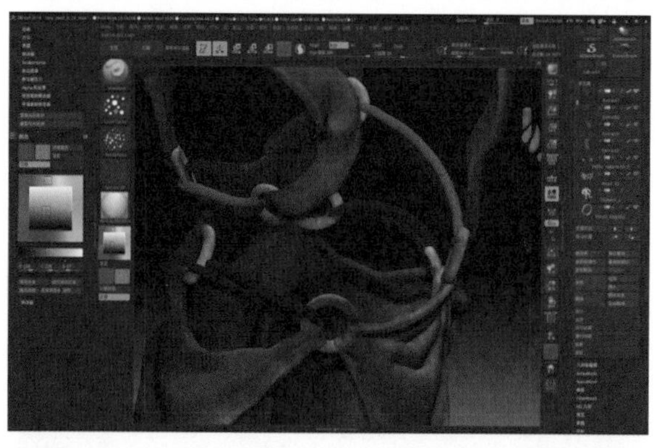
图468

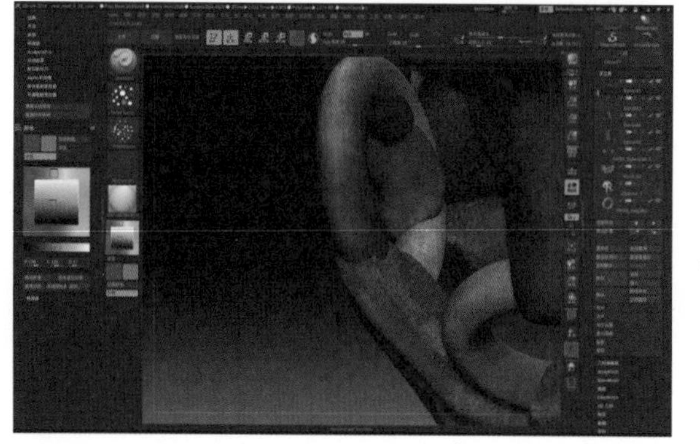
图469

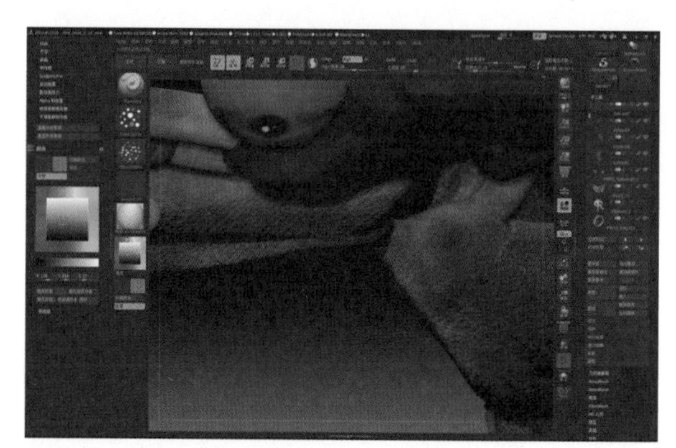
图470

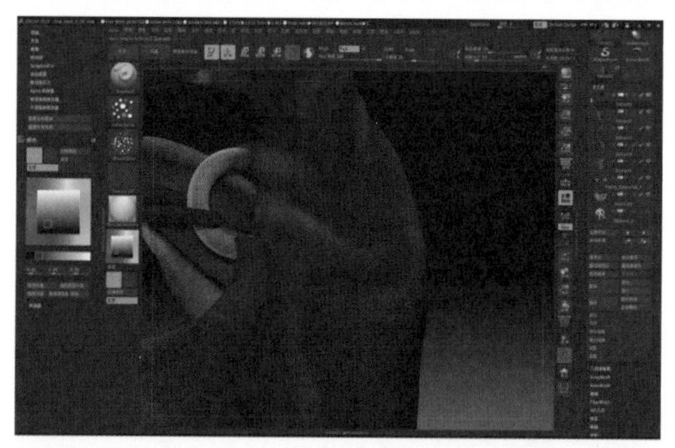
图471

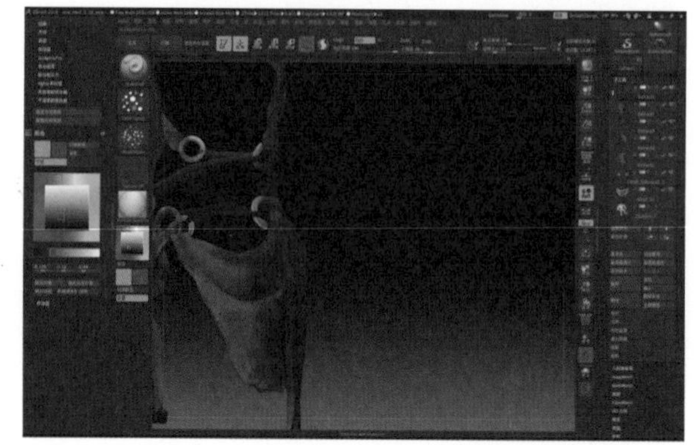
图472

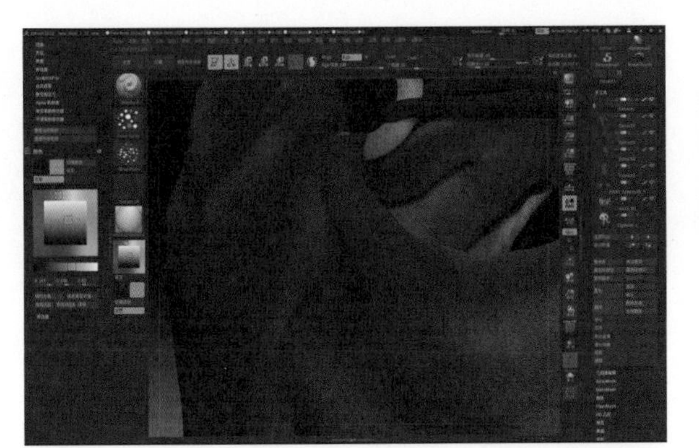

图473

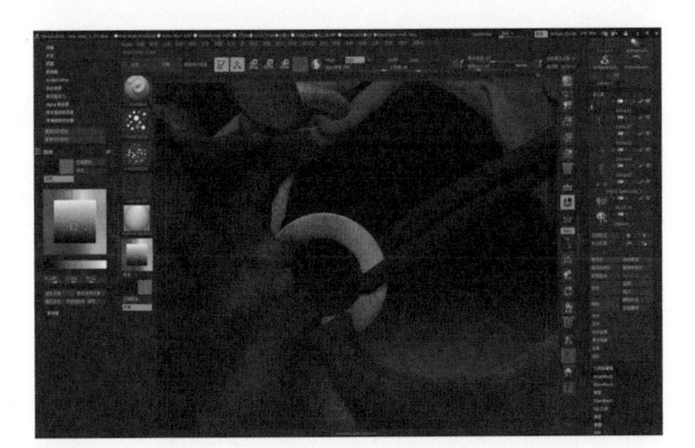

图474

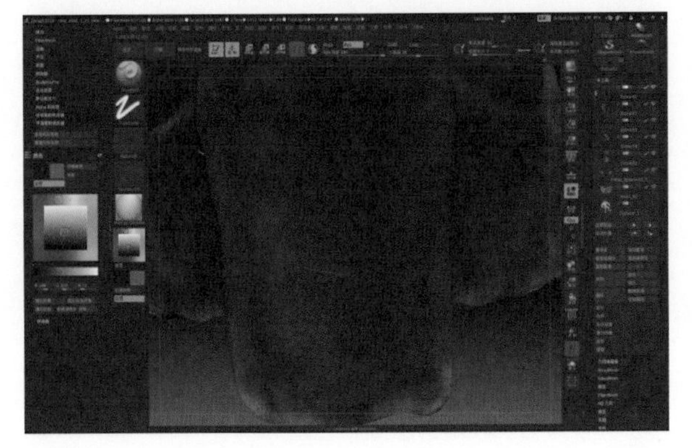

图475

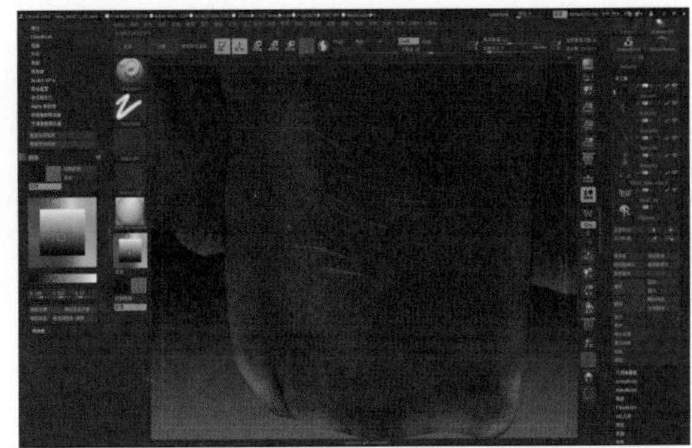

图476

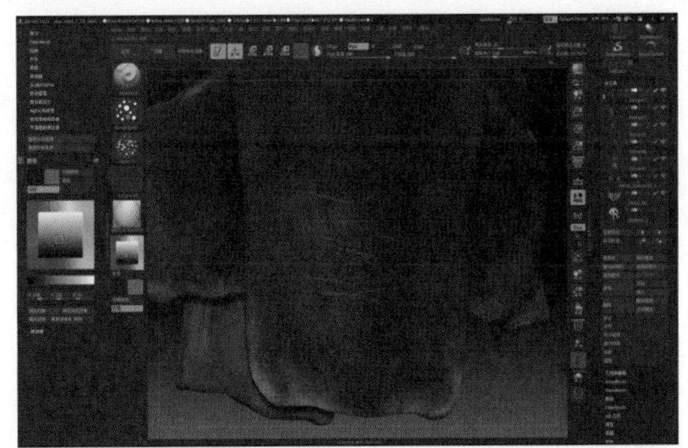

图477

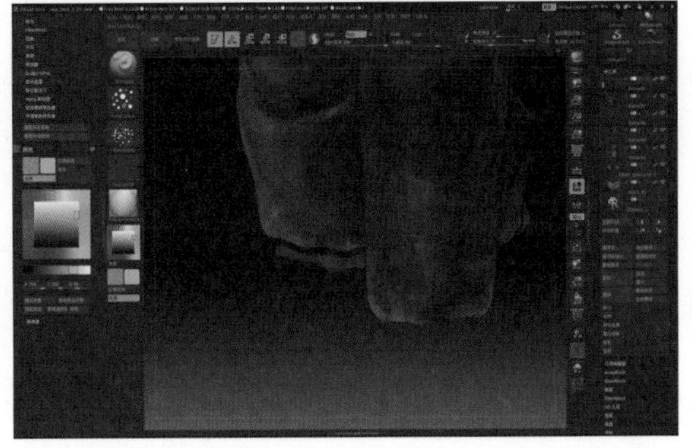

图478

(59) 在前面我们已经创建过了绑绳的模型，这里还想提一下的是，在ZBrush2018（图479）的LightBox灯箱里面的Brush笔刷下面的BetaTestersBrusl文件夹里，有个Insert Rope.ZBP笔刷文件，可以用来快速创建绑绳模型（图480）。它必须基于两个最低细分级别的模型之间画出曲线连接才能被创建。绑绳模型是在铜环之间的，可以先选择两个铜环模型将它们变成1级的最低细分模型（图481），选择Insert Rope笔刷画出连接两个铜环间的曲线来创建绑绳模型（图482）。笔刷越大，绑绳模型就越大。

(60) 创建完绑绳模型之后可以继续对它进行移动、缩放和旋转的操作，将它放置到合适的位置上（图483至图486）。

(61) 选择绑绳模型，在Subtool（子工具）下面点击Duplicate（复制）命令，对它进行复制（图487、488）。

图480

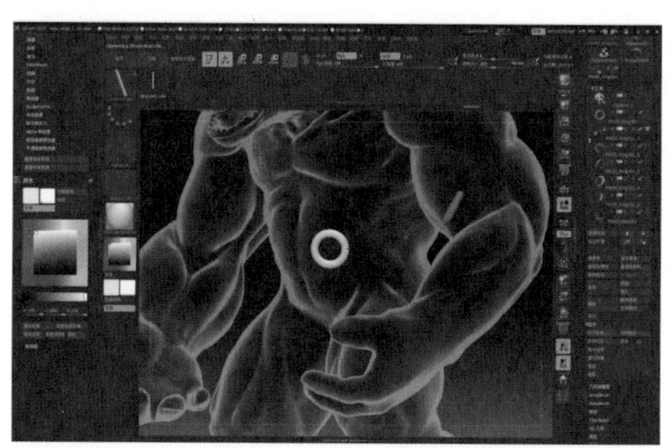

图481

图479

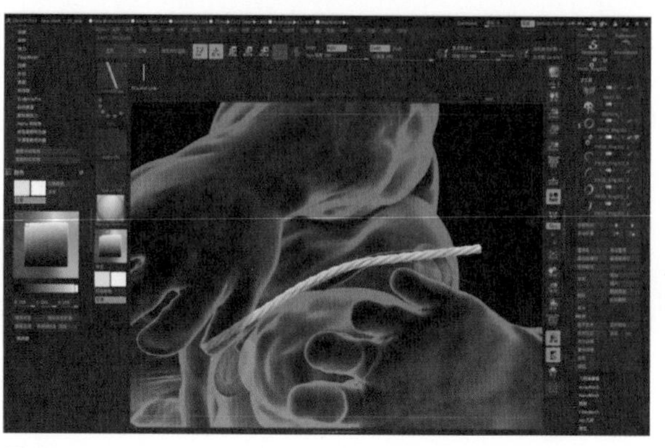

图482

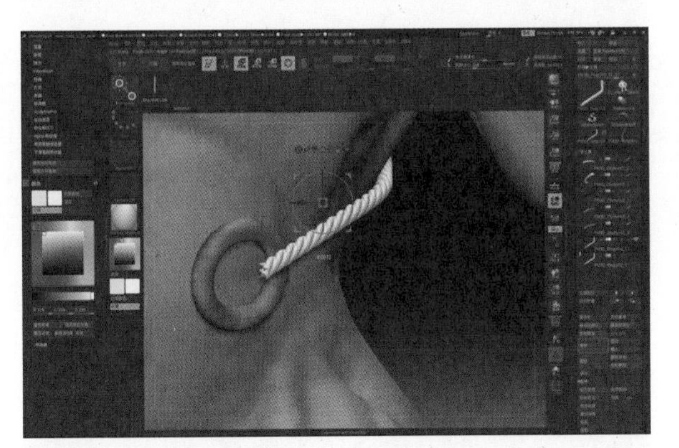

图483

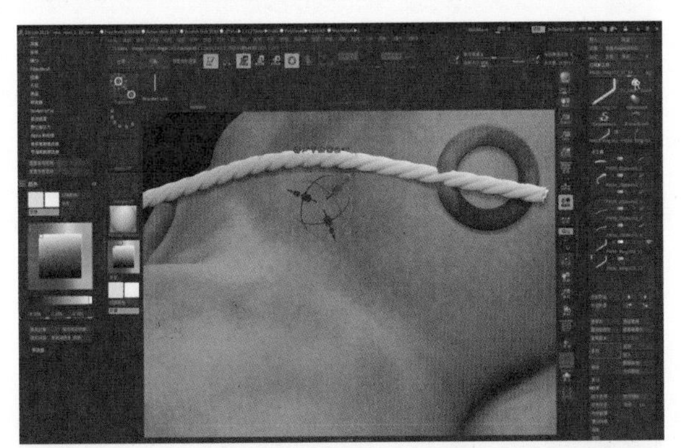

图484

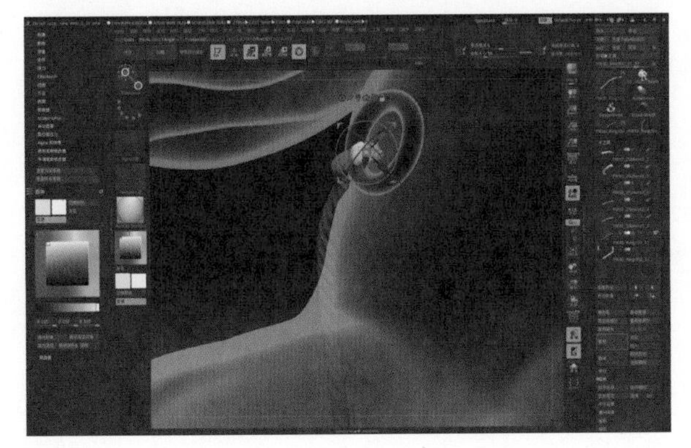

图485

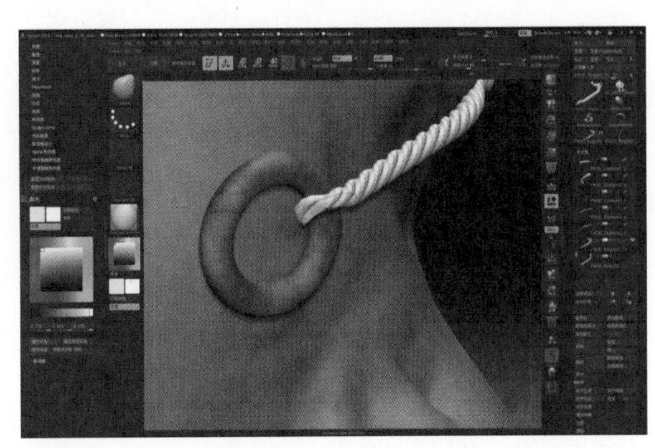

图486

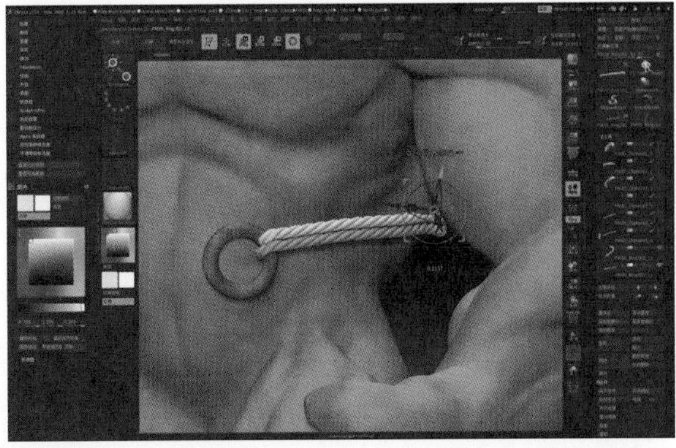

图487

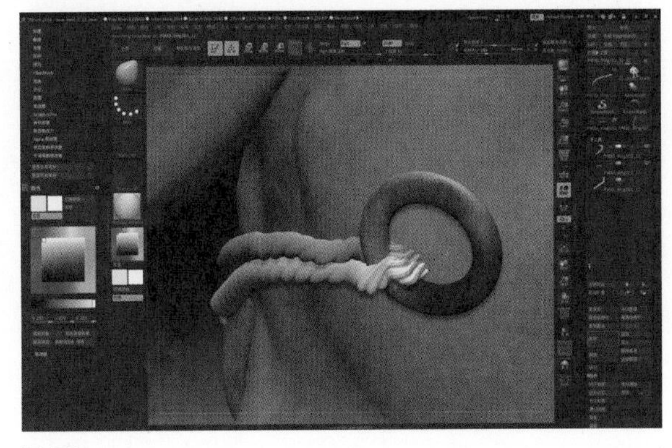

图488

(62) 使用遮罩工具将绑绳和铜环连接处的结构进行调整，使它们连接得更为自然（图489至图492）。

(63) 使用同样的创建方式制作其他的绑绳模型，并且可以给它一个基础颜色。到这里，怪物身体的配饰和衣物等贴图就基本完成了（图493至图498）。

(64) 下面我们要将已经绘制完颜色纹理贴图的模型和贴图导出成3D通用格式（图499），导入Maya等3D软件进行渲染。

在Subtool（子工具）中找到怪物身体的模型，在屏幕顶端的工具栏里面的Zplugin（Z插件）下面找到UV Master（UV大师），点击里面的Work on Clone（处理克隆）按钮，它会重新复制生成一个新的身体模型并且自动将细分级别降到最低（图500）。

(65) 开始进行拆分模型UV的准备工作，一般来说简单模型直接点击Unwrap（展开）和 Unwrap All（全部展开）就可以自动展开UV了，但怪物模型的结构太过复杂了，就需要使用到Protect（保护）和Attract（画出）等命令。

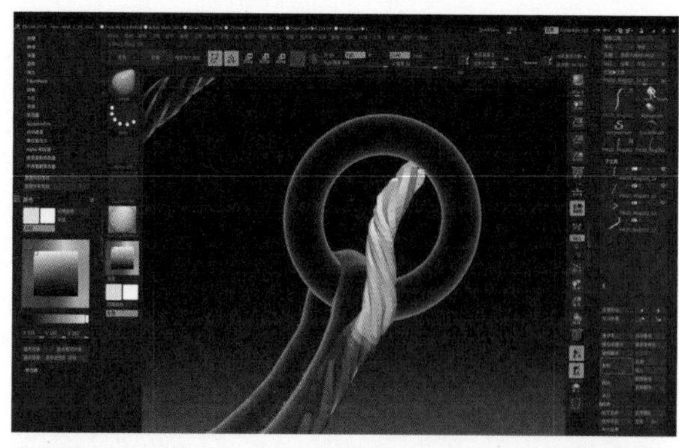
图489

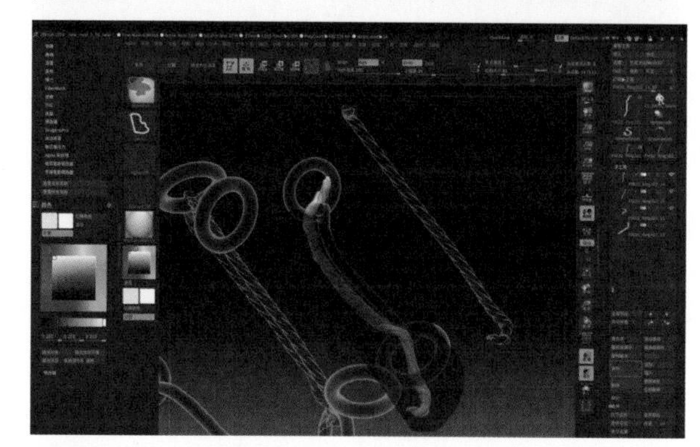
图490

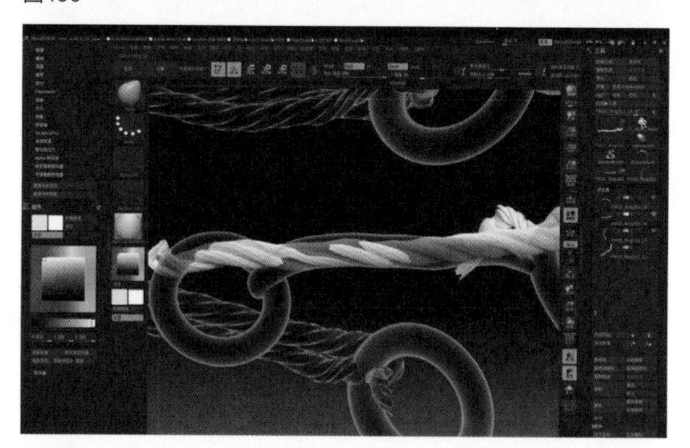
图491

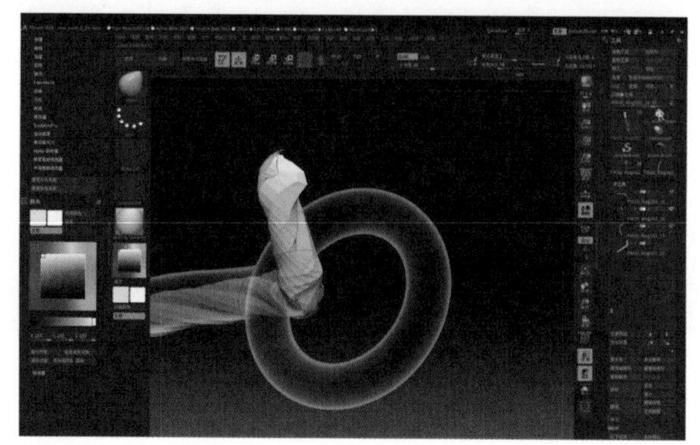
图492

图493

图494

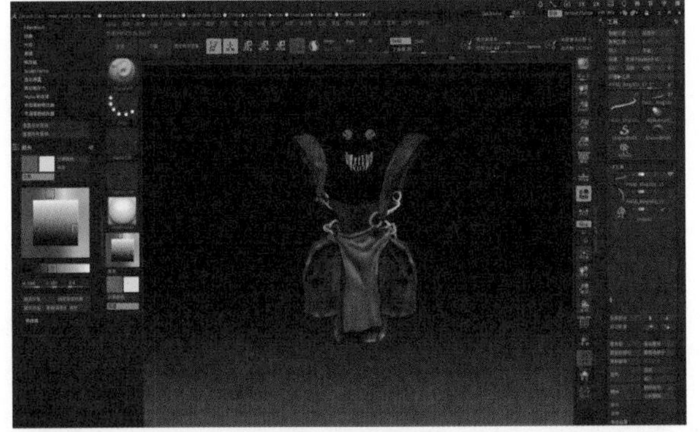

图495

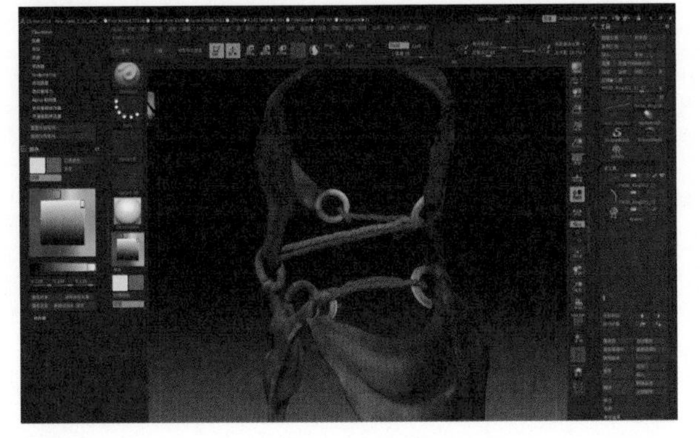

图496

图497

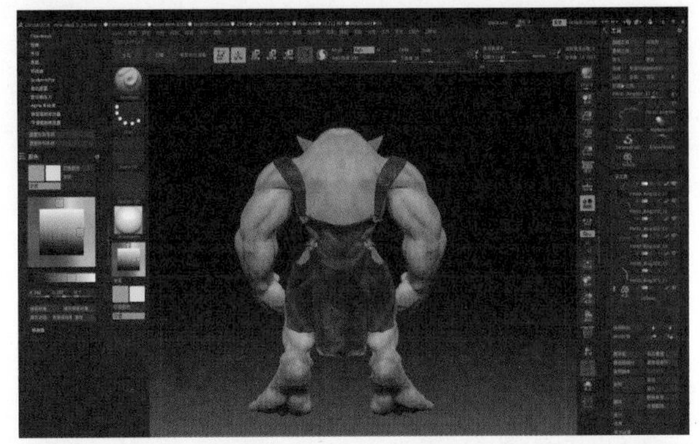

图498

图499

图500

点击Enable Control Painting（启用控制绘制）按钮，可以看到激活了它下面的其他功能。首先按下Protect（保护）命令，可以看到笔刷颜色自动调整为红色，下面就可以将红色笔刷绘制到模型上需要保护而不被切分开的部分，如怪物的脸部（图501）。

按下Attract（画出）命令，可以看到笔刷颜色自动调整为蓝色，将蓝色笔刷绘制到模型上需要切分开的部分，它就会将分割线放置到蓝色绘制处（图502）。

(66) 将怪物的脸部进行保护命令操作后，开始绘制模型UV切分处。点击Attract（画出）命令，使用笔刷开始绘制蓝色的切分线条，模型UV原则是尽量将分割线藏到不起眼的地方，如背部、手臂内侧和手指脚趾内侧等。对于有模型遮挡的时候还是可以进行独立显示操作（点击键盘Shift+Ctrl+鼠标左键进入框选模式，然后在左侧的Stroke里面选择Lasso的框选样式框选要分离出来的模型部分）（图503至图508）。

(67) 当保护和画出都操作完毕之后，就可以点击Unwrap（展开）命令对模型进行UV展开操作，当模型的UV展开后可以点击Flatten（平面化）按钮，查看模型UV平面化的展开效果（图509、510、511）。

(68) 在UV检查无误后将克隆出来的低精度模型的UV复制粘贴到高精度模型上，点击Copy UVs后，在Subtool（子工具）里面找到身体的高精度模型，再点击Paste UVs（粘贴UV）（图512、513）。

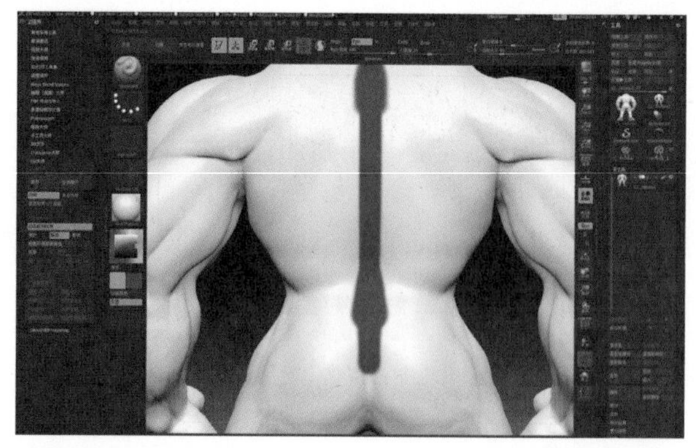
图502

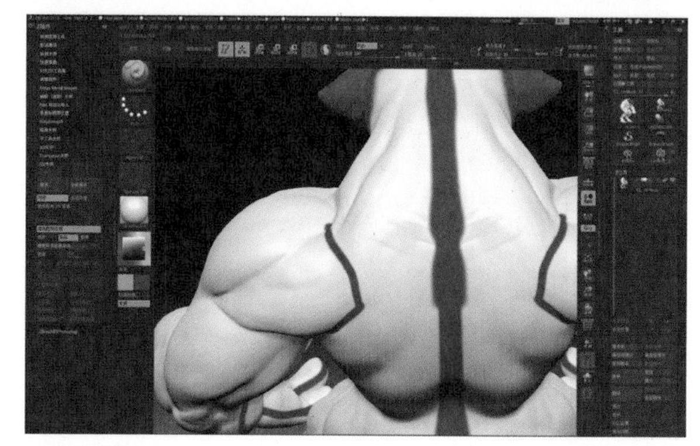
图503

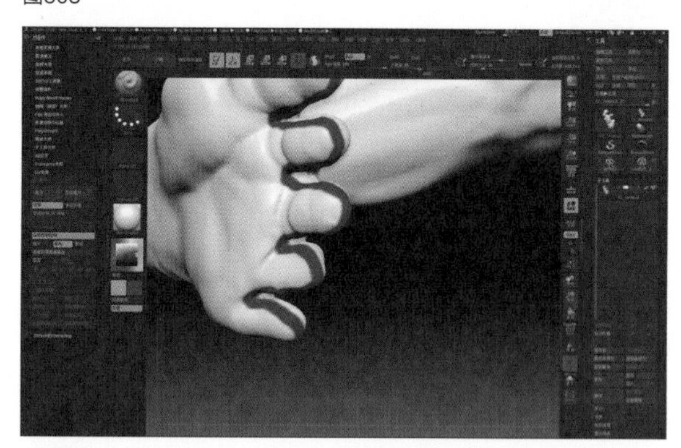
图504

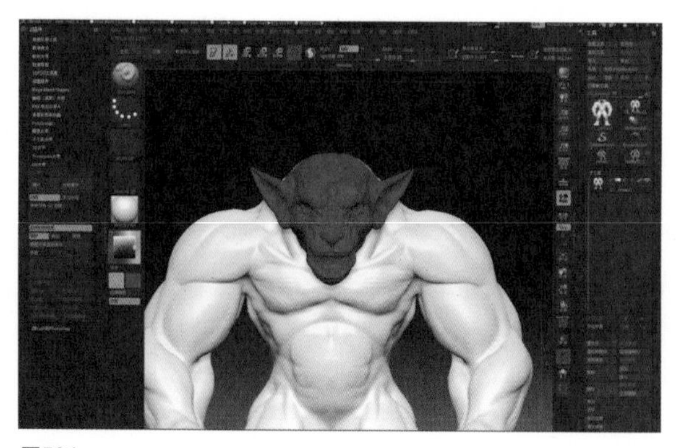
图501

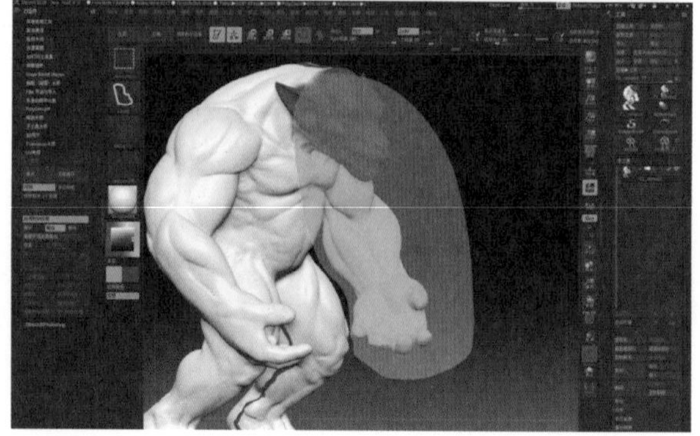
图505

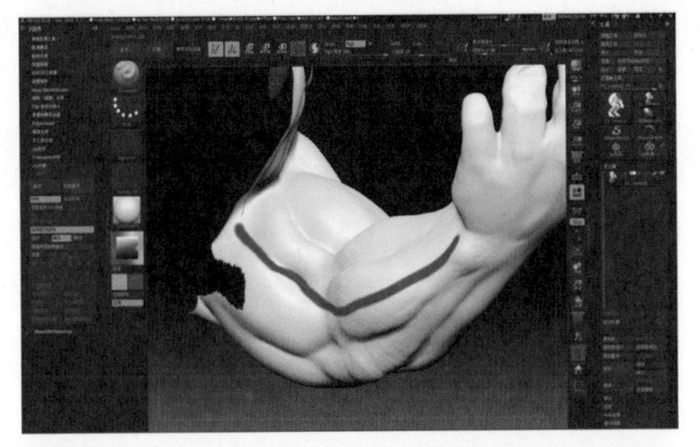
图506

图510

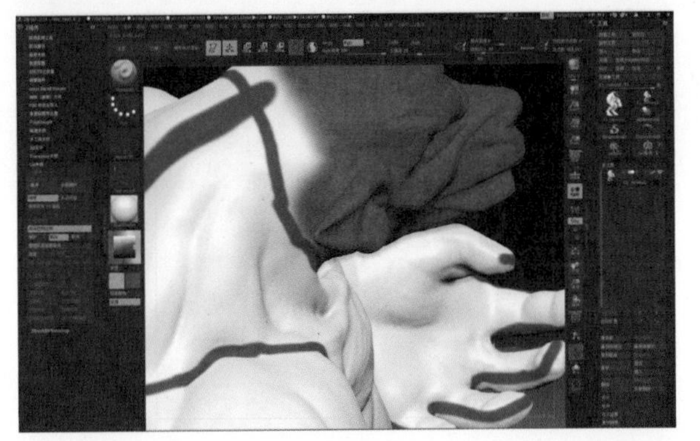
图507

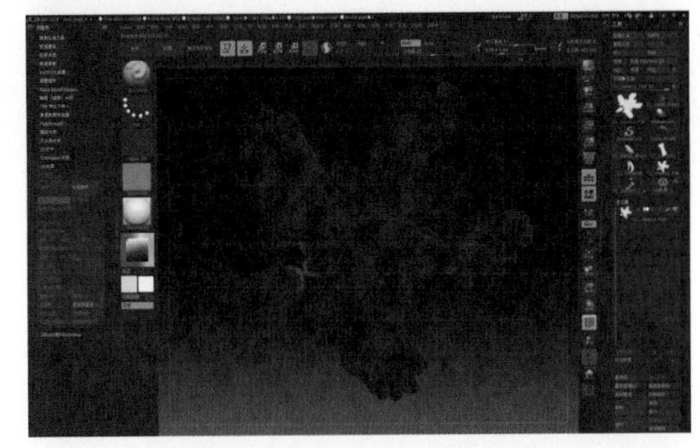
图511

图508

图512

图509

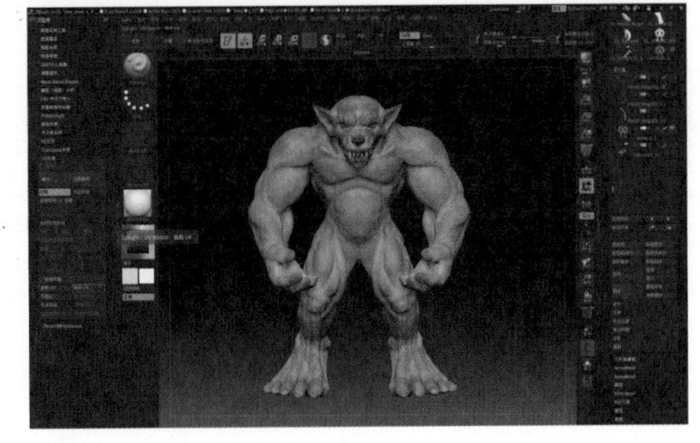
图513

在Tool（工具）下面找到Texture Map（纹理贴图），点击Create（创建）里面的New From Polypaint（通过多边形绘制新建）创建出根据模型UV平铺展开的纹理贴图，再点击纹理贴图中的克隆纹理，将纹理复制进屏幕顶部的Texture（纹理）中。因为ZBrush的纹理图在Maya中是垂直反向的，所以在Texture（纹理）点击Flip Vertically（垂直翻转）按钮，最后点击Export（导出）按钮进行纹理贴图导出（图514、515）。

(69) 对眼睛进行保护和画出的操作，点击Unwrap（展开）命令展开眼睛，点击Flatten（平面化）按钮检查模型展开有无问题（图516至图519）。

(70) 下面将克隆复制出来的低精度模型的UV复制到高精度模型上面（图520），点击Copy UVs后，在Subtool（子工具）里面找到眼睛的高精度模型再点击Paste UVs（粘贴UV）。Zbrush UVmap里面默认分辨率是2048，一般的项目都基本够用了，想要调整也是可以，在Tool（工具）下面的UV Map（UV贴图）里面。

在Tool（工具）下面找到Texture Map（纹理贴图），点击Create（创建）里面的New From Polypaint（通过多边形绘制新建）创建出根据模型UV平铺展开的纹理贴图，再点击纹理贴图中的克隆纹理，将纹理复制进屏幕顶部的Texture（纹理）中。因为ZBrush的纹理图在Maya中是垂直反向的，所以在Texture（纹理）点击Flip Vertically（垂直翻转）按钮，最后点击Export（导出）按钮进行纹理贴图导出（图521至图525）。

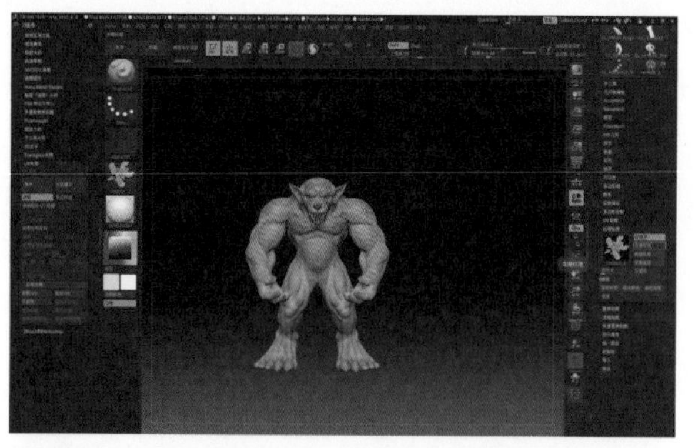
图514

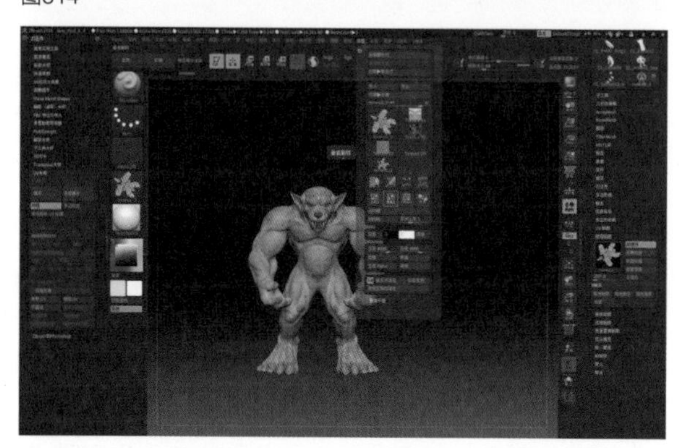
图515

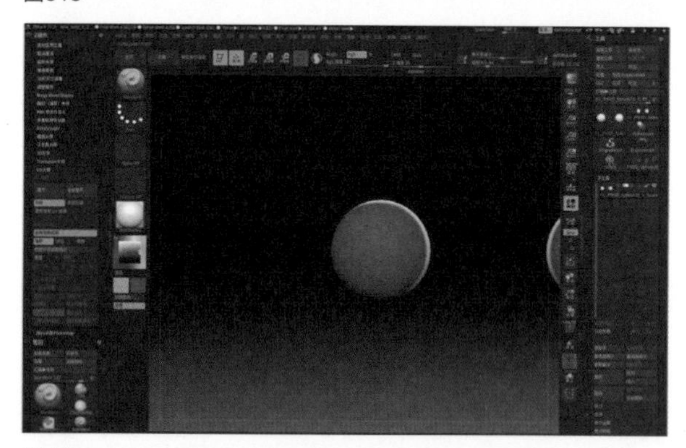
图516

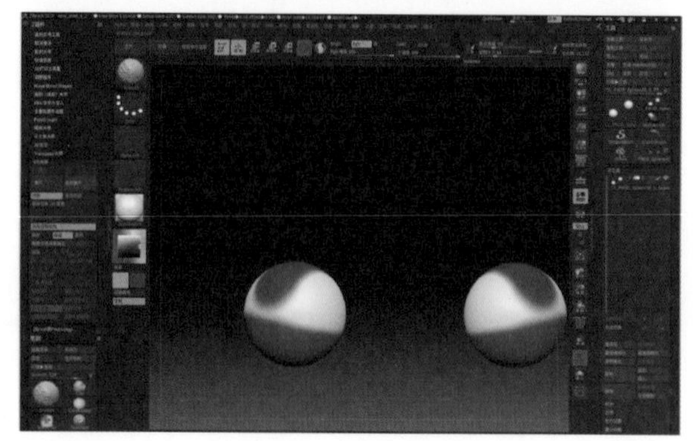
图517

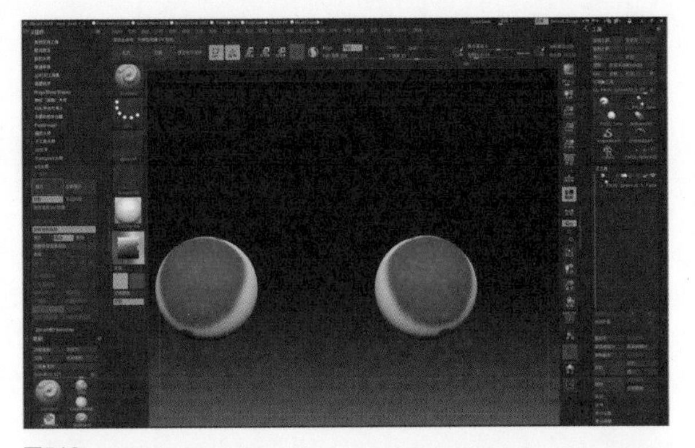

图518

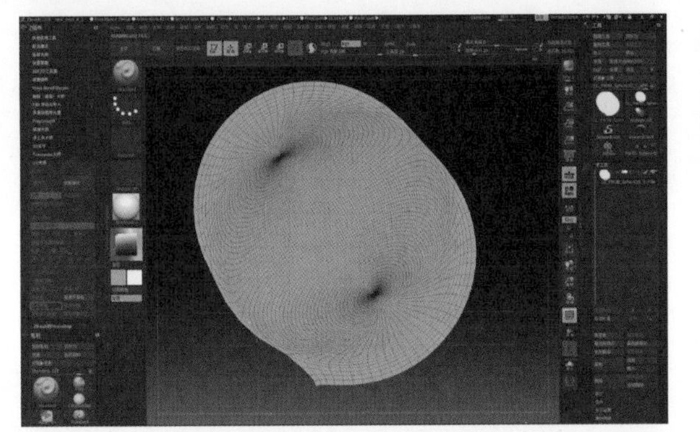

图519

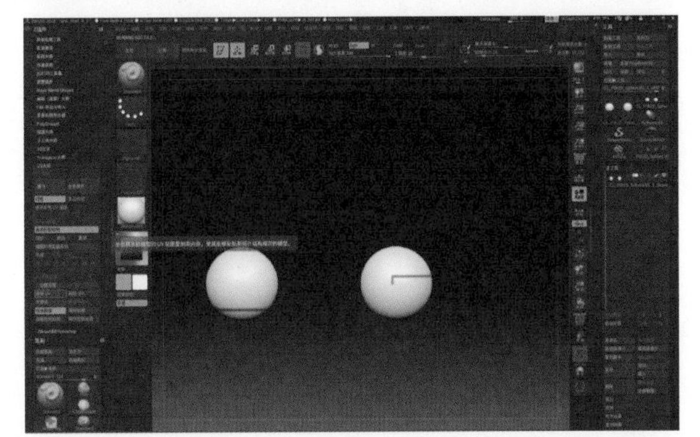

图520

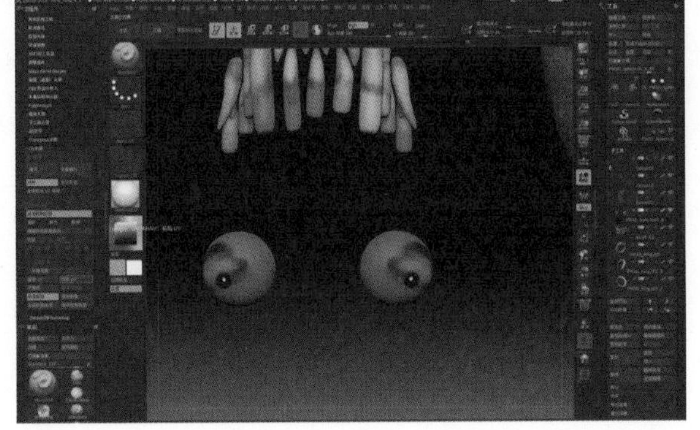

图521

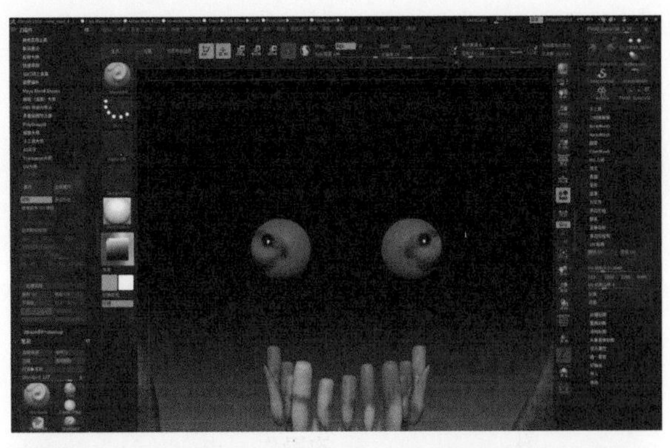

图522

图523

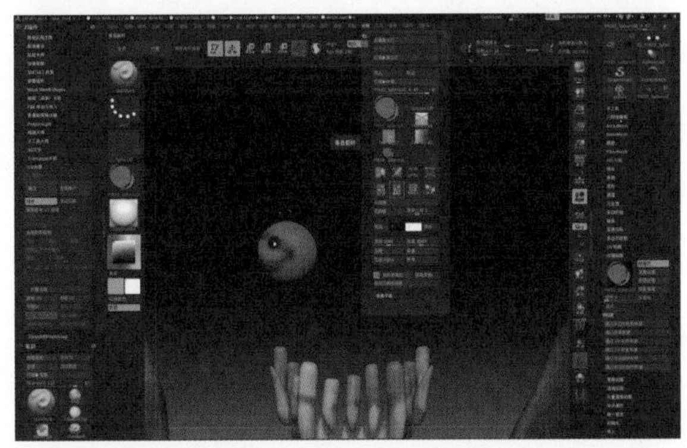

图524

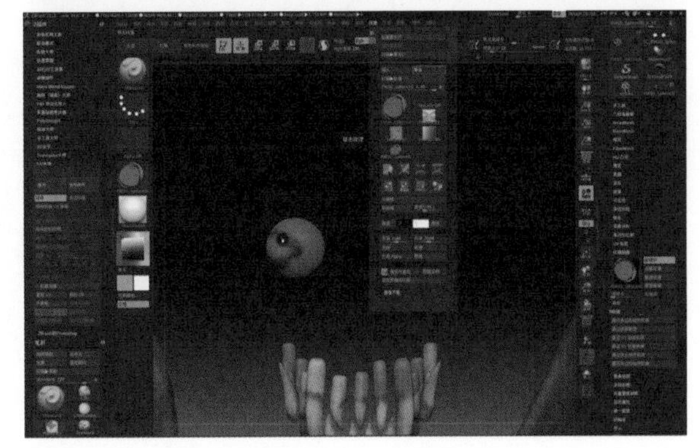

图525

(71) 制作牙齿的纹理贴图，在屏幕顶端的工具栏里面的Zplugin（Z插件）下面找到UV Master（UV大师），点击Work on Clone（处理克隆）复制出牙齿的低精度模型（图526、527）。对牙齿进行保护和画出的操作，基本原则一致，尽量将UV接缝放在模型背后（图528）。将低精度模型的UV复制粘贴到高精度模型上（图529），在Texture Map（纹理贴图）里面点击Create（创建）里面的New From Polypaint（通过多边形绘制新建）创建出根据模型UV平铺展开的纹理贴图。点击克隆纹理，在Texture（纹理）里面进行Flip Vertically（垂直翻转）命令，最后导出纹理贴图（图530、531）。

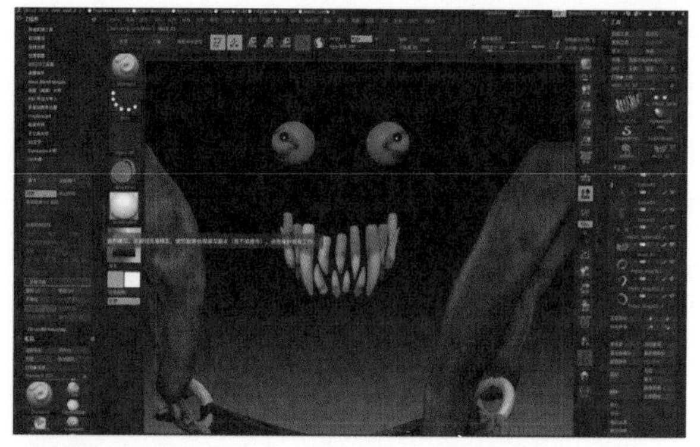
图526

(72) 下面来制作左手边皮质绑带的纹理贴图，在屏幕顶端的工具栏里面的Zplugin（Z插件）下面找到UV Master（UV大师），点击里面的Work on Clone（处理克隆）按钮，将模型复制出低精度模型（图532、533），因为皮质绑带模型相对简单，就可以直接点击Unwrap（展开）命令使它自动展开UV（图534）。点击Check Seams（检查接缝）命令，可以在模型上用橘黄色的线条显示UV的接缝，便于观察（图535）。

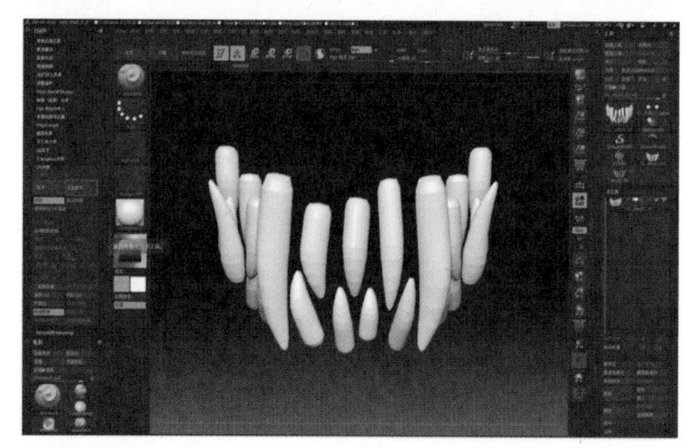
图527

和前面一样，对低精度模型的UV进行复制，再选择高精度模型进行粘贴（图536）。在Texture Map（纹理贴图）里面点击Create（创建）里面的New From Polypaint（通过多边形绘制新建），创建出根据模型UV平铺展开的纹理贴图。点击克隆纹理，在Texture（纹理）里面进行Flip Vertically（垂直翻转）命令，最后导出纹理贴图（图537）。

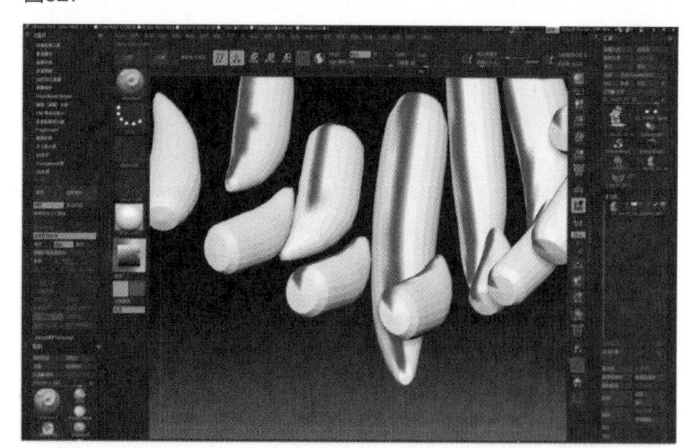
图528

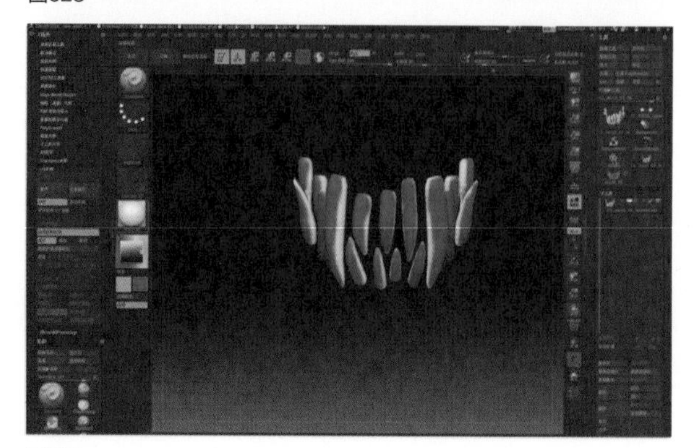
图529

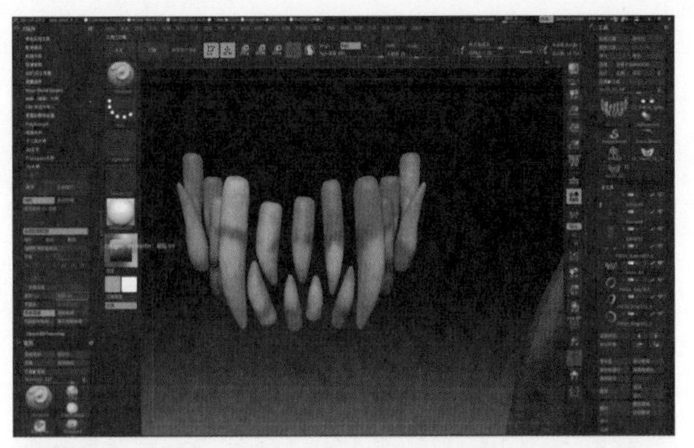
图530

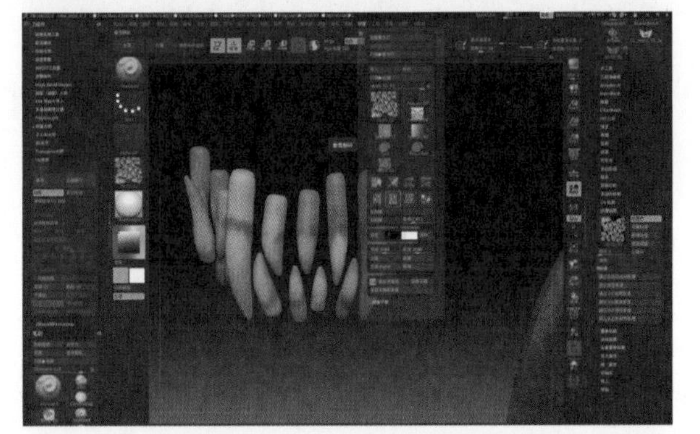
图531

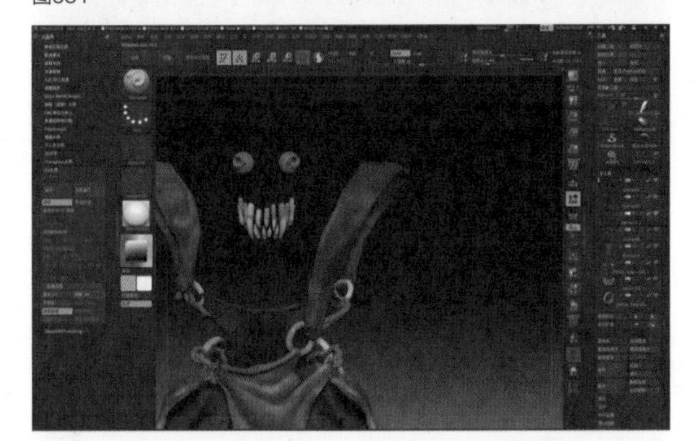
图532

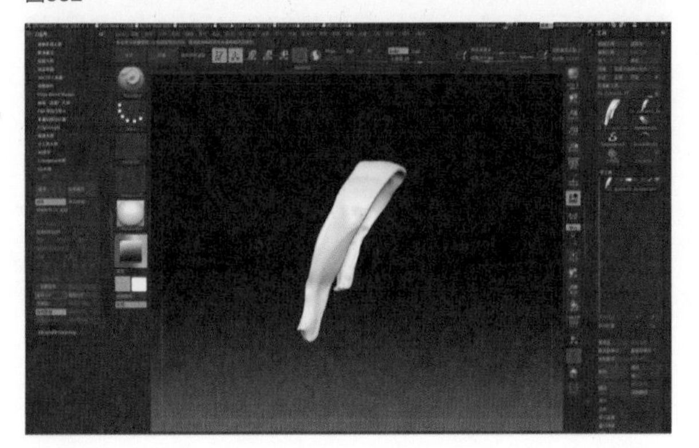
图533

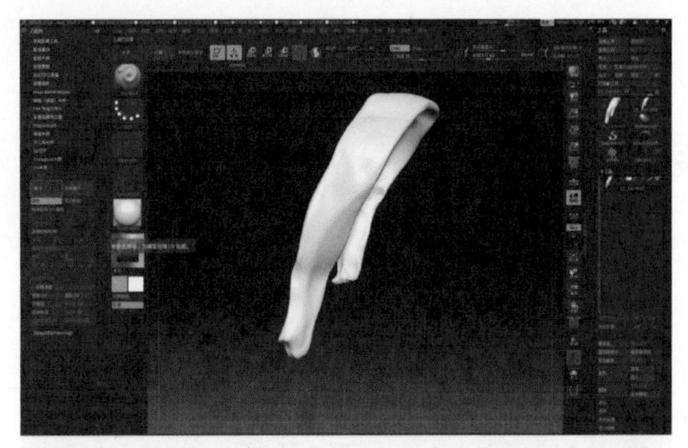
图534

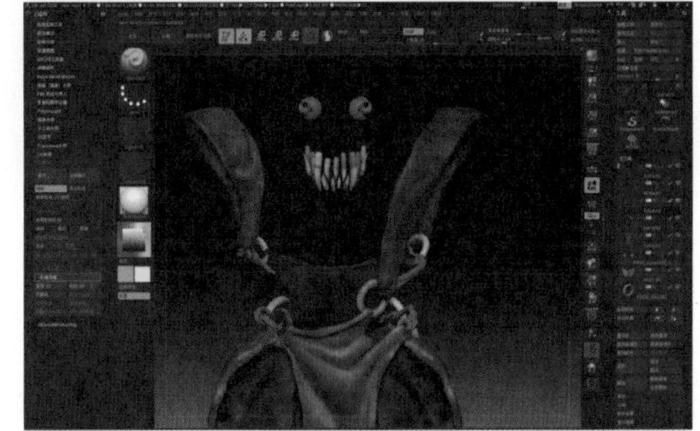
图535

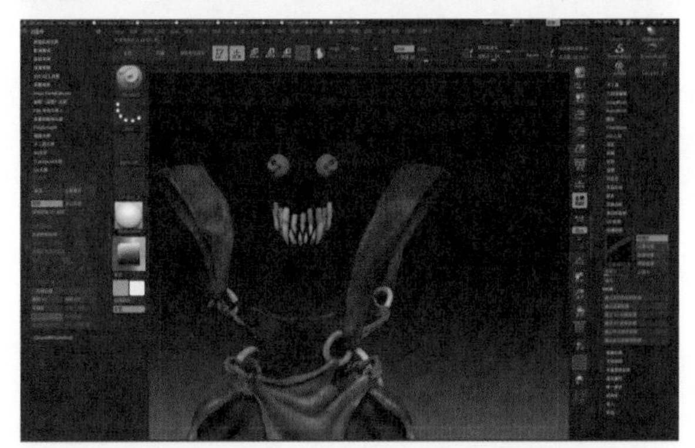
图536

图537

(73) 接着制作右手边皮质绑带的纹理贴图。选择高精度模型，在UV Master（UV大师）克隆出低精度的模型，还是一样直接使用Unwrap（展开）命令让它自动生成UV。将低精度模型的UV复制粘贴到高精度模型上，在Texture Map（纹理贴图）里面点击Create（创建）里面的New From Polypaint（通过多边形绘制新建）创建出纹理贴图。在Texture（纹理）里面进行垂直翻转命令进行导出（图538至图543）。

(74) 再进行制作正面布料的纹理贴图，基本思路和上面一样。先在UV Master（UV大师）克隆出低精度的布料模型，进行Unwrap（展开）命令，让它自动生成UV。将

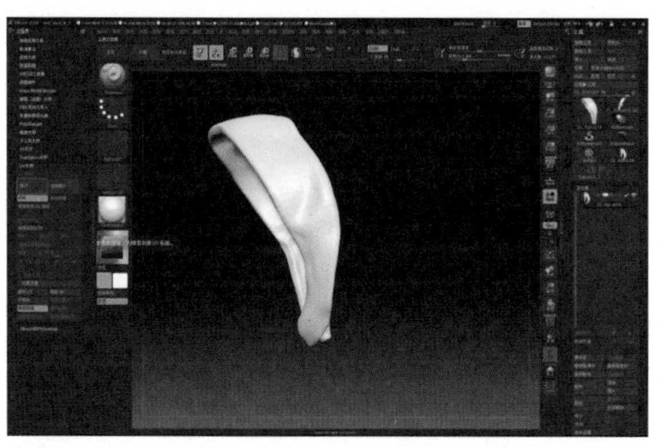
图538

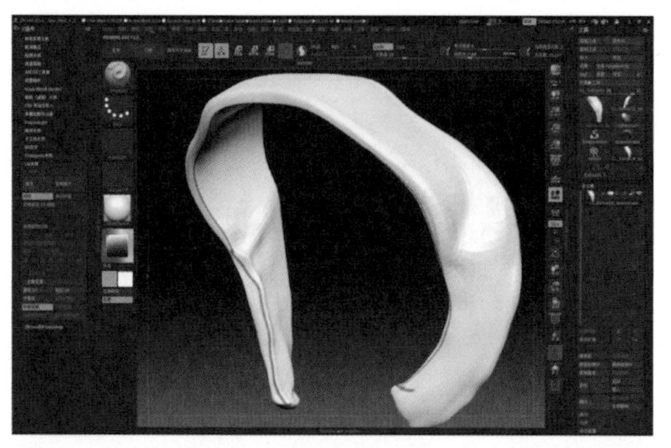
图539

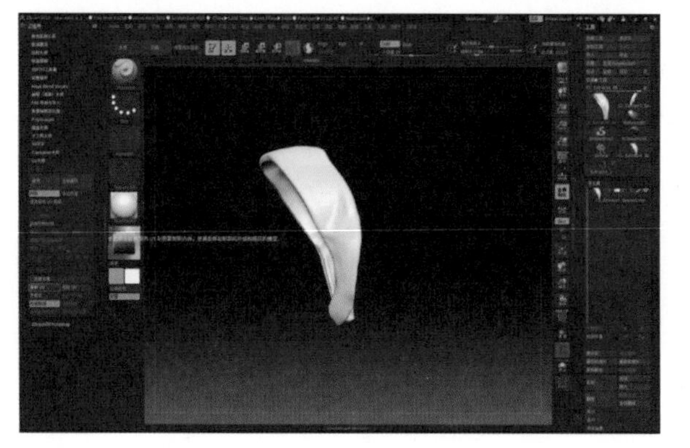
图540

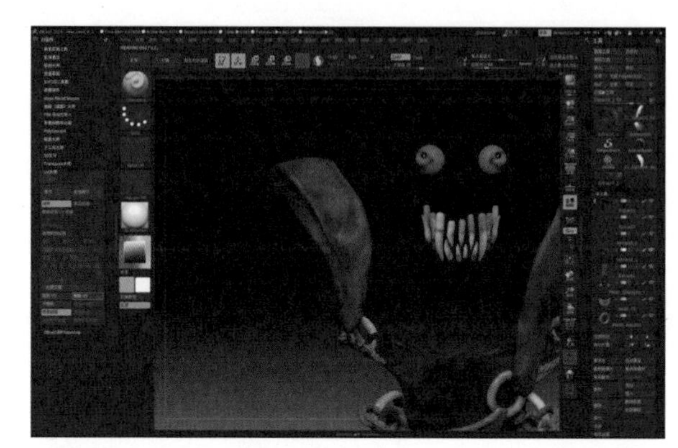
图541

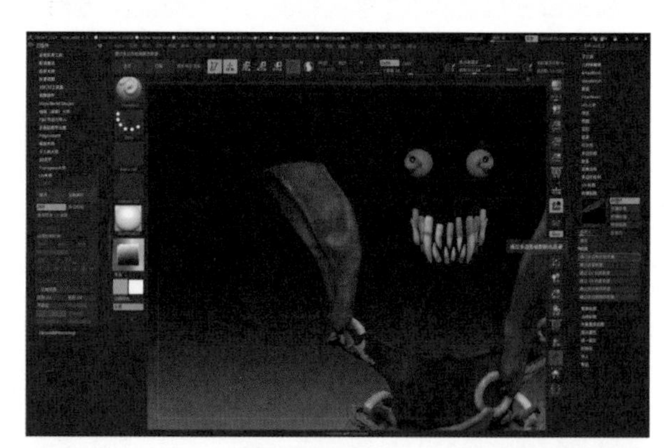
图542

图543

低精度模型的UV复制粘贴到高精度模型上，在Texture Map（纹理贴图）里面点击Create（创建）里面的New From Polypaint（通过多边形绘制新建）创建出纹理贴图。在Texture（纹理）里面进行垂直翻转命令进行导出（图544至图549）。

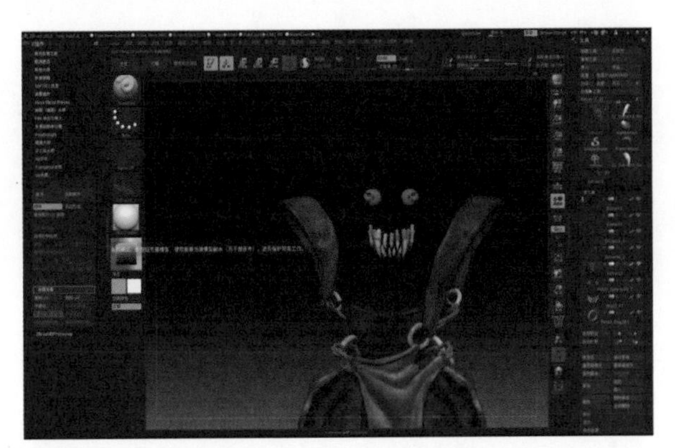

图544

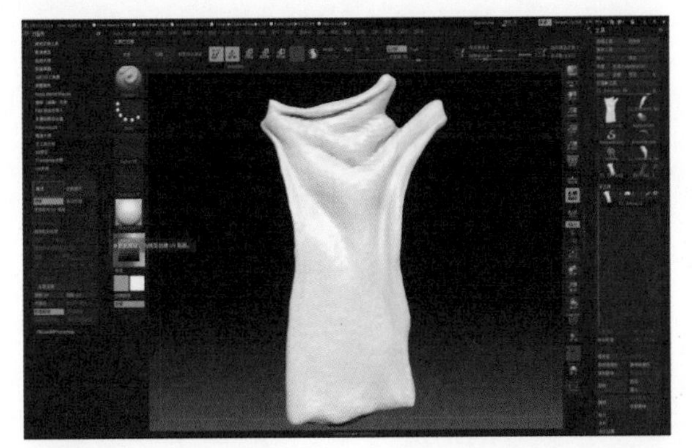

图545

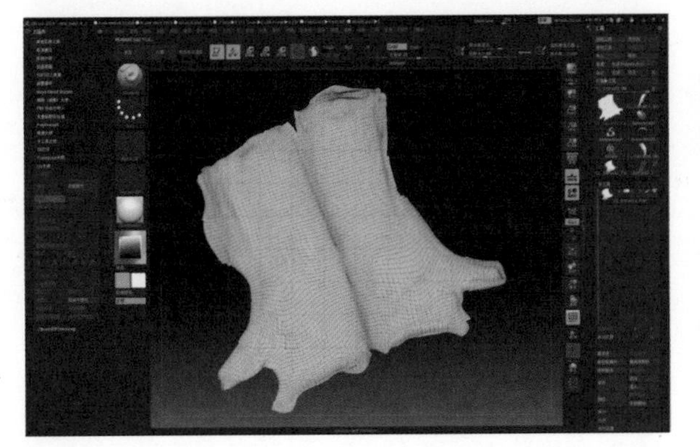

图546

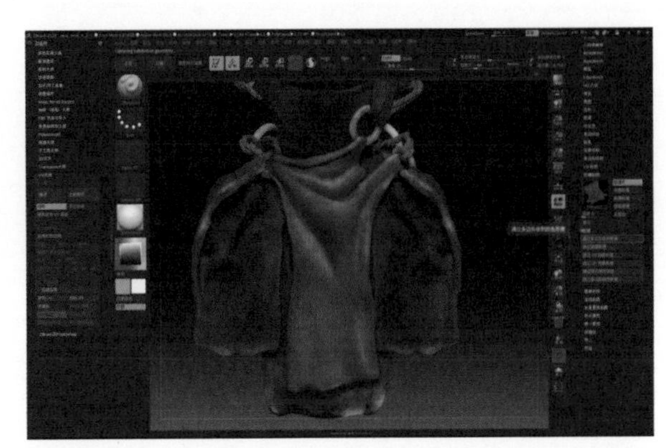

图547

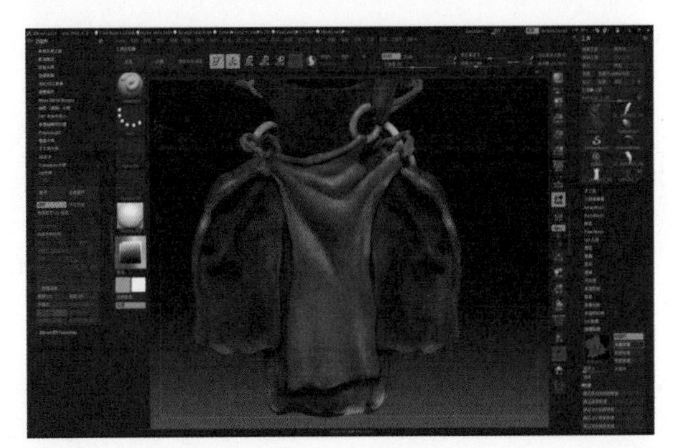

图548

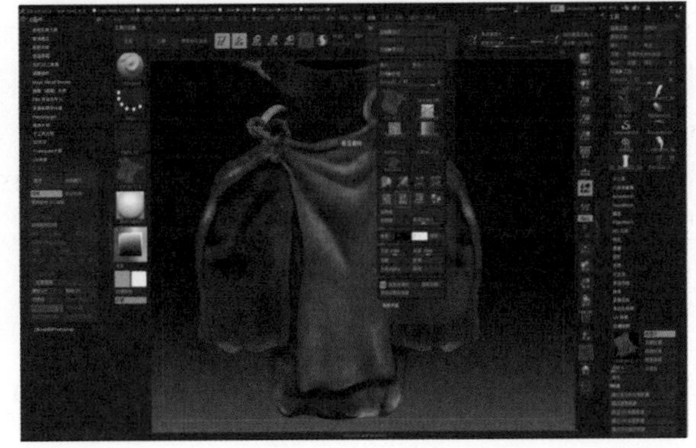

图549

(75) 继续进行两侧布料纹理贴图的制作导出。先在UV Master（UV大师）克隆出低精度的布料模型，进行Unwrap（展开）命令让它自动生成UV（图550、551）。将低精度模型的UV复制粘贴到高精度模型上，在Texture Map（纹理贴图）里面点击Create（创建）里面的New From Polypaint（通过多边形绘制新建）创建出纹理贴图。在Texture（纹理）里面进行垂直翻转命令进行导出（图552、553）。

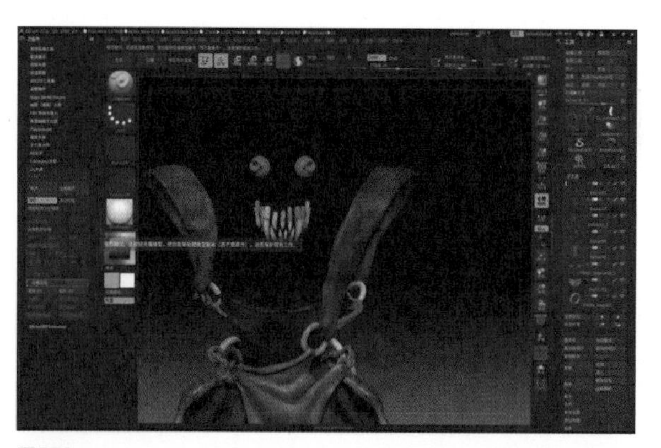

图550

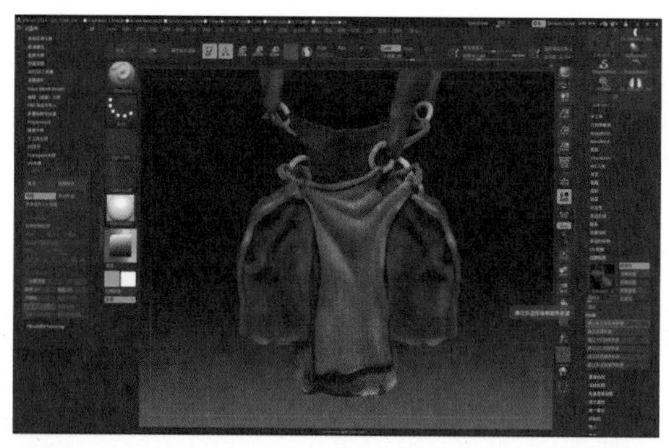

图552

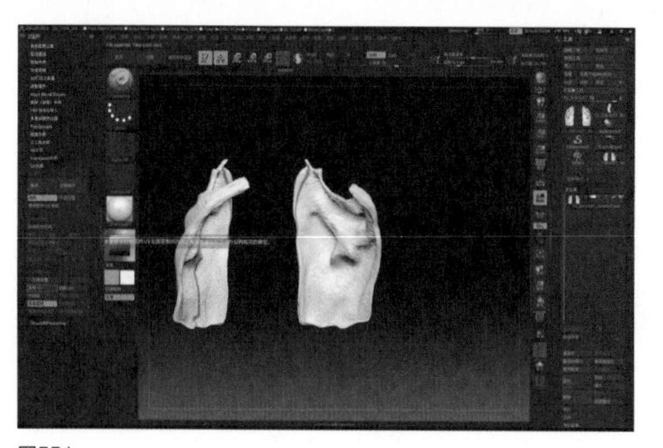

图551

图553

(76) 继续将背后的皮质布料进行纹理贴图的制作导出，思路都是一样的，在UV大师里面克隆出一个低精度模型进行Unwrap（展开）命令，然后用低精度模型的UV复制粘贴到高精度模型上，在Texture Map（纹理贴图）创建出纹理贴图，然后克隆出去，在Texture（纹理）里面进行垂直翻转命令进行导出（图554至图559）。

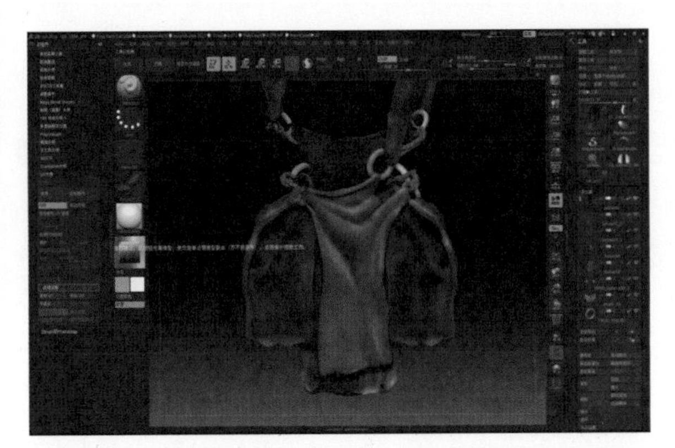

图554

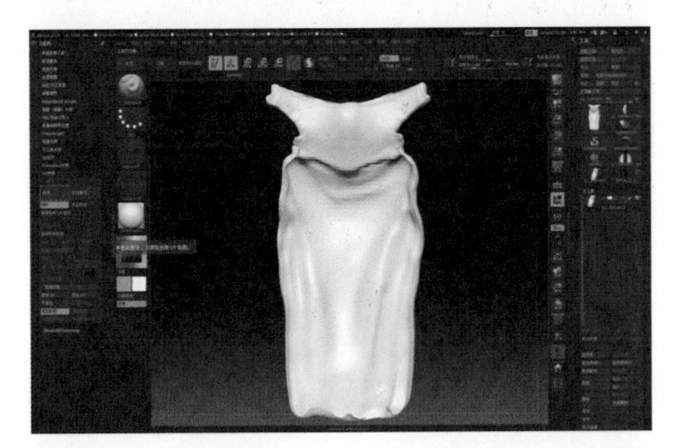

图555

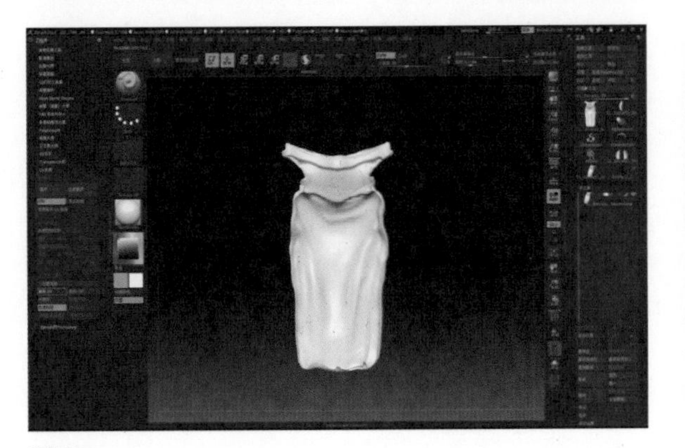

图556

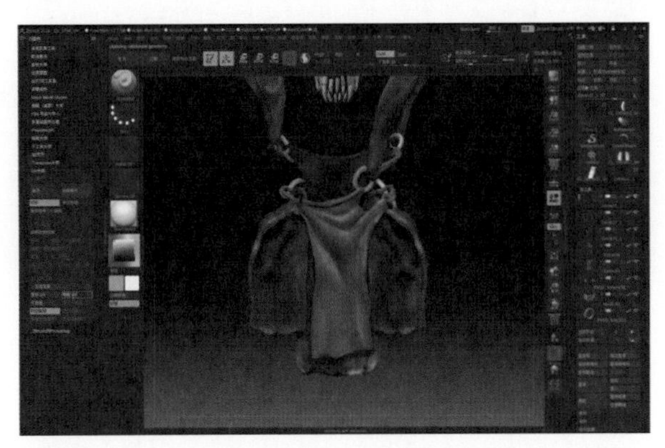

图557

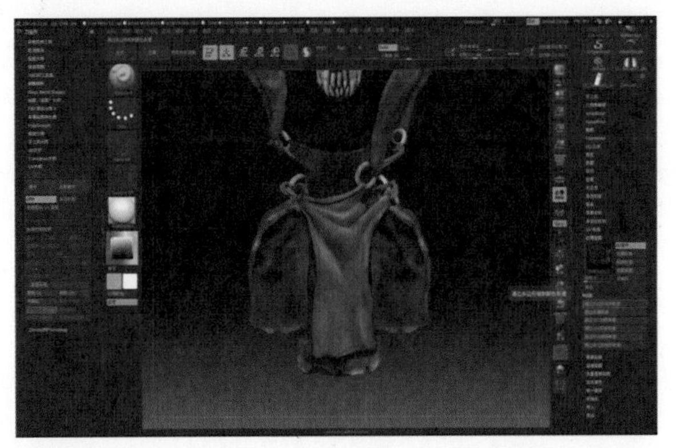

图558

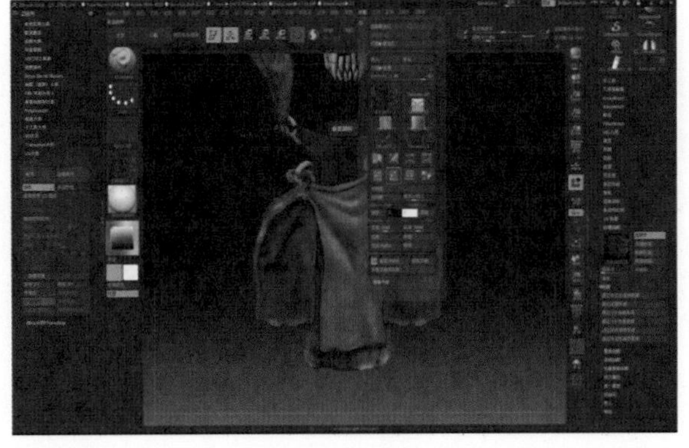

图559

(77) 下面来制作配饰铜环的纹理贴图制作和导出。在UV大师里面克隆出一个低精度铜环模型进行Unwrap（展开）自动展开UV命令，然后用低精度铜环模型的UV复制粘贴到高精度铜环模型上，在Texture Map（纹理贴图）创建出纹理贴图，然后克隆出去，在Texture（纹理）里面进行垂直翻转命令进行导出（图560至图565）。

(78) 按同样的方法对剩余的铜环模型继续进行纹理贴图制作和导出（图566）。到这里怪物全身加配饰和衣物上的所绘制的纹理都已经生成Jpg等格式贴图信息，导出了Zbrush（图567）。

(79) 下面给怪物进行Normal贴图的导出。我们先给怪物的身体模型绘制出怪物皮肤的凹凸纹理（图568）。可以使用Standard笔刷，在下面的笔触模式里面选择DragRect（拖动矩形），Alpha样式选择Alpha31。适当地调整笔刷的Z Intensity（Z强度）进行皮肤纹理的绘制。可以从头部开始绘制，根据脸部结构添加纹理（图569）。

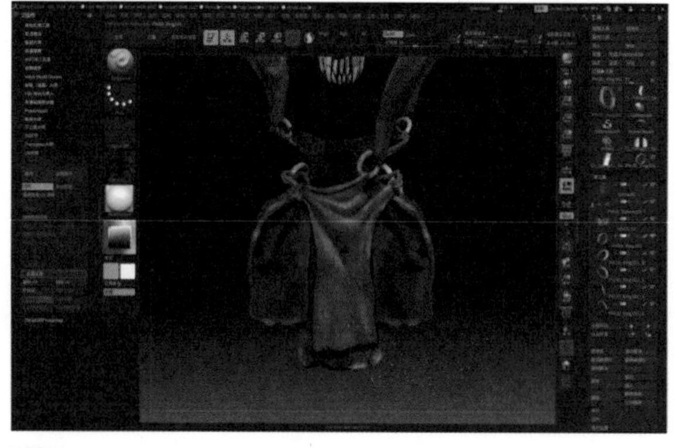

图560

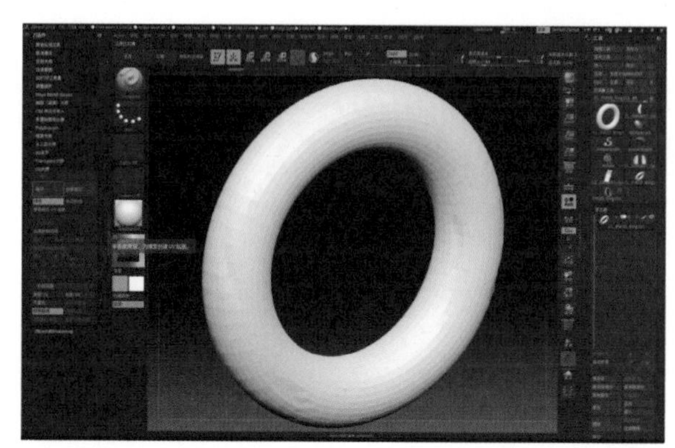

图561

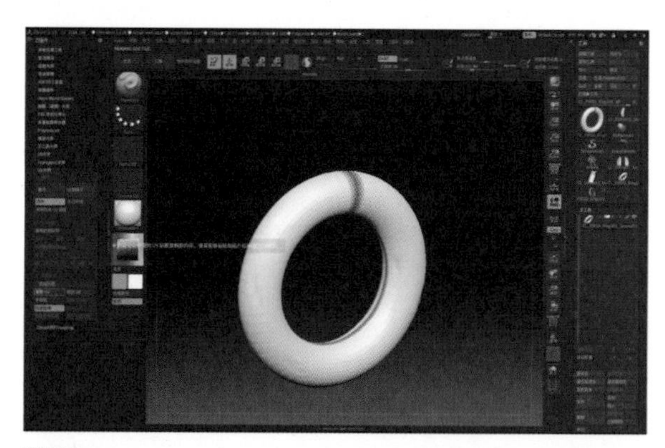

图562

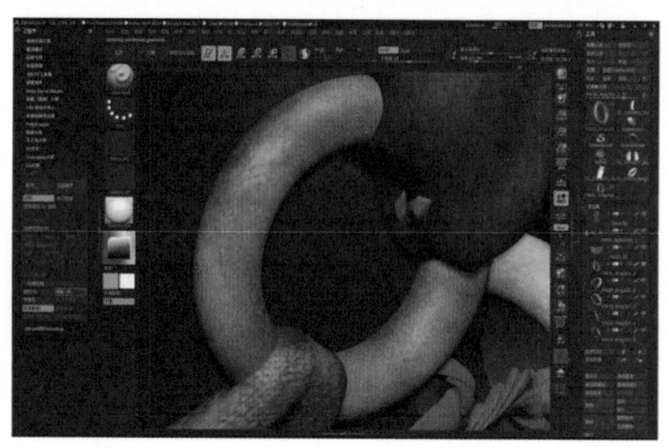

图563

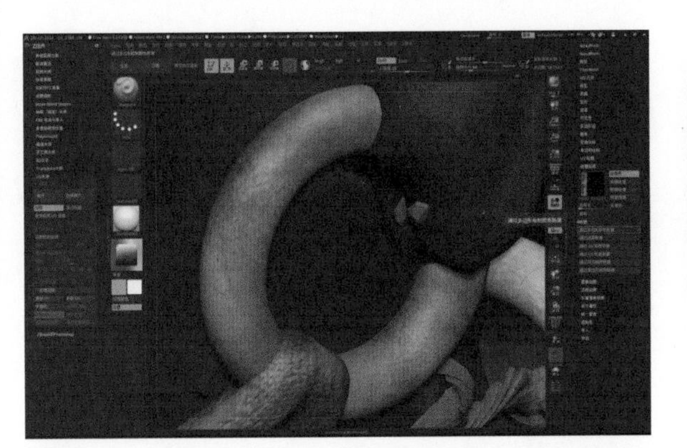

图564

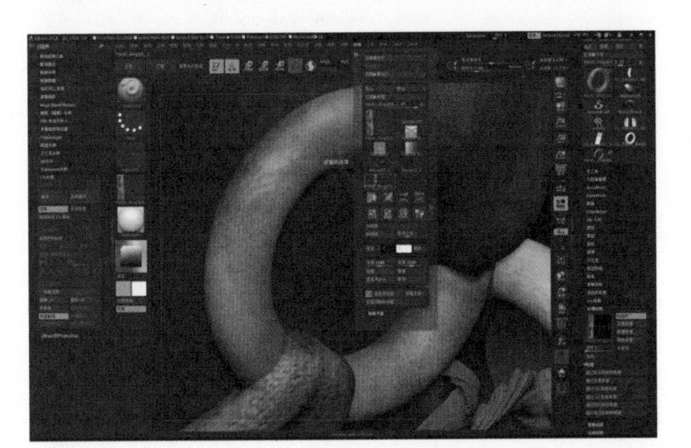

图565

图566

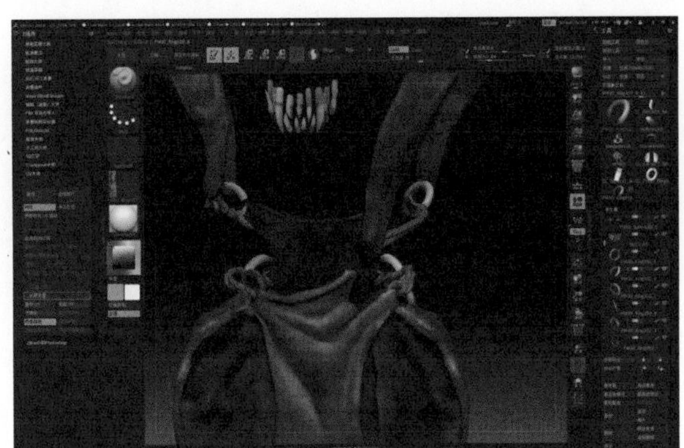

图567

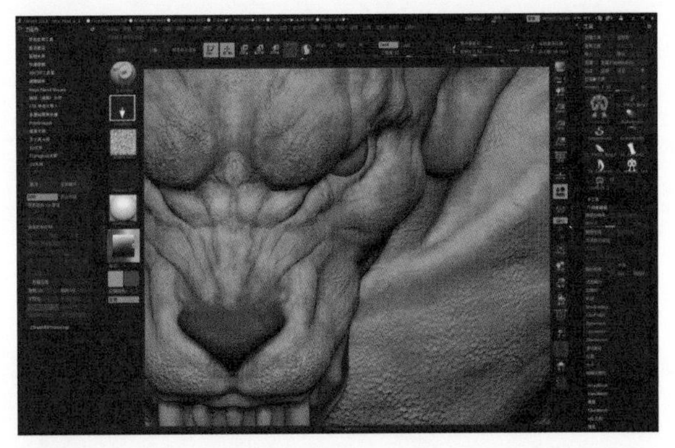

图568

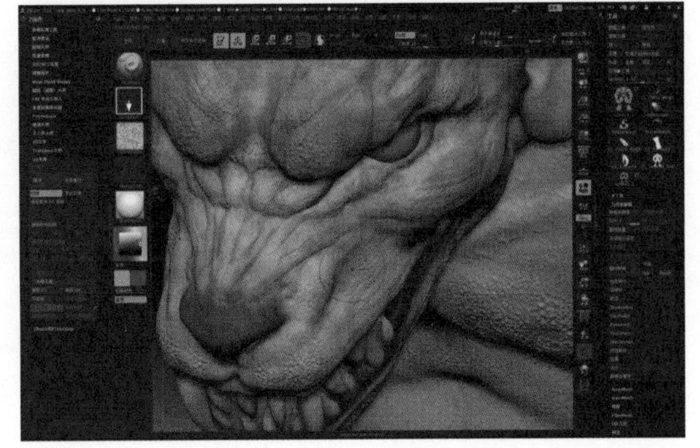

图569

(80) 在绘制手臂和手部的皮肤纹理时，应该注意绘制时的松弛有度，不要画得太密集。按照模型的结构进行绘制，最好是随机大小丰富皮肤纹理细节（图570至图573）。

(81) 继续在腿部和脚部进行皮肤纹理绘制（图574至图579）。

(82) 背部在绘制皮肤纹理的时候可以大一点（图580、581）。

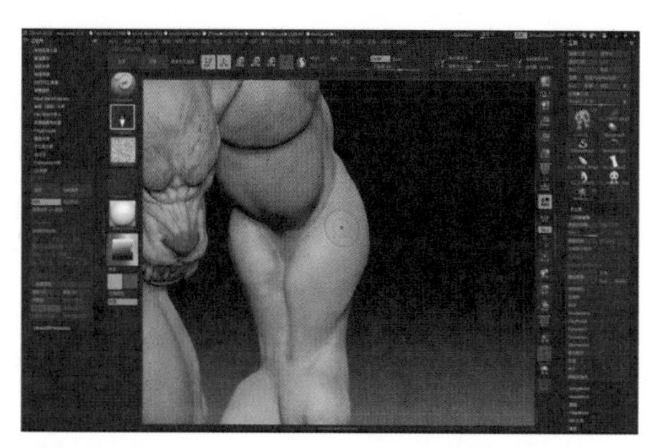

图570

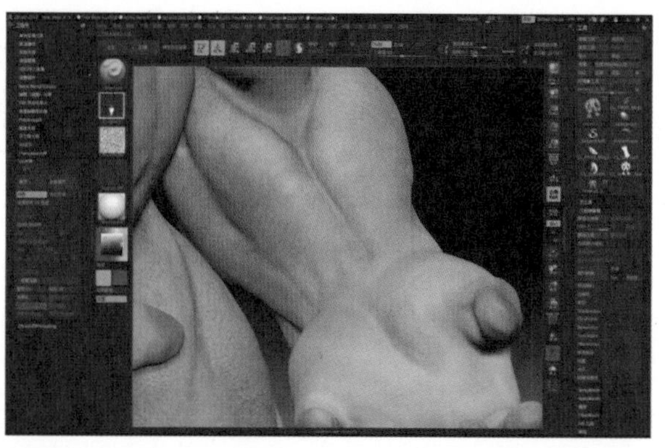

图571

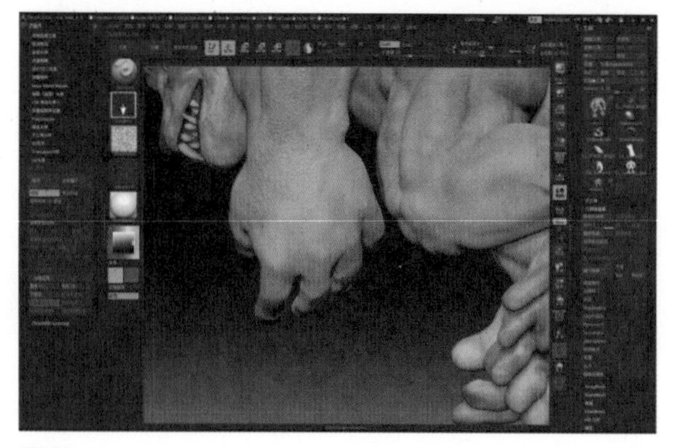

图572

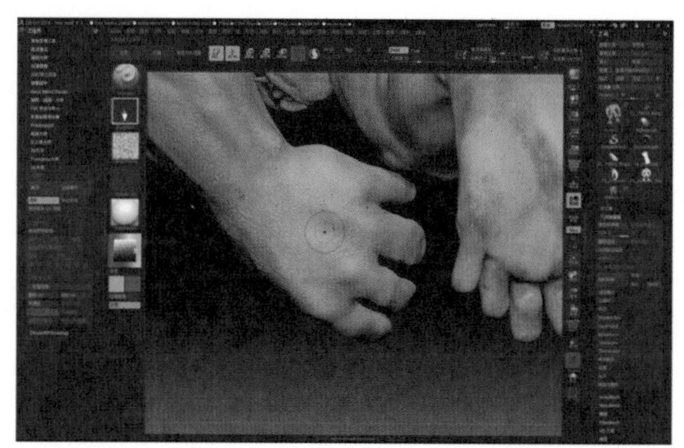

图573

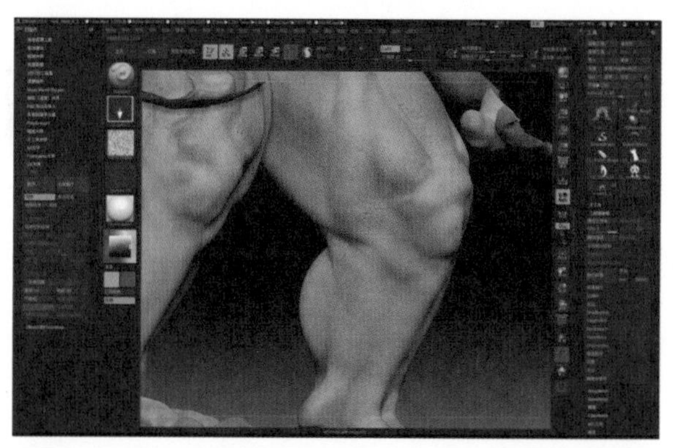

图574

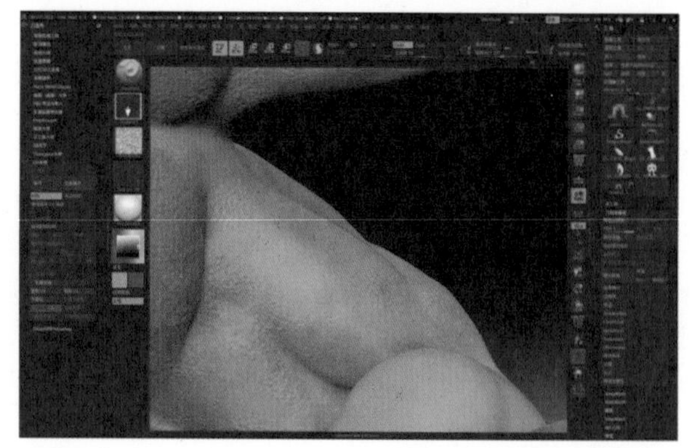

图575

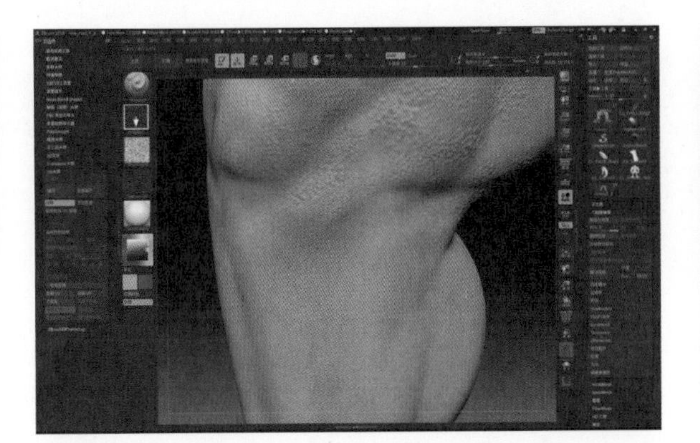
图576

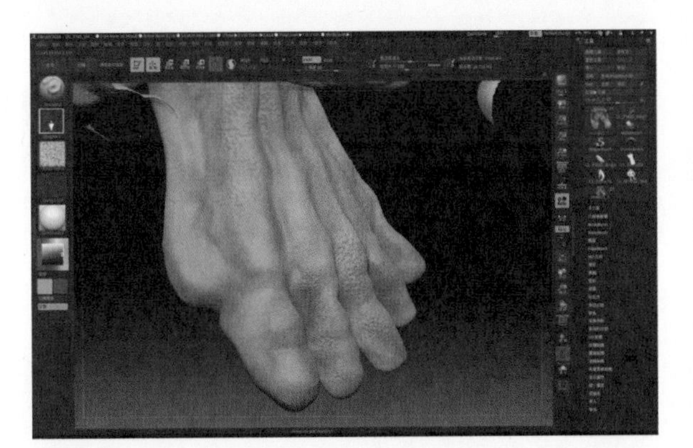
图577

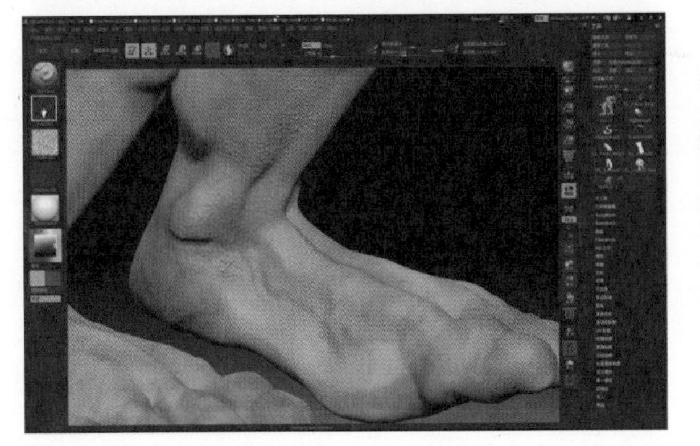
图578

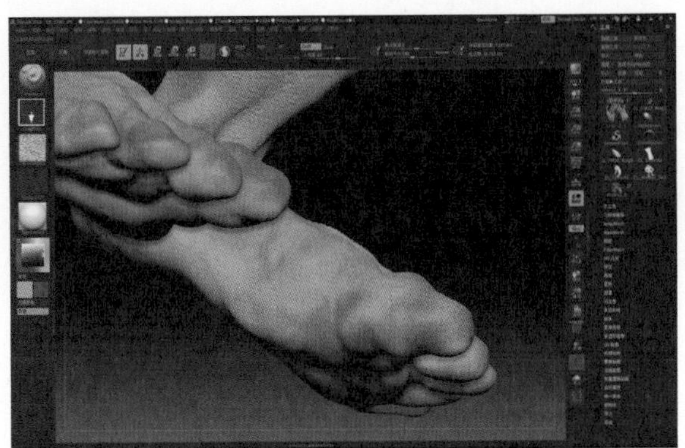
图579

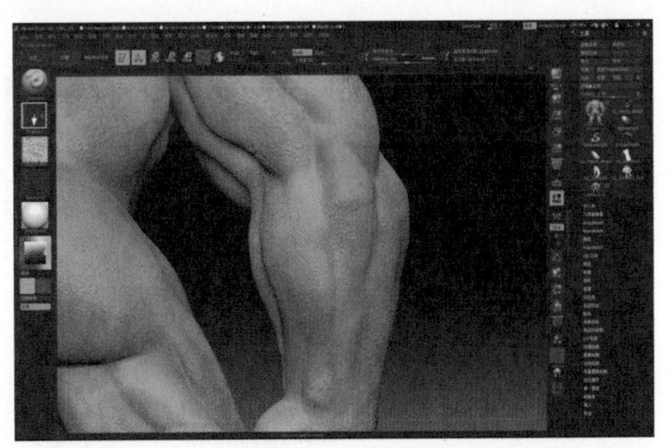
图580

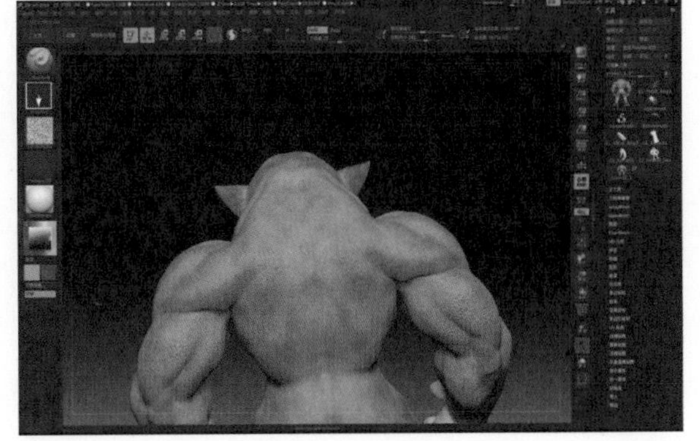
图581

(83) 使用Standard笔刷在笔触模式里面选择DragRect（拖动矩形），Alpha样式选择Alpha22模拟青筋凸起的纹理效果，可以在手臂和大腿肌肉部分添加（图582至图587）。

(84) 当皮肤凹凸纹理都绘制完毕后，就可以准备进行Normal贴图创建了。在Tool工具下面的Normal Map（Normal贴图）里面点击Create NormalMap（创建法线贴图）按钮进行创建（图588、589）。值得注意的是，在高细分级别模型的情况下，是无法创建法线贴图的，必须切换到低细分级别后，才能进行创建。然后点击Clone NM（克隆NM）将创建出来的Normal贴图进行克隆，在屏幕顶部的Texture（纹理）里面进行垂直翻转命令进行导出（图590、591）。

图583

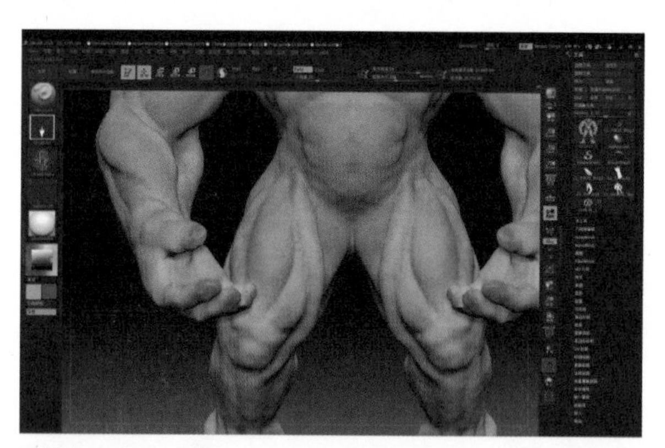
图584

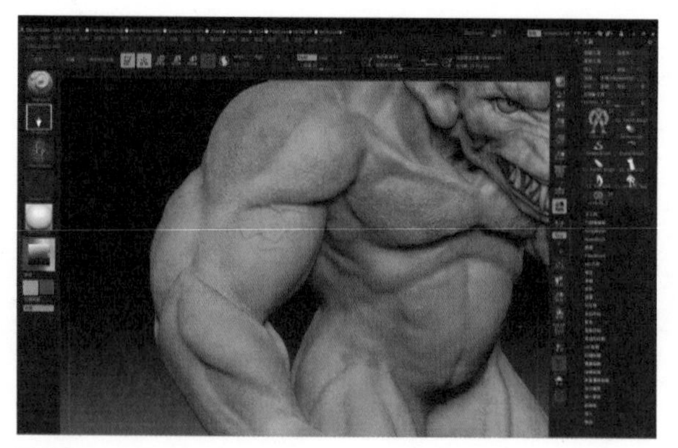
图582

图585

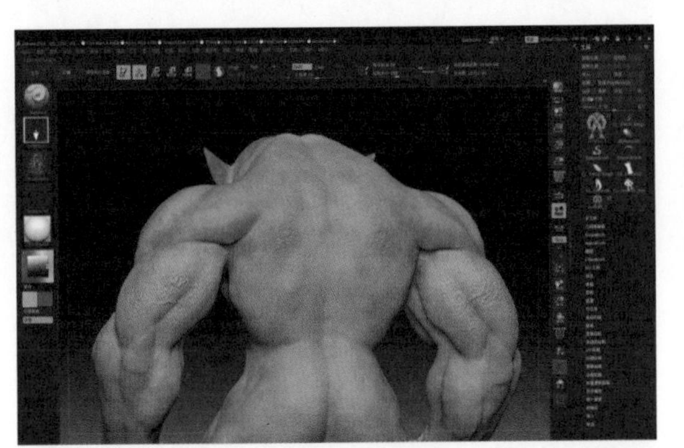

图586

图587

图588

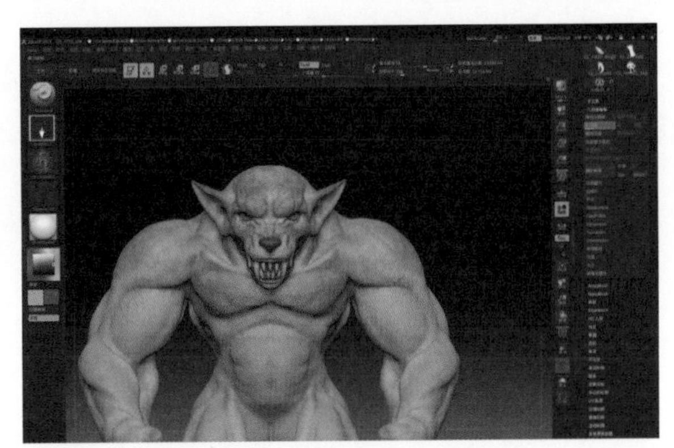

图589

图590

图591

(85) 导出正面布料的Normal贴图，将模型的细分级别降到最低级别1级，在Tool工具下面的Normal Map（Normal贴图）里面点击Create NormalMap（创建法线贴图）创建（图592、593）。然后点击Clone NM（克隆NM）将创建出来的Normal贴图进行克隆，在屏幕顶部的Texture（纹理）里面使用垂直翻转命令，进行导出（图594、595）。

(86) 将两侧布料模型的细分级别降到最低级别1级，然后进行Normal贴图创建，在屏幕顶部找到Texture（纹理）菜单，执行纹理垂直翻转命令，然后导出纹理（图596、597）。

(87) 将背后的皮质布料的细分级别降到最低级别1级，在Tool工具下面的Normal Map（Normal贴图）里面点击Create NormalMap（创建法线贴图）创建出来，然后克隆到屏幕顶部的Texture（纹理）里面使用垂直翻转命令进行导出（图598、599）。

(88) 将左右两侧的皮质绑带模型的细分级别降到最低级别1级，在Tool工具下面的Normal Map（Normal贴图）里面点击Create NormalMap（创建法线贴图）创建出来，然后克隆到屏幕顶部的Texture（纹理）里面使用垂直翻转命令进行导出（图600至图603）。

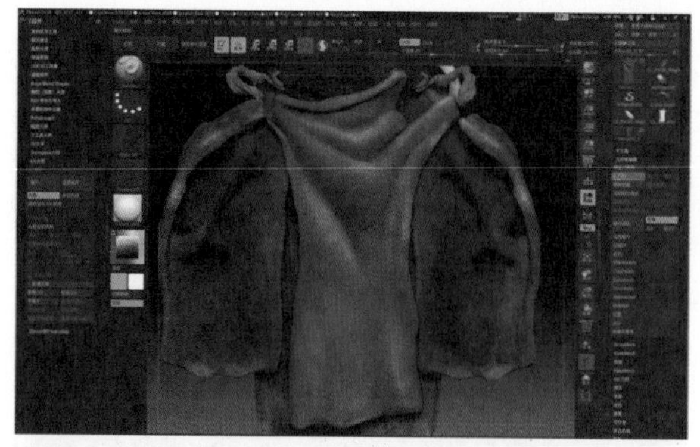
图592

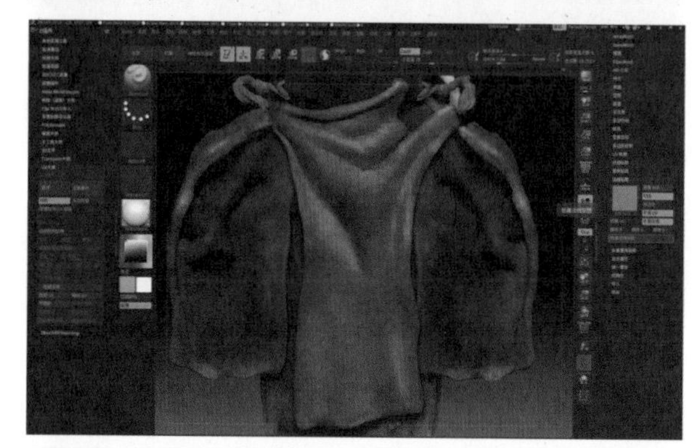
图593

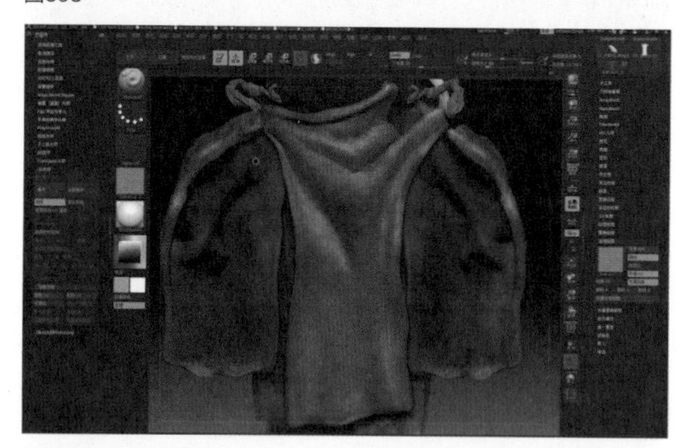
图594

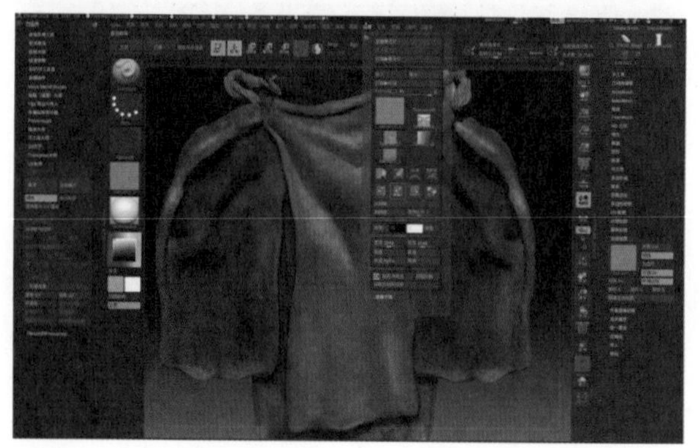
图595

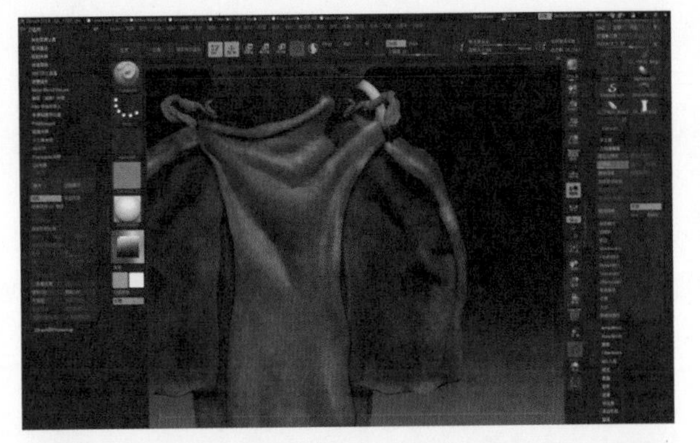
图596

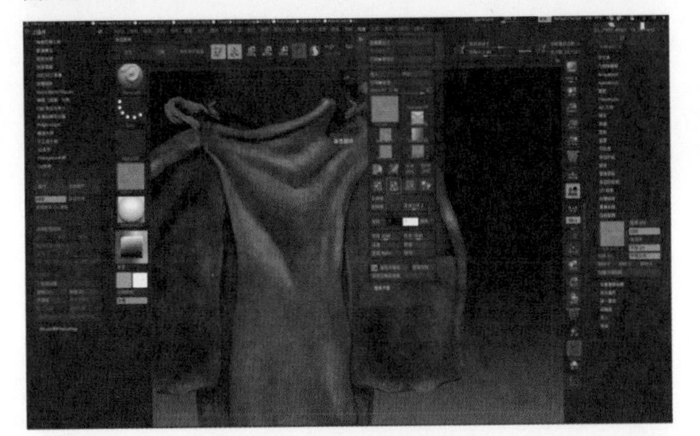
图597

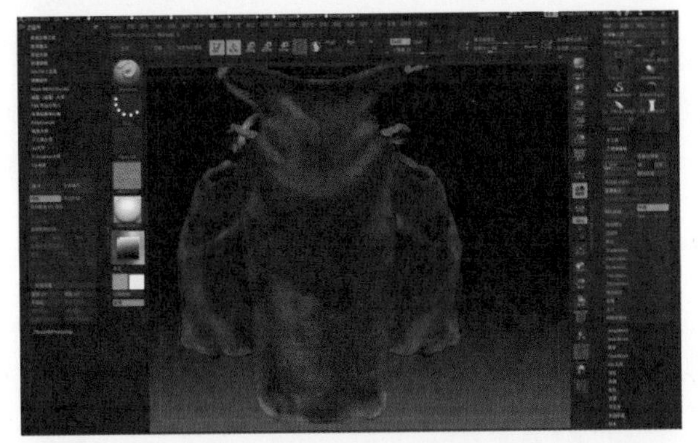
图598

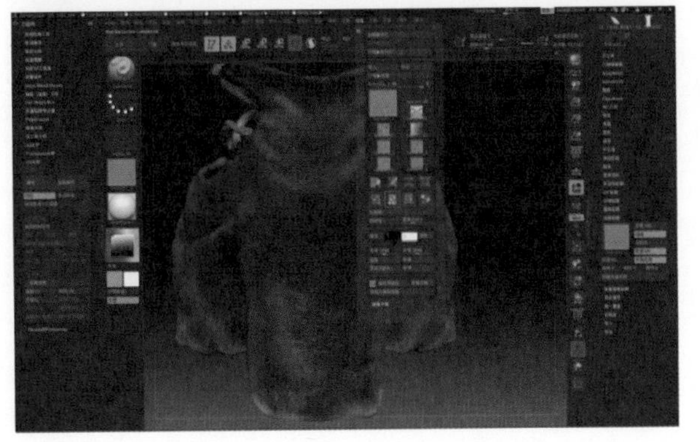
图599

图600

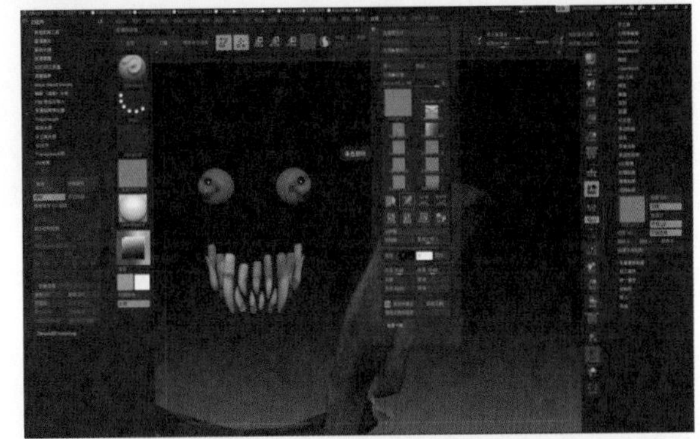
图601

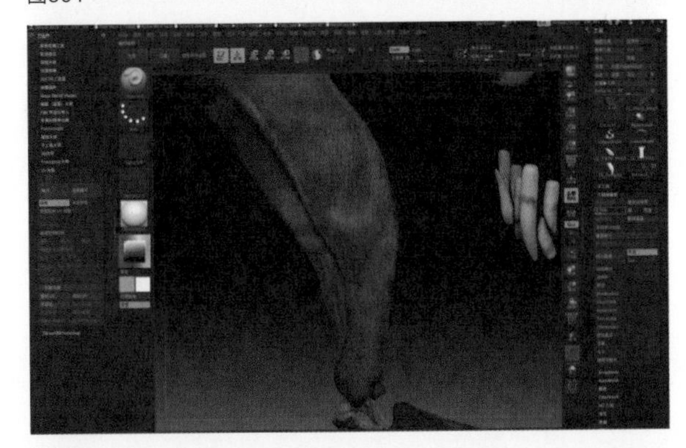
图602

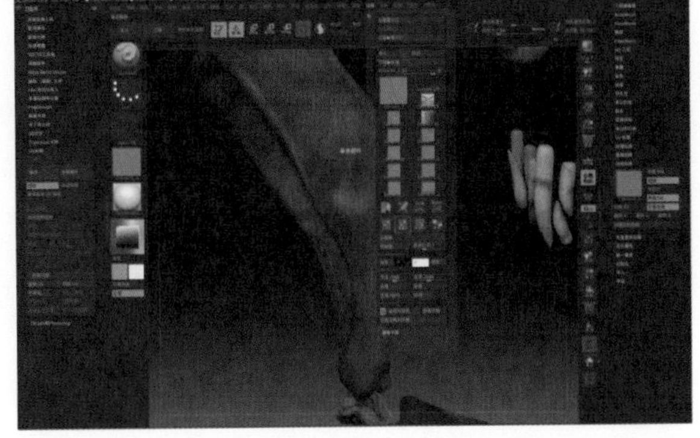
图603

(89) 下面来制作怪物指甲的模型。使用遮罩笔刷刷出指甲的基本位置（图604、605），使用提取功能将指甲模型提取成一个独立模型（图606）。这里有时候提取的模型会有点问题，会提取出其他不相关的模型，我们可以将模型打散，将多余的模型在Subtool（子工具）里面点击Delete按钮进行删除（图607）。

(90) 提取出的模型布线并不是理想的状态，所以我们需要对它进行一次自动拓扑。点击Tool（工具）里面Geometry（几何体编辑）下面的ZRemesher按钮。按键盘上的Shift+F键可以查看模型布线（图608、609）。

(91) 将指甲模型进行造型修改。首先将食指的指甲模型坐标轴归位到指甲模型的中心，并且调整坐标轴XY轴的方向。使用Move、Smooth和TrimDynamic笔刷对模型进行修改（图610、611）。

(92) 和上面一样，先调整模型坐标轴再使用Move、Smooth和TrimDynamic笔刷对模型进行修改（图612至图617）。

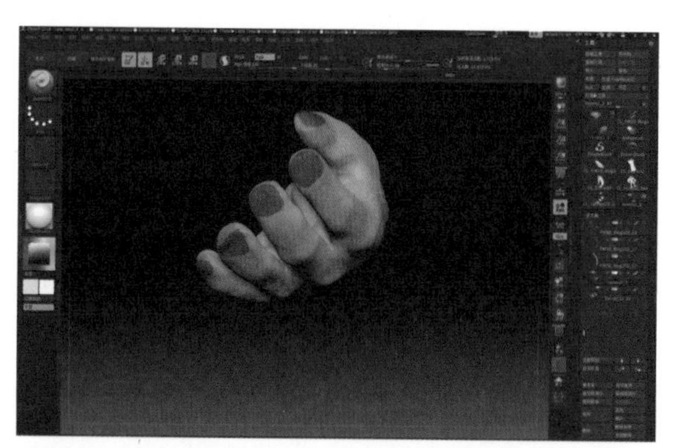

图604

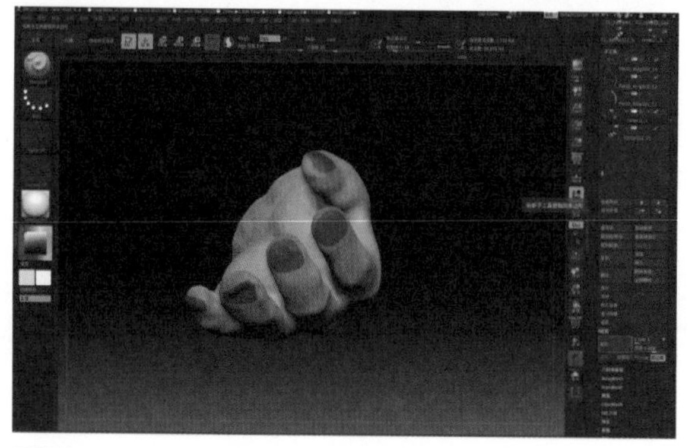

图605

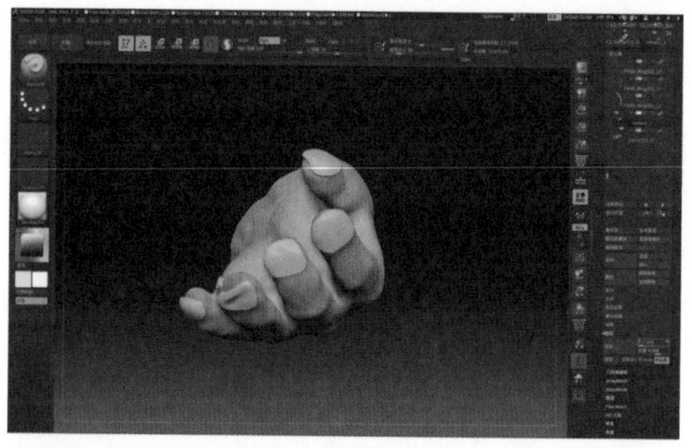

图606

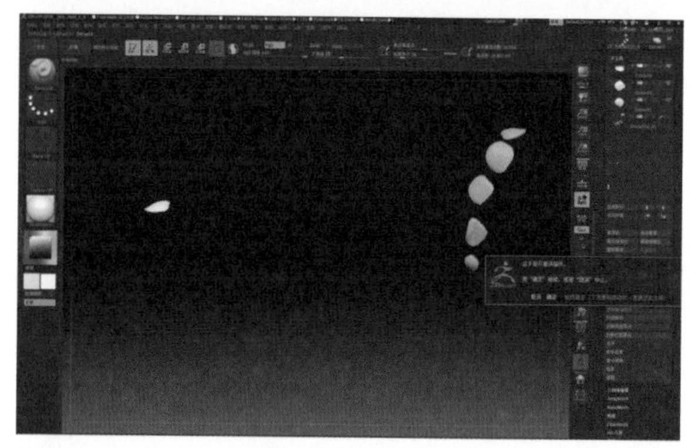

图607

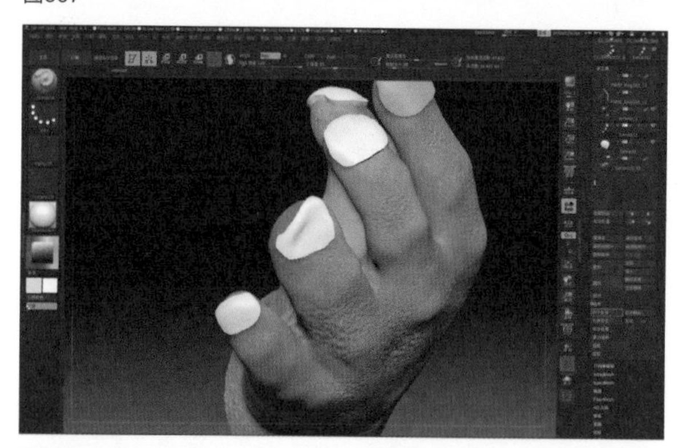

图608

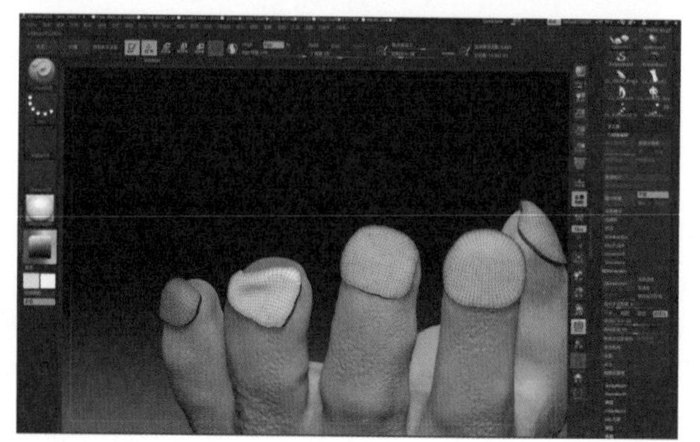

图609

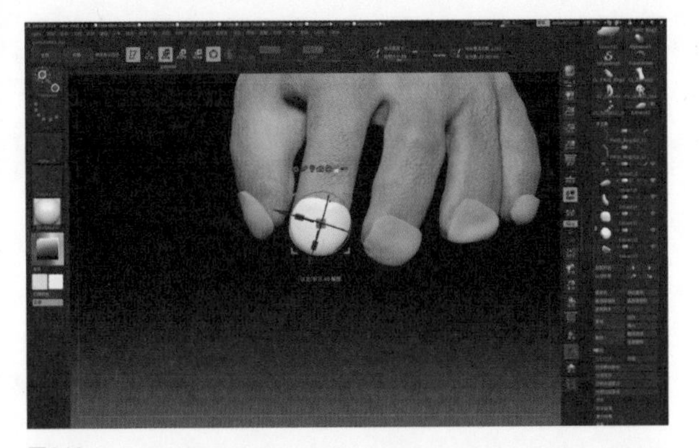

图610

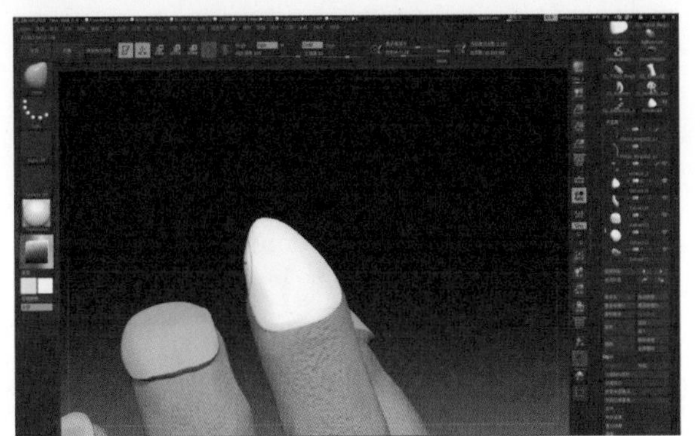

图611

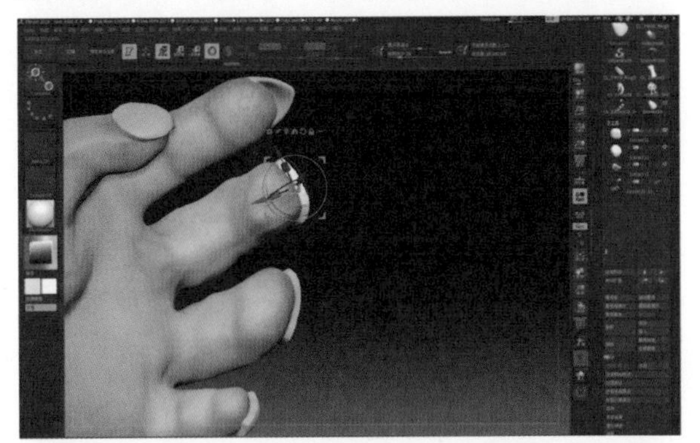

图612

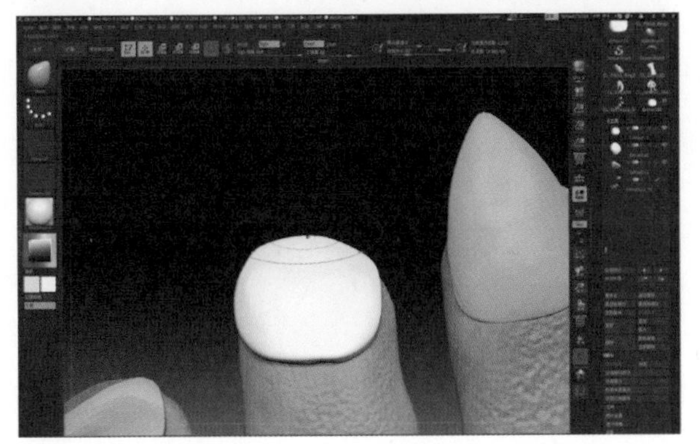

图613

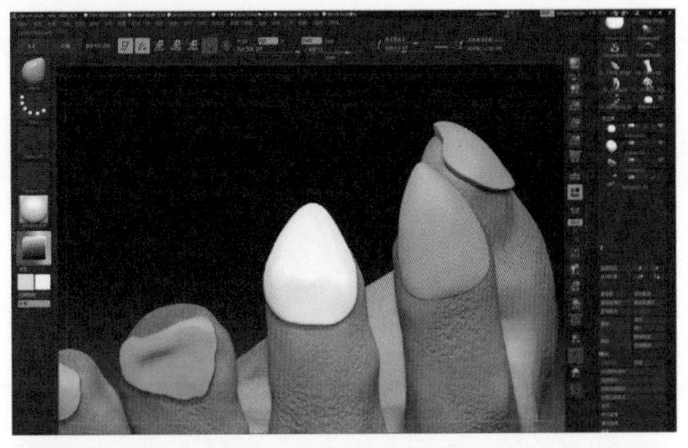

图614

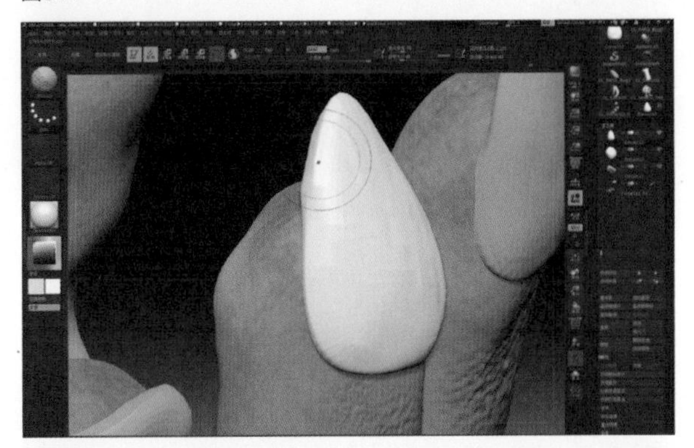

图615

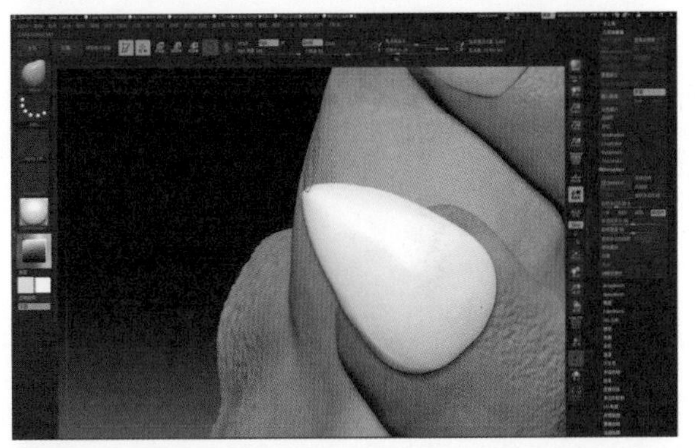

图616

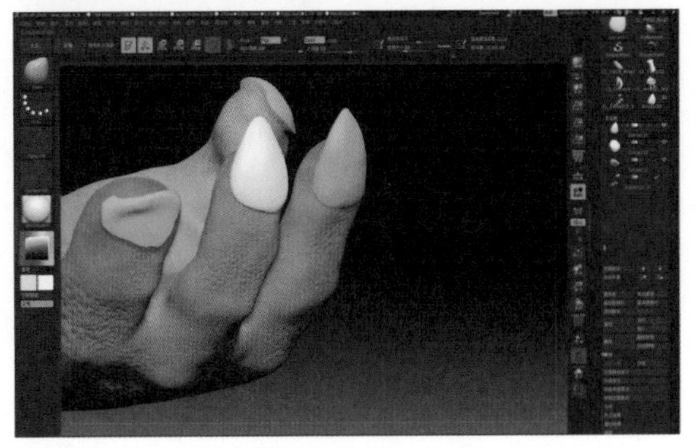

图617

(93) 无名指的指甲模型也是一样，先调整模型坐标轴，再使用Move、Smooth和TrimDynamic笔刷对模型进行修改（图618至图621）。

(94) 小指的指甲模型也是如此，先调整模型坐标轴，再使用Move、Smooth和TrimDynamic笔刷对模型进行修改（图622至图625）。

(95) 最后是大拇指，先调整模型坐标轴，再使用Move、Smooth和TrimDynamic笔刷对模型进行修改（图626至图629）。

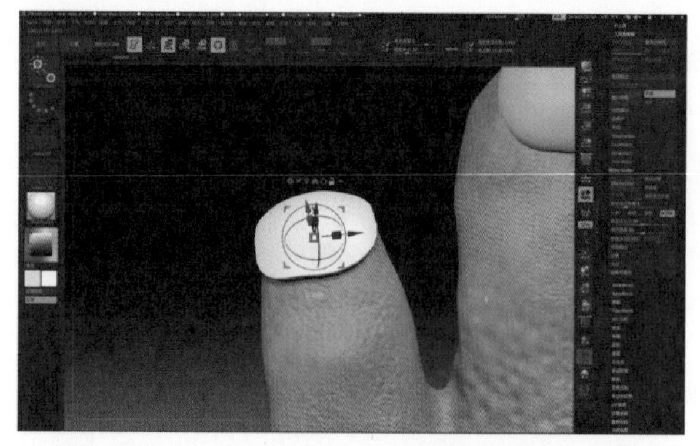
图618

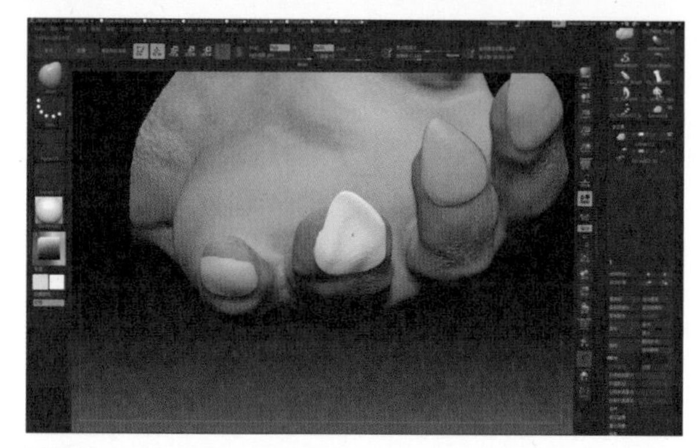
图619

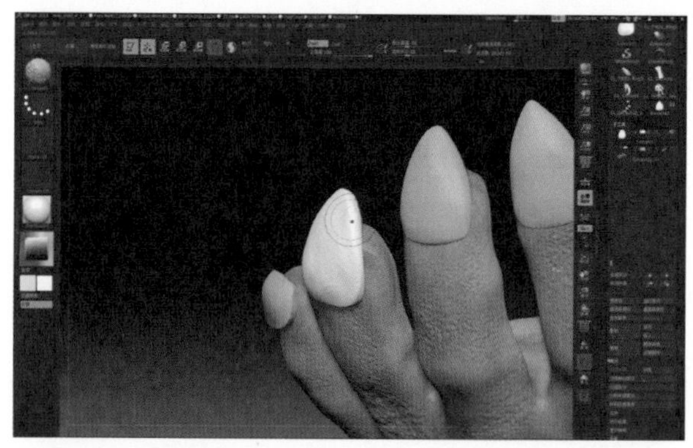
图620

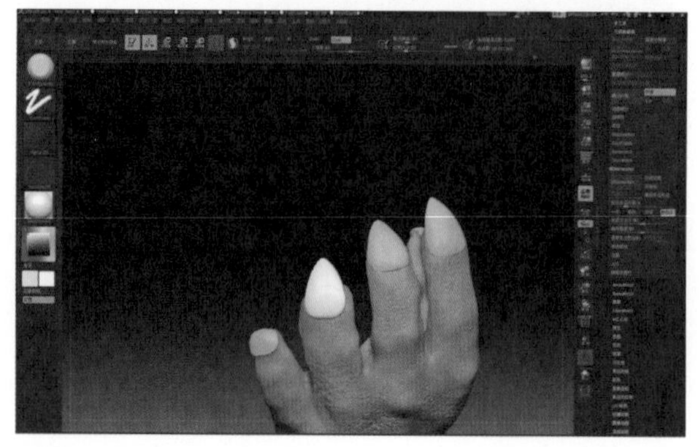
图621

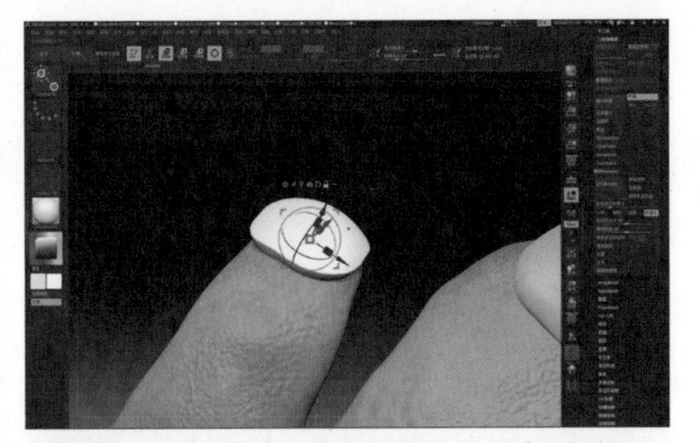
图622

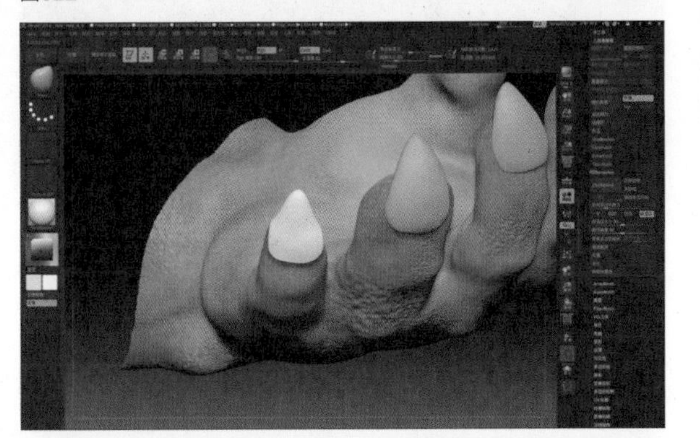
图623

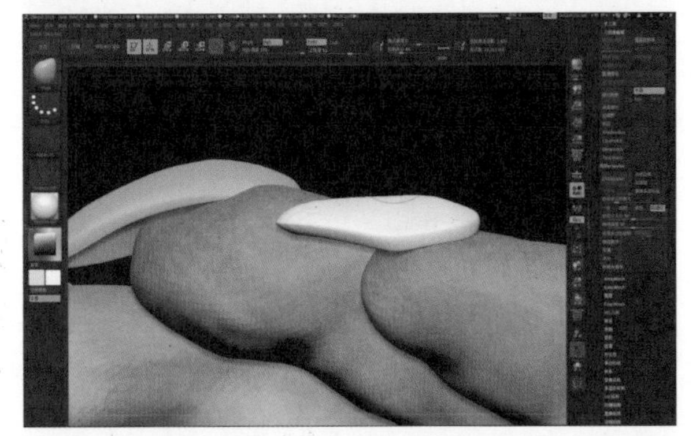
图624

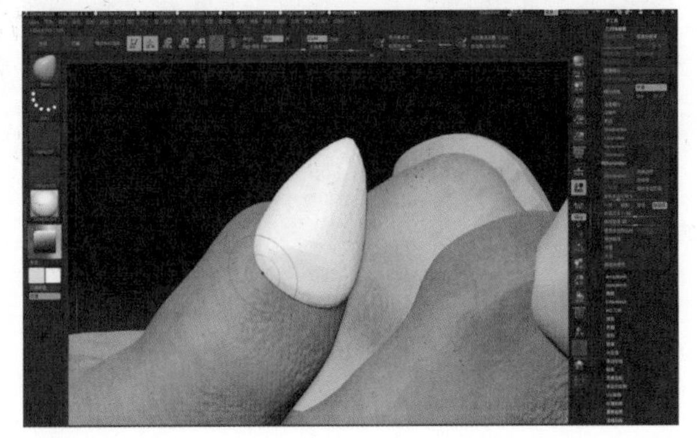
图625

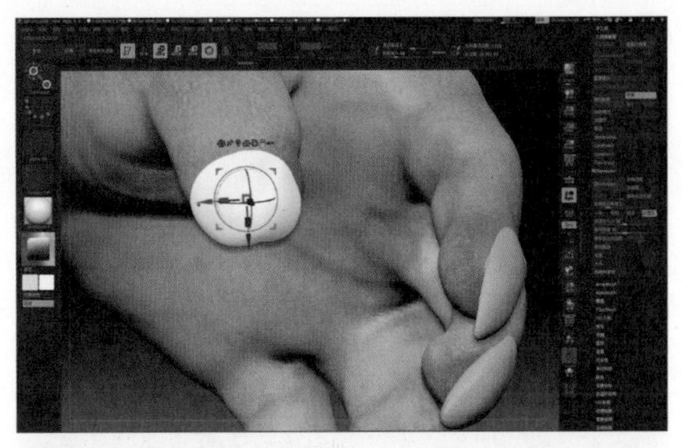
图626

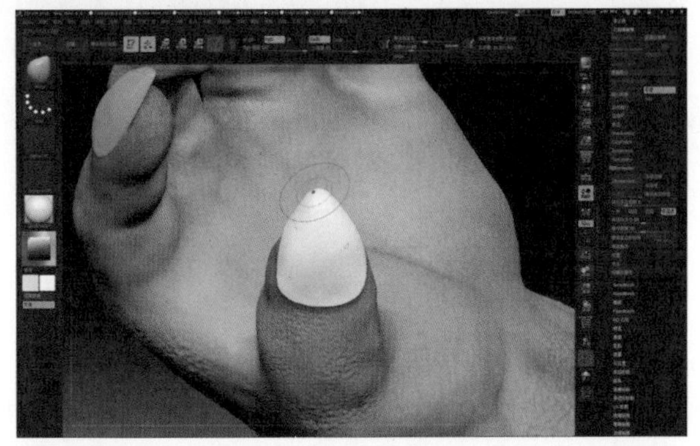
图627

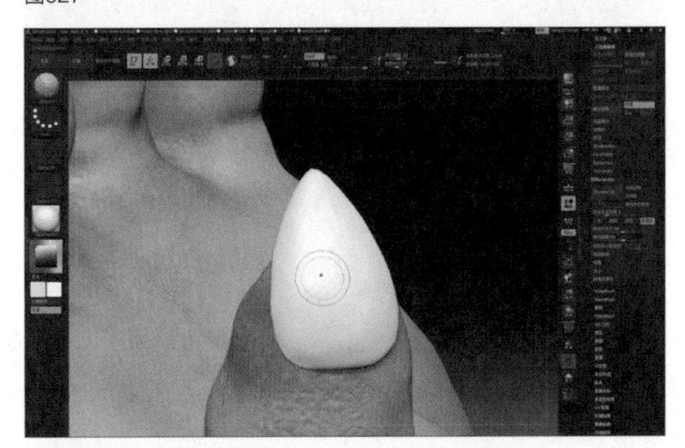
图628

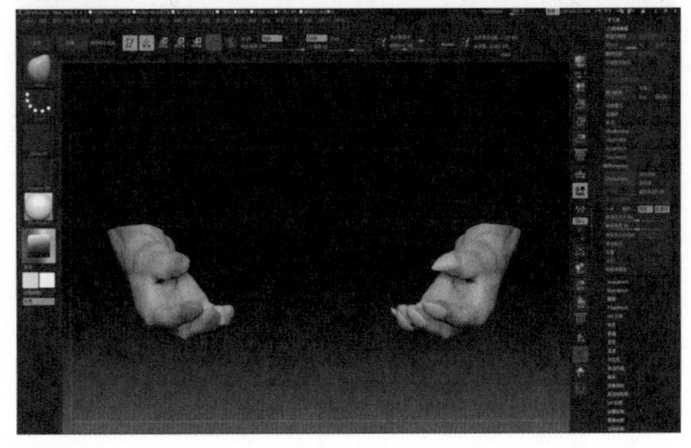
图629

(96) 下面开始对指甲模型进行颜色绘制工作。首先选择基础色，点击Color（颜色）下面的FillObject（填充对象）对模型进行基础色的上色（图630、631）。

(97) 使用白色对基础色进行覆盖，可以适当地添加冷暖色，这样一层层覆盖，可以使模型颜色纹理丰富不至于单调（图632至图641）。

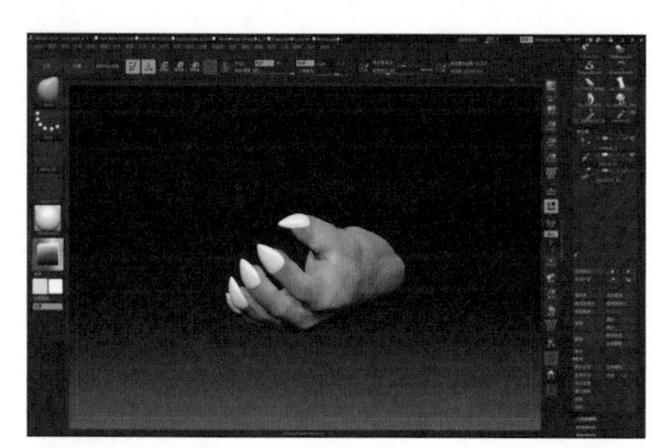
图630

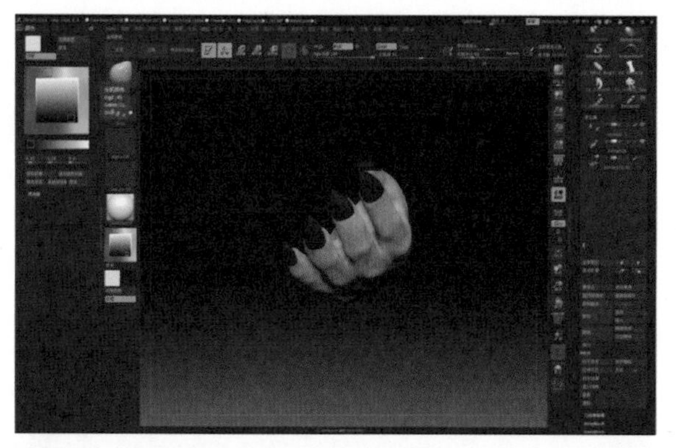
图631

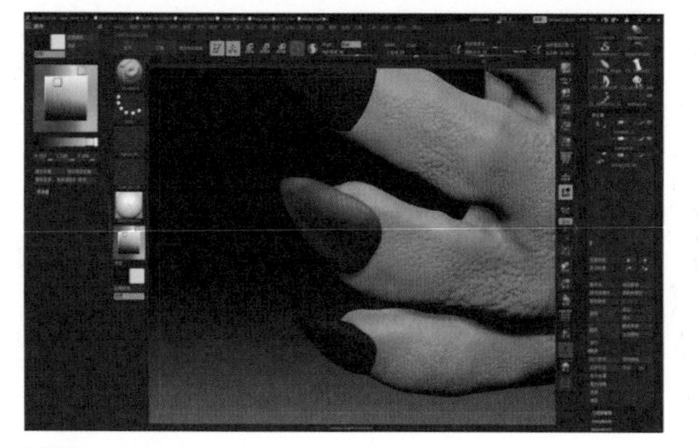
图632

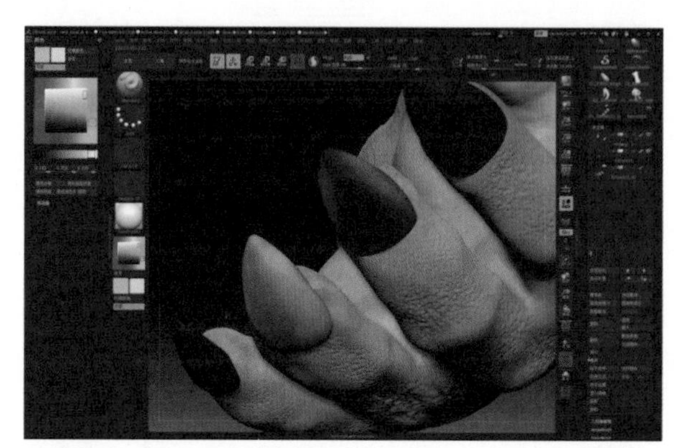
图633

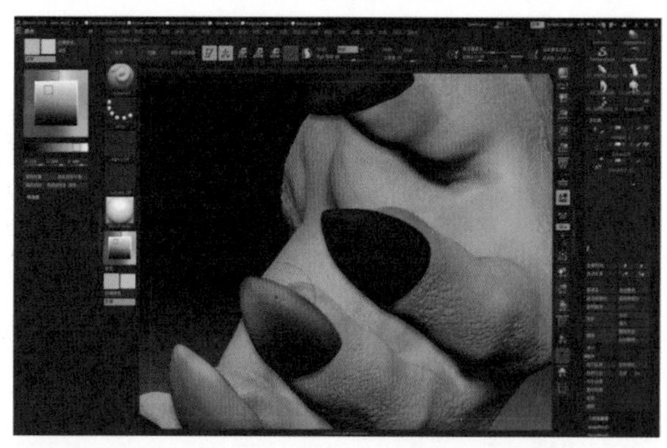
图634

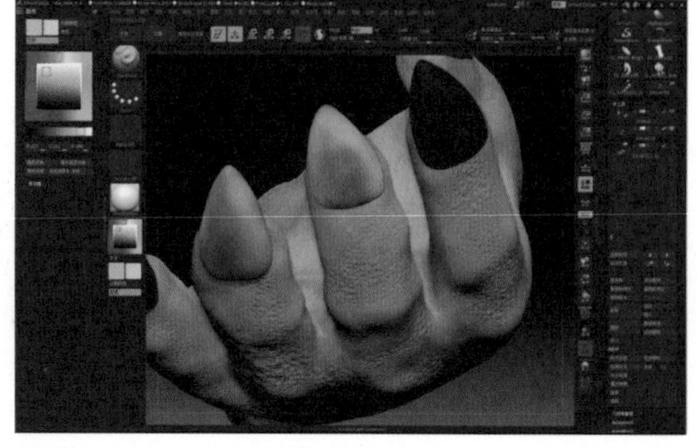
图635

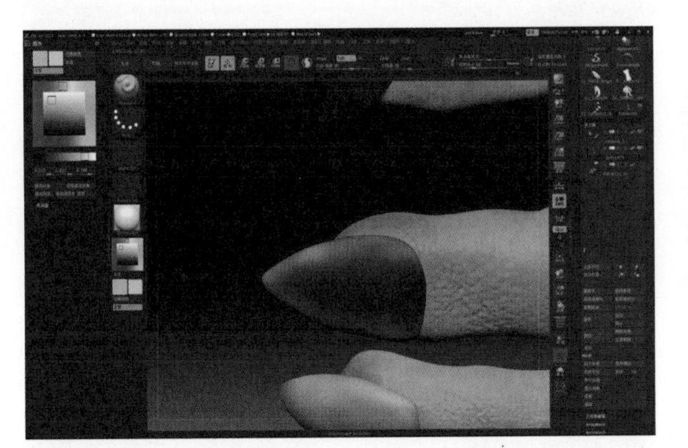

图636

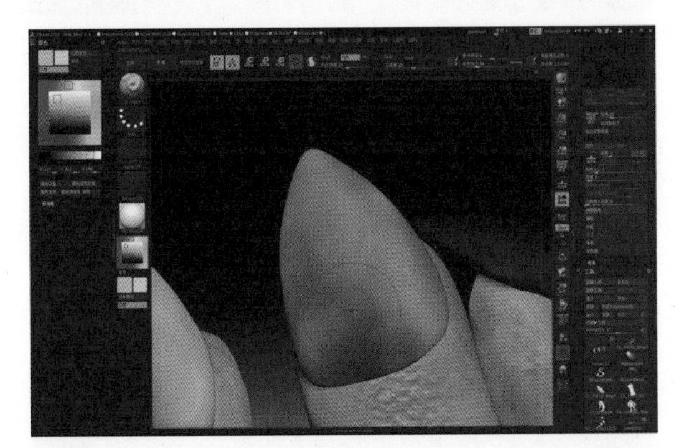

图637

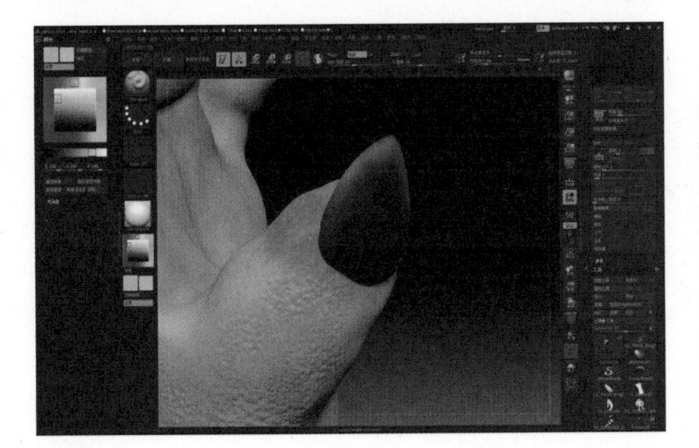

图638

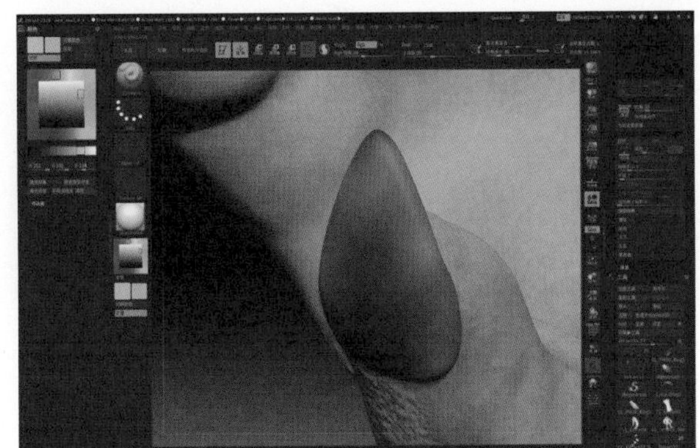

图639

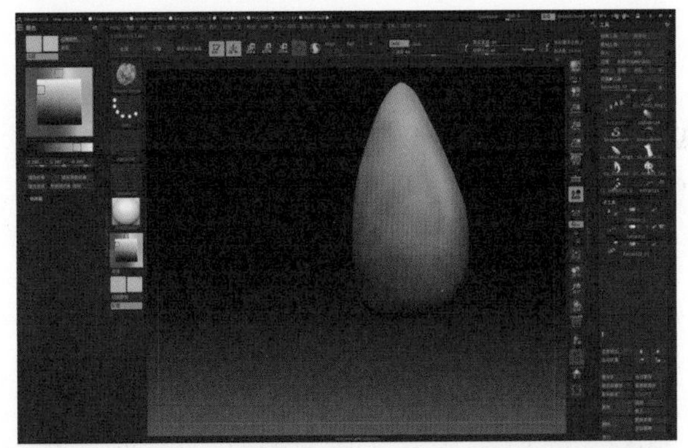

图640

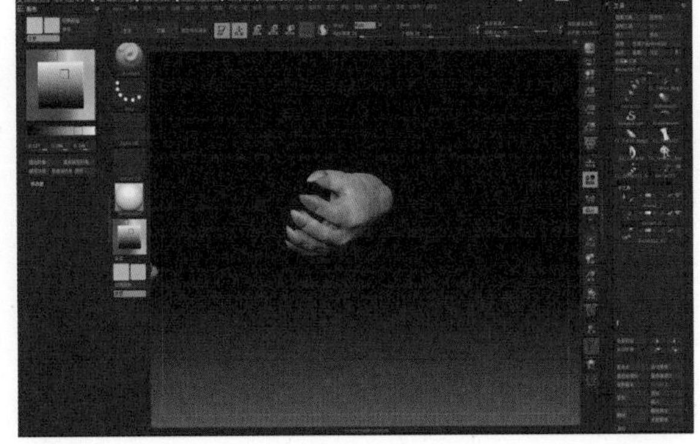

图641

(98) 继续对指甲进行颜色的细节绘制，并且对指甲边缘进行高光处理（图642至图647）。

(99) 使用Standard笔刷，在笔触模式里面选择Freehand对指甲模型进行凹凸纹理绘制（图648、649）。使用笔刷雕刻出指甲上的竖线纹理（图650、651）。

(100) 在 UV大师里面克隆出指甲的低精度模型，使用Unwrap（展开）命令，点击Flatten（平面化）按钮，平铺展开指甲的UV查看有无问题（图652、653），检查无误后点击UnFlatten（取消平面化）按钮回到指甲模型，将低精度的模型UV复制粘贴到高精度模型上。在Texture Map（纹理贴图）里面点击Create（创建）里面的New From Polypaint（通过多边形绘制新建）创建出纹理贴图（图654）。在Texture（纹理）里面进行垂直翻转命令后，对指甲纹理贴图进行导出（图655）。

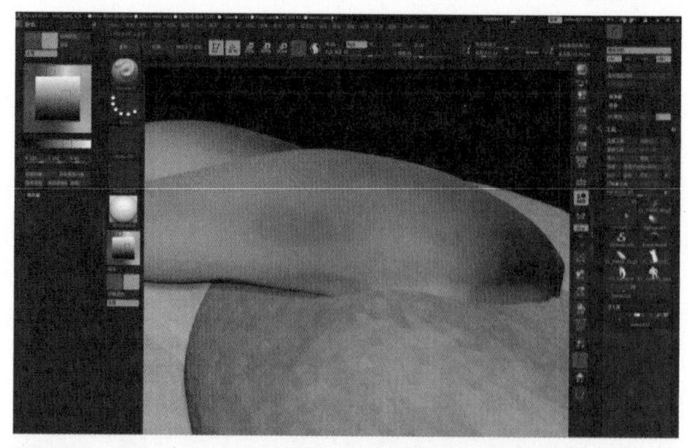

图644

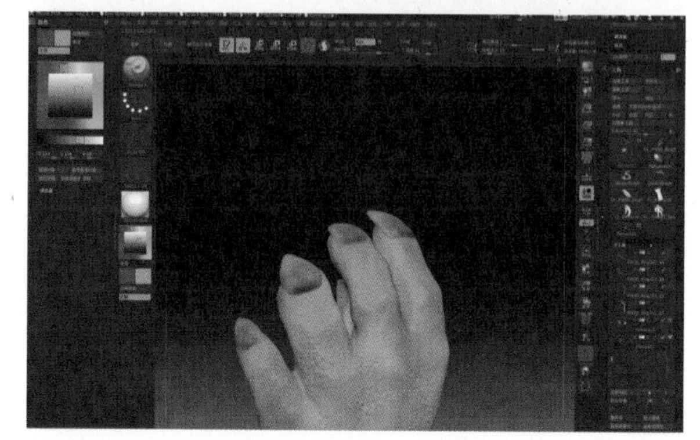

图645

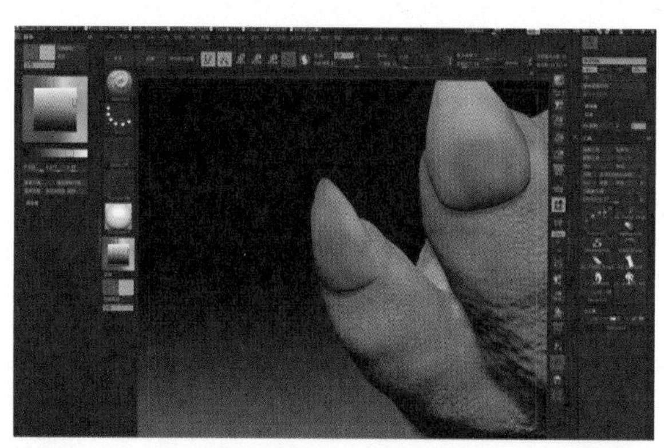

图642

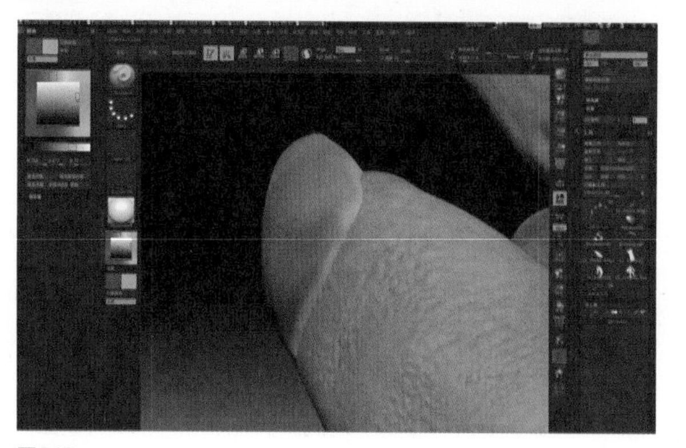

图643

图646

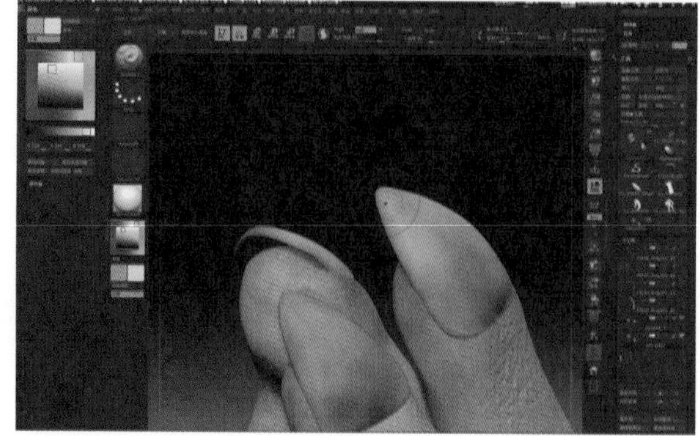

图647

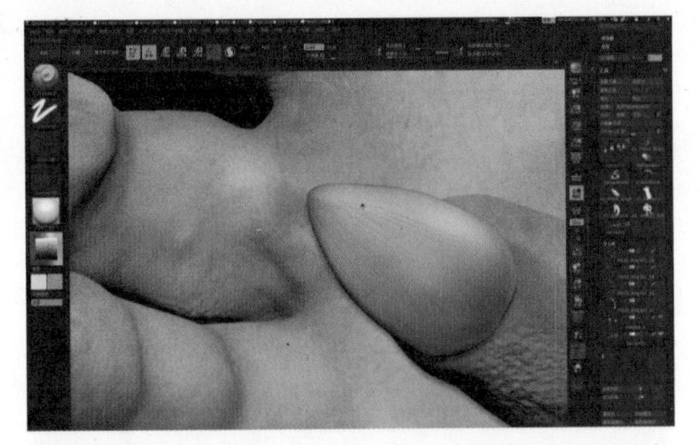
图648

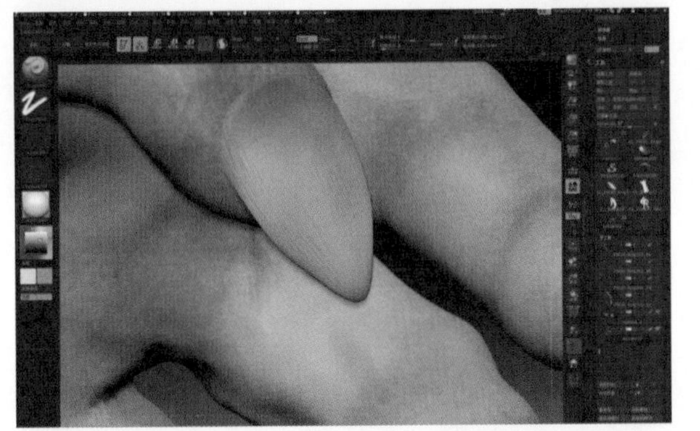
图649

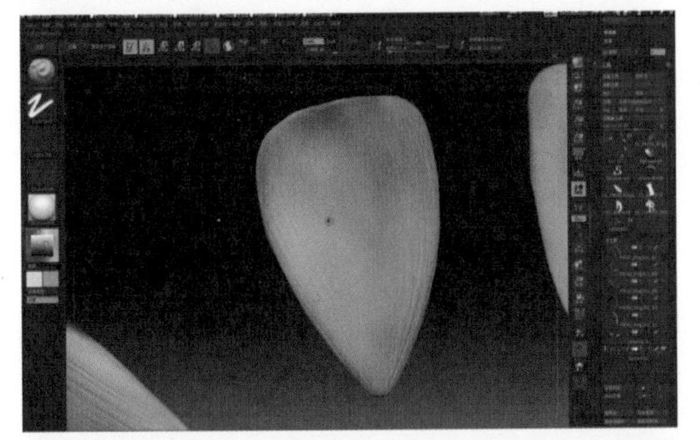
图650

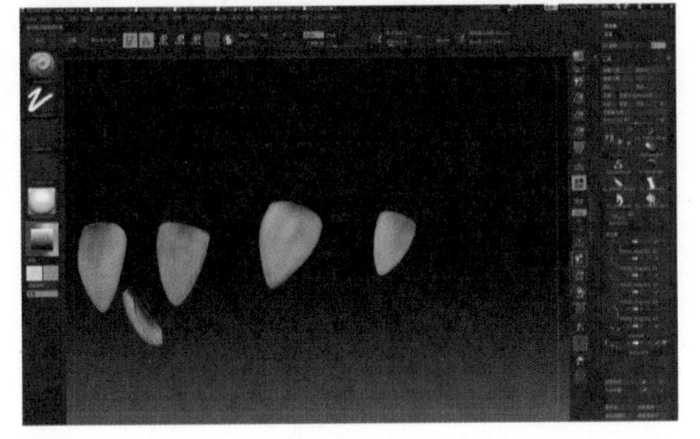
图651

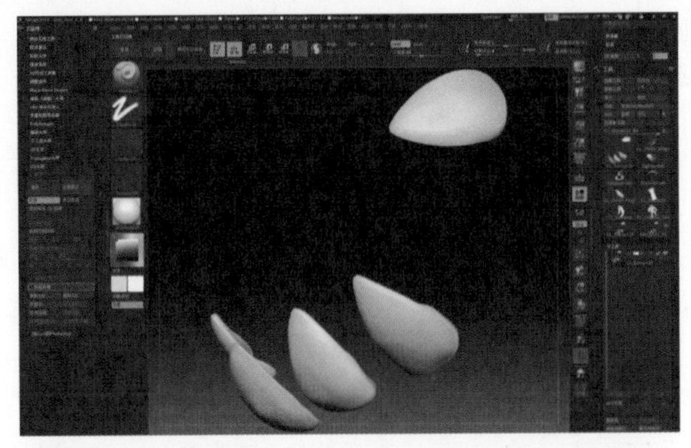
图652

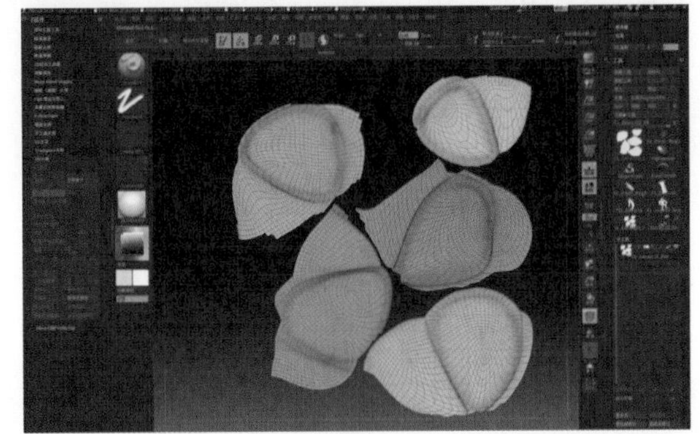
图653

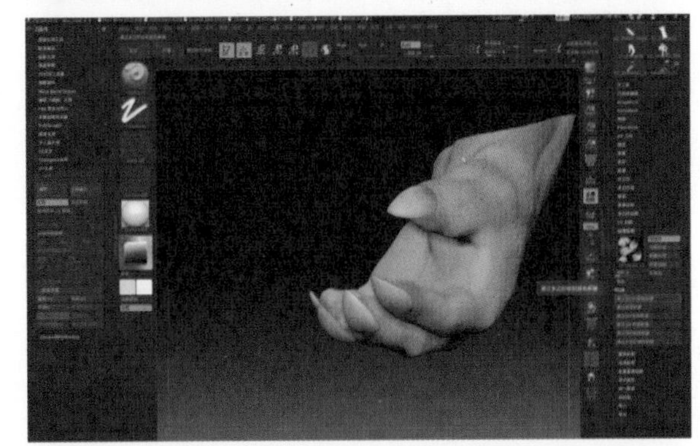
图654

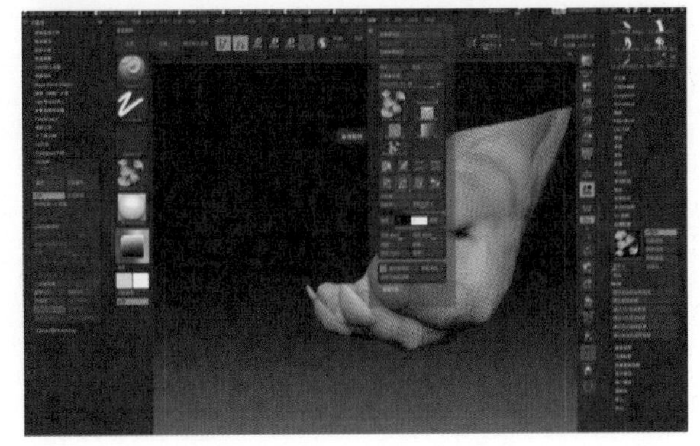
图655

(101) 将指甲的细分级别降到1级，在Tool工具下面的Normal Map（法线贴图）里面点击Create NormalMap（创建法线贴图），然后克隆到屏幕顶部的Texture（纹理）里面进行垂直翻转命令，对指甲模型的法线贴图进行导出（图656、657）。

(102) 到这里已经把ZBrush中的纹理贴图和法线贴图以图片信息导出了，接下来最后一步就是将模型导出成3D的通用格式（图658）。在Subtool（子工具）里面找到需要导出的模型，这里的模型是指低细分级别的模型，将细分级别降到1级，然后在Tool工具下面点击Export（导出）按钮，选择电脑上的文件夹路径进行保存（图659）。

到这里ZBrush的模型雕刻和纹理绘制工作已经全部完成了（图660、661）。

图658

图659

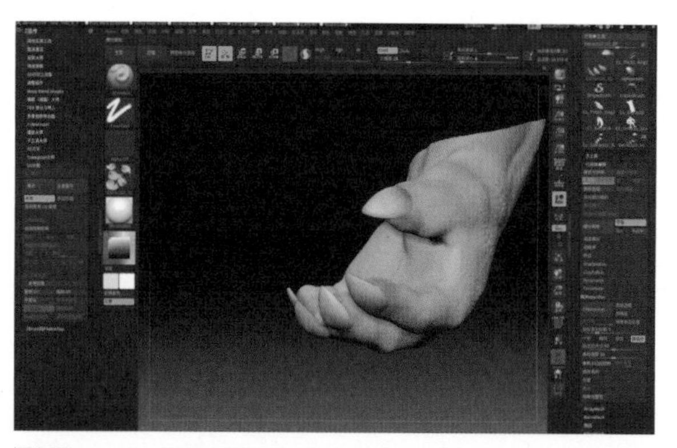

图656

图660

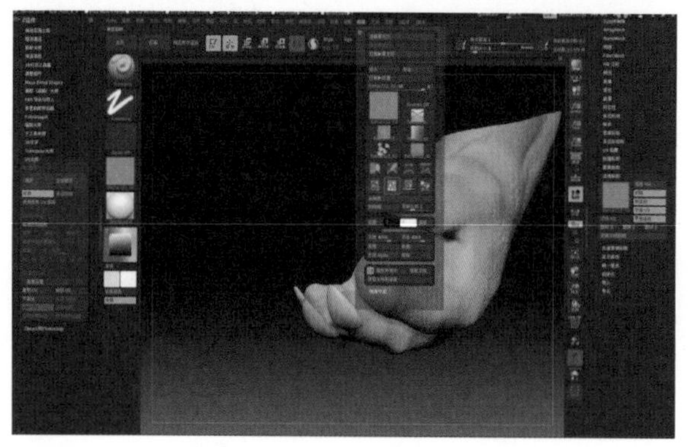

图657

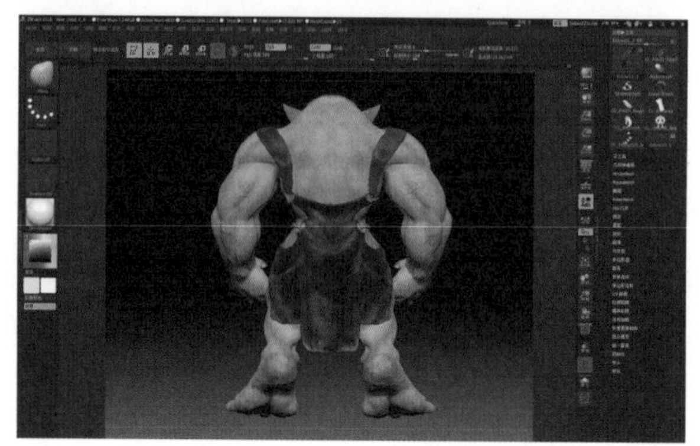

图661

第七章

CHAPTER 3

ZBRUSH与MAYA的完美结合

一、造型上的完美结合

1. Maya的建模方式

Maya的建模方式有三种：分别是NURBS曲面建模、POLY多边形建模和细分曲面建模（Maya2018版本已经淘汰了）。最新的Maya版本其实就是NURBS曲面建模、POLY多边形建模两种。

① NURBS建模技术:

NURBS（图1）是Non-Uniform Rational B-Spline（非均匀有理B样条曲线）英文缩写，是用数字方式描述包含在物体表面上的曲线和样条。

其在设计与动画行业中占有举足轻重的地位，它的优势是用较少的点控制较大面积的平滑曲面，表面精度的可调性，在不改变外形的前提下可自由控制曲面的精细程度，特别适合制作工业造型和有机生物模型。

这种方式的主体构成就是先用线在三维的世界里把模型的轮廓勾出来，然后使用一系列命令来调整编辑轮廓线的节点，最终使用命令把线变成面来建模型。NURBS表面是由一系列曲线和控制点确定的，曲线是曲面的构成基础。NURBS曲线可以由定位点或CV确定，定位点和节点类似，它位于曲线上，并直接控制着曲线的形状。

基本的NURBS几何物体创建方式，在菜单栏中的Create>NURBS Primitives里面。复杂的有机形，需要用曲线结合NURBS曲面命令来完成最终模型效果的制作。

② POLY多边形建模:

多边形（poly）建模（图2）是历史最悠久的也是应用最广泛的建模方式，从早期主要用于游戏，到现在被广泛应用影视制作、建筑效果图制作等，多边形建模同其他几种方法相比有其自己的长处，可以通过使用一个基本的多边形对象为基础来制作出非常复杂的对象模型。

多边形建模方式，也是主流三维软件通用的建模方式。在三维软件中的模型交换上，都采用多边形的OBJ格式，通过这个格式，可以导入到不同的软件里面，再进行后续的工作。我们前面讲的ZBrush软件，在ZBrush里建好模型后，一般都是导出OBJ格式，然后再导入到Maya里（或是其他三维软件），进行材质、动画、渲染等工作。

多边形是指由一组有序顶点和顶点之间的边构成的带有N条边的N边形，可以是三边形、四边形、五边形或者N边形，一般由点构成边，由边构成面。多边形对象就是由多个多边形组成的集合。多边形从技术角度来讲比较容易掌握，首先创建一个基本几何体，然后通过加点加线或者减线调整点线面来建成模型。在创建复杂模型表面时，细节部分可以任意加点加线，在结构穿插关系很复杂的模型中尤其能体现出它的优势。

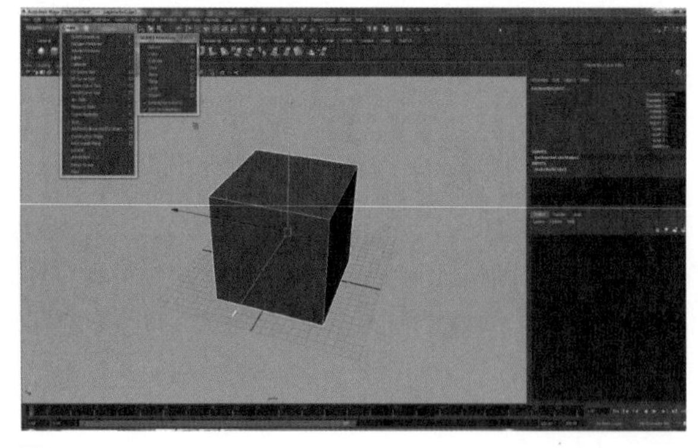

图1

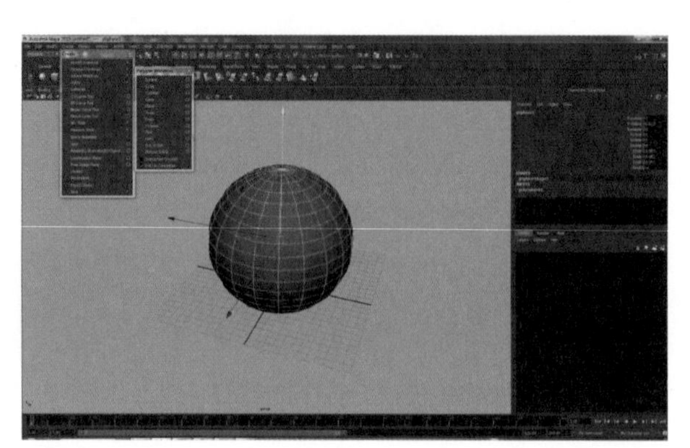

图2

2. ZBrush的建模方式

ZBrush的建模方式有DynaMesh、细分建模、Z球建模、Subtools和模型挤出。

① DynaMesh

DyanMesh（图3）可以让你不受任何限制地创建和实验模型。像使用黏土一样，当拉伸黏土或者添加黏土大小的时候，使黏土本身的基本属性保持一致，并且表面上具有相同的细节量。

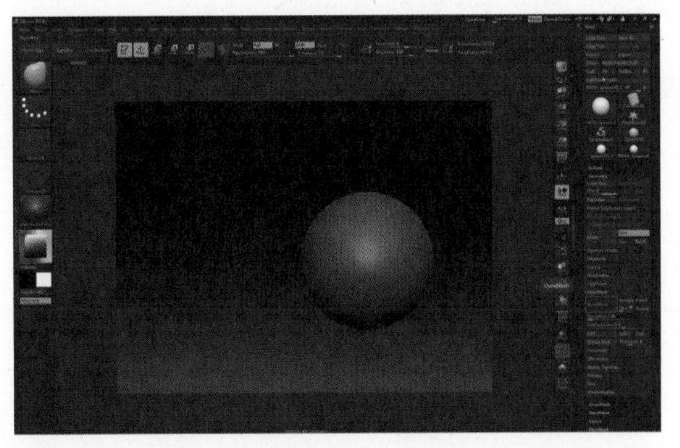

图3

DyanMesh将这种技术引进 ZBrush中，可以添加其他模型到你正在雕刻的模型上，或者用它们来切除模型上的某个部分。

DyanMesh这个功能在Tool工具栏的Geometry中，如果模型中有细分级别，点击DynaMesh就会跳出对话框（图4）。

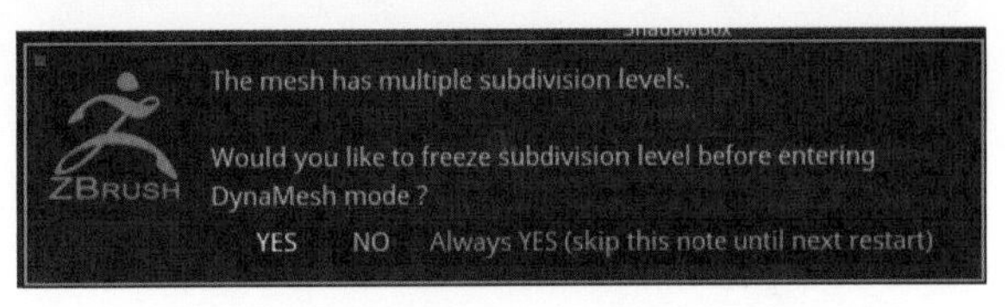

图4

它意思是说模型有细分级别，问你是否要冻结。如果我们选择 YES，那么软件就会自动开启Freeze SubDivision Levels按钮（图5）；如果我们选择NO，那么细分级别就会被删掉。

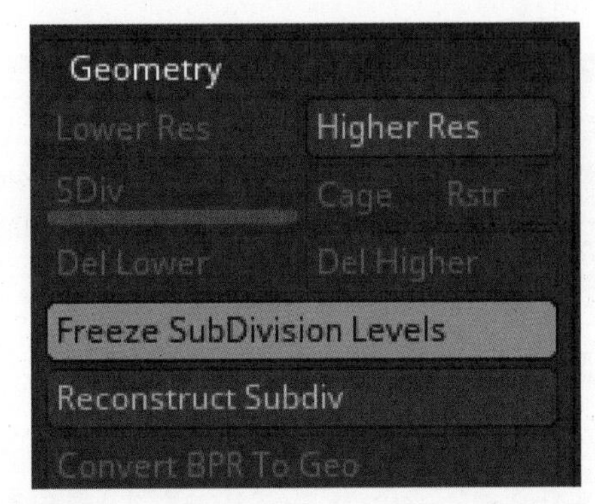

图5

这里可以用一个有3级的细分等级的球体练习。点击Dynamesh按钮在弹出的对话框里面选择YES，再次点击Dynamesh按钮，点击关闭Dynamesh按钮和Freeze SubDivision Levels按钮。这个时候我们发现细分等级还在，这个功能很重要。

因为Dynamesh只是在初级创作阶段塑造大形，而不是用在后期细节制作，所以我们一定要保留细分等级。

如果在工作的过程中使用Dynamesh这个功能，没有保留细分等级，会在后期的修改中比较困难。所以大家在使用Dynamesh这个功能时一定要冻结细分等级。

② 细节建模

在ZBrush（图6）中，可以增加模型所包含的多边形数量，以便添加微小的细节，这就叫作细分建模。

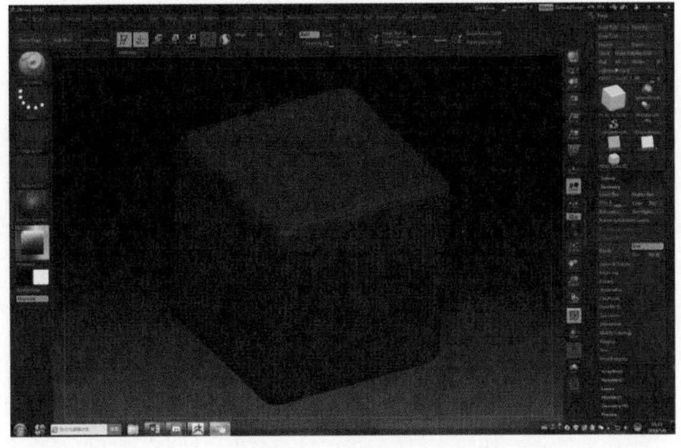

图6

细分层级还提供了另外一种强大的功能，每次细分多边形网格的时候，之前的层级都将保留，这样退后操作的时候这些层级都还在，这在对模型进行重大修改的时候特别有用。比如修改模型某个重要部分的时候，你可以以最低的细分层级进行修改，而不丢失较高层级时的微小细节。

③ Z球

Z球（图7）是ZBrush中的一个高级工具，能够快速轻松地拉出一个3D模型，有点像构建骨骼。

确定好模型的大体形状，创建3D模型以进行进一步的雕刻工作。值得注意的是按快捷键A键可以查看创建成3D模型的预览（图8）。

④ Subtools

Subtools（图9）是一种将模型拆分为单独部分的方法，也是构建由单独部分组成整体模型的好方法。

比如一个角色模型，身体可以是一个Subtool，衣服是其他的Subtool。单独的Subtool可以在工作的时候隐藏起来，充分利用电脑资源，也便于你专注在所雕刻的模型上。

⑤ 模型挤出

模型挤出（图10）是创建模型新部件的快速强大的方法，使用现有的几何体，可以快速轻松创建该模型可能需要的任何配件。

模型挤出是通过复制模型部件，清理边缘创建平滑，甚至边界及添加厚度工作的，用于挤出的区域可以通过遮罩或隐藏模型的其他部件来制作。

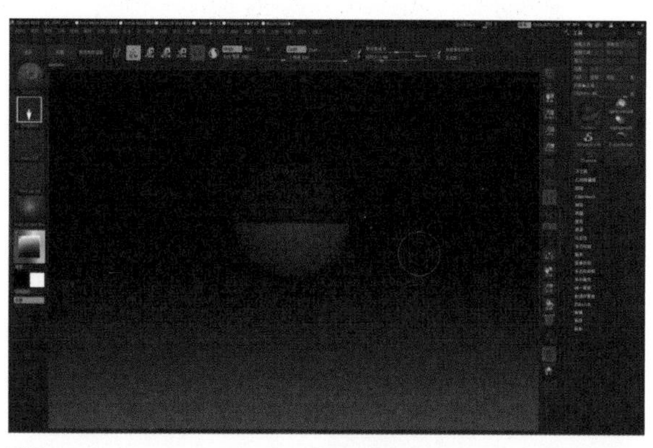

图7

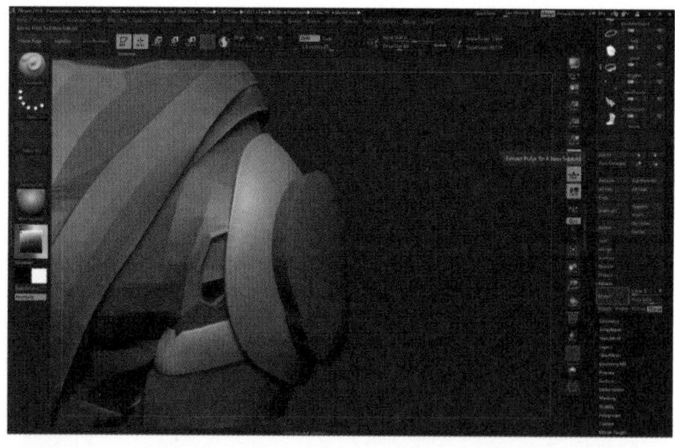

图9

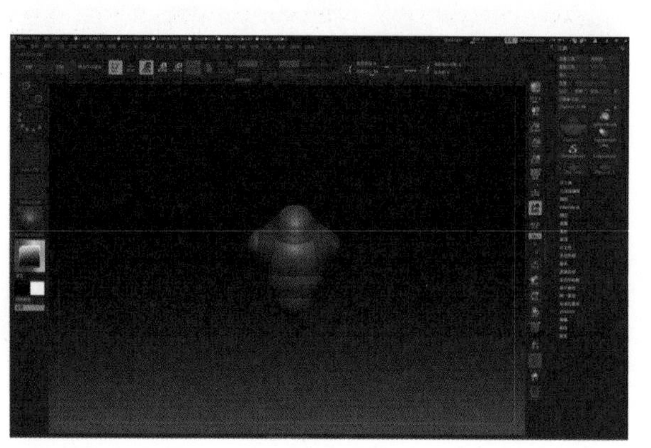

图8

图10

3. ZBrush和Maya的建模上的区别

首先ZBrush和Maya有个最重要的区别，那就是ZBrush不是真正意义上的三维软件，它其实是一款2.5D软件。讲得更直白一点，就是在水平平面的画布上绘制带有depth深度效果的显示。

在二维图像中，基本构建块是一个pixel像素（图11）。像素包含关于其在二维平面上的位置（X和Y坐标）和颜色（红色、绿色和蓝色值）的信息。ZBrush通过增加深度、方向和材质，使像素得到进一步发展，成为pixol智能像素。所以在ZBrush中使用的是pixol，而非pixel。

在ZBrush中创建的也不是真正的3D的物体，而是一个2D的带有3D效果的画笔，因此我们所编辑、修改的其实是2D画笔笔刷，并不是3D模型。

而Maya是一款三维软件，它的建模方式还是离不开常规的Vertex点、Edge线和Face面的模式。计算机图形学中经常会用到的术语“矩阵”，简而言之，就是虚拟三维空间中的点。规定的三维空间中会存在一个零点坐标，它周围的点以XYZ坐标来表示方位，而这些点彼此之间可以连线形成线段；当不同的线段对接，就构成了三维线框结构——这就是三维模型的最原始形态。闭合的线段中间填补虚拟平面，于是三维结构有了体积。

模型由点线面（围绕零点的空间点、点连成的线段、线段围成的面）（图12）组成。Maya中分NURBS（工业曲面）和Polygon（多边形）两种模型。这两者的本质同样都是由三维线框构成，不同的是NURBS的点和点之间有曲线插值，可以通过重建曲面（RebuildSurface）做出无限圆滑的带弧度曲线，适合高精度的工业模具产品；而Polygon是两点直连，如果需要圆滑，则需要使用smooth（平滑）命令进行后期插值计算（会缩小模型），适合影视动画游戏的各种模型。同样显示级别，由于点插值的默认存在，NURBS会比Polygon更缓慢（图13、14）。

在模型的制作上ZBrush拥有着更高模型面数的承载力，是因为ZBrush将导入的模型优化为2.5D的实时渲染内核，也就是说在同样面数的情况下ZBrush会优化掉看不见的面，节省更多的系统资源。

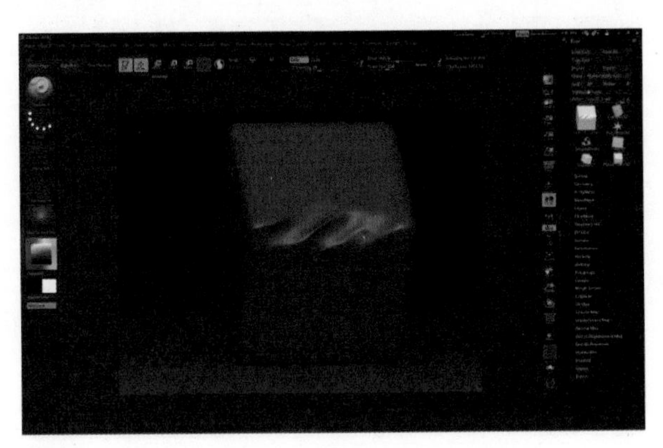

图11

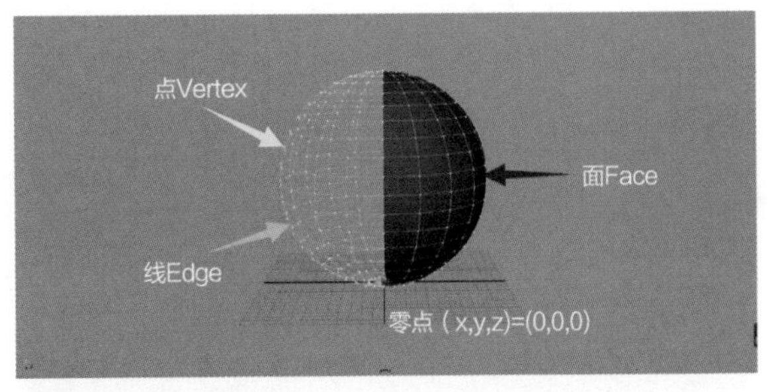

图12

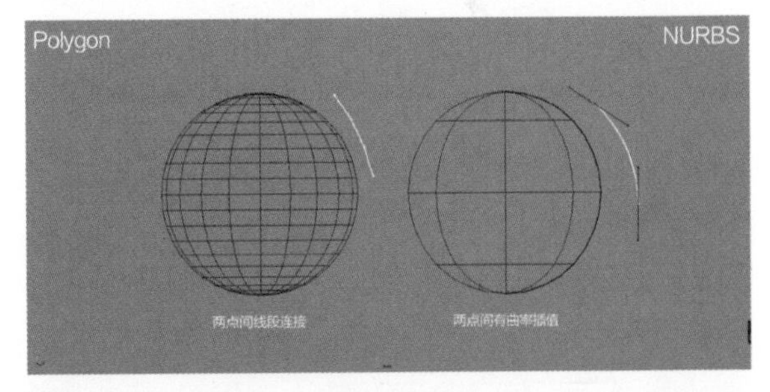

图13

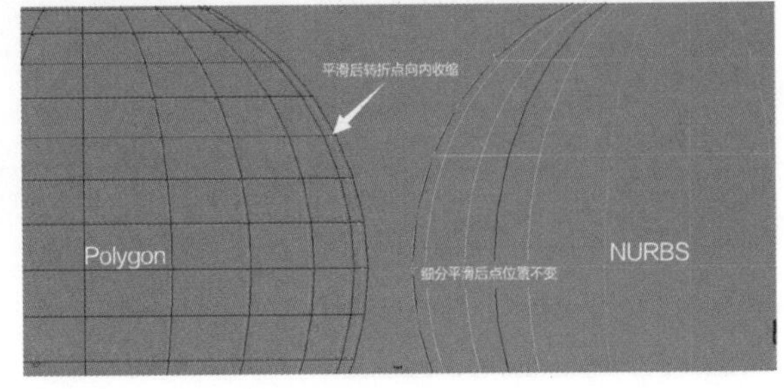

图14

以人头模型为例，可以看到ZBrush中模型（图15）可以精细到人物脸上的毛孔，这些都是通过模型直接制作完成，而且依然不影响模型的制作工作，这在Maya中显然是不行的。右图是Maya的模型（图16），很显然在模型的细节上没法与ZBrush中的模型相比，也没法达到那样的效果（单纯从模型上来讲），所以我们通常会在ZBrush进行高模制作，在Maya中制作低模或者中模。在ZBrush里把模型的细节，通过Normalmap给Maya，再通过渲染最终达到非常逼真的效果。这也是ZBrush和Maya完美结合的核心。

4. Maya和ZBrush完美结合的具体表现

首先在Maya中制作出基础模型，这个基础模型我们可以称为中模，是用来进入ZBrush中制作高模用的。基础模型的制作要求是只需要建出大的形体，不需要太多细节：布线要简洁均匀，避免出现五边面。对于复杂的模型，可以在Maya中将模型拆分成几个部分来进行制作。Maya中基础模型制作完成后就可以导入ZBrush，使用笔刷进行细节雕刻了。ZBrush有着特有的笔刷工具，可以雕刻出很多高精度的细节。

Maya在建模方面细节的制作上没有ZBrush那么丰富的工具，总的来说ZBrush是Maya的最重要的建模材质的辅助工具。

图15

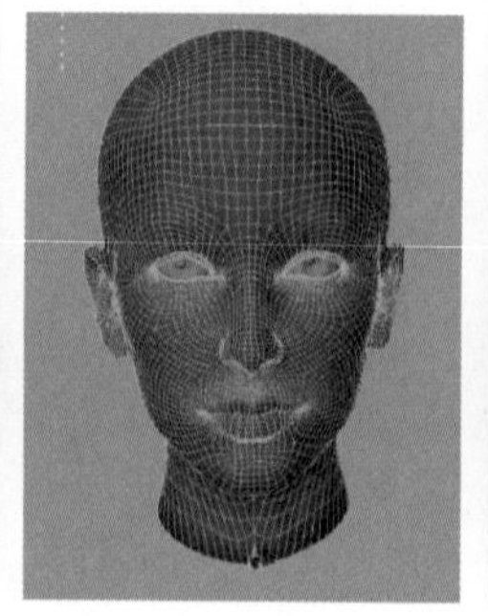

图16

二、贴图上的完美结合

1. 拓扑

在ZBrush中雕刻完细节以后，产生的高模与原来的基础模型相比有了很多的凹凸，如果烘焙了高模的法线贴图之后，贴在原来的平坦的基础模型上，效果就会大打折扣。因此，需要制作出一个与高模的凹凸相匹配的低模。还有一个原因，在游戏或者动画中对模型的布线都是有要求的，比如动画模型，有表情动画的头部模型。拓扑也是一个将模型布线重新整理的过程，因为有了雕刻出来的高模作参照，布线将会更加合理。

Maya和ZBrush的不同拓扑方式

①Maya的拓扑方式（图17）：

在Maya中打开高模模型，选中高模，点击吸附命令。打开Modeling Toolkit选择多边形工具模块，进行拓扑。

②ZBrush的拓扑方式：

ZBrush有手动拓扑和自动拓扑。

手动拓扑：在Tool工具面板中单击当前工具，新建Z球（图18）。

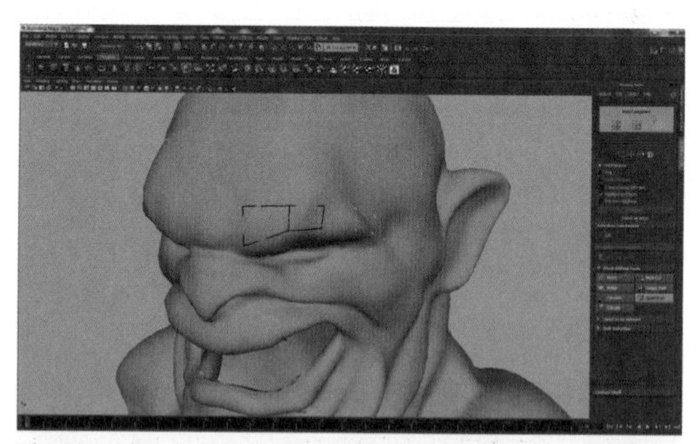

图17

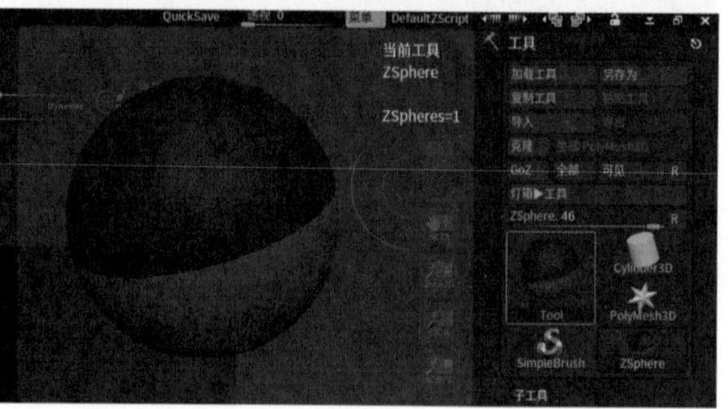

图18

选择Z球在菜单Tool下面的Rigging里找到Select Mesh按钮（图19），绑定要拓扑的模型（图20）。

点击Tool下面的Topology中的Edit Topology按钮（图21）将其激活，开始手动拓扑工作。

自动拓扑：

Tool下面的Geomertry（几何体编辑）里面的ZRemesher就是自动拓扑功能，是基于模型自动分布计算的，可以自动生成多边形布线，就像手动建模一样。使用这个功能面数就回到最低的等级，多用于产生身体和四肢的网格。

2. 烘焙法线

法线贴图就是在原物体的凹凸表面的每个点上均做法线，通过RGB颜色通道来标记法线的方向，你可以把它理解成与原凹凸表面平行的另一个不同的表面，但实际上它又只是一个光滑的平面。对于视觉效果而言，它的效率比原有的凹凸表面更高，若在特定位置上应用光源，可以让细节程度较低的表面生成高细节程度的精确光照方向和反射效果。

这也就是说可以创建出比真正的模型更多几何体的假象，和置换贴图一样，法线贴图并不能真的影响低模的几何网格。如果我们的低模非常简单或者细节非常尖锐，那么法线贴图将起不了作用。被烘焙法线的模型UV必须是展开好的，这个会在下面绘制贴图的时候进行详细说明。

ZBrush和Maya的不同烘焙法线方式

在烘焙法线之前，要准备两个模型：一个是高精度模型，还有一个是已经拆分好UV的低精度模型。

① ZBrush的烘焙法线方式:

首先我们将高精度模型降到最低级别，在Tool下面找到UV Map（UV贴图），然后我们指定下模型的贴图大小，找到Tool下面的Texture Map（纹理贴图），建立新的纹理New Txtr，然后将新建的这张纹理贴图克隆一下Clone Txtr，找到Tool下面的Normal Map（法线贴图），点击画框拾取前面我们克隆的贴图，点击Normal Map（法线贴图）里面的Adaptive（自适应）选项，最后我们就可以点击Create NormalMap创建法线贴图了。将法线贴图进行克隆，在主菜单里面的Texture里面，我们可以预览一下。

值得一提的是，ZBrush法线贴图和Maya里面的法线贴图是上下反转的，所以需要我们在ZBrush里面或者Photoshop等一些平面类软件里面进行反转操作，进行匹配。

然后将法线贴图导出，到这里ZBrush的烘焙法线的工作已经完成。

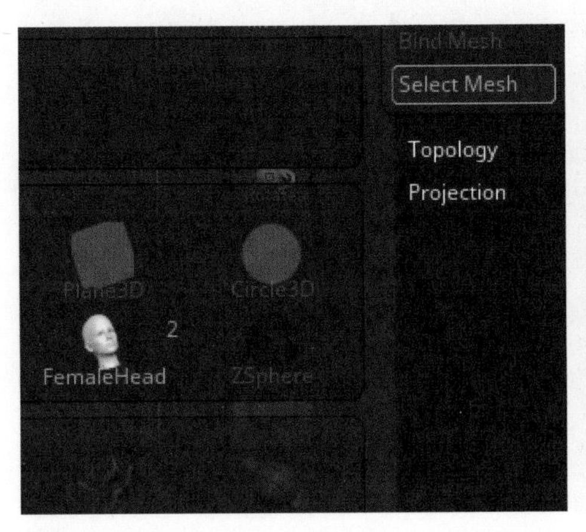

图19

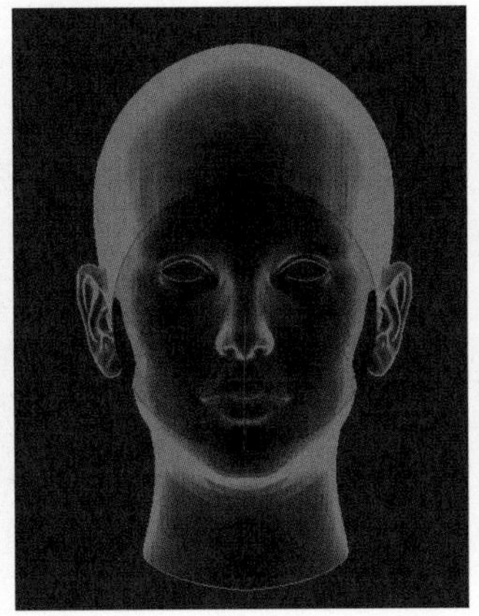
图20

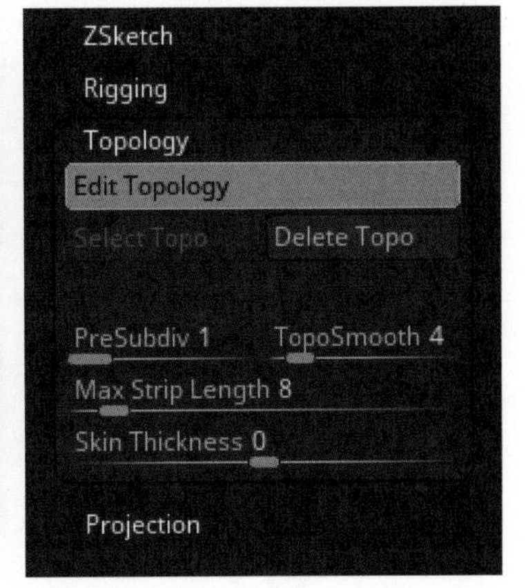

图21

②Maya的烘焙法线方式:

首先在Maya的模式中选择Rendering渲染面板（图22），点击Lighting/Shading照明/着色，找到里面的Transfer Maps传递贴图，在弹出的设置框里面找到Target Meshes，点击Add Selected添加低精度模型，然后在Source Meshes（源网格）中点击Add Selected添加高精度模型。接着我们选择下面需要烘焙的贴图类型，点击Normal法线设置好输出的文件位置、贴图大小（Map Width，Map Height）和Sampling Quality（采样质量），采样质量越高效果越好，当然渲染时间也会增加）。当所有都设置好了之后，点击下面的Bake and Close或者Bake按钮，系统就会开始烘焙输出贴图了。

3. ZBrush绘制贴图

①UV Master

UV概念

我们知道，在Maya等3D软件中是使用XYZ来定义三维坐标空间（图23）。UV是使用U和V两个方向的坐标来定义的二维纹理坐标（图24），这个坐标记录着在多边形和细分曲面网格点上的信息，这个坐标叫作 UV texture coordinates(UV纹理坐标)，这个系统叫作UV texture space（UV纹理空间）。

在这个UV纹理空间中，U表示水平方向，V表示垂直方向，在这个空间中的点叫作UV点，和模型网格上的点是一一对应的，可以通过UV编辑器来查看UV点在贴图上的位置。

创建UV的过程是建模的最后一个步骤，这个过程叫作UV mapping，即UV映射。

图22

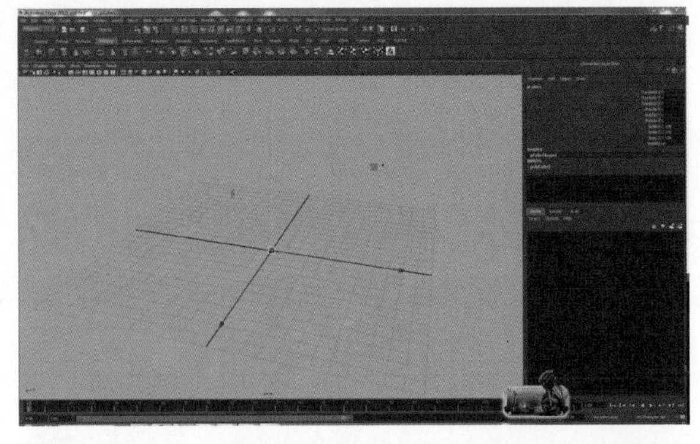

图23

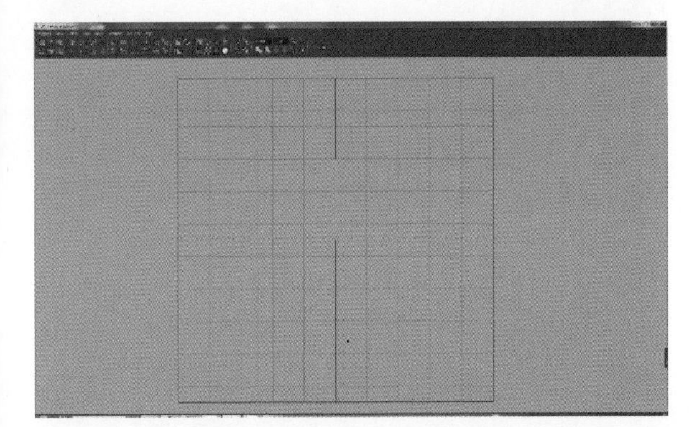

图24

通俗的说法就是将一个三维模型展开到一个平面上，这个展开的平面就叫作UV贴图，我们就在这张贴图上绘制纹理，在渲染的时候将绘制了纹理的贴图指定给将要渲染的模型，最终达到所需要的效果。

我们可以将UV看作是一根纽带，将3D模型和二维贴图连接在一起，来达到最终的效果。

UV Master:

是ZBrush快速分UV的一款插件（图25），这个插件可以直接在ZBrush中完成对模型UV的展开，而无需借助第三方软件。这样可以让模型创作的流程再一次提速。

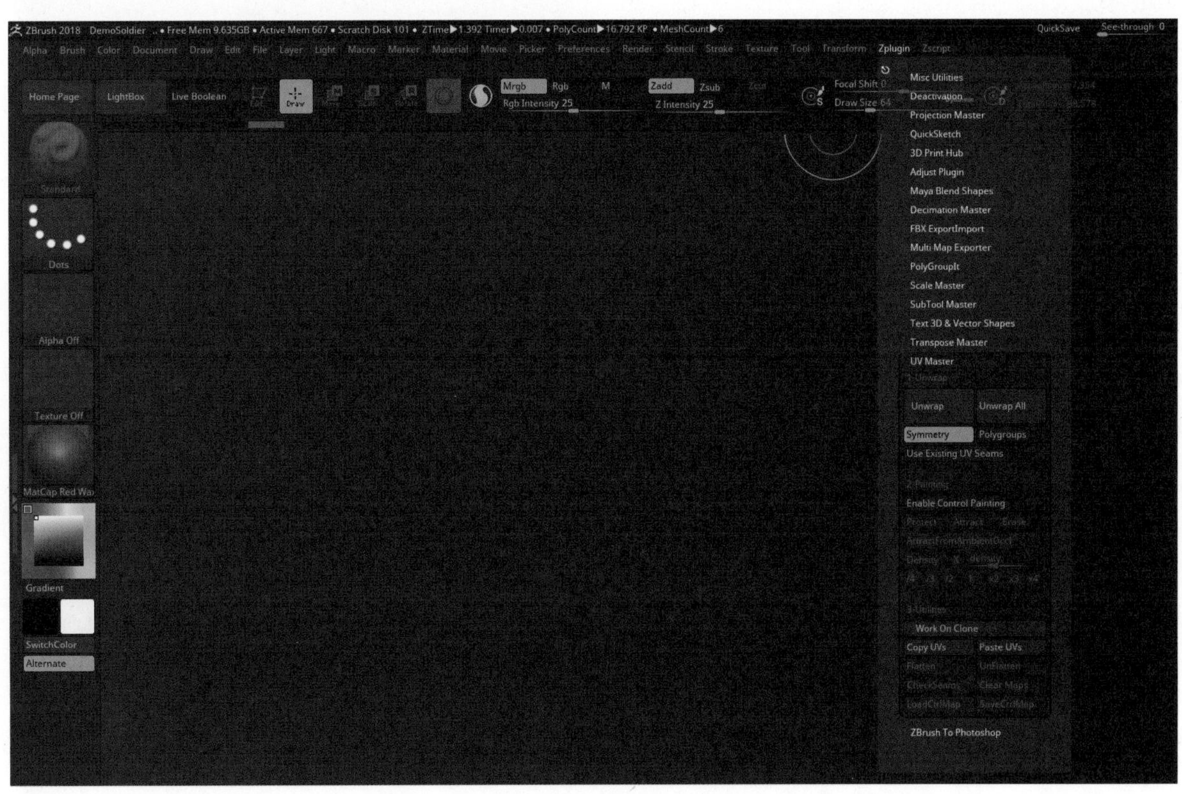

图25

UV Master在主菜单中的Zplugin（Z插件）中，是工作在ZBrush的Sub Tool中的模型上的。在开始工作的时候需要把模型的细分级别降到最低，或者在UV Master中点击Work On Clone（处理克隆）来复制一个模型。该模型细分级别会被系统直接处理成最低级别，并且给模型附上白色材质。接下来我们对这个模型进行展UV操作，点击UV Master里的Unwrap（展开），系统会自动展开模型的UV，我们可以给它附上一张棋盘格贴图来观察模型的UV效果。在Tool下面的Texture Map里面点击New Txtr创建一张贴图，点击画框找到棋盘格贴图，就能在模型上看到贴图效果。Unwrap（展开）命令使模型的UV自动展开，但我们可以发现自动展开的UV接缝出现在了错误的位子（图26），可以先点击Texture Map（纹理贴图）里面的Texture On（纹理开）取消贴图显示，再点击UV Master里面的CheckSeams（检查接缝）按钮，UV接缝在模型上的位置以橘黄色线条显示（图27）。我们可以清楚地看到接缝位置是错误的，我们需要手动操作来指定接缝位置，先关闭CheckSeams（检查接缝）按钮，找到UV Master里面的Enable Control Painting（启用控制绘制）（图28）并激活它，可以看到相关联的参数一并激活了里面的Protect（保护），Attract（画出）就是绘制UV接缝位置的命令，Protect（保护）命令的作用是我们不希望UV接缝出现的位置，而Attract（画出）命令是指定UV接缝出现的位置。首先我们激活Protect（保护）命令来绘制，可以看到绘制在模型上的颜色是红色（图29）。接下来我们再用Attract（画出）命令来绘制，它所显示的颜色是蓝色（图30），一般会把模型的接缝藏在模型的背面。

我们再点击Unwrap（展开）命令来展开模型的UV，再次点开CheckSeams（检查接缝）按钮，我们可以看到模型的UV接缝已经在背面了，也可以点击Flatten（平面化）命令使模型展平成平面来方便我们观察UV。点击UnFlatten（取消平面化）命令就是恢复到模型。

这样我们已经有一个拆分好UV的模型（图31）了，接下来我们要把这个克隆出来的模型上的UV复制粘贴到高精度模型上（图32）。我们点击UV Master里面的Copy UVs（复制UV），在Tool下面的工具栏里面找到并选择我们的高精度模型，点击Paste UVs（粘贴UV），将UV复制进高精度模型中。

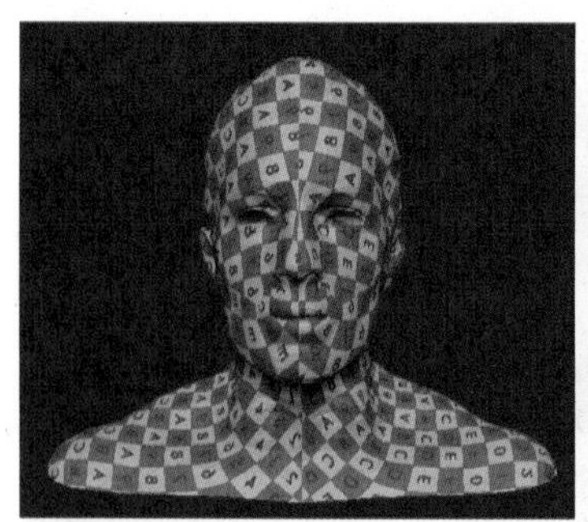

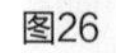

图26

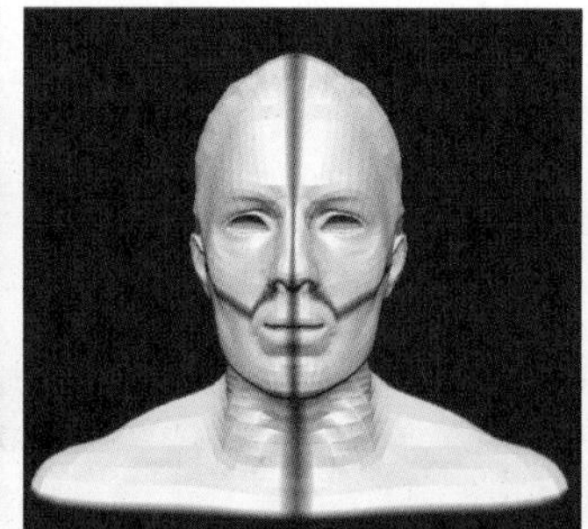

图27

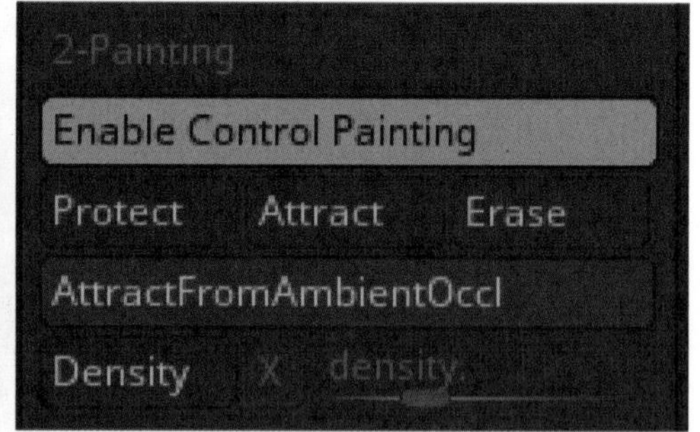

图28

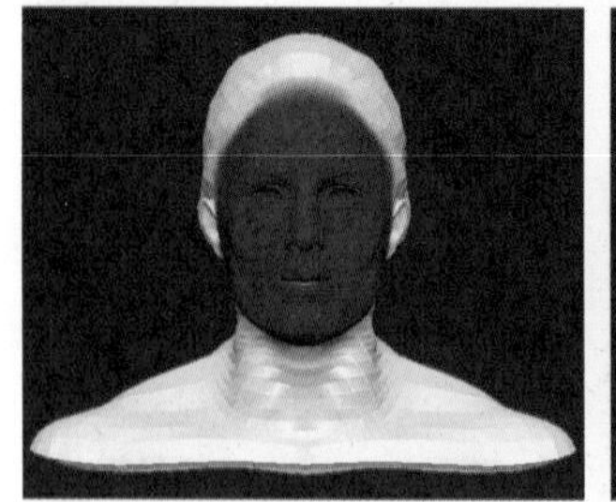

图29

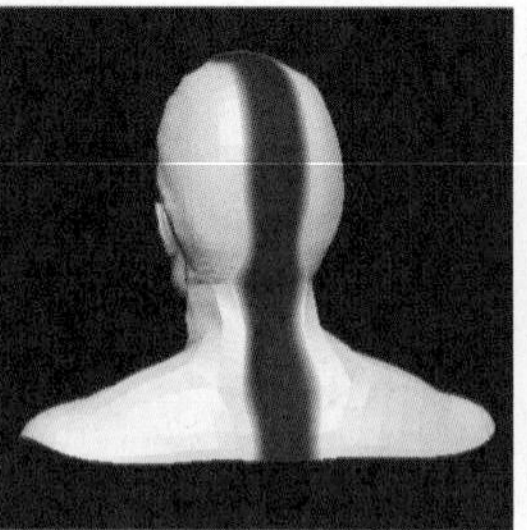

图30

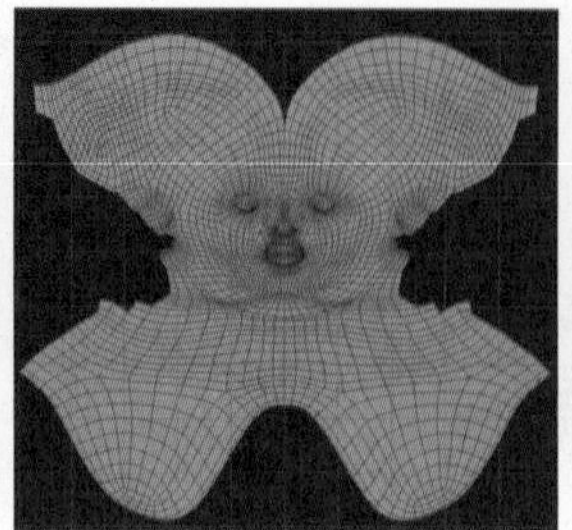

图31

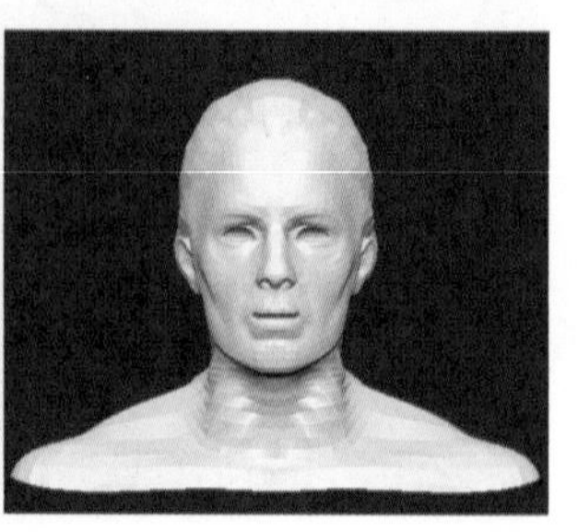

图32

我们创建一张Texture Map（图33），在画框中选择一张棋盘格纹理（图34），来观察高精度模型的UV是否正确。到此UV Master进行展UV的工作基本完成了。

② 颜色贴图绘画

ZBrush中的PolyPainting（图35）是一种创建纹理的方法，该方法通过对每个多边形顶点应用单一RGB值来着色模型。此方法无需使用UV坐标。通过直接对顶点应用颜色，也不必在绘制时将模型定位在画布上。所有纹理可以在Edit模式下创建，在此过程中可以自由地旋转模型。

因为要将颜色应用于每个顶点，这意味着最终生成纹理的分辨率与网格的细分级别直接相关。换言之就是，在有几百万个多边形的模型上能够生成线条清晰的纹理，而较低细分级别的网格上将生成包含细节较少的柔和纹理。

PolyPainting纹理本身是不能导出的，而是要创建在第三方渲染器中使用贴图，需要将PolyPainting纹理烘制为纹理贴图。彩色贴图的分辨率与模型的细分级别有关。如果要创建4096×4096分辨率的贴图，需要细分出1,600万个多边形。

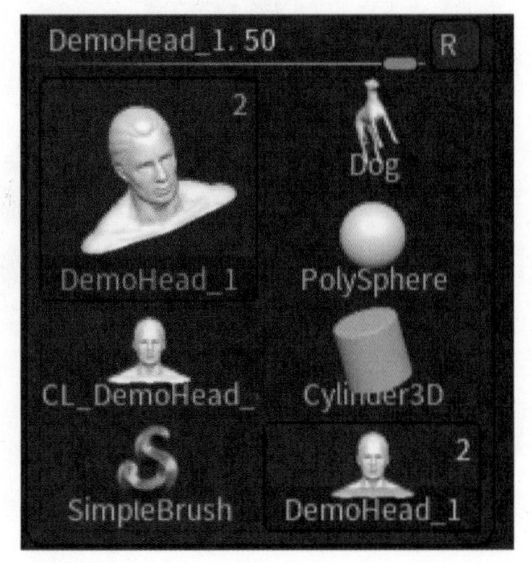

图33

以生物模型纹理贴图为例。我们可以将绘画技巧运用到生物模型上，先将生物模型的脸部划分为几个色温范围，相对偏暖或者相对偏冷色调的区域。这是由皮肤的半透明性、皮肤组织的质量以及面部肌肉和骨骼距离皮肤表面相对远近决定。一般而言，在浅肤色的皮肤上，眉毛采用黄色或金色，而脸颊、鼻子和耳朵采用暖色调的红色，嘴巴和下颌采用较冷的蓝色。

我们可以在Zbrush中自定义笔刷来进行绘制，在Brush调板上选择Standard笔刷，确保关闭ZAdd、Zsub、Mrgb和M，仅打开Rgb，使选择的笔刷只带颜色绘制而不带有雕刻功能。打开屏幕顶部的Stroke（笔触）菜单，在里面可以改变笔刷的笔触样式效果。

当调整完笔刷类型和样式效果后，我们就可以开始进行模型的纹理材质绘制了。我们可以画上一层划分模型色温区域的基础颜色，然后再画一层斑纹，模仿皮肤上的纤维和组织结构，喷洒斑纹就是在基础颜色上覆盖一层细小的、散碎的、弯弯曲曲的线条。这些线条能够打破皮肤上不同区域的饱和界限，从而有助于创建皮肤的深度感觉和半透明感。

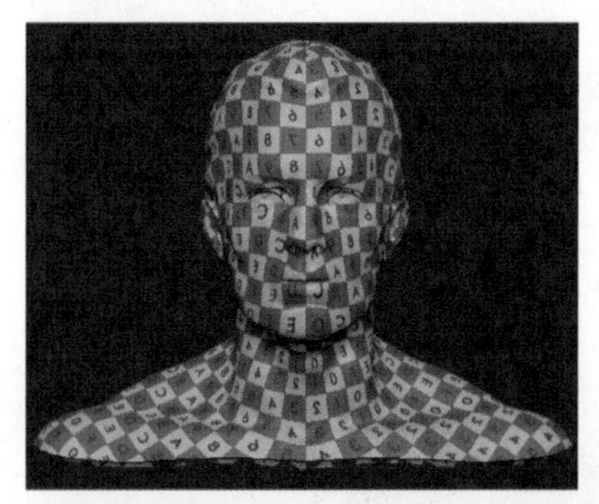

图34

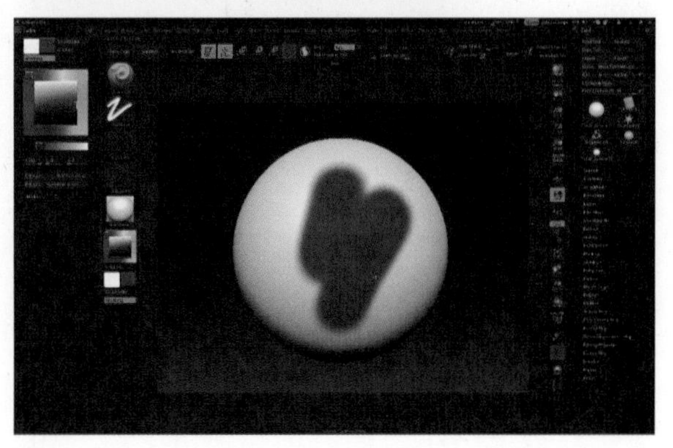

图35

斑纹可以使用手绘来进行创建，也可以改变笔刷的Alpha类型来创建它。一般常用的是Alpha22制作完以上纹理后，我们接下来需要淡化基础颜色，使用基础颜色的浅色涂层来统一在前面步骤中绘制的颜色。这是一种传统的绘制技术，可用于减淡颜色以便使其更透明。

最后我们还要继续进行某些细节部分色温的调整，通过笔刷进行少量喷洒暖色和冷色来调整。

当模型纹理基本绘制完毕后，我们需要将它绘制进UV贴图里面。点击Tool下面的Texture Map（纹理贴图），在里面找到Create（创建），点击它下面的New From Polypaint（通过多边形绘制新建）来将绘制贴图创建出来，然后我们可以在Texture Map（纹理贴图）里面找到Clone Texture，点击它，在屏幕顶部主菜单的Texture里面将它进行导出操作。到这里绘制贴图的工作基本完成了。

三、Maya渲染出图

1. 模型准备

将ZBrush中导出的怪物模型导入进Maya里面（图36），在Maya的插件管理器里面找到ObjExport.mil，打勾后面的Loaded进行加载，也可以打钩后面的Auto load进行自动加载（图37）。

加载完毕之后，就可以在Maya菜单栏里面File下点击Import，将模型以Obj的3D通用格式导入进来了（图38）。

当模型进入场景之后我们会发现，模型上的边非常硬，能够很清楚地看到布线的结构，我们要对它进行柔化边操作。

选择模型，在Polygone菜单下单击工具栏上的Normals下面的Soften Edge（图39）。这将柔化边缘法线，并为小面模型提供一种平滑的外观。而Soften Edge下面的Harden Edge与它的效果相反，将硬化边缘法线，并为小面模型提供一种明显布线结构的外观。

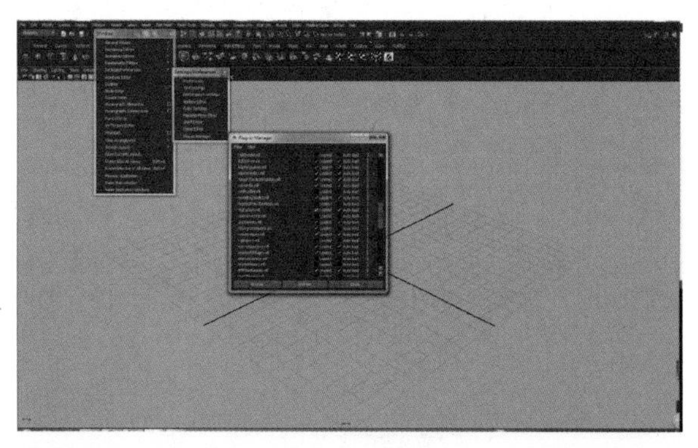

图36

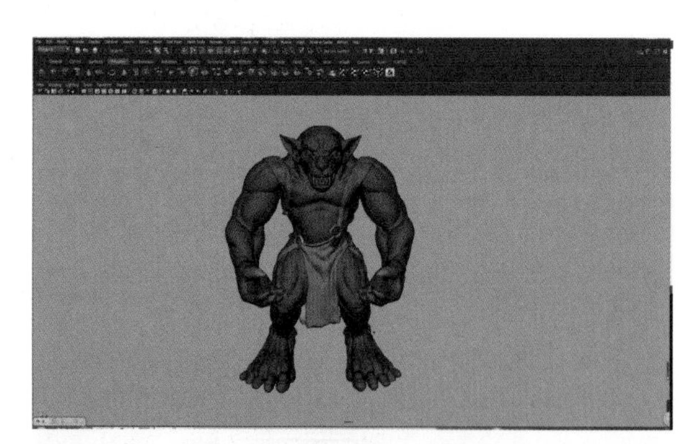

图38

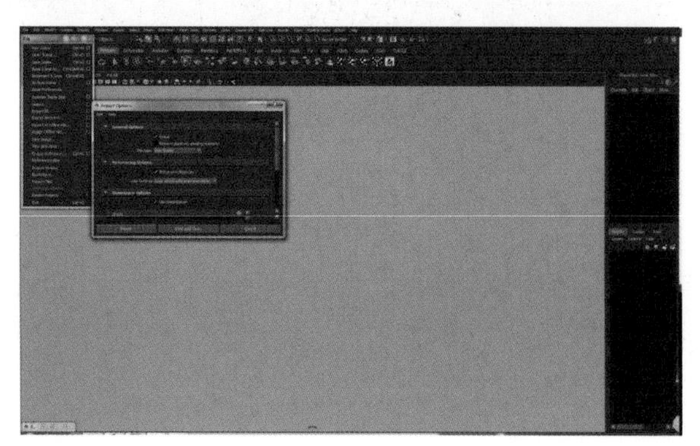

图37

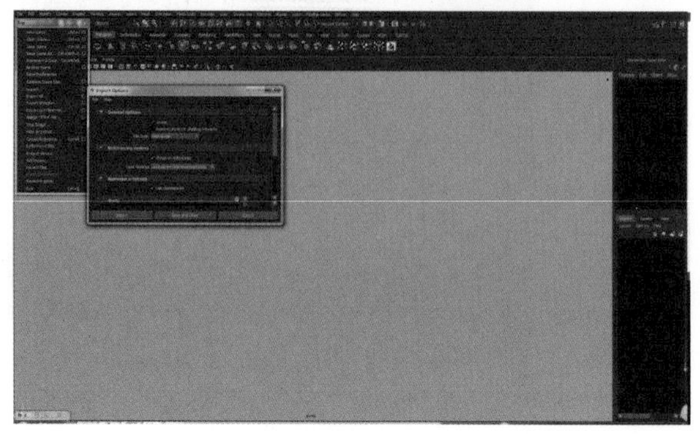

图39

2. 纹理贴图

在ZBrush中将绘制完成的纹理贴图和Normal贴图，将在Maya中以材质球的形式重新显示出来。

在Photoshop中，我们还需要对ZBrush中导出的纹理贴图进行其他类型贴图的制作，如Specular Color（高光反射颜色）贴图。可以拿皮质绑带的纹理贴图为例，在Photoshop中打开纹理贴图，先在图像的调整里面点击去色，然后按快捷键Ctrl+M键调出曲线编辑器进行调整（图40、41）。高光反射颜色的意思是在物体高亮处所反射出的纹理颜色信息，贴图白色的部分使颜色明显。

在Photoshop中，对剩余的其他模型都进行同样的Specular color（高光反射颜色）贴图的制作（图42、43）。

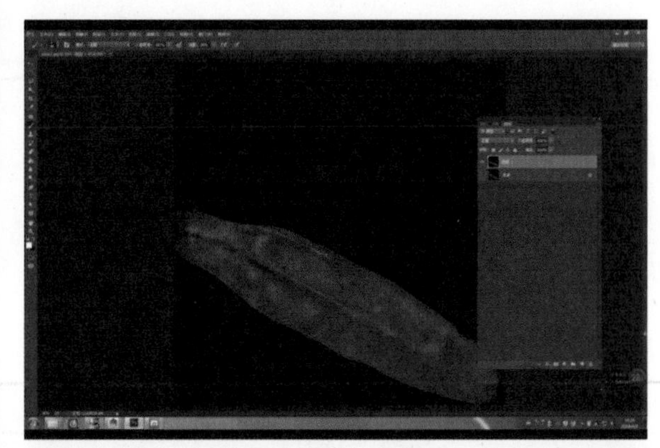

图40

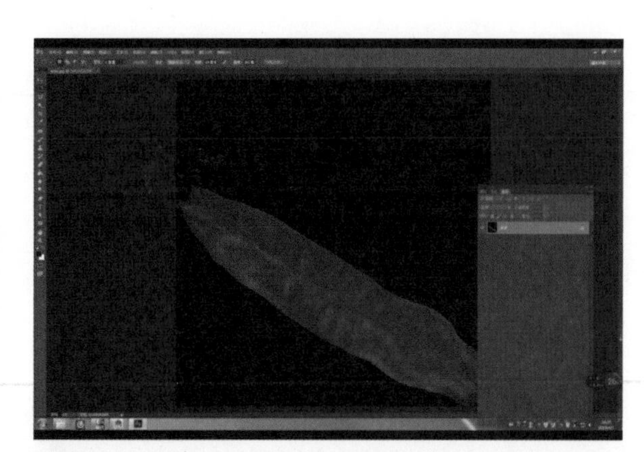

图42

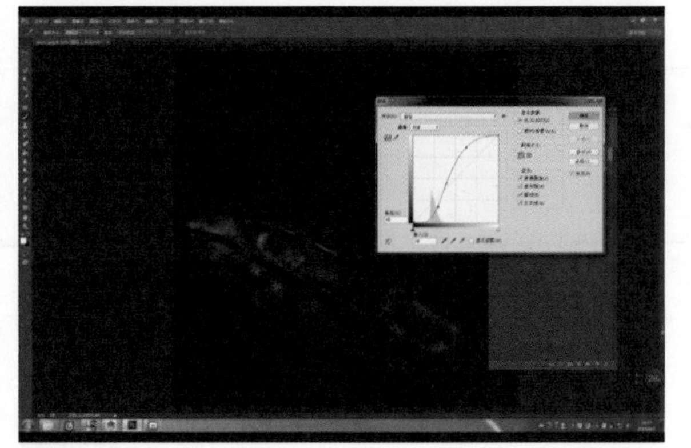

图41

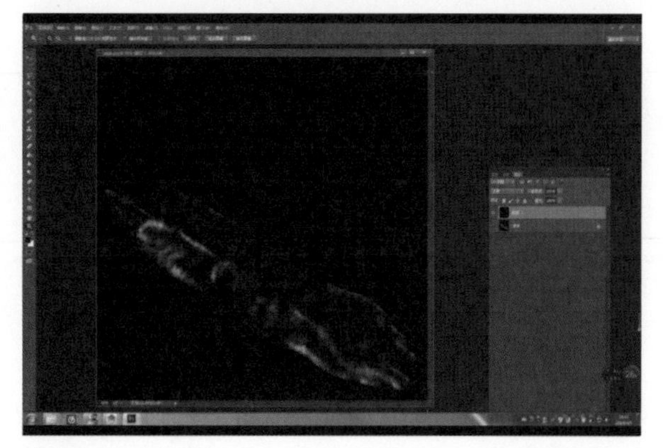

图43

先打开Maya的材质编辑器（图44），在菜单栏Window > Rendering Editors > Hypershade 创建Blinn材质球（图45），将现有贴图对模型进行上色，进行效果测试。在Blinn里面会使用到的参数有Color、Bump Mapping和Specular Color。在Color中载入从Zbrush导出的颜色纹理贴图。

Bump Mapping载入Normal贴图（图46），需要对bump2d1中的Use AS模式进行调整。使用Tangent Space Normals。Specular Color载入刚刚上面制作的Specular color贴图（图47），Specular Color会使用到的参数是Eccentricity和Specular Roll off。Eccentricity控制高光的范围大小，Specular Roll off控制高光的明暗。

将已经载入完颜色贴图、Specular Color贴图和Normal贴图的Blinn材质球贴到模型上（图48）。首先选择模型，然后鼠标右键点击材质球，拖住并选择Assign Material To Selection命令（图49）。

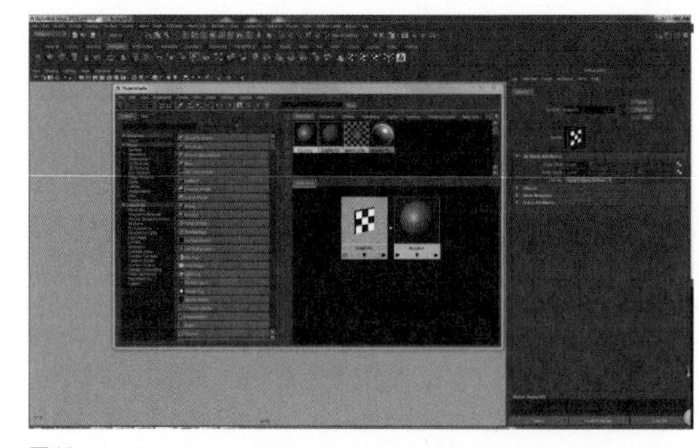
图46

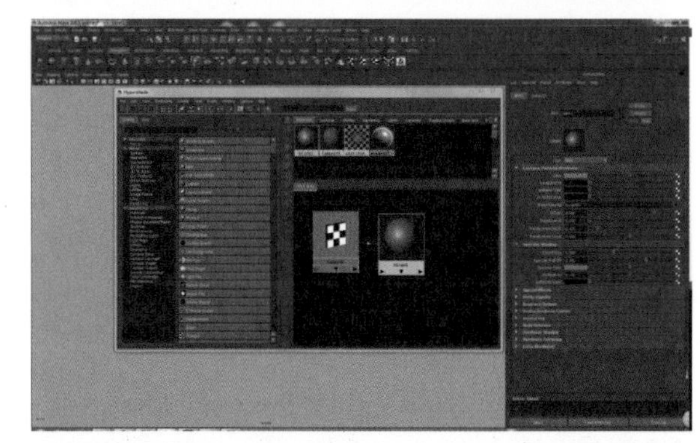
图47

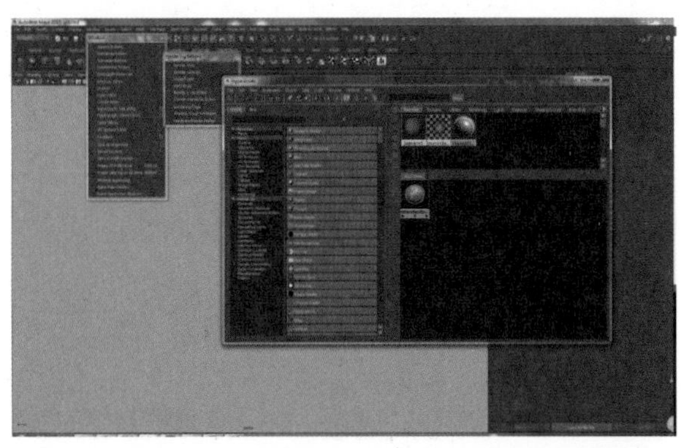
图44

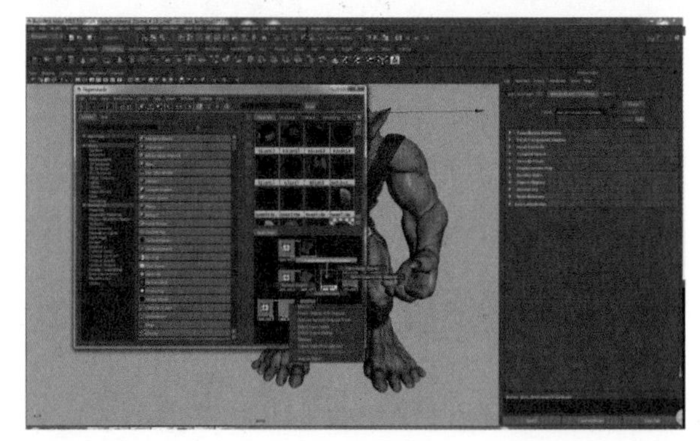
图48

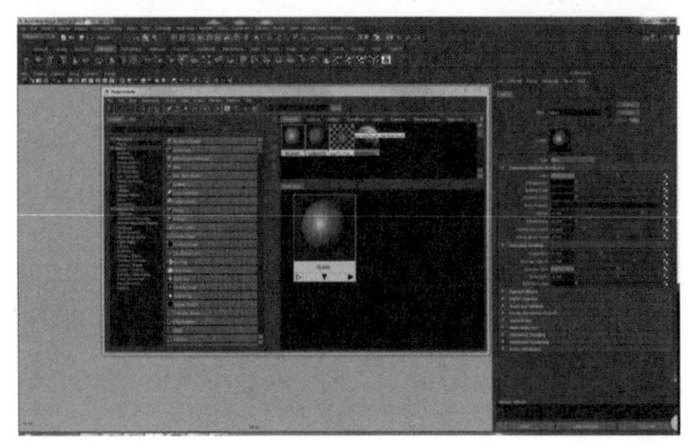
图45

图49

到这里就可以在Maya的场景窗口中观察带有纹理贴图的怪物模型了（图50至图53）。

3. 3S材质

Subsurface Scatting（次表面散射，简称sss/3s），最明显的效果就是光线穿过一个很薄的半透明物体时候的样子。

但是对于皮肤来说，这样的效果是次要的，因为这些效果只会出现在像耳朵等很薄的部位。最重要的应该是，光线在最表面皮肤的浅层内的扩散和传播所产生的效果。

要让材质库存在3s贴图，必须要打开Maya mental ray的选项。Window > Settings/Preferences > Plug-in Manager，找到Mayatomr.mll，并在Loaded处打钩进行载入（图54）。然后在Window > Rendering Editors > Hypershade打开材质编辑器，在mental ray中找到misss_fast_skin_maya，它就是制作真人皮肤的3S贴图材质球。下面先看看3S材质球的一些参数属性（图55）。

图52

图53

图50

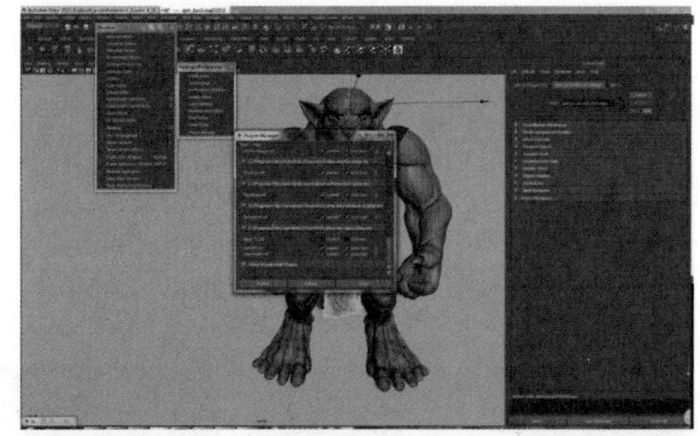

图54

图51

图55

首先是Diffuse Layer（漫反射层）：
Ambient指的是环境光线和漫射光，（1）周围的光线。（2）室内或其他地方常见的照明光。（3）在3D图形中指一个或多个表面的反射光。漫射光是非方向性的反射、表面均匀地向各个方向反射。

Overall Color总体颜色。
Diffuse Color 漫反射颜色。
Diffuse Weight 漫反射强度，数值越大越能表现漫反射的颜色。

然后是Subsurface Scattering Layer（3S次表面散射）：
Epidermal Scatter Color 表皮的散射颜色。
Epidermal Scatter Weight 表皮的散射强度。
Epidermal Scatter Radius 表皮的散射厚度。

表皮的散射参数是控制离镜头最近的表皮颜色。
Subdermal Scatter Color 皮下组织的散射颜色。
Subdermal Scatter Weight皮下组织的散射强度。
Subdermal Scatter Radius皮下组织的散射厚度。

皮下组织的散射参数是控制中间层的表皮颜色。
Back Scatter Color 背后散射的颜色，也就是在背光的状态下，由后向前的颜色。
Back Scatter Weight 背后散射的强度。
Back Scatter Radius 背后散射的厚度。
Back Scatter Depth 背后散射的深度。延伸一部分，产生自然的过渡。

接着是Specularity（高光）：
Overall Weight 总体高光权重。
Edge Factor 边沿深度。
Primary Specular Color 主要的高光的颜色。
Primary Weight 主要强度。
Primary Edge Weight 次级强度。

Diffuse Layer（漫反射层）控制皮肤中最外层的颜色，Subsurface Scattering Layer（3S次表面散射）是3S材质的核心由它产生皮肤的散射。它由三层组成，表皮层（图56）、真皮层（图57）和另外的背光层（图58）。

下面我们根据以上参数对现有身体部分的颜色贴图进行创建Epidermal Scatter Color贴图、Subdermal Scatter Color贴图和Back Scatter Color贴图。

图56

图57

图58

4. 渲染

（1）首先在Maya中新建一个摄像机（图59），在Create里面点击Cameras创建摄像机，确定好机位。

（2）创建灯光，可以根据三点布光来布灯（图60）。三点布光又称区域照明，一般用于较小范围的场景照明。如果场景很大，可以把它拆分成若干个较小的区域进行布光。一般有三盏灯即可，分别为主体光、辅助光与轮廓光。

主体光：通常用它来照亮场景中的主要对象与其周围区域，并且担任给主体对象投影的功能。主要的明暗关系由主体光决定，包括投影的方向。

辅助光：又称为补光。用一个聚光灯照射扇形反射面，以形成一种均匀的、非直射性的柔和光源，用它来填充阴影区以及被主体光遗漏的场景区域、调和明暗区域之间的反差，同时能形成景深与层次，而且这种广泛均匀布光的特性使它为场景打一层底色，定义了场景的基调。

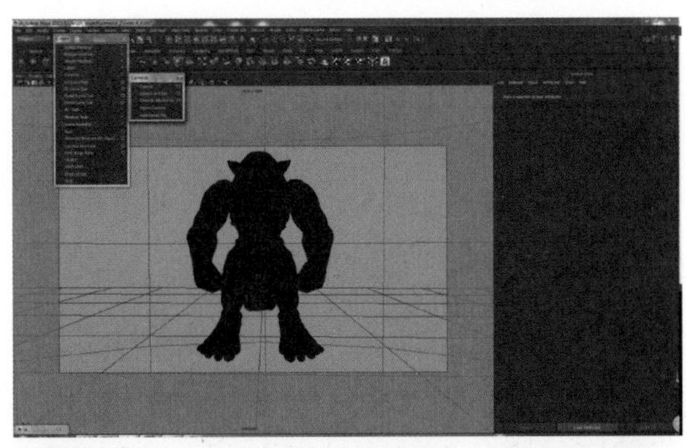

图59

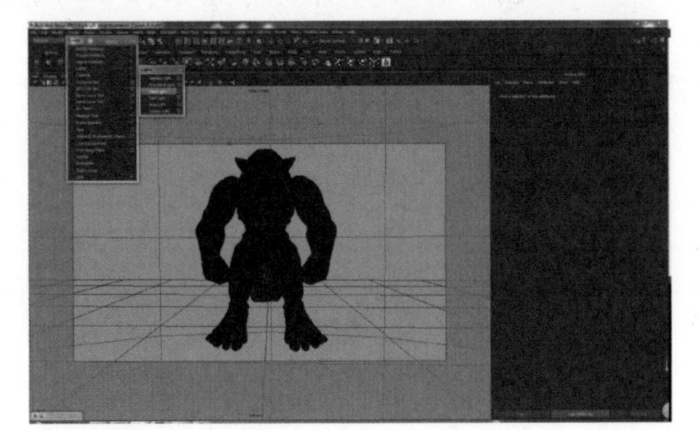

图60

轮廓光：又称背光。轮廓光的作用是将主体与背景分离，帮助凸显空间的形状和深度感，它尤其重要，特别是当主体是暗色头发、皮肤、衣服、背景也很暗时，没有轮廓光它们容易混为一体，二者缺乏区分。轮廓光通常是硬光，以便强调主体轮廓。

这里我们可以创建点光源来进行效果测试。

（3）创建3S皮肤材质球（图61），在材质编辑器里面找到mental ray下面的misss_fast_skin_maya材质球，鼠标左键进行点击创建。将刚刚创建的Epidermal Scatter Color贴图、Subdermal Scatter Color贴图和Back Scatter Color贴图分别加载进Epidermal Scatter Colo、Subdermal Scatter Color和Back Scatter Color参数里面。

我们先可以将Ambient颜色拉成黑色，使它不受环境光的影响。将Epidermal Scatter Color的贴图一并加载到Diffuse Color上。值得一提的是在3S皮肤材质球上Epidermal Scatter Radius、Subdermal Scatter Radius和Back Scatter Radius参数的单位都是mm，而Maya的默认单位是cm（可以调整），要设置好单位，不然会出现噪点无法解决的问题。

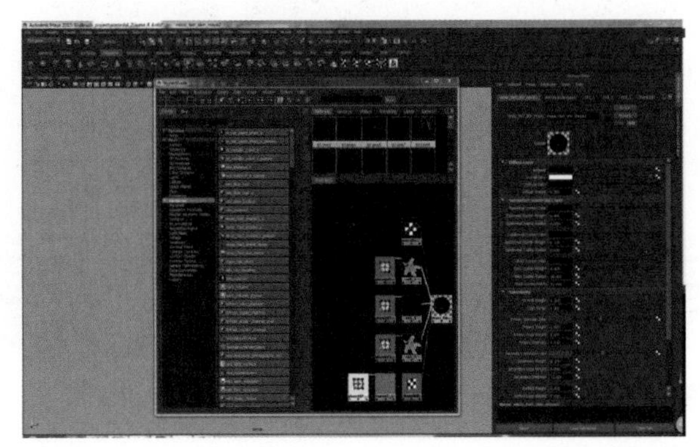

图61

然后我们可以先测试背光的渲染效果（图62）。先将Diffuse Weight值改为0，Epidermal Scatter Color和Subdermal Scatter Color断开纹理贴图链接，颜色调整为黑色。将Epidermal Scatter Weight和Subdermal Scatter Weight值改为0，Back Scatter Weight改为1，将Specularity下面的Overall Weight设置为0，这样就把所有的效果都关掉了，只剩下背光的Back Scatter Weight（Back SSS Weight），这样就可以便于我们观察光线照射皮肤后的透光效果是否正确（图63）。

图62

接下来我们来观察最外层皮肤的效果（图64），它是由Epidermal Scatter Color和Epidermal Scatter Weight来进行参数控制的。我们将Epidermal Scatter Color链接上Epidermal Scatter Color贴图，Epidermal Scatter Weight值改为1，Epidermal Scatter radius值改为0.8，Subdermal Scatter Weight和Back Scatter Weight值改为0（图65）。

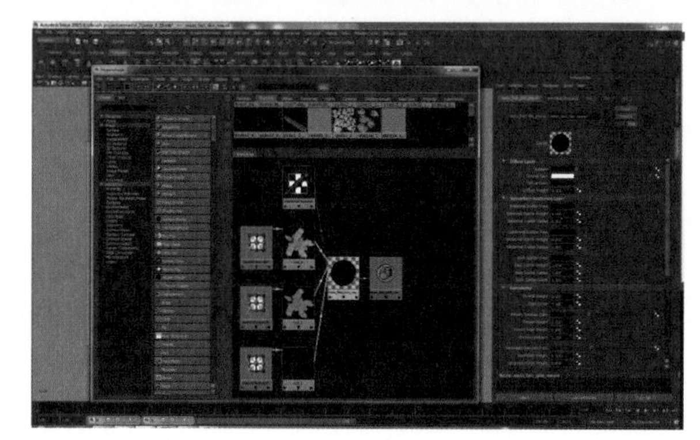

图63

在什么属性上链接纹理贴图有很多的选择，按实际情况来进行链接。对怪物的脸来说，我们先给Diffuse Color和Epidermal Scatter Color这两个属性上添加一张纹理贴图。给固有色和表皮层上贴图，但Subdermal Scatter Color这个暂时不加贴图（次表面这层不加）。

图64

另一种选择是将纹理贴图只加在Overall diffuse color这个属性上，但这样做会容易出现问题。如果你的贴图上有很暗或者黑色的区域，那这片区域将不会有任何的散射效果，因为黑色和任何其他颜色叠加还是黑色的。

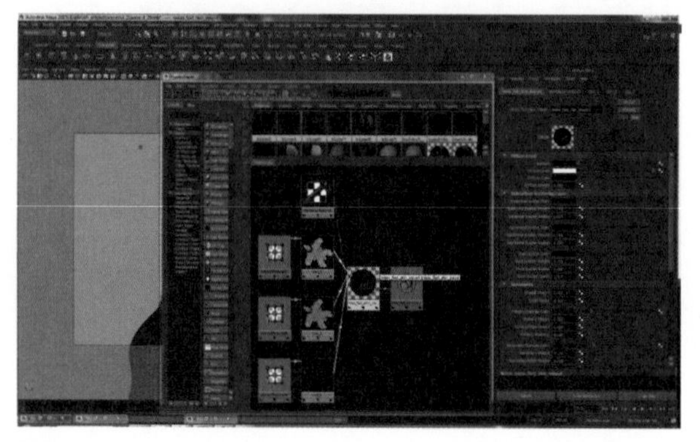

图65

还可以在这个皮肤材质球的任何一层（表皮、次表面等层）添加贴图，半径和权重这样的属性上也可以用贴图来进行控制。

给Diffuse Color和Epidermal Scatter Color属性上添加贴图（图66），将Diffuse Weight和Epidermal Scatter Weight参数设为0.5（固有色和表皮色的权重各占50%）（图67）。

渲染出来可以看到它是灰色的，事实上皮肤并不是我们平时看到的“肤色”那样的，皮肤大部分是白色的，“肤色”绝大部分是来源于皮下组织的红色漫反射。所以，不要将皮肤的纹理贴图弄成高饱和的贴图，而是用应该近乎“灰度图”的感觉。

接下来我们将次表面和背光层都打开（图68），Diffuse Weight设为0.3，Epidermal Scatter Weight设为0.2，Subdermal Scatter Weight设为0.8，Back Scatter Weight设为0.3，为了有发红的次表面和透光的耳朵效果（图69）。

图66

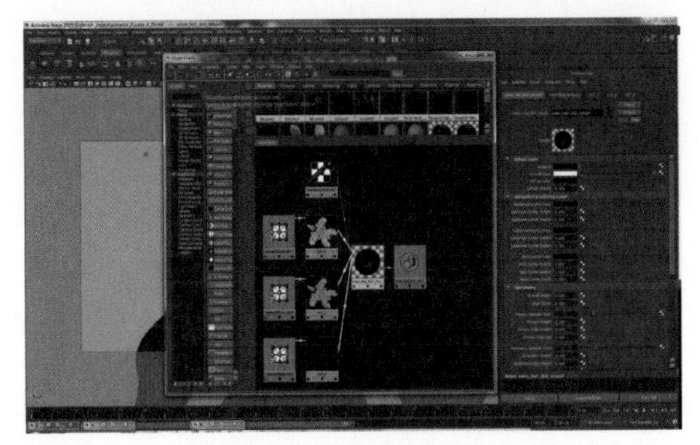

图67

图68

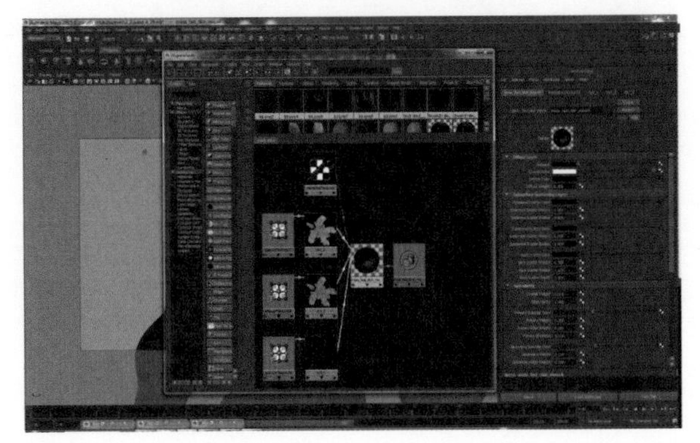

图69

将Epidermal Scatter Weight设为0.3，Subdermal Scatter Weight设为0.3，Back Scatter Weight设为0.4，修改下Diffuse Color上的灰度贴图（图70、71）。

将normal贴图链接进Bump Shader里面（图72），点开bump2d20节点，在Use As里面选择Tangent Space Normals，将Bump Depth值设为0.7（图73）。

下面我们开启高光效果（图74），将前面的设为0的Specular Overall Weight的值改为0.3，在mentalray 3S皮肤材质球里面有两种高光，Primary Specular color、Primary Weight、Primary Edge Weight、Primary Shininess这些参数都属于第一高光，模拟皮肤上大范围的高光。Secondary Specular Color、Secondary Weight、Secondary Edge Weight、Secondary Shininess这些参数属于第二高光，模拟皮肤上亮度比较集中的高光，比如鼻子和嘴巴上的高光。将Primary Weight和 Secondary Weight设为0.3（图75）。

图72

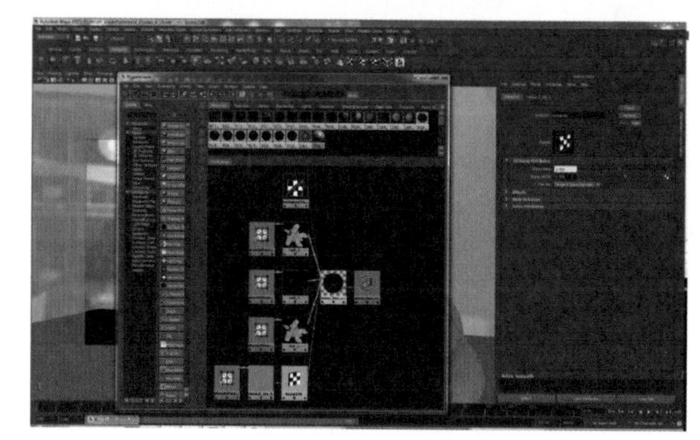

图73

图70

图74

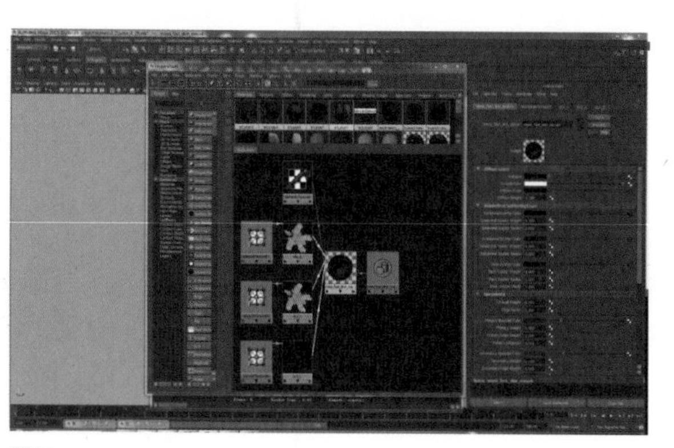

图71

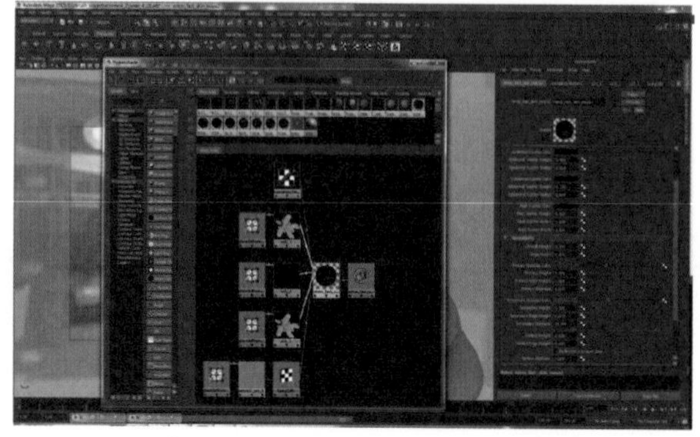

图75

找到Algorithm control这个展卷栏下面的Scale Conversion参数（图76），该参数可以增加肌肉的厚重感，增加点真实感，可以将它设为2，具体调整按实际情况来。到这里3S皮肤材质球的渲染效果基本完成了（图77）。

(4) 对身上的配饰模型进行渲染测试，铜环模型使用mentalray材质中的mia_material_x材质球，将从ZBrush中导出的铜环纹理贴图在Photoshop软件中制作Bump凹凸贴图和Specular color（高光反射颜色）贴图。

将铜环纹理贴图添加到Diffuse下面的Color上（图78），将Specular color（高光反射颜色）贴图添加到Reflection下面的Color上，Reflectivity（反射率）参数设为0.168，Glossiness（光滑度）设为0.266，Glossy Samples设为0。将Bump凹凸贴图添加到Bump下面的Standard bump 上，设置Bump Depth（凹凸深度）为0.65（图79）。

图76

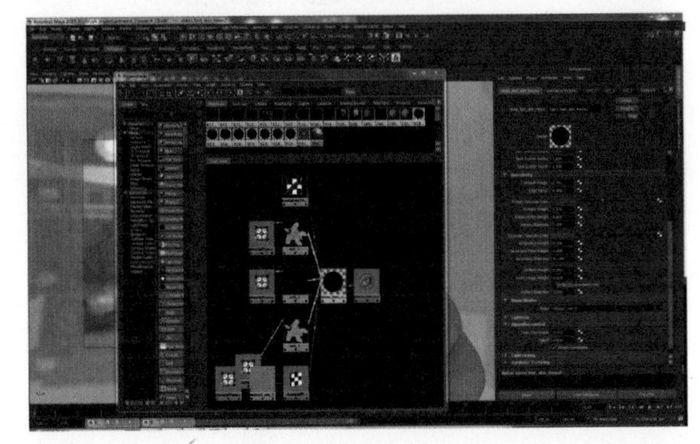

图77

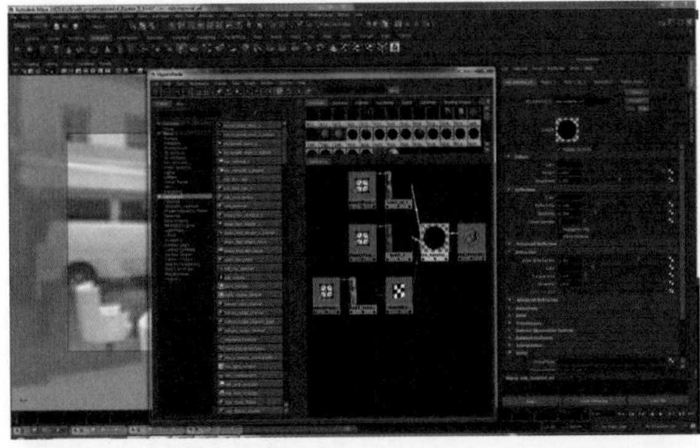

图78

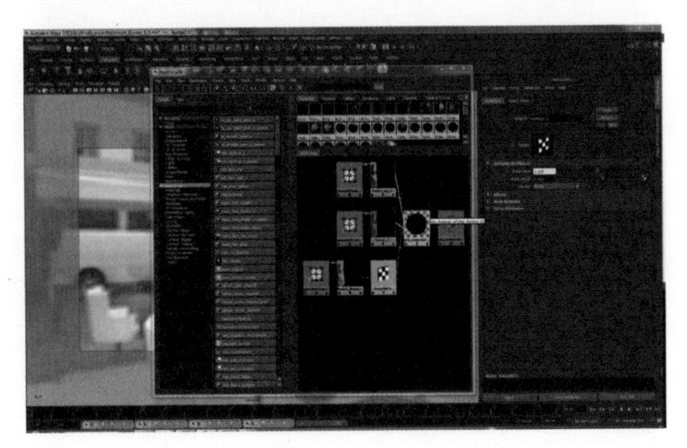

图79

皮质绑带可以直接使用Blinn材质球（图80），将皮质绑带的纹理贴图添加到Color上，将Specular color（高光反射颜色）贴图添加到Specular Shading下面的Specular color上，Bump凹凸贴图添加到Bump Mapping上，Bump Depth（凹凸深度）设为0.25（图81）。

下面开始进行布料材质球的制作（图82），基本流程和上面一样。这里使用的是mentalray材质中的mia_material_x材质球。将布料纹理贴图添加到Diffuse下面的Color上，将Specular color（高光反射颜色）贴图添加到Reflection下面的Color上，Reflectivity（反射率）参数设为0.091，Glossiness（光滑度）设为0.347，Glossy Samples设为8，将Bump凹凸贴图添加到Bump下面的Standard bump 上，设置Bump Depth（凹凸深度）为0.3（图83）。

到这里身上配饰的模型渲染测试基本完成了（图84、85）。

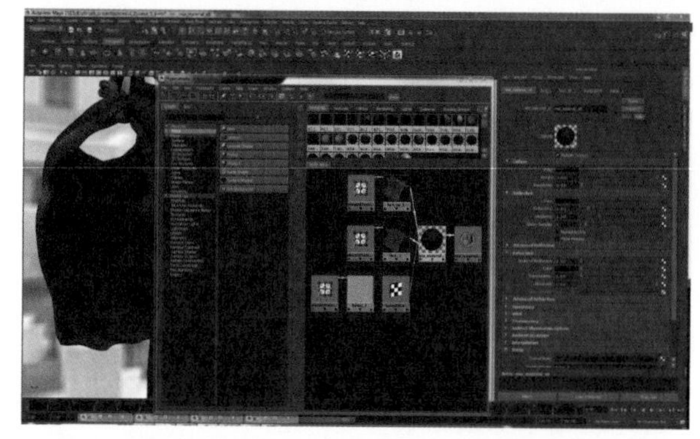

图82

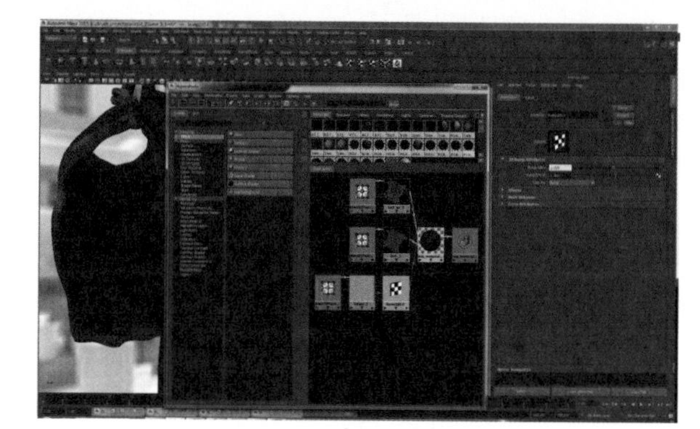

图83

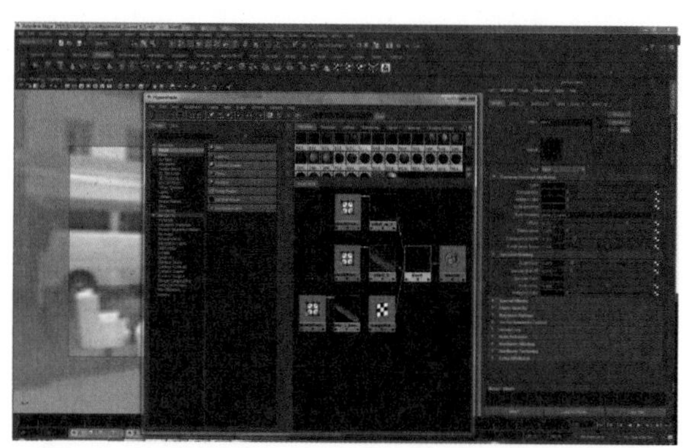

图80

图84

图81

图85

(5) 下面对全身进行渲染测试。首先我们来了解下HDR，高动态范围成像（英语：High Dynamic Range Imaging，HDRI或者HDR），在计算机图形学与电影摄影术中，它是用来实现比普通数位图像技术更大曝光动态范围（即更大的明暗差别）的一组技术。高动态范围成像的目的就是要正确地表示真实世界中从太阳光直射到最暗的阴影这样大的范围亮度。

该技术会在Maya中运用到环境球中，来模拟周围环境。

在Mentalray渲染器设置面板中找到Indirect Lighting命令集，点击Image Based Lighting展卷栏，在展开的命令下点击Create按钮，创建环境球（图86），将Ambient的颜色调亮一点，使皮肤接受环境的影响（图87）。

接着继续对场景中的灯光进行调整，这里我们主要使用的是Point Light点光源。主要创建方式有两种：一种是在菜单栏里面找到Create>Lights>Point Light，另一种是在场景中直接按住空格键调出快捷菜单，然后找到Create>Lights>Point Light。

根据前面所提过的三点布光来布灯（图88），可以将主体光放在怪物左边头顶前方的位置（图89）。将Point Light点光源Decay Rate（衰减率）的模式改成Linear线性衰减。灯光强度Intensity值设为10。可以在主体光背后再添加一个点光源使其对主体光进行加强，增加主光源细节。

点光源Decay Rate（衰减率）的模式改成Linear线性衰减，灯光强度Intensity值设为12。

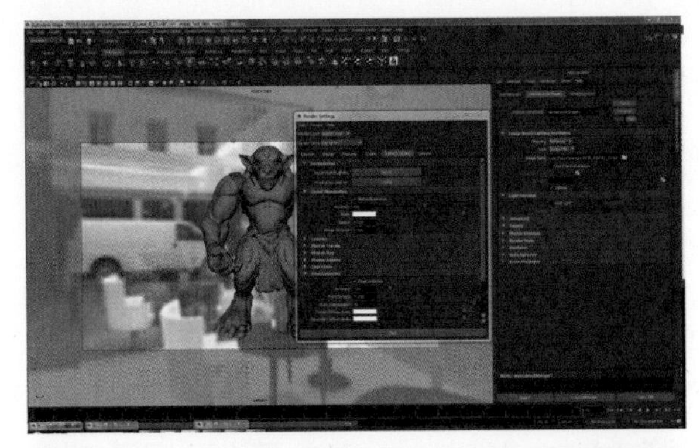

图86

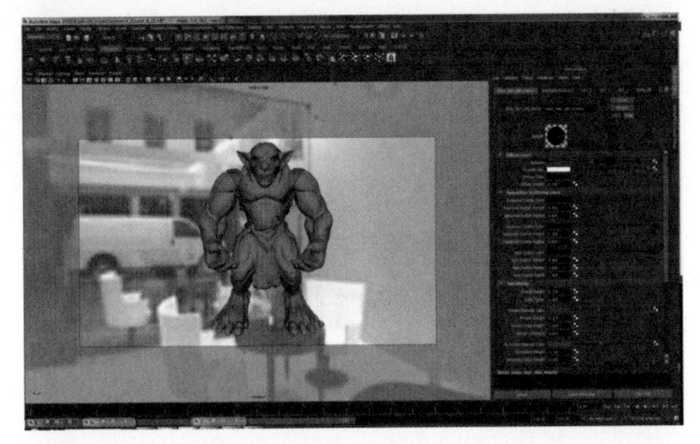

图87

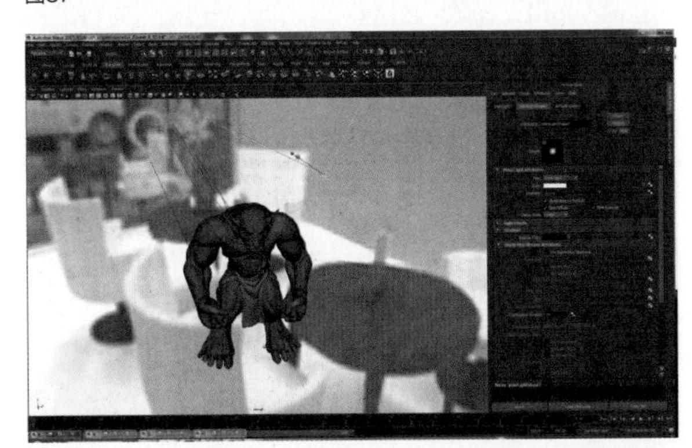

图88

图89

接着添加辅助光，这里辅助光也是Point Light点光源，可以放在怪物的右侧，补亮模型的阴影暗部区域（图91）。可以给它的Color上面添加一个冷色（图90），RGB:193，224，255。Decay Rate（衰减率）的模式改为No Decay没有衰减模式，灯光强度Intensity值设为0.8。

再给整体模型添加一个从背后照过来的轮廓光（图92），该轮廓光我们可以使用Directional Light平行光（图93）。可以将灯光强度Intensity值设为3，轮廓光可以稍微开大一点。

可以看到模型渲染出来的时候，指甲、牙齿和眼睛部分受光不够，小腿部分阴影太暗了，要给指甲、牙齿和眼睛部分单独打光对它进行影响（图94）。先对眼睛和牙齿进行单独的灯光链接创建Point Light点光源（图95），打开菜单栏里面的Window>Relationship Editors>Light-Centric，在Relationship Editor编辑框里面左侧Light Sources灯光的选择窗口，右侧Illuminated Objects灯光所影响的模型，我们可以在里面进行选择和打断链接的操作。找到刚刚创建的PointLight4，将和它不进行链接的其他模型进行打断选择，只留下眼睛和牙齿的模型。将PointLight4的 Decay Rate（衰减率）的模式改为No Decay没有衰减模式，灯光强度Intensity值设为0.6。

下面对指甲模型进行单独的灯光链接（图96），操作和前面一样。打开菜单栏里面的Window>Relationship Editors>Light-Centric，添加一盏新的Point Light点光源（图97），在Relationship Editor编辑框里面找到PointLight5，将和它不进行链接的其他模型进行打断选择，只留下指甲的模型。将PointLight5的 Decay Rate（衰减率）的模式改为No Decay没有衰减模式，灯光强度Intensity值设为0.6。

然后我们解决下小腿部分阴影太黑的问题，在小腿位置创建Area Light面光源，对小腿模型进行局部照明（图98）。将Area Light面光源的Decay Rate（衰减率）的模式改成Linear线性衰减，灯光强度Intensity值设为0.75（图99）。

最后可以提高点mental ray中的渲染等级，到这里Maya的渲染部分已经完成了（图100、101）。

图90

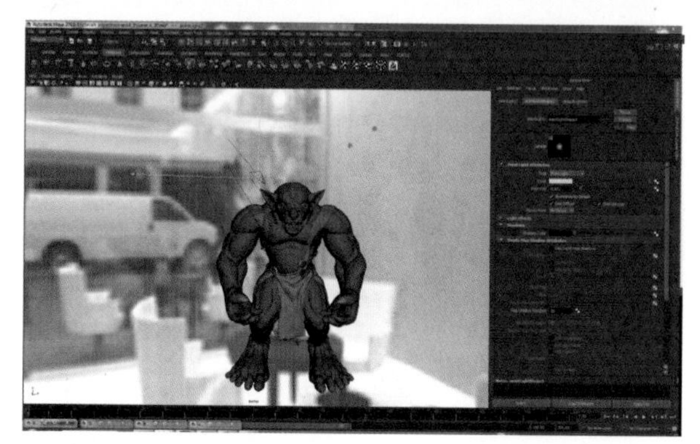

图91

图92

图93

图94

图95

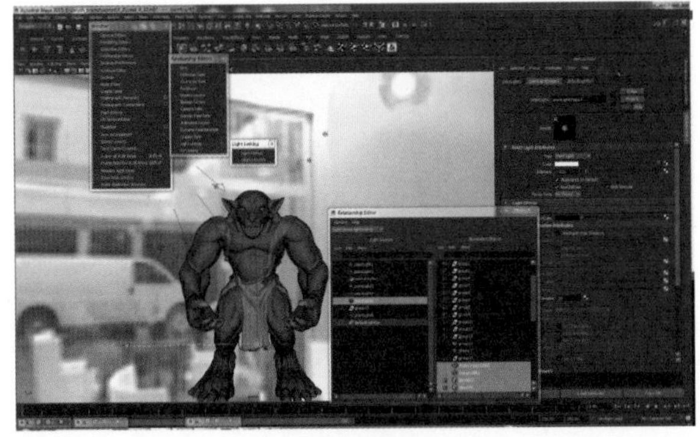

图96

图97

图98

图99

图100

图101

图书在版编目(CIP)数据

三维软件制作高级教程 : ZBRUSH×MAYA带你走进影视级的CG造型世界 / 夏国富编著. -- 上海 : 上海人民美术出版社, 2019.11
(新视域)
ISBN 978-7-5586-1455-2

Ⅰ. ①三… Ⅱ. ①夏… Ⅲ. ①三维动画软件－教材 Ⅳ. ①TP391.414

中国版本图书馆CIP数据核字(2019)第218982号

三维软件制作高级教程
——ZBRUSH×MAYA带你走进影视级的CG造型世界

作　　者：夏国富
策　　划：孙　青
责任编辑：孙　青　张乃雍
技术编辑：季　卫
排版制作：朱庆荧
出版发行：上海人民美術出版社
地址：上海长乐路672弄33号
邮编：200040　电话：021-54044520
网址：www.shrmms.com
印　　刷：上海丽佳制版印刷有限公司
开　　本：787×1092　1/16
印　　张：13
出版日期：2020年1月第1版　2020年1月第1次印刷
书　　号：ISBN 978-7-5586-1455-2
定　　价：68元